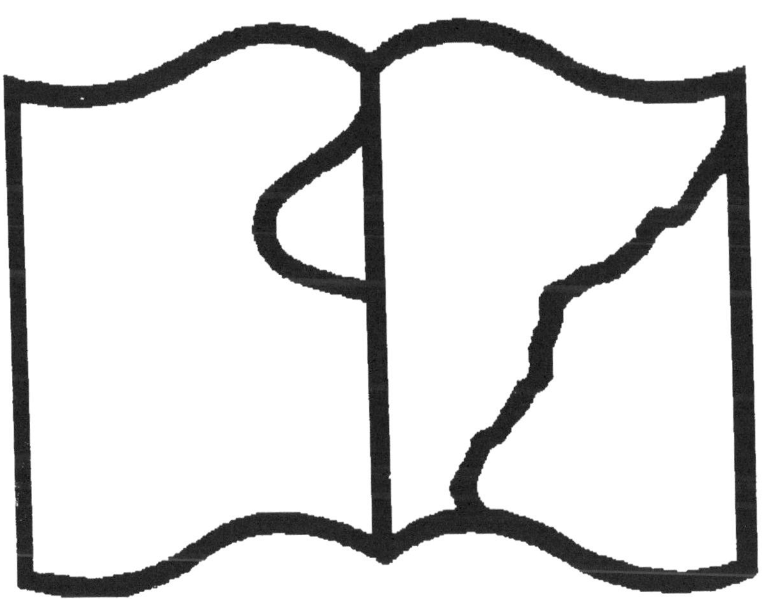

A
B

à Mr Poisson de la part de l'auteur

# TRAITÉ

DE

# GÉODÉSIE.

à Mr Poisson de la part de l'auteur

# TRAITÉ

DE

# GÉODÉSIE.

DE L'IMPRIMERIE DE Mme Ve COURCIER.

# TRAITÉ DE GÉODÉSIE,

OU

## EXPOSITION

## DES MÉTHODES TRIGONOMÉTRIQUES ET ASTRONOMIQUES,

APPLICABLES SOIT A LA MESURE DE LA TERRE, SOIT A LA CONFECTION DES CANEVAS DES CARTES ET DES PLANS TOPOGRAPHIQUES;

PAR L. PUISSANT,

Chevalier de l'Ordre royal et militaire de Saint-Louis, Officier supérieur au Corps royal des Ingénieurs-Géographes, etc.

DEUXIÈME ÉDITION.

TOME SECOND.

PARIS,

Mme Ve COURCIER, IMPRIMEUR-LIBRAIRE POUR LES SCIENCES,

RUE DU JARDINET-SAINT-ANDRÉ-DES-ARCS.

1819.

# TABLE DES CHAPITRES.

## LIVRE IV.

### PROBLÈMES D'ASTRONOMIE.



## LIVRE V.

### OBSERVATIONS ASTRONOMIQUES.

## LIVRE VI.

### QUESTIONS DE HAUTE GÉODÉSIE.

## *ERRATA DU SECOND VOLUME.*

| Pages. | lignes. | au lieu de | *lisez* |
|---|---|---|---|
| 5 | au bas de la pag., colonnes des différences 3es, on lit dans quelques exemplaires.... | $+19''$ | $-19''$ |
| 16 | 1 en remontant | 35″,8 | 34″,3 |
| *Ib.* | 7 en remontant | 28″,8 | 22″8 |
| 29 | *Ib.* | très différent | très peu différent |
| 47 | 18 | $H =$ | $h =$ |
| 64 | 9 en remontant | son mouvement | le mouvement |
| 119 | 8 | $dN =$ | $\frac{dN}{dP} =$ |
| 125 | 6 en remontant | $\frac{d^2x}{dx^2}$ | $\frac{d^2x}{dq^2}$ |
| 228 | 10 | $\alpha = \rho +$ | $\alpha = \varphi +$ |
| 230 | 6 et 7 | *effacez*, d'après cette solution. | |
| 233 | 18 | vis-à-vis l'accolade qui comprend les trois équations, mettez | (5) |
| 267 | 3 en remontant | $\sqrt{dx + z^2}$ | $\sqrt{dx^2 + dz^2}$ |

### *Addition à l'article 370.*

Il n'est pas difficile de voir que si le cercle répétiteur était affecté d'une erreur constante, l'amplitude d'un arc du méridien en serait indépendante, en la déterminant par des observations de distances zénitales méridiennes des mêmes étoiles, au nord et au sud du zénit de chaque station.

# TRAITÉ DE GÉODÉSIE.

## LIVRE QUATRIÈME.

### PROBLÈMES D'ASTRONOMIE.

## CHAPITRE PREMIER.

*Usages de la Connaissance des Tems et des Tables du Soleil, pour déterminer les élémens des calculs astronomiques.*

238. Il serait sans doute à désirer que la division du cercle en 400 grades et celle du tems en 10 heures fussent en usage en Astronomie, comme la première l'est maintenant en France, dans les opérations géodésiques, parce que les calculs n'en seraient que plus faciles et plus prompts; mais puisque les astronomes ne paraissent pas disposés à opérer ce changement, ni dans leurs calculs usuels, ni dans la construction de leurs tables, nous emploierons dorénavant la division du jour en 24 heures, et celle du cercle en 360 degrés.

La plupart des quantités variables, insérées dans la *Connaissance des Tems,* sont calculées pour midi vrai à Paris et pour chaque jour de l'année, principalement celles qui changent avec lenteur et assez régulièrement, par exemple, la longitude et la déclinaison du Soleil; mais les principaux élémens lunaires, c'est-à-dire sa latitude et sa longitude, ou son ascension droite et sa déclinaison, qui varient plus rapidement, sont calculées de 12 heures en 12 heures. Dans les questions d'Astronomie, l'on a souvent besoin de trouver la valeur d'une de ces quantités, pour une époque intermédiaire à celles auxquelles correspondent les nombres fournis par les tables : or, on l'obtient en supposant que ces nombres varient proportionnellement au tems, ou bien, pour plus de précision, en appliquant la méthode générale d'interpolation exposée à l'art. 106. Des exemples éclairciront ces deux méthodes; mais avant de les donner, indiquons comment, à défaut de tables de conversion, l'on réduit les degrés de l'équateur en tems, et réciproquement le tems en parties de l'équateur.

1°. Réduire en tems, et à raison de 15° par heure, l'arc de $48°17'15'',6$.

Multipliez par 4 les degrés, les minutes et les secondes; alors le premier, le second et le troisième produit seront des minutes, des secondes et des tierces de tems.

D'après cette règle, évidente par elle-même, on voit que

| | | | |
|---|---|---|---|
| | $45°$ | font......... | $3^h$ |
| | $3$ | ......... | $0.12'$ |
| | $17'$ | ......... | $1.8''$ |
| | $15'',6$ | ......... | $1.2''',4$ |
| donc... | $48°17'15'',6$ | font......... | $3^h 13' 9'' 2''',4$. |

Mais 60 tierces faisant $1''$, on a, en convertissant les tierces en décimales de secondes, $48°17'15'',6 = 3^h 13' 9'',04$.

2°. Réduire en degrés $3^h 13' 9'',04$.

L'opération étant l'inverse de la précédente, prenez le quart des minutes et des secondes; le premier et le second quotient seront des heures et des minutes. Ensuite, multipliez par 6 les dixièmes de seconde de degré, pour les convertir en tierces, et prenez le quart du produit, vous aurez des secondes de degré. Ainsi, en opérant sur le nombre proposé et multipliant les heures par 15, on a

| | | | |
|---|---|---|---|
| | $3^h$ | ......... = | $45°$ |
| | $13'$ | ......... = | $3.15'$ |
| | $9''$ | ......... = | $2.15''$ |
| | $0'',04$ | ......... = | $0'',6$ |
| Donc... | $3^h 13' 9'',04$ | ......... = | $48°17'15'',6$. |

Callet a donné, à la fin de ses *Tables trigonométriques*, deux petites tables, au moyen desquelles on peut se dispenser de faire ce calcul. On les trouve aussi ordinairement dans la *Connaissance des Tems*. Revenons maintenant à notre objet.

### *Calcul de la déclinaison du Soleil pour un autre méridien que celui de Paris; détermination des élémens lunaires.*

239. Ier EXEMPLE. On demande la déclinaison du Soleil le 20 mars 1803, à midi vrai, à Porto-Ferraio (île d'Elbe), dont la longitude orientale par rapport au méridien de Paris, est de 7°59′20″,2.

Puisque Porto-Ferraio est à l'orient de Paris, et que la longitude 7°59′20″,2, réduite en tems à raison de 15° par heure, est de 31′57″,7; il s'ensuit que lorsqu'il est midi à Porto-Ferraio le 20 mars, il est 31′57″,7 de moins à Paris, c'est-à-dire 23h28′2″,3 le 19 mars, *tems astronomique*. La question est donc réduite à trouver, pour cette heure, la déclinaison du Soleil.

D'après la *Connaissance des Tems*, la déclinaison australe du Soleil à Paris le 19 mars 1803, à midi vrai. . . . 0°48′ 53″ A

| | | |
|---|---|---|
| Déclinaison, le 20 mars. . . . . . . . . . . . . | | 0.25.11 |
| Variation diurne en déclinaison. . . . . . . | — | 0.23.42 |
| Partie proportionnelle pour 23h28′2″,3. . . . . . | — | 0°23′ 10″,4 |
| puisqu'en 24h la déclinaison diminue de 0h23′42″. | | |
| Déclinaison du ☉, le 19, à Paris. . . . . . . . . | | 0.48.53 |
| Déclinaison du ☉, à Porto-Ferraio le 20 mars 1803, à midi. . . . . . . . . . . . . . . . . . . . . . . . | | 0.25.42 ,6 |

IIe EXEMPLE. Trouver la déclinaison du Soleil, le 21 mars 1803, à Porto-Ferraio.

| | | |
|---|---|---|
| Déclinaison du ☉ à Paris pour midi, 20 mars. . | | 0° 25′ 11″ |
| Déclinaison le 21. . . . . . . . . . . . . . . . . . | | 0. 1.28 |
| Variation diurne. . . . . . . . . . . . . . . . . . | — | 0.23.43 |
| Partie proportionnelle pour 23h28′2″,3. . . . . . | — | 0°23′ 11″,4 |
| Déclinaison le 20, à Paris. . . . . . . . . . . . . | | 0.25.11 |
| Déclin. austr. le 21 mars, à midi, à Porto-Ferraio, | | 0. 1.59 ,6. |

IIIe EXEMPLE. Trouver la déclinaison du Soleil, le 22 mars 1803, à Porto-Ferraio.

| | | |
|---|---|---|
| Déclinaison du ⊙ à Paris, pour midi, le 21 mars 1803. . . . . . . . . . . . . . . . . | 0° 1′ 28″ | Australe. |
| Déclinaison le 22 mars. . . . . . . . . . . | 0.22.13 | Boréale. |
| Changement en déclinaison pour 24$^h$. . . | 0.24.41. | |
| (Ces deux déclinaisons s'ajoutent, parce qu'elles sont de dénominations différentes.) | | |
| Partie proportionnelle pour 23$^h$28′ 2″,3. . | 0° 23′ 9″,4 | |
| Déclinaison du ⊙ à Paris, le 21 mars. . . | 0. 1.28 ,0 | |
| Déclinaison boréale du ⊙, pour Porto-Ferraio, à midi, le 22 mars. . . . . . . . . | 0.21.41 ,4. | |

Ainsi la variation diurne du 21 au 22 mars, à midi, à Porto-Ferraio comme à Paris, était de 23′41″.

240. Nous avons supposé, dans tout ce qui précède, que les déclinaisons croissent proportionnellement au tems; supposition qui peut être admise si les résultats qu'on a en vue d'obtenir n'exigent pas une plus grande exactitude. Dans le cas contraire, il sera nécessaire d'avoir égard aux différences secondes.

Par exemple, suivant la *Connaissance des Tems* de 1813, on a

| Déclin. du ⊙ à midi. | | Différ. 1$^{res}$. | différ. 2$^{es}$. |
|---|---|---|---|
| le 1$^{er}$ mars...... | 7° 36′ 42″ | | |
| | | — 22′ 50″ | |
| 2 .......... | 7.13.52 | | — 7″ |
| | | — 22.57 | |
| 3 .......... | 6.50.55 | | — 5 |
| | | — 23.02 | |
| 4 .......... | 6.27.53 | | |
| 18 .......... | 0.59. 5 | | |
| | | — 23.42 | |
| 19 .......... | 0.35.23 | | + 1 |
| | | — 23.41 | |
| 20 .......... | 0.11.42 | | |

On voit donc que les différences secondes sont fort petites aux environs des équinoxes, et qu'il est alors permis de supposer la variation de déclinaison proportionnelle au tems, dans l'intervalle de 24 heures. Mais dans toute autre circonstance, lorsque l'on connaîtra les déclinaisons du Soleil à midi, pour plusieurs jours de suite, on aura celle qui correspond à $i$ heures de tems vrai, à l'aide de la formule générale d'interpolation de l'art. 106, savoir :

$$\text{déclinaison cherchée} = D + \frac{idD}{h} + \frac{i}{2h^2}(h-i)\,d^2D;$$

dans laquelle $D$ exprime la déclinaison pour le midi qui précède le tems $i$, $dD$ les différences premières, $d^2D$ les différences secondes, enfin $h = 24$, ou le nombre d'heures comprises entre deux midis consécutifs. Cette règle suppose que les jours solaires sont égaux, ce qui n'est pas rigoureusement vrai.

*Application.* Trouver la déclinaison du Soleil, pour le 2 mars à 15 heures, à Paris. On a, d'après le tableau précédent et la notation actuelle,

$$h = 24^h,\quad i = 15^h,\quad dD = -22'57'',\quad d^2D = -\left(\frac{7+5}{2}\right) = -6;$$

de là

$$\begin{aligned}\text{décl. cherchée} &= 7^\circ 13' 52'' - \frac{15}{24}(22'57'') - \frac{15}{2(24)^2}(9)(6)\\ &= 7^\circ 13' 52'' - 14' 20'',62 - 0'',70\\ &= 7^\circ 13' 52'' - 14' 21'',32 = 6^\circ 59' 30'',68.\end{aligned}$$

Le second terme est la partie proportionnelle à $15^h$, et n'est relative qu'aux différences premières; le troisième terme est la correction qu'il s'agissait de trouver.

Les différences premières et deuxièmes se prennent avec leurs signes; ainsi, dans l'exemple ci-dessus, $dD$ et $d^2D$ sont négatives.

Si le tems $i$ était donné en heures, minutes et secondes, il faudrait réduire les minutes et les secondes en décimales d'heure.

241. Cette méthode d'interpolation s'applique aux nombres quelconques qui correspondent à des époques équidistantes. Pour seconde application, cherchons quel sera le lieu de la Lune au 22 janvier 1820 à $4^h$ du matin, à Paris.

La *Connaissance des Tems* de cette année-là donne

| Lieu de la Lune. | | Différ. 1res. | Différ. 2es. | Diff. 3es. |
|---|---|---|---|---|
| long. ☾ le 21 à midi | 19°34'30" | | | |
| le 21 à minuit | 26.22.21 | + 6°47'51" | | |
| le 22 à midi | 33. 4.37 | + 6.42.16 | — 5'35" | + 18" |
| le 22 à minuit | 39.41.36 | + 6.36.59 | — 5.17 | |
| latit. ☾ le 21 à midi | 1.21.17 | | | |
| le 21 à minuit | 1.55.36 | + 0.34.19 | | |
| le 22 à midi | 2.27.49 | + 32.13 | — 2. 6 | — 19 |
| le 22 à minuit | 2.57.37 | + 29.48 | — 2.25 | |

Cela posé, soit $L_{(n)}$ la longitude cherchée, $L$ la longitude des tables, qui précède immédiatement celle que l'on cherche; on aura en général, en prenant pour unité de tems l'intervalle de $12^h$,

$$L_{(n)}=L+n\delta L+n\left(\frac{n-1}{2}\right)\delta^2L+n\left(\frac{n-1}{2}\right)\left(\frac{n-2}{3}\right)\delta^3L+\ldots,$$

ou bien, ordonnant par rapport à $n$,

$$L_{(n)}=L+(\delta L-\tfrac{1}{2}\delta^2L+\tfrac{1}{3}\delta^3L)\,n+(\tfrac{1}{2}\delta^2L-\tfrac{1}{2}\delta^3L)\,n^2+\tfrac{1}{6}\delta^3Ln^3.$$

Or, pour le cas particulier ci-dessus $n=\frac{4}{12}=\frac{1}{3}$; et de plus

$$\begin{aligned}
L &= 26^\circ22'21'',\\
\delta L &= +\ 6^\circ42'16'' = +\ 24136'',\\
\delta^2 L &= -\ 5'17'' = -\ 317'',\\
\delta^3 L &= +\ 18'' = +\ 18'';
\end{aligned}$$

ainsi

$$\begin{aligned}
L_{(n)} &= 26^\circ22'21'' + \frac{24300'',5}{3} - \frac{167'',5}{9} + \frac{3''}{27}\\
&= 26^\circ22'21'' + 2^\circ14'41'',67 = 28^\circ37'2'',67.
\end{aligned}$$

Soit pareillement $\lambda_{(n)}$ la latitude cherchée, $\lambda$ celle des tables pour le 21 janvier à minuit; on aura, en changeant dans la formule précédente $L$ en $\lambda$,

$$\begin{aligned}
\lambda &= 1^\circ55'36'',\\
\delta\lambda &= +\ 32'13'' = +\ 1933'',\\
\delta^2\lambda &= -\ 2'25'' = -\ 145'',\\
\delta^3\lambda &= +\ 19'' = +\ 19'';
\end{aligned}$$

et enfin,

$$\begin{aligned}
\lambda_{(n)} &= 1^\circ55'36'' + \frac{2011'',8}{3} - \frac{82''}{9} + \frac{3'',1}{27}\\
&= 1^\circ55'36'' + 11'1'',6 = 2^\circ6'37'',6.
\end{aligned}$$

Si l'on faisait $n=1$, on retrouverait la longitude et la latitude de la Lune telles que les tables les donnent pour le 22 janvier à midi.

M. Mathieu a construit une Table de correction des secondes différences; elle se trouve à la page 164 de la *Connaissance des Tems* de 1820 : on pourra en faire usage quand il n'y aura aucun inconvénient à supprimer les troisièmes différences.

*Calcul du tems moyen par le tems vrai.*

242. I^er^ EXEMPLE. On a fait une observation le 21 janvier 1811, à $2^h 30' 47'',3$ tems vrai astronomique, dans un lieu dont la longitude ouest, comptée de l'Observatoire royal de Paris, est de 1′ en tems; on demande le tems moyen de l'observation.

Le lieu étant à l'ouest de Paris, on comptait dans cette capitale $2^h 31' 47'',3$ à l'instant de l'observation; il s'agit donc de connaître, pour cette heure-là, l'équation du tems. Or, on trouve dans la *Connaissance des Tems* de 1811, et dans la colonne intitulée *tems moyen au midi vrai*, que

le 21 janvier à midi, à Paris, l'équation du tems $= 11' 33'',1$,
et que la variation diurne du 21 au 22. . . . . . . $=$ $16'',9$;
ainsi on fera cette proportion :

$$24^h : 16'',9 :: 2^h 31' 47'',3 = 2^h,53 : x,$$

et l'on aura pour la variation cherchée. . . . . $x =$ $1'',8$.

L'équation du tems allant en augmentant, elle devient, pour l'heure donnée,

$$11' 33'',1 + 1'',8 = 11' 34'',9;$$

d'ailleurs le tems moyen est en avance sur le tems vrai; donc l'équation du tems est additive, donc le tems moyen de l'observation, dans le lieu où elle s'est faite, $= 2^h 30' 47'',3 + 11' 34'',9 = 2^h 42' 22'',2$.

II^e^ EXEMPLE. Le 12 décembre 1813, on a observé un phénomène à $3^h 17' 15'',50$ tems vrai, dans un lieu dont la longitude orientale est de $1' 1''$ en tems; on demande le tems moyen.

A l'instant du phénomène, on comptait à Paris $3^h 16' 14'',50$ tems vrai. C'est pour cette heure qu'il s'agit de calculer l'équation du tems. Or les Éphémérides de 1813 donnent

le 12 décembre, à midi, équation du tems $= 6' \; 2'',3$,
et pour la variation diurne du 12 au 13 $28,3$;
on a donc

$$24^h : 28'',3 :: 3^h 16' 14'' = 3^h,27 : x = 3'',85.$$

L'équation du tems allant en diminuant, on a

| | |
|---|---|
| Le 12 décembre. . . . . . | 6′ 2″,30 |
| Partie proportionnelle. . | — 3,85 |
| Équation du tems actuelle | — 5.58,45 |
| Tems vrai. . . . . . . . . | $3^h$ 17.15,50 |
| TEMS MOYEN. . . . . . | $3^h$ 11′17″,05 |

Si l'on connaissait le tems moyen et qu'il fallût trouver le tems vrai, on calculerait de la même manière l'équation du tems; puis on l'ajouterait au tems moyen, si le tems vrai était en avance : on la soustrairait dans le cas contraire.

### *Calcul du tems sidéral par le tems vrai.*

243. Supposons les mêmes données que dans le premier exemple ci-dessus, et cherchons le tems sidéral.

Soit $S$ (fig. 1) le lieu du soleil vrai, $PM$ le méridien du lieu $A$, ♈ le point équinoxial du printems; l'arc $M$♈ de l'équateur sera le tems sidéral, l'arc $MS'$ le tems vrai, et ♈$S'$ l'ascension droite du Soleil; ainsi

$$\text{tems sidéral} = \text{tems vrai} + \text{ascension droite du Soleil.}$$

En désignant par $\Sigma$ la distance de l'équinoxe au Soleil, et par Æ son ascension droite, on a, par conséquent,

$$Æ = 24^h - \Sigma,$$

et

$$\text{tems sidéral} = \text{tems vrai} + 24^h - \Sigma.$$

Les Éphémérides donnent la distance de l'équinoxe au Soleil pour midi vrai, il faut alors la déterminer pour l'heure de l'observation; c'est ce que l'on fera ainsi qu'il suit :

| | | |
|---|---|---|
| Le 21 janvier 1811, à midi, à Paris, | $\Sigma =$ | $3^h48'38''8$ |
| Le 22. . . . . . . . . . . . . . . . . . | $\Sigma' =$ | 3.44.25,3 |
| Variation en $24^h$. . . . . | | 4.13,5 |
| Partie proport. pour $2^h\,31'\,47'',3$. . . | | — 26,72 |
| Le 21. . . . . . | $\Sigma =$ | 3.48.38,80 |
| Distance actuelle de l'équinoxe au ☉ | | 3.48.12,08 |
| Complément à $24^h$ ou asc. droite. . | | 20.11.47,92 |
| Tems vrai. . . . . . | | 2.30.47,30 |
| TEMS SIDÉRAL. . . | | $22^h42'35''22$ |

Tous ces calculs supposent que, dans l'intervalle de 24 heures vraies, le mouvement du Soleil en ascension droite et en déclinaison est uniforme, ce qui s'éloigne en effet très peu de la vérité.

On résout aussi les questions précédentes, avec une grande précision, à l'aide des tables du Soleil qui servent à calculer les Éphémérides. Nous allons donner quelques exemples à ce sujet.

*Calcul d'un lieu du Soleil, par les Tables astronomiques du Bureau des Longitudes.*

244. On détermine le lieu du Soleil dans l'écliptique, c'est-à-dire sa longitude, pour un instant quelconque, à l'aide des tables dressées pour cet effet. Celles que le Bureau des Longitudes a publiées en 1806 donnent d'abord la position moyenne du Soleil et celle du périgée, pour le premier janvier de chaque année, à minuit moyen, à Paris : telle est l'*époque* de ces tables. Ajoutant ensuite les moyens mouvemens depuis cette époque jusqu'à l'instant donné, et ayant égard aux variations séculaires, on a la longitude moyenne du Soleil et celle du périgée. La différence de ces deux quantités, qu'on nomme *anomalie moyenne*, sert d'argument pour trouver l'équation du centre, qu'on ajoute à la longitude moyenne du Soleil pour avoir sa longitude vraie dans l'ellipse comptée de l'équinoxe moyen.

Les tables fournissent en outre huit argumens, au moyen desquels on obtient cinq petits termes ou équations qui expriment les perturbations de la Lune, de Vénus, de Mars, de Jupiter et de Saturne : ajoutant ces équations au lieu déjà déterminé par approximation, l'on a la longitude vraie du Soleil, toujours comptée de l'équinoxe moyen; enfin, ajoutant encore les nutations lunaire et solaire ainsi que l'aberration, le résultat exprime la longitude vraie comptée de l'équinoxe apparent.

Les mêmes tables font connaître l'obliquité moyenne de l'écliptique, à laquelle on réunit deux petits termes dont l'ensemble représente la nutation luni-solaire, ce qui donne l'obliquité apparente; ensuite, avec cette obliquité et la longitude vraie du Soleil, on calcule son ascension droite vraie et sa déclinaison, au moyen des deux formules suivantes :

$$\text{tang. asc. vr.} \odot = \text{tang longit. vr.} \odot \times \text{cos obliq. appar. de l'éclipt.}$$
$$\text{sin décl.} \odot = \text{sin longit. vr.} \odot \times \text{sin obliq. appar.}$$

A la rigueur, la déclinaison du point de l'écliptique, déterminée par la seconde formule, n'est pas celle apparente du centre du Soleil; car M. Laplace, en approfondissant la théorie des perturbations planétaires, a reconnu que cet astre ou plutôt la Terre, ne décrit pas un orbe parfaitement plan; mais les écarts qui ont lieu de part et d'autre de l'écliptique sont si petits, que les observations les plus précises n'ont pu encore en constater l'existence. Néanmoins les astronomes en tiennent compte maintenant dans les observations qui demandent l'exactitude la plus scrupuleuse, c'est-à-dire qu'ils évaluent l'effet de la *latitude du Soleil* sur l'ascension droite et la déclinaison observées.

Après ces notions, calculons le lieu du Soleil pour le 15 décembre 1813 à midi vrai, à Paris.

| DÉSIGNATION DES TABLES SOLAIRES. | LONGITUDE DU SOLEIL. | LONGITUDE DU PÉRIGÉE. | ARGUMENS DE PERTURBATIONS. | | | | | | | |
|---|---|---|---|---|---|---|---|---|---|---|
| | | | *M* | *A* | *B* | *C* | *D* | *E* | *F* | *N* |
| III. (1813)........ | 9ˢ 10° 14′ 42″4 | 9ˢ 9° 42′ 28″0 | 637 | 932 | 278 | 534 | 559 | 324 | 784 | 606 |
| V. (varia. séc.).... | ......+ 0,6 | ..... + 0,7 | ... | ... | ... | ... | ... | ... | ... | ... |
| VI. (15 décemb.)... | 11.13. 0.18,8 | ..... + 59,0 | 630 | 787 | 953 | 548 | 507 | 81 | 32 | 51 |
| long. ☉ à minuit moy. | 8.23.15. 1,8 | − 9. 9.43.27,7 | 267 | 719 | 231 | 82 | 66 | 405 | 816 | 657 |
| VII.............. | ............ | ............... | ... | 43 | ... | ... | | | | |
| XI.............. | ..... 29.22,4 | ............... | 18 | 17 | 1 | 1 | 1 | | | |
| Part. prop........ | ..... + 0,3 | + 8.23.44.24,5 | ... | ... | ... | ... | | | | |
| long. ☉ à midi vrai. | 8.23.44.24,5 | 11.14. 0.56,8 ou 11ˢ 14° 0′ 95 = anomalie moyenne. | 285 | 779 | 232 | 83 | 67 | | | |
| XII. Equat. du centre. | 11.29.26.46,5 | | | | | | | | | |
| Part. prop........ | ..... + 1,9 | | | | | | | | | |
| Variat. séc........ | ..... + 0,2 | | | | | | | | | |
| XV. A 1re partie.. | ....... 0,1 | | | | | | | | | |
| XV. 2e partie.. | ....... 0,2 | | | | | | | | | |
| XV. 3e partie.. | ....... 0,2 | | | | | | | | | |
| XV. Constante.... | ...... − 0,5 | | | | | | | | | |
| XVI. *BC*....... | ....... 14,8 | | | | | | | | | |
| XVII. *BD*....... | ....... 3,2 | | | | | | | | | |
| XVIII. *BE*....... | ....... 14,9 | | | | | | | | | |
| XIX. *BF*....... | ....... 0,9 | | | | | | | | | |
| Long. vr. ☉ comptée de l'équinoxe moy.. | 8.23.11.46,0 | | | | | | | | | |
| XIII. (nut. lun.).. | ......− 15,0 | | | | | | | | | |
| XXX. (nut. sol.).. | ......− 0,3 | | | | | | | | | |
| XXI. (aber.)...... | ......− 0,3 | | | | | | | | | |
| Long. vr. ☉ comptée de l'équinoxe appar.. | 8.23.11.31,3 | | | | | | | | | |

*Latitude.*

| | | |
|---|---|---|
| Tab. XXXI. | *A* + *B* + *N* = 668 ... | + 0″,59 |
| | 2*B* − *C* = 381 ... | − 0,09 |
| | 3*C* − 4*B* = 321 ... | − 0,04 |
| | *B* − 2*E* = 422 ... | − 0,16 |
| | Latitude boréale.... | + 0,30 = λ. |

Dans la formation de ces argumens l'on ne tient compte que des centaines, et l'on ajoute 1000, s'il est nécessaire, à l'argument positif, afin de pouvoir effectuer la soustraction.

*Obliquité.*

| | | |
|---|---|---|
| Table V. | 1800.............. | 23° 27′ 57″ |
| | variation.......... | − 7,3 |
| Tab. XIII. | nutat. lun......... | − 5,3 |
| | nutat. sol......... | − 0,4 |
| | Obliquité apparente.... | 23.27.44,0 = ω. |

Lorsque l'on calcule le lieu du Soleil pour un tems moyen donné, on emploie en place de la table XI, celle X qui donne le mouvement moyen du Soleil, pour les heures, minutes et secondes.

CALCUL DE L'ASCENSION DROITE.

$\odot = 263^\circ\,11'\,31'',3$ log. tang long. $\odot = 0,9230543$
$-\,180$ log. cos $\omega = 9,9625222$
$83^\circ\,11'\,31'',3$ log. tang $Æ = 0,8855765 = 82^\circ\,35'\,5''95$
$180$
asc. dr. vraie $Æ = 262.35.5,95$

Convertissant cette ascension droite en tems, on a. . . . tems sidéral $= 17^h\,30'\,20''4$,
et prenant le complément à à $24^h$, on a. . . . . . . . . dist. de l'équin. au $\odot = 6.29.39,6$.

On peut avoir aussi l'ascension droite par cette série :

$$Æ = \odot - \text{tang}^2 \tfrac{1}{2}\omega \,\frac{\sin 2\odot}{\sin 1''} + \text{tang}^4 \tfrac{1}{2}\omega \,\frac{\sin 4\odot}{\sin 2''} - \ldots,$$

qui dérive des principes exposés aux art. 56 et 94. La différence $\odot - Æ$ se nomme la réduction de l'écliptique à l'équateur.

CALCUL DE LA DÉCLINAISON.

log sin. long. $\odot = 9,9969269$ —
log. sin $\omega = 9,6000405$
log. sin D $= 9,5969674 = -\,23^\circ\,17'\,13'',17$

Telle est la déclinaison australe du point de l'écliptique, qui a pour longitude $263^\circ\,11'\,31'',3$. Mais en supposant que la déclinaison apparente du centre du Soleil, observée, fût exempte de toute erreur, elle différerait d'une petite quantité due à l'effet de la latitude $\lambda$ de cet astre. Or, d'après le précepte joint à la table XXXII, on a

correction de longit. $-0''05 \times \lambda = -0''05 \times 0''3 = -0''01$,
d'asc. dr. $-0,05 \times \lambda = -0,05 \times 0,3 = -0,01$,
de décl. $-1,00 \times \lambda = -1,0 \times 0,3 = -0,30$;

de là

déclinaison du point de l'écliptique $D = -23^\circ 17' 13'' 17$
correct. de décl. prise avec un signe contraire $= +\,0,30$
déclinaison apparente du Soleil $D' = -23.17.12,87$

Nous emploierons par la suite cette déclinaison apparente pour déterminer la latitude de l'Observatoire de l'École d'application des ingénieurs-géographes; et, à cet égard, nous ferons abstraction de la longitude de ce lieu, parce que, comme elle n'est que de 4″ en tems, elle n'a aucune influence sensible sur la déclinaison dont il s'agit.

On corrigerait de la même manière la longitude et l'ascension droite, calculées par les tables, pour avoir la longitude et l'ascension droite apparentes du Soleil.

### CALCUL DE L'ÉQUATION DU TEMS.

Au tems vrai donné on ajoute l'équation du tems fournie par la table VIII, et la somme est le tems moyen approché : à celui-ci l'on ajoute encore sept petites équations qui sont dues aux perturbations planétaires, et l'on a le tems moyen exact correspondant au tems vrai donné; enfin, la différence de ces deux tems est l'équation du tems cherchée. Voici ce calcul pour l'époque du 15 décembre 1813 à midi vrai, à Paris :

| | | |
|---|---|---|
| | Tems vrai donné. . . . . | 12ʰ 0′ 0″ |
| Table VIII, corrigée d'après celle de la *Conn. des Tems* de 1810, p. 492. | pour 8ˢ 23°. . . . . . . . | — 4.56,3 |
| | part. prop. pour 44′,4. . . | + 21,8 |
| | variat. sécul. pour 4 ans | — 0,6 |
| | Tems moyen approché | 11ʰ 55′24″9 |
| Table IX. | BC. . . . . . . . . . . . . | 1,0 |
| | BD. . . . . . . . . . . . . | 0,3 |
| | BE. . . . . . . . . . . . . | 0,9 |
| | BF. . . . . . . . . . . . . | 0,0 |
| | A. . . . . . . . . . . . . . | 0,0 |
| | N. . . . . . . . . . . . . . | 0,2 |
| | 500+2B+N=621. . . | 0,2 |
| | constante. . . . . . . . . | — 3,1 |
| | Tems moy. au midi vrai | 11ʰ 55′ 24″4 |
| | Tems vrai. . . . . . . . | 12. 0. 0 |
| | Différ. ou équat. du tems | 0. 4.35,6 |
| | ou en nombre rond. . . | 0. 4.36 |

Mais l'équation du tems est la différence entre l'ascension droite vraie et l'ascension droite moyenne comptée de l'équinoxe apparent. D'ailleurs, si à la longitude moyenne du Soleil, correspondante à midi vrai, on ajoute la nutation lunaire en ascension droite, fournie par la table XIII, on aura l'ascension droite moyenne comptée de l'équinoxe apparent. Ainsi

| | |
|---|---|
| longitude moyenne à midi vrai = | $8^s\ 23^\circ\ 44'\ 24''5$ |
| nutation en Æ (table XIII) = | — 13,8 |
| ascension droite moyenne | — 263.44.10,7 |
| ascension droite vraie ci-dessus | + 262.35. 5,9 |
| donc diff. ou équat. du tems en arc = | — 1. 9. 4,8 |
| équat. du tems cherchée = | — $0^h$ 4.36,3 |

la même que celle donnée par la *Connaissance des Tems.*

L'ascension droite moyenne étant plus grande que l'ascension droite vraie, il en résulte que le Soleil moyen suit le Soleil vrai, et que par conséquent l'équation du tems est soustractive du tems vrai.

On doit espérer plus d'exactitude par cette dernière méthode que par la précédente, dans laquelle on emploie beaucoup de nombres donnés en dixièmes de seconde seulement; parce que la petite erreur qui peut affecter la longitude, se porte en grande partie sur l'ascension droite, et qu'elle disparaît presque tout-à-fait en prenant la différence de ces deux quantités pour avoir l'équation du tems.

Il est encore d'autres élémens qu'il importe de connaître; les voici :

| | | |
|---|---|---|
| Table XXIX. | demi-diamètre du ☉.......... | = $0^\circ 16'\ 17''12$ |
| | mouvement horaire en longit... | = 2. 32,71 |
| | parallaxe horizontale......... | = 8,94 |
| Table XXXIII. | mouvement horaire en asc. dr. | = 165,95 |
| | en déclinaison.............. | = 7,94 |

Le demi-diamètre du Soleil se trouve dans la *Connaissance des Tems,* au bas de la seconde page de chaque mois; mais la septième page le donne, ainsi que le mouvement horaire en longitude, de sept jours en sept jours. On y trouve également le logarithme de la distance de la Terre au Soleil.

*Conversion du tems sidéral en tems moyen, et réciproquement.*

245. Ier EXEMPLE. On a fait une observation le 1er avril 1805, à $2^h 8' 17''$, tems sidéral; on demande le tems moyen astronomique.

Pour résoudre cette question, nous ferons usage des tables de notre recueil, qui ont été calculées sur celles du Soleil, et pour midi moyen à Paris (*voyez* les Tables de M. de Zach, imprimées à Marseille, en 1806).

| | | *N* |
|---|---|---|
| Table I, le 1er avril.................. | $0^h 35' 30''57$ | 13 |
| Table II, 1805..................... | 2. 1,93 | 176 |
| | 0.37.32,50 | 189 |
| Table III, Nutat. lunaire en Æ.... | + 1,02 | |
| Asc. dr. moyenne du ⊙ à midi....... — | 0.37.33,52 | |
| Tems sidéral.......... | 2. 8.17,00 | |
| Tems moyen approché.. | 1.30.43,48 | |
| Table IV, mouv. du ⊙ pend. $1^h 30' 43'' 48$ | — 14,86 | |
| TEMS MOYEN ASTRON., ou compté du méridien supérieur....... | $1^h 30' 28'' 62$ | |

L'ascension droite du Soleil ayant été calculée pour midi, au lieu de l'avoir été pour $1^h 30' 43'',48$, c'est pour cela qu'on a eu recours à la Table IV, qui donne la quantité dont cette ascension droite doit être augmentée, et qui a pour argument le tems sidéral.

La lettre *N* désigne le supplément du nœud de la Lune, c'est-à-dire l'excès de la circonférence entière sur la longitude du nœud ascendant : il sert d'argument pour trouver la nutation. Nous avons négligé la nutation solaire (art. 37), parce qu'elle va à peine à un dixième de seconde de tems.

En calculant le mouvement propre du Soleil pendant $1^h 30' 28'',62$ de tems moyen, à raison de $9'',8568$ pour une heure (art. 14), on trouverait $14'',86$, comme par la Table IV.

C'est par une opération toute semblable que l'on détermine le tems moyen du passage d'une étoile au méridien. En effet, si, pour le jour proposé, l'on calcule l'ascension droite apparente de l'étoile, et qu'on la convertisse en tems à raison de 15° par heure, elle représentera le tems sidéral du passage au méridien supérieur, qu'il ne s'agirait plus que de réduire en tems moyen, comme on vient de l'expliquer. Si l'on demandait en outre le tems solaire vrai de ce passage, on l'obtiendrait sur-le-champ, en ajoutant l'équation du tems au tems moyen. On ne se rendra bien compte de la solution de ce problème, qu'après avoir appris à calculer la position apparente des étoiles; c'est ce que nous enseignerons bientôt.

IIe EXEMPLE. Résolvons maintenant la question inverse; c'est-à-dire, le tems moyen astronomique 1h30′28″,62 étant donné pour le 1er avril 1805, cherchons le tems sidéral.

On aura, comme ci-dessus,

| | |
|---|---|
| Æ moy. du ⊙ à midi, le 1er avril 1805...... | 0h 37′ 33″52 |
| et la table IV donne, pour le mouvement du ⊙ pendant 1h30′28″,6........................ | + 14,82 |
| La même table donne pour 14″,82.......... | + 0,04 |
| Æ moyenne actuelle........... | 0.37.48,38 |
| Tems moyen................. | 1.30.28,62 |
| TEMS SIDÉRAL............... | 2h 8′ 17″. |

La Table IV étant relative au tems sidéral, le mouvement de 14″,82 correspondant à 1h30′28″,62 tems moyen, n'est qu'approché; il a donc fallu l'augmenter de 0″,04 pour avoir le tems sidéral 1h30′28″,62 + 14″,86 = 1h30′43″,48, qui s'est écoulé depuis midi jusqu'à l'heure donnée.

IIIe EXEMPLE. Calculons le tems sidéral de l'observation du 21 janvier 1811 (art. 242) faite à 2h42′22″,2 tems moyen, dans un lieu dont la longitude occidentale est de 1′ en tems.

Tems moyen à Paris 2h43′22″,2.

| | | N |
|---|---|---|
| Table I, le 21 janvier............... | 19h59′31″70 | 3 |
| Table II, 1811...................... | 0.14,66 | 499 |
| | 19.59.46,36 | 502 |
| Table III, nutation lunaire........... | 0, | |
| Table IV, mouv. du ⊙ pour 2h43′22″,2... | + 26,76 | |
| La même table donne pour 26″,76..... | + 0,07 | |
| Æ moy. comptée de l'équin. appar..... | 20. 0.13,19 | |
| Tems moyen........... | 2.42.22,20 | |
| TEMS SIDÉRAL......... | 22h42′35″39; | |

le résultat de l'art. 243 est de 0″,17 plus faible que celui-ci.

IV$^e$ EXEMPLE. Le 2 janvier 1787, Vénus passa au méridien de Marseille à $0^h 17' 26'',5$, tems moyen astronomique; on demande le tems sidéral, sachant d'ailleurs que la différence des méridiens est de $0^h 12' 8''$.

Au même instant physique l'on comptait à Paris $5' 17'',5$, puisque Marseille est à l'est de cette ville. Cela posé, voici le type du calcul.

| | | *N* |
|---|---|---|
| Table I, 2 janvier.................. | $18^h 44' 37'' 14$ | 0 |
| Table II, 1787...................... | 3.27,24 | 209 |
| Longit. moy. du ⊙ à midi, à Paris..... | 18.48. 4,38 | |
| Table III, nutation lunaire........... | + 1,06 | |
| Æ moyenne du ⊙ à midi, comptée de l'équin. apparent..................... | 18.48. 5,44 | |
| Table IV, mouv. du ⊙ pour $5' 17'',5$.... | + 0,87 | |
| La même table donne pour $+ 0'',87$... | 0,00 | |
| Æ moyenne actuelle................ | 18.48. 6,31 | |
| Tems moyen.......... | 0.17.25,50 | |
| TEMS SIDÉRAL......... | $19^h\ 5' 31'' 81$. | |

Remarquez bien que, dans tout ce qui précède, le tems moyen et le tems sidéral se comptent du méridien supérieur.

Pour résoudre cette question par les Tables mêmes du Soleil, qui ont pour époque minuit moyen, l'on procédera ainsi qu'il suit:

| | |
|---|---|
| Tems moyen compté de minuit... | $12^h 17' 25'' 5$ |
| Différence des méridiens......... — | 0.12. 8 |
| Tems moyen *civil*, à Paris....... | 12. 5.17,5. |

| | | | *N* |
|---|---|---|---|
| Tables solaires. | Table III, long. moy. du ⊙ pour 1787 | $9^s 10° 32' 22'' 8$ | 209 |
| | Table VI, le 2 janvier à minuit.... | 59. 8,3 | 0 |
| | Table X, Pour $12^h$ ....... | 29.34,2 | |
| | Table X, $5'$ ....... | 12,3 | |
| | Table X, $17'' 5$ ....... | 0,7 | |
| | Table XIII, nutation en asc. dr... | + 16,0 | |
| Asc. dr. moy. du ⊙ compt. de l'équin. app. | | $9^s 12°\ 1' 34'' 3$ | |

| | |
|---|---|
| Asc. dr. moy. du ⊙ compt. de l'équin. app. | 9ˢ 12° 1′ 34″3 |
| ou. . . | 9.12. 1.57 |
| En tems. . . . . . . . . . . . . . . . . . . . | 18ʰ 48′ 6″3 |
| Angle horaire du Soleil moyen, ou tems moyen à Marseille. . . . . . . . . . . . . . | 0.17.25,5 |
| Asc. dr. du milieu du ciel, ou TEMS SIDÉR. de l'observation, à Marseille, compté du méridien supérieur. . . . . . . . . . . . . . | 19ʰ 5′ 31″,8. |

Vᵉ EXEMPLE. Le 8 octobre 1749, l'ascension droite apparente du Soleil, observée par Lacaille au méridien de Paris, était de 6ˢ 14°5′1″; en la réduisant en tems, à raison de 15° pour une heure, on a 12ʰ 56′ 20″,07; c'est le tems sidéral de l'observation. On demande de le convertir en tems moyen solaire.

| | | N |
|---|---|---|
| Table I, le 8 octobre. . . . . . . . . . | 13ʰ 4′ 36″08 | 41 |
| Table II, 1749. . . . . . . . . . . . . | + 4.15,91 | 168 |
| | 13. 8.51,99 | 209 |
| Table III, nutat. (argum. 209). . . . . | + 1,06 | |
| Æ moyenne du ⊙ à midi, à Paris. . . . — | 13. 8.53,05 | |
| TEMS SIDÉRAL. . . . . | 12.56.20,07 | |
| | 24 | |
| Tems moyen approché, | 23ʰ 47′ 27″ 02. | |

Nous avons ajouté 24ʰ au tems sidéral, afin de pouvoir effectuer la soustraction. Dans ce cas, le complément à 24ʰ du tems moyen approché est l'intervalle pendant lequel le Soleil devrait marcher, pour que son ascension droite fût précisément celle calculée pour midi; cette ascension droite est donc un peu trop grande. Or, l'intervalle dont il s'agit est de 12′32″,98, et la table IV donne, pour cet intervalle, 2″,06, quantité qu'il faut ôter de l'ascension droite calculée, ou ajouter au tems moyen approché, pour avoir le tems moyen exact. On a donc

| | |
|---|---|
| Tems moyen approché | 23ʰ 47′ 27″02 |
| Mouvement du ⊙ . . . | + 2,06 |
| TEMS MOYEN cherché. | 23ʰ 47′ 29″08. |

Lalande, par ses Tables astronomiques insérées dans la troisième édition de son *Astronomie*, a trouvé 23ʰ47′29″,47.

# CHAPITRE II.

## *De la réfraction astronomique.*

246. Le phénomène de la réfraction, dont nous avons donné l'explication au chapitre IV du livre premier, se manifeste lorsqu'on observe les étoiles circompolaires à leurs deux passages au méridien; car en prenant pour chaque étoile la demi-somme des distances zénitales méridiennes, on trouve pour résultats, des distances polaires qui diminuent d'autant plus que les étoiles sont plus éloignées du pôle; et il arrive toujours que la déclinaison apparente d'une étoile, lors de son passage supérieur, est plus petite qu'à son passage inférieur. Les astronomes qui ont remarqué pour la première fois cette différence de déclinaison, ont pu croire que les étoiles tournaient autour de différens pôles; mais il est bien plus naturel de l'attribuer à la déviation de la lumière produite par l'attraction des couches atmosphériques.

On a reconnu, par un grand nombre d'observations de ce genre, que la réfraction, au-delà de 10° de hauteur, est à très peu près proportionnelle à la tangente de la distance apparente de l'astre au zénit, moins trois fois un quart la réfraction. Donnons une idée des moyens par lesquels on est parvenu à établir une théorie à cet égard.

### *Démonstration d'une formule de réfraction de M. Laplace; formules de Bradley et de Simpson.*

247. Pour trouver l'équation différentielle de la trajectoire décrite par un rayon de lumière qui traverse l'atmosphère, nous supposerons, 1°. que quel que soit l'angle sous lequel une molécule lumineuse passe du vide dans l'air, le sinus de l'angle d'incidence est au sinus de l'angle de réfraction dans un rapport constant; 2°. que les forces réfractives des couches d'air sont proportionnelles aux densités de ces couches; c'est en effet ce que les expériences confirment.

Cela posé, soit $AM'M''...MN$ (fig. 2) la trajectoire d'un rayon de lumière, $AN$ l'atmosphère dont toutes les couches $AM'$, $M'M''$... sont supposées concentriques et sphériques, et de densités croissantes suivant une certaine loi, depuis le point où le rayon de lumière entre dans l'atmosphère, jusqu'à celui où il atteint l'œil de l'observateur.

Désignons par $a$, $\gamma'$, $\gamma''$,... $\gamma$ les rayons $AC$, $M'C$, $M''C$,... $MC$ de la trajectoire lumineuse; par $Z$, $z'$, $z''$, ... $z$ les angles que les élémens consécutifs $AM'$, $M'M''$,... $MN$ de cette courbe font respectivement avec les verticales $CZ$, $Cz'$, $Cz''$,... $Cz$; enfin par $\omega'$, $\omega''$,... $\omega$ les angles que ces mêmes élémens font avec les rayons $\gamma'$, $\gamma''$,... $\gamma$.

Supposons maintenant que le rapport du sinus d'incidence au sinus de réfraction soit celui de........................$(n):1$, lorsque la lumière passe du vide dans une couche d'air infiniment mince, et dont la densité ainsi que la chaleur soient les mêmes qu'en $AM'$, près de la surface de la Terre.

Supposons encore, que relativement au même rayon qui traverse la seconde couche $M'M''$, on ait dans la même circonstance..$n':1$; que pour la troisième couche $M''M$, on ait pareillement...$n'':1$; ainsi de suite, jusqu'à la dernière couche $MN$ pour laquelle on ait $n:1$.

Il est évident, d'après le premier principe énoncé ci-dessus, que si $u'$, $u''$,... $u$ sont aux points $M'$, $M''$,... $M$ les angles d'incidence d'un rayon de lumière qui passerait du vide dans l'air, on aura au point $M'$

$$\frac{\sin u'}{\sin \omega'} = (n), \qquad \frac{\sin u'}{\sin z'} = n';$$

au point $M''$

$$\frac{\sin u''}{\sin \omega''} = n', \qquad \frac{\sin u''}{\sin z''} = n'';$$

..........................

au point $M$

$$\frac{\sin u}{\sin \omega} = n'', \qquad \frac{\sin u}{\sin z} = n.$$

Ainsi, éliminant successivement $u'$, $u''$, ... $u$, il viendra

$$\frac{\sin \omega'}{\sin z'} = \frac{n'}{(n)}, \quad \frac{\sin \omega''}{\sin z''} = \frac{n''}{n'}, \ldots \quad \frac{\sin \omega}{\sin z} = \frac{n}{n''}.$$

D'ailleurs les triangles élémentaires $AM'C$, $M'M''C$, ... pouvant être considérés comme rectilignes, on a

$$\frac{\sin Z}{\sin \omega'} = \frac{\gamma'}{a}, \quad \frac{\sin z'}{\sin \omega''} = \frac{\gamma''}{\gamma'}, \ldots \quad \frac{\sin z''}{\sin \omega} = \frac{\gamma}{\gamma''}.$$

Multipliant entre eux, ces rapports et les précédens, puis réduisant, on obtiendra

$$\frac{\sin Z}{\sin z} = \frac{n}{(n)} \cdot \frac{\gamma}{a}.$$

Cette dernière relation est indépendante du nombre des couches comprises entre la surface de la Terre et le point $N$; ainsi elle exprime en général une propriété de la trajectoire cherchée. En considérant donc $AM'M'', \ldots N$ comme une courbe continue dont la convexité est tournée vers le ciel, et les droites $NMP$, $AM'R$ comme les tangentes aux extrémités de cette courbe; la première représentera la direction primitive de la lumière d'un astre, la seconde sera la ligne sur laquelle on rapporte le lieu apparent de cet astre; et l'angle de ces deux droites mesurera la réfraction qui a lieu en $A$.

Maintenant, si l'on mène la droite $MB$ parallèle à $AM'$, l'angle $PMB$ sera aussi égal à la réfraction $PRA$. Or, à une même distance zénitale apparente $ZAR = Z$ peuvent correspondre plusieurs réfractions différentes. Supposons donc que la tangente supérieure $PMN$ à la trajectoire lumineuse prenne, dans cette hypothèse, la position infiniment voisine $P'M$; alors l'angle $P'MP$, vu sa petitesse, sera la différentielle de la réfraction $PMB$.

D'après ces considérations, l'expression de cette différentielle s'obtiendra aisément ainsi qu'il suit.

Abaissons du centre $C$ de la Terre, sur la droite $PM$, la perpendiculaire $CP'$; désignons par $x$ la base $PM$ du triangle rectangle $PMC$, par $y$ sa hauteur $CP$, et par $r$ la réfraction qui a lieu entre $A$ et $M$, c'est-à-dire l'angle $PMB$ : on aura en général

$$\text{tang } dr = \frac{P'P}{PM} \text{ ou bien } dr = \frac{dy}{x}.$$

Mais par ce qui précède, et à cause de $y = \gamma \sin PMC = \gamma \sin z$, on a

$$y = \frac{a(n)}{n} \sin Z.$$

D'ailleurs la force réfractive de l'air étant supposée proportionnelle à la densité $\rho$ et se trouvant exprimée par $P\rho$ dans la région

$MN$, on a $P\rho = n^2 - 1$, $P$ étant le pouvoir réfringent de l'air à cette hauteur (*Traité de Physique* de M. Biot, tom III, pag. 266). De là

$$n = \sqrt{1 + P\rho}.$$

Soit $(\rho)$ la densité de l'air à la surface de la Terre; on aura de même

$$(n) = \sqrt{1 + P(\rho)};$$

ainsi

$$y = \frac{a \sin Z . \sqrt{1 + P(\rho)}}{\sqrt{1 + P\rho}}, \quad x = \frac{\sqrt{1 + P\rho - \frac{a^2}{y^2} \sin^2 Z . [1 + P(\rho)]}}{\sqrt{1 + P\rho}};$$

enfin

$$dr = \frac{dy}{x} = \frac{-aPd\rho \sin Z . \sqrt{1 + P(\rho)}}{2(1 + P\rho) y \sqrt{1 + P\rho - \frac{a^2}{y^2} \sin^2 Z . [1 + P(\rho)]}}.$$

Telle est l'équation différentielle de la pag. 244 du tom. IV de la *Mécanique céleste*, et à laquelle MM. Brinkley et Andrews, savans Irlandais, sont parvenus par une méthode qui me paraît analogue à la précédente, autant que j'en puis juger par la courte analyse de leur Mémoire, insérée dans la *Connaissance des Tems* de 1819, pag. 405.

248. Il faudrait, pour intégrer cette équation, connaître $\rho$ en fonction du rayon $y$, c'est-à-dire connaître la loi de décroissement des couches de l'atmosphère. M. Laplace considère en pareil cas les deux limites de cette loi, qui sont une densité constante et une densité décroissante en progression géométrique, quand la hauteur au-dessus du niveau des mers croît en progression arithmétique; ce qui suppose une température uniforme dans toute l'étendue de l'atmosphère, comme on le verra bientôt.

Ne voulant ici traiter que le cas le plus simple, qui est aussi celui où la formule de réfraction est la plus exacte, nous supposerons que les distances zénitales observées sont comprises entre 0° et 74°; parce qu'alors les variations de la réfraction ne dépendent que de celles du baromètre et du thermomètre dans le lieu de l'observation.

Adoptons à cet effet l'hypothèse d'une température uniforme, et faisons d'abord

$$\frac{a}{y} = 1 - S, \quad \alpha = \frac{P(\rho)}{2[1 + P(\rho)]} = \frac{\frac{2G}{v^2}(\rho)}{1 + \frac{4G}{v^2}(\rho)},$$

$v$ étant la vitesse de la lumière dans le vide et $G$ la somme des forces attractives de l'air dont la densité serait égale à l'unité. (Voy. le *Traité de Physique* cité.)

L'équation différentielle précédente se changera en celle-ci :

$$dr = -\frac{\alpha\frac{d\rho}{(\rho)}(1-S)\sin Z}{\left[1-2\alpha\left(1-\frac{\rho}{(\rho)}\right)\right]\sqrt{\cos^2 Z-2\alpha\left(1-\frac{\rho}{(\rho)}\right)+(2S-S^2)\sin^2 Z}};$$

puis en la réduisant en série, et négligeant les produits de trois dimensions de $\alpha$ et de $S$, on aura

$$dr = -\alpha\frac{d\rho}{(\rho)}\tang Z\left[1-\frac{S}{\cos^2 Z}+\alpha\left(1-\frac{\rho}{(\rho)}\right)\cdot\frac{(2\cos^2 Z+1)}{\cos^2 Z}\right];$$

et intégrant, il viendra

$$r = -\alpha\tang Z\left[\frac{\rho}{(\rho)}-\int\frac{Sd\rho}{(\rho)\cos^2 Z}+\alpha\left(\frac{\rho}{(\rho)}-\frac{1}{2}\frac{\rho^2}{(\rho)^2}\right)\cdot\frac{2\cos^2 Z+1}{\cos^2 Z}\right]+\text{const.}$$

Or, si l'on prend cette intégrale depuis $\rho=(\rho)$ jusqu'à $\rho=0$, c'est-à-dire depuis la surface de la Terre jusqu'aux limites de l'atmosphère, et qu'on fasse attention qu'à la limite $\rho=(\rho)$ on a $S=0$, on obtiendra

$$r = \alpha\tang Z\left[1+\frac{1}{2}\alpha\frac{(2\cos^2 Z+1)}{\cos^2 Z}+\frac{1}{\cos^2 Z}\int\frac{Sd\rho}{(\rho)}\right].$$

D'ailleurs en intégrant par parties,

$$\int\frac{Sd\rho}{(\rho)}=\frac{S.\rho}{(\rho)}-\int\frac{\rho dS}{(\rho)};$$

mais en étendant l'intégrale aux limites désignées, et observant qu'au point où $\rho=0$, on a $S=1$ ou $\gamma$ infini ; on trouve que

$$\int\frac{Sd\rho}{(\rho)}=-\int\frac{\rho dS}{(\rho)}.$$

Reste à obtenir cette dernière intégrale. Pour cet effet, soit $p$ la pression de l'air dans la région où $g$ exprime la gravité : il est évident que puisque la masse est égale au produit du volume par la densité, et que le poids est égal à la masse multipliée par la gravité, l'on a

$$dp = -g\rho d\gamma = -g\frac{\gamma^2}{a}\rho dS.$$

Nous adoptons le signe moins, parce que la pression diminue à mesure que la hauteur augmente.

Soit dont $(g)$ la pesanteur à la surface de la Terre; on a $g=(g)\frac{a^2}{\gamma^2}$, et par conséquent

$$p = -(g)\, a\int\rho dS.$$

Ainsi, l'intégrale $\int\rho dS$ est égale à la pression entière $(p)$ à la surface de la Terre, divisée par $(g)\,a$. Voyons maintenant comment on peut exprimer cette pression en fonction de la hauteur $l$ de l'atmosphère, dont la densité serait $(\rho)$ et la température partout la même.

Lorsque la température est uniforme, les forces élastiques de deux molécules d'air sont proportionnelles à leurs densités, c'est-à-dire que

$$p = (p)\frac{\rho}{(\rho)},$$

et comme par ce qui précède

$$dp = -(g)\frac{a^2}{\gamma^2}\rho d\gamma,$$

on a

$$(p).\frac{d\rho}{(\rho)} = (g)\, a\rho . d.\frac{a}{\gamma};$$

puis intégrant, il vient

$$\log\rho = \frac{(g)\, a\, (\rho)}{(p)}.\frac{a}{\gamma} + \text{const.}$$

Pour déterminer la constante, soit $\gamma=a$; dans ce cas, $\rho=(\rho)$, et

$$\log(\rho) = \frac{(g)\, a\, (\rho)}{(p)} + \text{const.},$$

d'où

$$\text{const.} = \log(\rho) - \frac{(g)\, a\, (\rho)}{(p)},$$

et par conséquent

$$\log\rho = \frac{(g)\, a\, (\rho)}{(p)}\left(\frac{a}{\gamma} - 1\right) + \log(\rho);$$

ou bien passant aux nombres,

$$\rho = (\rho).c^{\frac{(g)\, a\, (\rho)}{(p)}\left(\frac{a}{\gamma}-1\right)},$$

$c$ étant la base des logarithmes népériens. Mais par hypothèse, $l$ est la hauteur d'une colonne d'air de la densité $(\rho)$, et qui, animée de la pesanteur $(g)$, fait équilibre à $(p)$; donc

$$(p) = (g)(\rho).l \qquad (m);$$

et enfin

$$\rho = (\rho).c^{-\frac{aS}{l}}:$$

équation qui prouve que quand on suppose une température uniforme dans toute l'atmosphère, la densité décroît en progression par quotiens, tandis que la hauteur croît en progression par différences.

Maintenant il est visible qu'à cause de

$$\int \rho ds = \frac{(p)}{(g)a} \text{ et } (p) = (g)(\rho)\,l,$$

on a

$$\int \frac{\rho dS}{(\rho)} = \frac{l}{a};$$

et définitivement

$$r = \alpha \tang Z \left[ 1 + \frac{\frac{1}{2}\alpha(2\cos^2 Z + 1) - \frac{l}{a}}{\cos^2 Z} \right].$$

Cette expression n'est assujétie à aucune hypothèse sur la constitution de l'atmosphère; elle dépend seulement des valeurs de $(\rho)$ et de $l$ qui sont données par les hauteurs du baromètre et du thermomètre dans le lieu de l'observation : ainsi, il convient d'assigner le terme où cette formule cesse d'être exacte. M. Laplace évalue pour cet effet le terme le plus considérable de la série précédente, parmi ceux qui ont été négligés; il le trouve de 1",1 à la distance zénitale apparente de 79°, et tout-à-fait insensible à une distance zénitale moindre.

Cherchons les valeurs numériques des élémens de cette formule. D'abord, $l$ représentant par hypothèse la hauteur d'une atmosphère dont la densité est $(\rho)$ et la température zéro, on a, par ce qui précède,

$$(p) = (g)(\rho)\,l.$$

Soit ensuite $\Delta$ la densité du mercure, et $h^\circ$ la hauteur du baromètre à la même température zéro; on aura aussi

$$(p) = (g)\,\Delta h^\circ,$$

et par conséquent, en égalant ces deux valeurs, il vient

$$l = \frac{\Delta}{(\rho)} h^{\circ}.$$

Or, par les expériences de MM. Biot et Arago,

$$\frac{\Delta}{(\rho)} = 10473{,}04,$$

à la température zéro, et lorsque la hauteur barométrique $h^{\circ} = 0^{m},76$; on a donc

$$l = 7960^{m};$$

M. Laplace a trouvé

$$l = 7974^{m},$$

par la combinaison d'un grand nombre d'observations du baromètre, faites sur les hauteurs et au pied des montagnes, et comparées aux mesures trigonométriques. En nous arrêtant à ce dernier résultat, et remarquant que $a = 6366198^{m}$, on a

$$\frac{l}{a} = 0{,}00125254.$$

Les expériences citées ont donné dans les mêmes circonstances barométriques et thermométriques, et en parties du rayon

$$\tfrac{1}{2} P(\rho) = \frac{2G}{\nu^2}(\rho) = 0{,}0002945856,$$

d'où

$$\alpha = 0{,}000294412.$$

(*Voyez* le Mémoire de M. Biot sur les *Affinités des corps pour la lumière*, Institut, 1806.)

M. Delambre, par la comparaison d'un grand nombre d'observations astronomiques, a trouvé

$$\tfrac{1}{2} P(\rho) = \frac{2G}{\nu^2}(\rho) = 0{,}0002940470,$$

d'où

$$\alpha = 0{,}000293876;$$

valeur qui est presque identique avec la précédente déterminée directement et par des expériences très délicates. Comme elle est proportionnelle à la densité $(\rho)$, et qu'à température égale, la densité de l'air est proportionnelle à la pression qu'il éprouve ou à la hauteur du baromètre; il est nécessaire d'introduire dans l'expression précédente de $r$ la correction relative à cet instrument. De plus, cette densité, à même pression, décroissant dans le même rapport que la température augmente, il faut aussi appliquer à la formule la correction relative à l'état du thermomètre.

Or, suivant les expériences de M. Gay-Lussac, un volume d'air exprimé par l'unité, à zéro de température, et sous une pression équivalente à celle d'une colonne de mercure de $0^m,76$ de hauteur, se dilate de $\frac{1}{250} = 0,00375$, par chaque degré du thermomètre centigrade; ainsi, à $t$ degrés de température, le volume d'air devient $= 1 + 0,00375t$. Si donc $h$ désigne la hauteur observée du baromètre, qu'on la corrige de l'effet de la dilatation du mercure réduit à zéro degré de température, et à raison de $\frac{1}{5412}$ pour chaque degré du thermomètre centigrade (*); la densité de l'air à la température $t$ degrés étant représentée par 1 au terme de la glace fondante, sera $\frac{h}{0^m,76\,(1+0,00375t)\left(1+\frac{t}{5412}\right)}$, ou, pour abréger, $\frac{h}{0^m,76(1+mt)(1+nt)}$; puisqu'à masses égales, les densités sont réciproques aux volumes.

Quant à la valeur de $l$, il est visible, d'après l'équation $(m)$, qu'elle ne change point par les hauteurs du baromètre, lorsque la température est constante; mais si la température change et que la pression reste la même, alors $l$ varie en raison inverse de $(\rho)$, et dans ce cas

$$l = 7974^m\,(1 + 0,00375t).$$

Il résulte de là, que

$$r = \frac{\alpha h \tang Z}{0^m,76\,(1+0,00375t)\left(1+\frac{t}{5412}\right)} + \frac{\frac{1}{2}\alpha^2 h^2\,(1+2\cos^2 Z)}{(0^m,76)^2\,(1+0,00375t)^2\left(1+\frac{t}{5412}\right)^2}\cdot\frac{\tang Z}{\cos^2 Z} - \frac{\alpha h}{0^m,76}\cdot 0,00125254\,\frac{\tang Z}{\cos^2 Z};$$

formule dans laquelle $\alpha = 60'',616$ (*Tables du Soleil*). Pour la com-

---

(*) MM. Dulong et Petit, professeurs à l'École royale Polytechnique, ont fait dernièrement de nouvelles expériences qui portent cette dilatation à $\frac{1}{5550}$. (Voyez le *Journal de Chimie et de Physique*, février 1818.)

modité du calcul, on altère un peu le second et le troisième terme, en écrivant

$$r = \frac{\alpha h \tang Z}{0^m,76(1+0,00375t)\left(1+\frac{t}{5412}\right)} + \frac{\frac{1}{2}\alpha^2 h\,(1+2\cos^2 Z)\tang Z}{0^m,76(1+0,00375t)\left(1+\frac{t}{5412}\right)\cos^2 Z} - \frac{\alpha h . 0,00125254}{0^m,76(1+0,00375t)\left(1+\frac{t}{5412}\right)} \cdot \frac{\tang Z}{\cos^2 Z} - \alpha . 0,00375t . 0,00125254\,\frac{\tang Z}{\cos^2 Z}.$$

249. C'est à l'aide de cette formule qu'ont été calculées en partie les Tables de réfraction insérées dans la *Connaissance des Tems*, depuis un petit nombre d'années. Mais à partir de 74° de distance zénitale jusqu'à l'horizon, les réfractions moyennes ont été obtenues à l'aide d'une autre formule, donnée également par M. Laplace (*Mécanique céleste*, tom. IV, pag. 264). Quoique ces tables servent dans toute leur étendue, cependant les astronomes évitent en général d'observer les astres trop près de l'horizon, à cause de l'inconstance des réfractions.

Enfin, si l'on fait abstraction du facteur $\frac{h}{0^m,76(1+0,00375t)\left(1+\frac{t}{5412}\right)}$, et qu'on développe cette expression par rapport aux puissances de tang $Z$, on aura, à cause de $\cos^2 Z = \frac{1}{1+\tang^2 Z}$,

$$r = \left(0,99874746 + \frac{3\alpha \sin 1''}{2}\right)\alpha \tang Z - \left(0,00125254 - \frac{\alpha}{2}\sin 1''\right)\alpha \tang^3 Z \ldots,$$

ou prenant $\alpha = 60'',525$, comme M. Biot (*Astronomie physique*, tom. I, pag. 439), on aura

$$\alpha \sin 1'' = 0,000293434,$$

et par suite

$$r = 0,99918761\alpha \tang Z - 0,00110582 3\alpha \tang^3 Z \qquad \text{(N)}.$$

250. Avant la belle théorie dont nous venons de donner une idée,

d'après l'illustre auteur de la *Mécanique céleste*, les astronomes faisaient usage de deux formules de réfraction, qui peuvent être considérées comme des cas particuliers de la précédente, et qu'il importe de connaître.

Par exemple, la formule de Bradley est

$$r = A \text{ tang } (Z - \mu r);$$

$A$ et $\mu$ étant deux coefficiens constans qu'il s'agit d'obtenir. Pour la développer, comme la précédente, suivant les puissances de tang $Z$, supposons d'abord $Z = 90°$, et désignons par $R$ la réfraction correspondante; on aura

$$R = A \cot \mu R, \text{ d'où } A = R \text{ tang } \mu R,$$

et par suite

$$r = R \text{ tang } \mu R . \text{tang } (Z - \mu r),$$

ou bien

$$\mu r = \mu R \text{ tang } \mu R . \text{tang } (Z - \mu r).$$

Par ce moyen, cette formule ne renferme plus que l'inconnue $\mu R$, que l'on dégagera ainsi qu'il suit.

D'abord, l'expérience prouve que $\mu R$ est une très petite quantité angulaire. En effet, pour un état moyen de l'atmosphère, $R = 33'$ environ, et d'ailleurs $\mu$ diffère peu de $3\frac{1}{4}$, comme on le verra bientôt. Cette circonstance permet donc de substituer au rapport des arcs $\mu r$, $\mu R$ celui de leurs tangentes ou de leurs sinus. Partant,

$$\text{tang } \mu r = \text{tang}^2 \mu R \text{ tang } (Z - \mu r).$$

Mais

$$\text{tang } (Z - \mu r) = \frac{\text{tang } Z - \text{tang } \mu r}{1 + \text{tang } Z \text{ tang } \mu r},$$

ainsi

$$\text{tang } Z \text{ tang}^2 \mu r + \frac{1}{\cos^2 \mu R} \text{ tang } \mu r = \text{tang}^2 \mu R \text{ tang } Z,$$

et de là

$$\text{tang } \mu r = \frac{-1 + \sqrt{1 + \sin^2 . 2\mu R \text{ tang}^2 Z}}{2\cos^2 \mu R \text{ tang } Z} \quad \text{(P)}.$$

Nous rejetons la valeur négative de tang $\mu r$, parce que la réfraction est nécessairement positive, sur-tout pour les astres éloignés de l'horizon.

On remarquera en outre que la distance zénitale apparente $Z$ étant moindre que $90°$, la valeur de tang $\mu r$ peut être réduite en série convergente, qui procède suivant les puissances ascendantes de tang $Z$. Effectuant cette opération, qui ne présente aucune difficulté, on a

$$\operatorname{tang}\mu r = \sin^2 \mu R \operatorname{tang} Z - \sin^4 \mu R \cos^4 \mu R \operatorname{tang}^3 Z + \ldots,$$

ou bien, supposant $\operatorname{tang}\mu r = \frac{r \operatorname{tang}\mu R}{R}$, on obtiendra aisément

$$r = \frac{R}{2} \sin 2\mu R \operatorname{tang} Z - \frac{R}{8} \sin^3 2\mu R \operatorname{tang}^3 Z + \ldots$$

Comparant cette série à celle (N), on a ces deux conditions,

$$\frac{R}{2} \sin 2\mu R = 0{,}99918761\alpha, \quad \frac{R}{8} \sin^3 2\mu R = 0{,}0011058 23\alpha,$$

pour déterminer $R$ et $\mu$. En effet, divisant la seconde par la première, il vient

$$\tfrac{1}{4} \sin^2 2\mu R = \frac{0{,}001105823}{0{,}99918761}, \quad 2\mu R = 13734'',$$

et de la première, on tire

$$R = 0{,}99918761\alpha \sqrt{\frac{0{,}99918761}{0{,}001105823}} = 1817'',9 = 30'17'',9.$$

Ensuite, on a

$$\mu = \frac{2\mu R}{2R} = 3{,}78;$$

enfin, $A$ est donné par la formule

$$A = R \operatorname{tang}\mu R = 60'',510;$$

mais sans erreur sensible

$$A = R \sin \mu R = \frac{R}{2} \sin 2\mu R = 0{,}99918761\alpha;$$

ainsi $A$ est très différent de $\alpha$. C'est de cette manière que M. Biot, dans son *Astron. physiq.*, évalue les constantes de la formule de Bradley, après avoir déterminé $\alpha$ à l'aide des observations astronomiques faites par Méchain à Barcelonne, et rapportées dans la *Base du Système métrique décimal*, tom. II, pag. 643. Mais la combinaison d'un plus grand nombre d'observations de ce genre a donné $\mu = 3{,}25$ et $\alpha = 60'',616$, comme nous l'avons déjà annoncé.

251. La formule de Simpson, qui est de la forme suivante:

$$\sin(Z - nr) = M \sin Z,$$

$n$ et $M$ étant deux constantes, se déduit facilement de la précédente. En effet, si dans la formule

$$\tang \mu r = \tang^2 \mu R \tang (Z - \mu r),$$

on met pour $\frac{\tang (Z - \mu r)}{\tang \mu r}$, sa valeur $\frac{\sin Z + \sin (Z - 2\mu r)}{\sin Z - \sin (Z - 2\mu r)}$; on aura

$$\frac{1}{\tang^2 \mu R} = \frac{\sin Z + \sin (Z - 2\mu r)}{\sin Z - \sin (Z - 2\mu r)}.$$

Mais $\frac{1}{\tang^2 \mu R} = \frac{1 + \cos 2\mu R}{1 - \cos 2\mu R}$, par conséquent

$$\frac{1 + \cos 2\mu R}{1 - \cos 2\mu R} = \frac{\sin Z + \sin (Z - 2\mu r)}{\sin Z - \sin (Z - 2\mu r)}.$$

Enfin, chassant les dénominateurs et réduisant, il viendra

$$\sin (Z - 2\mu r) = \cos 2\mu R . \sin Z.$$

Voici une *méthode empirique,* qui conduit très facilement à cette formule de Simpson.

La densité de l'air diminuant à mesure qu'on s'éloigne de la surface de la Terre, on peut concevoir une atmosphère d'une densité moyenne et uniforme dans laquelle un rayon de lumière n'éprouverait par conséquent qu'une seule déviation dont l'effet, sur la position apparente d'un astre, serait sensiblement le même que celui qui serait produit par l'atmosphère véritable.

Soit $CZ$ (fig. 3) la hauteur de l'atmosphère fictive dont il s'agit, $A$ le lieu de l'observateur, $EM$ un rayon incident de lumière réfracté suivant $MA$. L'astre $E$ paraîtra en $E'$ sur le prolongement de $MA$, et l'angle $EME'$ sera la réfraction observée. Or, par le premier principe énoncé (art. 247),

$$\frac{\sin EMV}{\sin E'MV} = n,$$

$n$ étant un rapport constant. Ou bien soit $E'MV = \theta$, $E'ME = r$, et la distance zénitale apparente $ZAM = Z$; on a

$$\frac{\sin (\theta + r)}{\sin \theta} = n;$$

mais si, dans le triangle $CAM$, on fait $CA = a$, $CM = \gamma$, il est évident que $\frac{\sin \theta}{\sin Z} = \frac{a}{\gamma}$; de là

$$\frac{\sin(\theta + r)}{\sin Z} = \frac{\gamma}{a} n = M.$$

D'ailleurs, en désignant l'angle au centre $MCA$ par $\varphi$, on a

$$\theta = Z - \varphi,$$

et par conséquent

$$\frac{\sin(Z - \varphi + r)}{\sin Z} = M.$$

L'expérience prouve que la réfraction décroît depuis l'horizon $H$ jusqu'au zénit $Z$ où elle est nulle, et qu'à une distance zénitale $\varphi$ très petite, cette réfraction lui est à fort peu près proportionnelle; ainsi l'on a $r = q\varphi$, le coefficient $q$ étant supposé constant. Substituant cette valeur dans la relation précédente, il vient

$$\sin[Z - (q - 1) r] = M \sin Z;$$

ou bien, soit pour abréger, $q - 1 = 2\mu$, et désignons par $R$ la réfraction horizontale, ou ce que devient $r$ lorsque $Z = 90°$, on a $\cos 2\mu R = M$, et enfin, comme ci-dessus,

$$\sin(Z - 2\mu r) = \cos 2\mu R . \sin Z.$$

Ce calcul est fondé sans doute sur des hypothèses fort gratuites; mais il donne une idée de la manière dont les astronomes étaient parvenus à lier approximativement les réfractions entre elles, avant d'en connaître les véritables lois.

252. M. Delambre détermine très simplement les valeurs de $\mu$ et $R$, au moyen de l'observation de deux réfractions $r$ et $r'$. Voici sa méthode.

D'abord, si, dans la formule (P), on introduit un angle auxiliaire $\varepsilon$, tel que

$$\tang \varepsilon = \sin 2\mu R \tang Z \quad (1),$$

on aura

$$\tang \mu r = \frac{(\text{séc}\,\varepsilon - 1) \sin \mu R}{2\cos^2 \mu R \sin \mu R \tang Z} = \frac{\tang \mu R (\text{séc}\,\varepsilon - 1)}{\sin 2\mu R \tang Z}$$

$$= \frac{\tang \mu R (1 - \cos \varepsilon)}{\sin \varepsilon} = \tang \mu R \tang \tfrac{1}{2} \varepsilon \quad (2).$$

Mais cette dernière formule, à cause de la petitesse des angles $\mu r$ et $\mu R$, donnant

$$r = R \tang \tfrac{1}{2}\epsilon,$$

à la distance zénitale apparente $Z$; on a de même

$$r' = R \tang \tfrac{1}{2}\epsilon',$$

à une autre distance zénitale apparente $Z'$ : ainsi,

$$\frac{r'}{r} = \frac{\tang \frac{1}{2}\epsilon'}{\tang \frac{1}{2}\epsilon}.$$

Mais $\tang \epsilon = \frac{2\tang \frac{1}{2}\epsilon}{1 - \tang^2 \frac{1}{2}\epsilon}$; donc, en ayant égard à la relation (1),

$$\frac{r'}{r} = \frac{\frac{1}{2}\tang \epsilon' (1 - \tang^2 \frac{1}{2}\epsilon')}{\frac{1}{2}\tang \epsilon (1 - \tang^2 \frac{1}{2}\epsilon)} = \frac{\tang Z' (1 - \tang^2 \frac{1}{2}\epsilon')}{\tang Z (1 - \tang^2 \frac{1}{2}\epsilon)},$$

$$\frac{r'}{r} = \frac{\tang Z'}{\tang Z}\left(\frac{1 - \tang^2 \frac{1}{2}\epsilon'}{1 - \left(\frac{r}{r'}\right)^2 \tang^2 \frac{1}{2}\epsilon'}\right),$$

$$\frac{\tang Z'}{\tang Z} = \frac{\frac{r'}{r} - \frac{r'}{r}\left(\frac{r}{r'}\right)^2 \tang^2 \frac{1}{2}\epsilon'}{1 - \tang^2 \frac{1}{2}\epsilon'} = \frac{\frac{r'}{r} - \frac{r}{r'} \tang^2 \frac{1}{2}\epsilon'}{1 - \tang^2 \frac{1}{2}\epsilon'},$$

$$\frac{r'}{r} - \frac{r}{r'} \tang^2 \tfrac{1}{2}\epsilon' = \tang Z' \cot Z - \tang Z' \cot Z \tang^2 \tfrac{1}{2}\epsilon',$$

$$\tang^2 \tfrac{1}{2}\epsilon' = \frac{\tang Z \cot Z - \frac{r'}{r}}{\tang Z \cot Z - \frac{r}{r'}}$$

$$= \frac{\tang A - \tang B}{\tang A - \cot B} = \frac{\sin (A - B) \tang B}{\sin (A + B - 90^\circ)}.$$

Par cette dernière formule, l'on connaîtra $\frac{1}{2}\epsilon'$, après quoi l'on aura

$$\tang \tfrac{1}{2}\epsilon = \frac{r}{r'} \tang \tfrac{1}{2}\epsilon', \quad R = r \cot \tfrac{1}{2}\epsilon = r' \cot \tfrac{1}{2}\epsilon';$$

enfin

$$\sin 2\mu R = \tang \epsilon \cot Z = \tang \epsilon' \cot Z', \text{ et } \mu = \frac{2\mu R}{2R}.$$

Supposons que $Z' = 90^\circ$, alors $r' = R$, $\tang \frac{1}{2}\epsilon' = 1$ et $\tang \frac{1}{2}\epsilon = \frac{r}{R}$; par conséquent

$$\sin 2\mu R = \tang \epsilon \cot Z = \frac{2\left(\frac{r}{R}\right) \cot Z}{1 - \left(\frac{r}{R}\right)^2} = \frac{2Rr \cot Z}{(R + r)(R - r)}.$$

Je ferai connaître plus loin de quelle manière on obtient $r$ par l'observation.

C'est par cette méthode que M. Delambre a pu comparer à la formule de Simpson toutes les tables existantes (*Astronomie*, tom. I, pag. 304). Il a remarqué en outre, que cette formule, en modifiant les deux constantes, pourrait servir pour tous les usages astronomiques, depuis le zénit jusqu'à 82°; mais il est probable qu'à une distance zénitale plus grande, on ne pourra jamais former une table exacte de réfractions. Toutefois, M. Laplace a, comme je l'ai déjà dit, étendu la sienne jusqu'à l'horizon, et les considérations physiques sur lesquelles elle est toute fondée, lui ont fait donner la préférence sur toutes les autres. (Voyez la *Mécanique céleste*, et le Discours préliminaire des *Tables solaires*.)

253. La Table de réfractions, publiée dans la *Connaissance des Tems* de chaque année, quoique construite d'après la formule de M. Laplace, est tout-à-fait indépendante des logarithmes, et c'est quelquefois un avantage dans la pratique. Néanmoins, j'ai jugé convenable de conserver à la Table V la forme que M. Delambre lui a donnée, d'après les idées de leur illustre auteur : elle a pour argument la distance zénitale apparente. J'en ai calculé une toute semblable pour les distances zénitales vraies; on en verra l'utilité dans les observations azimutales.

On remarquera que la table V donne le logarithme de la réfraction moyenne, c'est-à-dire de la réfraction qui aurait lieu à la température de 10 degrés du thermomètre centigrade, et sous la pression barométrique de $0^m,76$.

Pour trouver la réfraction actuelle, il faut ajouter au logarithme de la réfraction moyenne ceux des deux facteurs barométrique et thermométrique donnés par les tables VI et VII. On concevra aisément la raison de cette règle, en se rappelant que l'expérience ayant prouvé que la réfraction est proportionnelle à la densité de l'air, on a (art. 248), en désignant par $r$ la réfraction réelle pour l'état présent de l'atmosphère, par $r_{(0)}$ la réfraction à zéro de température et pour la hauteur moyenne $0^m,76$ du baromètre, on a, dis-je,

$$r = \frac{r_{(0)}h}{0^m,76\,(1+mt)\,(1+nt)},$$

$t$ étant la température et $h$ la hauteur barométrique observées.

Soit maintenant $r_{(10)}$ la réfraction moyenne des tables; on aura, sans changer le point o de départ, pour compter les degrés de température, et à cause de $h = 0^m,76$, $t = 10$, dans ce cas,

$$r_{(10)} = \frac{r_{(0)}}{(1 + 10m)(1 + 10n)}.$$

Éliminant $r_{(0)}$ de ces deux relations, il vient

$$r = r_{(10)} \cdot \frac{h}{0^m,76} \cdot \frac{(1 + 10m)(1 + 10n)}{(1 + mt)(1 + nt)}.$$

Or, la réfraction moyenne $r_{(10)}$ est fournie par la table V, le facteur $\frac{h}{0,76}$ est donné par la table VI, et le troisième facteur par la table VII. La valeur de $r$ s'obtient donc en suivant la règle énoncée ci-dessus.

EXEMPLES.

254. On a observé une étoile à 72°15′ de distance du zénit, au moment où le baromètre métrique marquait $0^m,744$, et le thermomètre centigrade $11^c,25$; on demande la distance zénitale vraie.

| | | |
|---|---|---|
| Dans la table V, vis-à-vis 72°, on a..... | | 2,2493 |
| Pour 15′, on a (4,32)×15 ............. | = | 65 |
| Facteur barométrique, table VI........ | | 9,9906 |
| Facteur thermométrique, table VII..... | | 9,9979 |
| log réfraction vraie.... | = | 2,2443 = 175″,51. |

De là

| | |
|---|---|
| Distance zénitale apparente.... | 72° 15′ 0″ |
| Réfraction vraie ............. | + 2.55,51 |
| Distance zénitale vraie... | 72.17.55,51. |

Pour renverser la question, cherchons la distance apparente au moyen de la distance vraie, et supposons que les circonstances atmosphériques soient les mêmes.

| | | |
|---|---|---|
| Avec la table VIII on trouve, vis-à-vis de 72°, | | 2,2481 |
| Pour 17′,91 ............................. | | 77 |
| Facteur barométrique, table VI............ | | 9,9906 |
| Facteur thermométrique, table VII......... | | 9,9979 |
| log réfraction vraie..... | = | 2,2443 = log $r$; |

donc, comme ci-dessus, $r = 2'55'',51$.

De là

| | |
|---|---|
| Distance zénitale vraie........ | 72° 17′ 55″51 |
| Réfraction vraie.............. | — 2.55,51 |
| Dist. zénitale appar..... | 72.15.0. |

Si la hauteur du baromètre était exprimée en pouces et en lignes, et qu'on eût employé le thermomètre de Réaumur en 80 parties, on ferait préalablement usage de la table IX de conversion; après quoi l'on opérerait comme dans l'exemple précédent. Quant aux mesures thermométriques anglaises, on les convertira en degrés de Réaumur et en degrés centigrades, à l'aide des relations suivantes :

Soient $F$ les degrés de Fahrenheit, $R$ les degrés de Réaumur, $C$ les degrés centigrades; on a

$$F = \frac{9}{4} R + 32, \quad F = \frac{9}{5} C + 32.$$

La Table de réfractions de Bradley a prévalu pendant longtemps, et même il est des astronomes qui en font encore usage. Il est nécessaire qu'on sache quelles sont les tables de cette espèce dont on s'est servi pour calculer certaines observations qu'on veut comparer entre elles.

*N. B.* Dans le calcul ci-dessus, nous n'avons point employé la petite *table complémentaire* qui contient le quatrième terme de l'expression de $r$ donnée à la fin de l'art. 248, et qui est relatif à la température moyenne de $10^g$. Si l'on veut ne rien négliger, cette petite table donnera, pour la distance zénitale apparente 72°, la quantité — 0″,1; alors la réfraction vraie sera définitivement 175″,41.

La raison pour laquelle le quatrième terme de la formule citée n'a été calculé que depuis $Z = 67°$ jusqu'à $Z = 85°$, c'est parce qu'à la première limite il est déjà insensible, et que passé 85° les réfractions sont trop incertaines pour y appliquer avec quelque exactitude les corrections relatives à la température et à la hauteur du baromètre.

# CHAPITRE III.

## *Des différentes formules de parallaxe, et de la transformation des coordonnées circulaires.*

255. Nous avons dit (art. 23) que la parallaxe de hauteur d'un astre est l'angle sous lequel on verrait du centre de cet astre le rayon de la Terre mené au lieu de l'observateur. Cette parallaxe est une fonction de la distance zénitale apparente et de la parallaxe horizontale, ainsi qu'on va voir.

Soit $\Pi$ cette parallaxe horizontale, $\varpi$ la parallaxe de hauteur, $\rho$ le rayon de la Terre supposée sphérique, $Z$ la distance zénitale $ZAS$ (fig. 4) de l'astre $S$ observé, $N$ la distance zénitale $ZCS$ géocentrique, $r$ la distance rectiligne $CS$.

Le triangle $ASC$ donne

$$\frac{\sin \varpi}{\sin Z} = \frac{\rho}{r};$$

mais lorsque l'astre est à l'horizon, $\sin Z = 90°$ et $\sin \Pi = \frac{\rho}{r}$; de là

$$\sin \varpi = \sin \Pi \sin Z \qquad (1).$$

Pour le Soleil, la valeur de $\Pi$ ne va pas à $9''$; on peut donc prendre les arcs pour les sinus; ainsi,

$$\varpi = \Pi \sin Z \qquad (1');$$

c'est-à-dire que *la parallaxe de hauteur est égale à la parallaxe horizontale multipliée par le sinus de la distance zénitale apparente.*

Si l'on voulait la parallaxe de hauteur en fonction de la distance zénitale géocentrique, il faudrait, dans la formule (1), substituer à la place de $Z$, sa valeur $N + \varpi$; alors on aurait

$$\sin \varpi = \sin \Pi \sin (N + \varpi),$$

et en développant le second membre, il viendrait

$$\sin \varpi = \sin \Pi \sin N \cos \varpi + \sin \Pi \cos N \sin \varpi;$$

d'où

$$\tang \varpi = \frac{\sin \Pi \sin N}{1 - \sin \Pi \cos N};$$

enfin, réduisant en série et en secondes, on obtiendrait (art. 93)

$$\varpi = \Pi \sin N + \frac{\Pi^2}{2} \sin 1'' \sin 2N + \ldots$$

256. Pour montrer comment on doit tenir compte de la parallaxe de hauteur dans les calculs astronomiques, soit $S$ (fig. 4) le lieu vrai, $S'$ le lieu apparent du centre du Soleil, et, comme ci-dessus, $N = ZCS$ sa distance vraie au zénit, telle qu'elle serait prise du centre de la Terre, $r = S'AS$ la réfraction vraie, $\varpi$ la parallaxe $ASC$ de l'astre $S$; on a évidemment

$$ZAS = ZCS + ASC = N + \varpi;$$

mais parce que la réfraction élève les objets, ou, ce qui est de même, diminue leur distance au zénit, on a ensuite

$$ZAS' = ZCS' + AS'C = ZCS - S'CS + AS'C;$$

d'ailleurs $S' = S$, $S'AS = S'CS$, du moins à très peu près; désignant donc par $Z$ la distance zénitale apparente $ZAS'$, on a

$$Z = N - r + \varpi,$$

et réciproquement

$$N = Z + r - \varpi.$$

Ainsi, 1°. la distance apparente au zénit, observée à la surface de la Terre, est égale à la distance vraie géocentrique, diminuée de la réfraction et augmentée de la parallaxe;

2°. La distance vraie géocentrique est au contraire égale à la distance apparente observée à la surface, augmentée de la réfraction et diminuée de la parallaxe. L'effet de la parallaxe, opposé à celui de la réfraction, est donc d'abaisser les astres dans leurs verticaux respectifs.

Nous prévenons une fois pour toutes, que dans le calcul de la position des astres, on fait toujours usage des triangles sphériques dont les côtés sont des arcs de grand cercle de la sphère céleste: ainsi, en pareille circonstance on doit employer pour distance vraie d'un astre au zénit, celle qui serait prise du centre de la Terre.

Mais quand il s'agit d'une étoile, il n'y a plus de différence sensible entre les angles $ZAS'$ et $ZCS'$, c'est-à-dire entre les angles qui seraient mesurés à la surface de la Terre, et ceux qui seraient observés au centre.

257. Un des moyens qu'on peut employer pour déterminer la parallaxe horizontale du Soleil, est celui-ci : supposons que deux observateurs, l'un dans l'hémisphère boréal, l'autre dans l'hémisphère austral, et placés sous le même méridien, observent le même jour la distance zénitale du Soleil à midi, qui est l'instant de la *médiation;* puis appelons $Z$, $Z'$ les deux distances observées, et $H$, $H'$ les latitudes connues des lieux d'observation $A$, $B$; on aura, par ce qui précède,

$$\varpi = \Pi \sin Z, \quad \varpi' = \Pi \sin Z'.$$

Mais dans le quadrilatère $ACBS$ (fig. 5), la somme des quatre angles égalant quatre angles droits, on a, dans l'hypothèse que les latitudes sont de différentes dénominations,

$$\Pi (\sin Z + \sin Z') + H + H' + 360 - (Z + Z') = 360,$$

d'où

$$\text{parallaxe horiz. } \Pi = \frac{Z + Z' - H - H'}{\sin Z + \sin Z'} = \frac{Z + Z' - H - H'}{2 \sin\left(\frac{Z + Z'}{2}\right) \cos\left(\frac{Z - Z'}{2}\right)}.$$

Cette méthode a en effet été pratiquée par Lacaille au cap de Bonne-Espérance, et par Lalande à Berlin, pour déterminer la parallaxe horizontale de la Lune. Mais quoique ces deux astronomes ne fussent pas placés précisément sous le même méridien, comme nous venons de le supposer, cela ne les empêcha pas de rendre leurs observations comparables, en tenant compte du mouvement de la Lune en déclinaison, pour l'intervalle de tems correspondant à la différence des méridiens. Bien entendu qu'il fallut aussi ajouter à chaque distance zénitale observée, la réfraction dont elle se trouvait affectée. Il y a d'autres moyens pour déterminer la parallaxe horizontale des planètes (*voyez* les Traités d'Astronomie).

Comme la parallaxe de hauteur du Soleil s'emploie fréquemment dans les calculs astronomiques, nous avons donné, d'après M. Delambre, la table X, qui la fait connaître pour tous les tems de l'année.

258. Passons maintenant à la recherche des formules de parallaxes

d'ascension droite et de déclinaison ; mais, pour plus de généralité et d'élégance, ayons recours à la méthode analytique.

Si, par le centre $C$ de la Terre (fig. 6), pris pour origine des coordonnées, l'on conçoit trois axes rectangles ; que celui des $x$ passe par l'équinoxe du printems ; que celui des $y$ soit situé dans l'équateur ; et que l'axe des $z$ passe par le pôle boréal de ce cercle : la position du point $E$ de l'espace sera connue par ses distances à ces trois axes, c'est-à-dire par les droites $CP$, $PM$, $ME$.

Soient donc $x, y, z$ les coordonnées rectangles du centre $E$ d'un astre situé dans l'hémisphère boréal, $r$ sa distance $CE$ au centre de la Terre, $Ⱥ$ son ascension droite ♈$N$, $D$ sa déclinaison $EN$ ; on aura, en vertu de la propriété des deux triangles rectangles $CPM$, $CME$,

$$x = r \cos Ⱥ \cos D, \quad y = r \sin Ⱥ \cos D, \quad z = r \sin D \qquad (\alpha).$$

Soient pareillement $X, Y, Z$ les coordonnées rectangles du point $A$ où se trouve l'observateur sur la surface de la Terre, et $g$, $h$ l'ascension droite du zénit et sa déclinaison ou la latitude géocentrique (art. 21) ; on aura de même, à cause de $CA = \rho$,

$$X = \rho \cos g \cos h, \quad Y = \rho \sin g \cos h, \quad Z = \rho \sin h \qquad (\beta).$$

Enfin, prenant le lieu de l'observateur pour l'origine commune de trois autres axes rectangulaires respectivement parallèles aux primitifs ; puis désignant par $r'$ la distance de l'observateur à l'astre, et par $Ⱥ'$, $D'$ l'ascension droite et la déclinaison apparentes de cet astre, on aura

$$x' = r' \cos Ⱥ' \cos D', \quad y' = r' \sin Ⱥ' \cos D', \quad z' = r' \sin D' \qquad (\gamma).$$

Or, il existe évidemment entre les coordonnées du lieu vrai et du lieu apparent de l'astre, les relations suivantes :

$$x' = x - X, \quad y' = y - Y, \quad z' = z - Z \qquad (\delta),$$

ou bien, en ayant égard à celles $(\alpha)$, $(\beta)$, $(\gamma)$,

$$\left.\begin{aligned} r' \cos Ⱥ' \cos D' &= r \cos Ⱥ \cos D - \rho \cos g \cos h \\ r' \sin Ⱥ' \cos D' &= r \sin Ⱥ \cos D - \rho \sin g \cos h \\ r' \sin D' &= r \sin D \qquad\qquad - \rho \sin h \end{aligned}\right\} \quad (\epsilon) ;$$

et si l'on divise successivement la seconde et la troisième équation par la première ; qu'on fasse $\frac{\rho}{r} = \sin \Pi$, $\Pi$ étant alors la plus grande parallaxe de hauteur (art. 24), on aura

$$\left.\begin{array}{l} \tang Æ' = \dfrac{\sin Æ \cos D - \sin \Pi \sin g \cos h}{\cos Æ \cos D - \sin \Pi \cos g \cos h} \\ \tang D' = \dfrac{\cos Æ' (\sin D - \sin \Pi \sin h)}{\cos Æ \cos D - \sin \Pi \cos g \cos h} \end{array}\right\} \quad (\zeta).$$

Ces formules donnent le lieu apparent en fonction du lieu vrai et de la plus grande parallaxe de hauteur, ou de la parallaxe horizontale : elles sont attribuées à M. Olbers, qui les a obtenues, comme nous, par la méthode analytique de Lagrange. Mais il est plus simple, dans la pratique, d'évaluer les parallaxes d'ascension droite et de déclinaison, pour en déduire ensuite le lieu apparent. La première parallaxe, qu'on désigne aussi sous le nom de *parallaxe d'angle horaire*, est $Æ' - Æ$, et la seconde est $D' - D$. Voici un moyen très direct pour les obtenir.

La première équation $(\zeta)$ ayant lieu quelle que soit l'origine des ascensions droites, on peut retrancher de chacune d'elles la même quantité, l'arc $Æ$ par exemple ; ce qui revient évidemment à changer la direction des axes $x$, $y$, en les laissant toutefois dans leur plan primitif. D'après cette remarque, on a sur-le-champ

$$\tang (Æ' - Æ) = \frac{\sin \Pi \sin (Æ - g) \cos h}{\cos D - \sin \Pi \cos (Æ - g) \cos h} = \frac{\dfrac{\sin \Pi \cos h}{\cos D} \sin (Æ - g)}{1 - \dfrac{\sin \Pi \cos h}{\cos D} \cos (Æ - g)};$$

mais la différence $Æ' - Æ$ étant toujours très petite, même pour la Lune, on pourra réduire cette expression en série, et n'en conserver que les termes les plus sensibles ; on aura alors, en secondes de degré,

$$Æ' - Æ = \frac{\sin \Pi \cos h}{\cos D} \frac{\sin (Æ - g)}{\sin 1''} + \frac{1}{2} \left(\frac{\sin \Pi \cos h}{\cos D}\right)^2 \frac{\sin 2(Æ - g)}{\sin 1''} + \ldots (A)$$

Par un raisonnement analogue au précédent, les équations $(\zeta)$ se changent de suite en celles-ci :

$$\operatorname{tang}(\text{Æ}'-g)=\frac{\sin(\text{Æ}-g)\cos D}{\cos(\text{Æ}-g)\cos D-\sin\Pi\cos h},$$

$$\operatorname{tang} D'=\frac{\cos(\text{Æ}'-g)(\sin D-\sin\Pi\sin h)}{\cos(\text{Æ}-g)\cos D-\sin\Pi\cos h};$$

en sorte qu'en les divisant l'une par l'autre, on a

$$\operatorname{tang} D'=\frac{\sin(\text{Æ}'-g)}{\sin(\text{Æ}-g)}\left(\operatorname{tang} D-\frac{\sin\Pi\sin h}{\cos D}\right),$$

ou bien, introduisant les distances polaires vraie et apparente, c'est-à-dire faisant $D=90°-\Delta$, $D'=90°-\Delta'$, il vient

$$\cot\Delta'=\frac{\sin(\text{Æ}'-g)}{\sin(\text{Æ}-g)}\left(\cot\Delta-\frac{\sin\Pi\sin h}{\sin\Delta}\right).$$

Pour tirer de cette formule la valeur de la parallaxe de déclinaison ou plutôt de distance polaire, savoir $\Delta'-\Delta=\sigma$, on remarquera que l'on a d'abord

$$\cot\Delta-\cot\Delta'=\cot\Delta-\frac{\sin(\text{Æ}'-g)}{\sin(\text{Æ}-g)}\left(\cot\Delta-\frac{\sin\Pi\sin h}{\sin\Delta}\right),$$

et par suite

$$\frac{\sin(\Delta'-\Delta)}{\sin\Delta\sin(\Delta+\sigma)}=\cot\Delta\left[1-\frac{\sin(\text{Æ}'-g)}{\sin(\text{Æ}-g)}\right]+\frac{\sin(\text{Æ}'-g)}{\sin(\text{Æ}-g)}\frac{\sin\Pi\sin h}{\sin\Delta};$$

enfin

$$\frac{\sin\sigma}{\sin(\Delta+\sigma)}=\frac{\sin(\text{Æ}'-g)\sin\Pi\sin h}{\sin(\text{Æ}-g)}-\frac{2\cos\Delta\cos\left(\frac{\text{Æ}'+\text{Æ}}{2}-g\right)\sin\left(\frac{\text{Æ}'-\text{Æ}}{2}\right)}{\sin(\text{Æ}-g)}.$$

La parallaxe $\sigma$ ne serait pas assez facile à évaluer au moyen de cette équation; mais le calcul par les logarithmes s'effectuera commodément à l'aide des transformations suivantes :

Faisant $$\frac{\sin(\text{Æ}'-g)\sin\Pi\sin h}{\sin(\text{Æ}-g)}=\operatorname{tang} u,$$

et $$\frac{2\cos\Delta\cos\left(\frac{\text{Æ}'+\text{Æ}}{2}-g\right)\sin\left(\frac{\text{Æ}'-\text{Æ}}{2}\right)}{\sin(\text{Æ}-g)}=\operatorname{tang} v,$$ on aura

$$\sin\sigma=(\operatorname{tang} u-\operatorname{tang} v)\sin(\Delta+\sigma);$$

puis développant et divisant par $\cos\sigma$, il viendra

$$\operatorname{tang}\sigma=\frac{(\operatorname{tang} u-\operatorname{tang} v)\sin\Delta}{1-(\operatorname{tang} u-\operatorname{tang} v)\cos\Delta}=\frac{\frac{\sin(u-v)}{\cos u\cos v}\sin\Delta}{1-\frac{\sin(u-v)}{\cos u\cos v}\cos\Delta};$$

et par suite on aura cette série

$$\sigma = \frac{\sin(u-v)\sin\Delta}{\cos u \cos v \sin 1''} + \frac{1}{2}\left[\frac{\sin(u-v)}{\cos u \cos v}\right]^2 \frac{\sin 2\Delta}{\sin 1''} + \ldots \quad \text{(B)}.$$

Telle est la valeur de la parallaxe de distance polaire. Cette valeur et la précédente sont dues à M. Delambre.

On observera que les formules ci-dessus seraient absolument de même forme, si au lieu de rapporter l'astre à l'équateur on le rapportait à l'écliptique; mais dans ce cas, les ascensions droites se changeraient en longitudes et les déclinaisons en latitudes. Soit donc $L$ la longitude vraie d'un astre et $\lambda$ sa latitude, $n$ la longitude du zénit ou du *nonagésime*, $q$ la latitude du zénit ou le complément de la hauteur du nonagésime; puis représentons par $L'$ et $\lambda'$ les coordonnées du lieu apparent de l'astre; les formules ($\zeta$), donneront

$$\left.\begin{aligned} \text{tang } L' &= \frac{\sin L \cos\lambda - \sin\Pi \sin n \cos q}{\cos L \cos\lambda - \sin\Pi \cos n \cos q} \\ \text{tang } \lambda' &= \frac{\cos L'(\sin\lambda - \sin\Pi \sin q)}{\cos L \cos\lambda - \sin\Pi \cos n \cos q} \end{aligned}\right\} \quad (\xi),$$

et de là on aura pour la parallaxe de longitude,

$$\text{tang}(L'-L) = \frac{\sin\Pi \sin(L-n)\cos q}{\cos\lambda - \sin\Pi\cos(L-n)\cos q} = \frac{\frac{\sin\Pi\cos q}{\cos\lambda}\sin(L-n)}{1 - \frac{\sin\Pi\cos q}{\cos\lambda}\cos(L-n)},$$

$$L'-L = \frac{\sin\Pi\cos q}{\cos\lambda}\frac{\sin(L-n)}{\sin 1''} + \frac{1}{2}\left(\frac{\sin\Pi\cos q}{\cos\lambda}\right)^2 \frac{\sin 2(L-n)}{\sin 1''} + \ldots \quad \text{(C)}.$$

Soient $\lambda = 90° - \delta$, $\lambda' = 90° - \delta'$; la parallaxe de latitude sera $\lambda' - \lambda$; par conséquent la parallaxe de distance au pôle de l'écliptique, en la désignant par $\varkappa$, sera $\varkappa = \delta' - \delta$, et si l'on fait

$$\text{tang } u' = \frac{\sin(L'-n)\sin\Pi\sin q}{\sin(L-n)},$$

$$\text{tang } v' = \frac{2\cos\delta\cos\left(\frac{L'+L}{2} - n\right)\sin\left(\frac{L'-L}{2}\right)}{\sin(L-n)},$$

on aura, par ce qui précède,

$$\text{tang. } \varkappa = \frac{\frac{\sin(u'-v')}{\cos u'\cos v'}\sin\delta}{1 - \frac{\sin(u'-v')}{\cos u'\cos v'}\cos\delta},$$

ou en série,

$$n = \frac{\sin(u'-v')}{\cos u' \cos v'} \frac{\sin \delta}{\sin 1''} + \frac{1}{2}\left[\frac{\sin(u'-v')}{\cos u' \cos v'}\right]^2 \frac{\sin 2\delta}{\sin 1''} + \ldots \quad \text{(D)}.$$

259. Les latitudes et les longitudes sont liées aux ascensions droites et aux déclinaisons par des relations qui se déduisent tout naturellement des formules de la Trigonométrie sphérique. Soit par exemple (fig. 7) $E$ une étoile, $P$ le pôle boréal de l'équateur $\Upsilon Q$, $P'$ le pôle boréal de l'écliptique $\Upsilon Q'$, $\Upsilon$ le point o d'*Aries*, et $P'P$ le *colure* des solstices, ou le grand cercle de la sphère céleste perpendiculaire à l'écliptique et à l'équateur, auquel cas $\Upsilon Q = \Upsilon Q' = 90°$; $P\Upsilon$ le *colure* des équinoxes, enfin $\omega$ l'obliquité $Q'\Upsilon Q$ de l'écliptique ou l'arc $P'P$.

Cela posé, si, par les pôles $P$, $P'$ et par l'astre $E$, l'on mène des arcs de grand cercle $PA$, $P'L$; le premier sera un cercle de déclinaison, le second un cercle de latitude, $P'EP$ l'angle de *position*, et l'on aura, en vertu de la notation adoptée ci-dessus,

$$\Upsilon A = Æ,\ AE = D,\ \Upsilon L = L,\ EL = \lambda;$$

de plus, dans le triangle sphérique $P'PE$, on aura

$$\begin{aligned} PP' &= \omega,\ PE = 90° - D,\ P'E = 90° - \lambda, \\ \text{angle } P &= 180° - (90° - Æ) = 90 + Æ, \\ \text{angle } P' &= 90 - L; \end{aligned}$$

et d'après les propriétés démontrées aux art. 54 et 65, les relations cherchées seront

$$\left.\begin{aligned} \sin D &= \cos\omega \sin\lambda + \sin\omega \cos\lambda \sin L \\ \text{tang } Æ &= \frac{\cos\omega \sin L - \sin\omega \text{ tang }\lambda}{\cos L} \end{aligned}\right\} \quad \text{(I)},$$

$$\left.\begin{aligned} \sin\lambda &= \cos\omega \sin D - \sin\omega \cos D \sin Æ \\ \text{tang } L &= \frac{\cos\omega \sin Æ + \sin\omega \text{ tang } D}{\cos Æ} \end{aligned}\right\} \quad \text{(II)}.$$

Les deux premières font connaître l'ascension droite et la déclinaison par la latitude et la longitude, les deux autres donnent la solution du problème inverse.

L'analyse adoptée dans ce chapitre, conduit de même fort simplement à ces relations. Pour le prouver, représentons par $x'$, $y'$, $z'$ le système de coordonnées rectangles relatif à l'écliptique, mais supposons que l'axe des $x'$ soit le même que celui des $x$; on aura, pour l'astre $E$ que l'on considère,

$$\left.\begin{array}{l} x = r\cos Æ \cos D \\ x' = r\cos L \cos\lambda \end{array}\right\}(a),\quad \left.\begin{array}{l} y = r\sin Æ \cos D \\ y' = r\sin L\cos\lambda \end{array}\right\}(b),\quad \left.\begin{array}{l} z = r\sin D \\ z' = r\sin\lambda \end{array}\right\}(c).$$

Mais quand on passe du système de coordonnées $x, y, z$ à l'autre $x', y', z'$, on a dans l'hypothèse actuelle, et parce que l'angle des axes $y, y'$ est $\omega$,

$$x = x',\quad y = y'\cos\omega - z'\sin\omega,\quad z = z'\cos\omega + y'\sin\omega \quad (d);$$

réciproquement,

$$x' = x,\quad y' = y\cos\omega + z\sin\omega,\quad z' = z\cos\omega - y\sin\omega \quad (e);$$

par conséquent si l'on met dans les relations $(d)$ pour $x, y, z$ leurs valeurs $(a)$, $(b)$, $(c)$, on aura tout d'abord

$$\left.\begin{array}{r} \cos Æ \cos D = \cos L\cos\lambda \\ \sin Æ \cos D = \sin L\cos\lambda\cos\omega - \sin\lambda\sin\omega \\ \sin D = \sin\lambda\cos\omega + \sin L\cos\lambda\sin\omega \end{array}\right\}\quad (f),$$

et si l'on procède de même à l'égard des relations inverses $(e)$, on aura

$$\left.\begin{array}{r} \cos L\cos\lambda = \cos Æ \cos D \\ \sin L\cos\lambda = \sin Æ \cos D\cos\omega + \sin D\sin\omega \\ \sin\lambda = \sin D\cos\omega - \sin Æ \cos D\sin\omega \end{array}\right\}\quad (g).$$

Divisant maintenant la seconde et la troisième formule $(f)$ successivement par la première, on obtiendra, comme par la Trigonométrie sphérique,

$$\operatorname{tang} Æ = \frac{\sin L\cos\omega - \operatorname{tang}\lambda\sin\omega}{\cos L},$$

$$\operatorname{tang} D = \frac{(\operatorname{tang}\lambda\cos\omega + \sin L\sin\omega)\cos Æ}{\cos L}.$$

Enfin, opérant sur les formules $(g)$ de la même manière, il viendra

$$\operatorname{tang} L = \frac{\sin Æ \cos\omega + \operatorname{tang} D\sin\omega}{\cos Æ},$$

$$\operatorname{tang}\lambda = \frac{(\operatorname{tang} D\cos\omega - \sin Æ \sin\omega)\cos L}{\cos Æ}.$$

On voit par ce procédé analytique, tout fondé sur la simple transformation des coordonnées, qu'on retrouve avec une extrême facilité les formules principales de la Trigonométrie sphérique.

260. Revenons à notre sujet. En Astronomie, la position du zénit, à l'égard de l'équateur, est donnée par son ascension droite $g$ et sa déclinaison $h$; car cette ascension droite est le tems sidéral à l'époque de l'observation de l'astre, et la déclinaison du zénit est la latitude géocentrique, laquelle est égale à latitude géographique $H$, moins l'angle $\omega$ de la verticale avec le rayon de la Terre (art. 21). Cet angle se calcule par la formule suivante :

$$\omega = \left(\frac{a^2 - b^2}{a^2 + b^2}\right) \frac{\sin 2H}{\sin 1''} - \left(\frac{a^2 - b^2}{a^2 + b^2}\right)^2 \frac{\sin 4H}{\sin 2''} + \ldots,$$

qui dérive de celle (8) de l'art. 168. Mais la table XI le donne sur-le-champ pour l'aplatissement $\frac{1}{309}$.

Quant à la longitude $n$ et à la latitude $q$ du zénit, on ne peut les déterminer qu'à l'aide des formules démontrées ci-dessus, savoir :

$$\tang n = \cos \omega \tang g + \frac{\sin \omega \sin h}{\cos g}, \quad \cos q = \frac{\cos g \cos h}{\cos n},$$

ou, pour lever le doute sur l'espèce de l'angle $q$,

$$\sin q = \sin h \cos \omega - \cos h \sin \omega \sin g.$$

Les valeurs de $n$ et $q$ étant trouvées, il sera facile ensuite de calculer les parallaxes de longitude et de latitude, qui sont fonctions de ces valeurs. Les unes et les autres se calculent avec les logarithmes à cinq décimales.

261. Afin de tirer quelques conséquences des formules générales de parallaxe, déduisons d'abord l'expression de la parallaxe de hauteur de celle de distance polaire $\sigma = \Delta' - \Delta$. Pour cela, faisons coïncider le pôle de l'équateur avec le zénit, ou ce qui est de même, prenons l'équateur pour l'horizon; alors $\Delta$ deviendra égal à la distance zénitale vraie géocentrique $N$, et $\Delta'$ sera la distance zénitale apparente $Z$. Dans la même hypothèse, la parallaxe d'ascension droite $Æ' - Æ$ sera nulle; ainsi, la formule dont il s'agit donnera sur-le-champ, à cause de $h = 90°$,

$$\frac{\sin \sigma}{\sin (\Delta + \sigma)} = \sin \Pi \sin 90°;$$

ou changeant $\sigma$ en $\varpi$, et $\Delta$ en $N$, on a

$$\sin \varpi = \sin \Pi \sin (N + \varpi) = \sin \Pi \sin \bar{Z};$$

c'est la formule de parallaxe de hauteur démontrée à l'art. 255.

262. Pour arriver aux formules de parallaxe annuelle, on supposerait l'observateur sur un point de l'écliptique ; dans ce cas, la latitude $q$ du zénit serait nulle, et la longitude $n$ de ce point représenterait la longitude terrestre, tandis que $\Pi$ désignerait la parallaxe annuelle ou du grand orbe, lorsqu'elle est la plus grande possible.

Cela posé, soit ♁ la longitude héliocentrique de la Terre (art. 19), ⊙ le lieu du Soleil, $p$ la parallaxe annuelle en longitude, $\eta$ celle en latitude; la formule (C) donnera, à cause de ♁ = ⊙ — 180°,

$$p = \frac{\Pi \sin (L - ♁)}{\cos \lambda} = - \frac{\Pi \sin (L - \odot)}{\cos \lambda};$$

$L$ et $\lambda$ étant la longitude et la latitude d'une étoile.

La série (D) fournira la parallaxe annuelle en latitude, et se réduira, avec un peu d'attention, à

$$\eta = \Pi \sin \lambda \cos (L - ♁) = - \Pi \sin \lambda \cos (L - \odot).$$

Ces deux formules ne sont qu'approximatives; mais elles suffisent, puisque l'existence de $\Pi$ est encore révoquée en doute pour les étoiles même les plus brillantes. (Voyez l'*Astronom.* de M. Delambre, tom. III, pag. 137 et suiv.)

263. Lorsque la Terre est considérée comme sphérique, la parallaxe horizontale d'un astre qui reste à une distance constante de la Terre, est la même pour tous les lieux où elle peut être observée. Elle est au contraire variable pour la Terre elliptique. Par exemple, sous l'équateur elle est à son *maximum*, et au pôle elle est la plus petite possible, toutes choses égales d'ailleurs. Comme dans les éphémérides on ne donne que les valeurs des parallaxes équatoriales, et que dans les calculs astronomiques on fait usage des parallaxes horizontales, ou pour mieux dire, des plus grandes parallaxes de hauteur, pour un lieu dont la latitude est donnée ; on exprimera celles-ci en fonction des premières, ainsi qu'il suit.

Soit $a$ le rayon de l'équateur terrestre, $R$ le rayon correspondant au point dont la latitude est $H$, $\Pi'$ la parallaxe équatoriale, et $\Pi$ la parallaxe horizontale; on aura, en désignant en outre par $r$ la distance de la Terre à l'astre,

$$\sin \Pi' = \frac{a}{r}, \quad \sin \Pi = \frac{R}{r},$$

par conséquent

$$\sin \Pi = \frac{R}{a} \sin \Pi';$$

enfin, substituant pour $R$ sa valeur (art. 167), on a, à très peu près

$$\Pi = \Pi' (1 - \tfrac{1}{2} e^2 \sin^2 H) = \Pi' (1 - \alpha \sin^2 H);$$

### *Calcul des parallaxes de longitude et de latitude.*

264. On remarquera que le nonagésime et le milieu du ciel ou le zénit sont toujours l'un et l'autre d'un même côté, par rapport au colure des solstices (art. 259).

Soit, comme l'a supposé M. Delambre (*Astron.*, tom. I, pag. 386),

longitude de la Lune. . $L = 10°55'11''$, latit. boréale $\lambda = 0°32'45''$,
nonagésime ou longit.
du zénit. . . . . . . . . . $n = 340°\ 3'15''$, lat. du zénit $q = 62°29'50''$,
latitude géocentrique $H = 48°39'50''$,
parall. horiz. ☾, ou $\Pi = 54'\ 2'',5$;

on aura la parallaxe de longitude $L' - L$ par la formule (C), dont voici le calcul :

$$\begin{aligned} L &= \phantom{-}10°55'11'' \\ n &= -19.56.40 \\ L - n &= \phantom{-}30.51.51. \end{aligned}$$

| 1er terme. | 2e terme. |
|---|---|
| $\sin \Pi = 8{,}19644$ | |
| $\cos q = 9{,}66445$ | |
| $c.\cos \lambda = 0{,}00002$ | $\log \frac{1}{2} = 9{,}69897$ |
| $7{,}86091$ . . . . . . . . . . . . . . . . . . . . . . | $7{,}86091$ |
| $\sin (L - n) = 9{,}71012$ | $7{,}86091$ |
| $c.\sin 1'' = 5{,}31443$ | $\sin 2(L - n) = 9{,}94483$ |
| log 1er terme $= 2{,}88546$ | $c.\sin 1'' = 5{,}31443$ |
| | log. 2e terme $= 0{,}68005$. |

$$
\begin{aligned}
1^{\text{er}}\ \text{terme} &= 768''16 \\
2^{\text{e}}\ \text{terme} &= \underline{\quad 4{,}79} \\
\text{parallaxe de longitude} &= 772{,}95 = 12'52'',95.
\end{aligned}
$$

Le troisième terme négligé est seulement $+0'',03$ ; on a donc

$$
\begin{aligned}
\text{longitude apparente } L' &= 10°55'11'' + 12'53'' \\
&= 11°\ 8'\ 4''.
\end{aligned}
$$

La parallaxe de distance polaire s'obtiendra à l'aide de la formule (D), et ainsi qu'il suit.

$$
\begin{aligned}
\frac{L+L'}{2} &= 11°\ 1'\ 37'' & L' &= 11°\ 8'\ 4'' \\
n &= -\ \underline{19.56.40} & n &= -\ \underline{19.56.40} \\
\frac{L+L'}{2} - n &= 30.58.17 & L' - n &= 31.\ 4.44
\end{aligned}
$$

$$\frac{L'-L}{2} = 0°\ 6'\ 26'',5$$

$$\delta = 90° - \lambda = 89.27.15.$$

| 1^er^ angle subsidiaire. | 2^e^ angle subsidiaire. |
|---|---|
| $\sin \Pi = 8{,}19644$ | $\log 2 = 0{,}30103$ |
| $\sin q = 9{,}94792$ | $\sin\left(\frac{L'-L}{2}\right) = 7{,}27272$ |
| $\sin (L'-n) = 9{,}71283$ | $\cos \delta = 7{,}97892$ |
| $c.\sin (L-n) = 0{,}28988$ | $\cos\left(\frac{L'+L}{2} - n\right) = 9{,}93319$ |
| $\text{tang } u' = 8{,}14707$ | $c.\sin (L-n) = 0{,}28988$ |
| $u' = 0°\ 48'\ 14''0$ | $\text{tang } v' = 5{,}77574$ |
| $v' = 0.\ 0.12{,}3$ | $c.\sin 1'' = 5{,}31443$ |
| $u' - v' = 0.48.\ 1{,}7.$ | $\log v' = 1{,}09017.$ |

Calcul de la parallaxe de distance polaire, $\delta' - \delta = \pi$.

| 1^er^ terme. | 2^e^ terme. |
|---|---|
| $\sin (u'-v') = 8{,}14522$ | |
| $c.\cos u' = 0{,}00004$ | |
| $c.\cos v' = 0{,}00000$ | $\log \frac{1}{2} = 9{,}69897$ |
| $8{,}14526$ ............... | $8{,}14526$ |
| $\sin \delta = 9{,}99998$ | $8{,}14526$ |
| $c.\sin 1'' = 5{,}31443$ | $\sin 2\delta = 8{,}27994$ |
| $\log 1^{\text{er}}\ \text{terme} = 3{,}45967$ | $c.\sin 1'' = 5{,}31443$ |
| | $\log 2^{\text{e}}\ \text{terme} = 9{,}58386.$ |

$1^{er}$ terme $= 2881''80$
$2^e \ldots\ldots = \quad 0,38$
parallaxe $\varpi = 2882,18 = 48'2'',18.$

On parvient à la valeur de cette parallaxe plus exactement et plus simplement ainsi qu'il suit. D'abord à cause de l'expression finie

$$\cot \delta' = \frac{\sin(L'-n)}{\sin(L-n)}\left(\cot \delta - \frac{\sin \Pi \sin q}{\sin \delta}\right),$$

on a, en faisant $\operatorname{tang} \theta = \frac{\sin \Pi \sin q}{\sin \delta}$,

$$\cot \delta' = \frac{\sin(L'-n)\cos(\delta+\theta)}{\sin(L-n)\sin \delta \cos \theta};$$

formule qui donne la distance apparente au pôle de l'écliptique. Opérant avec les logarithmes à sept décimales, il vient

$\sin \Pi = 8,1964370$
$\sin q = 9,9479187$
$c.\sin \delta = 0,0000197$
$\operatorname{tang} \theta = 8,1443754$

$\theta = 0° 47' 55''9$
$\delta = 89.27.15,0$
$\delta+\theta = 90.15.10,9$

$c.\cos \theta = 0,0000422$
$c.\sin \delta = 0,0000197$
$\cos(\delta+\theta) = 7,6450441 -$
$\sin(L'-n) = 9,7128330$
$c.\sin(L-n) = 0,2898798$
$\cot \delta' = 7,6478188 -$
$c.\sin 1'' = 5,3144251$
$\delta' = 2,9622439 - = 916'',73.$

de là............ $\delta' = 90° 15' 16''73$
et puisque....... $\delta = 89.27.15$
on a............. $\varpi = 0.48. 1,73.$

# CHAPITRE IV.

*Des formules de précession en ascension droite et en déclinaison, et de leur usage pour calculer les positions moyennes des étoiles.*

265. Le phénomène en vertu duquel tous les astres semblent doués d'un mouvement commun d'occident en orient et se mouvoir parallèlement à l'écliptique, lorsque l'on compare leurs positions à celle du point équinoxial du printems, affecte les ascensions droites et les déclinaisons ; mais le mouvement progressif le long de l'écliptique n'étant que de 50″,1 par an environ, ces deux coordonnées n'éprouvent elles-mêmes que de petits changemens dans le même intervalle de tems. Toutefois ces changemens ne sont pas entièrement dus à la variation de la longitude ; une partie, très petite à la vérité, dépend de la variation séculaire de l'angle des plans de l'écliptique et de l'équateur. Pour avoir égard à ces deux circonstances, il faut donc considérer en général la longitude $L$ et l'obliquité $\omega$ comme des quantités variables. Mais afin de pouvoir traiter les variations actuelles comme des différentielles, nous supposerons qu'elles correspondent à un intervalle de tems très court.

D'abord, en reprenant la notation et les formules de l'art. 258, on a

$$\left.\begin{array}{l} x = r\cos Æ\cos D \\ x' = r\cos L\cos\lambda \end{array}\right\}(1),\quad \left.\begin{array}{l} y = r\sin Æ\cos D \\ y' = r\sin L\cos\lambda \end{array}\right\}(2),\quad \left.\begin{array}{l} z = r\sin D \\ z' = r\sin\lambda \end{array}\right\}(3),$$

$$\overset{(4)}{x = x'},\qquad \overset{(5)}{y = y'\cos\omega - z'\sin\omega},\qquad \overset{(6)}{z = z'\cos\omega + y'\sin\omega}.$$

Soit $dL$ le changement de longitude, et $d\omega$ celui de l'obliquité ; $dÆ$, $dD$ les variations qu'éprouvent l'ascension droite et la déclinaison en vertu de ce changement. Les quantités constantes, par suite de l'hypothèse précédente, sont $r$, $\lambda$ et $z'$ ; car $r$ est le rayon de la sphère céleste, et $\lambda$, $z'$ sont les distances circulaire et rectiligne de l'astre au plan de l'écliptique supposé fixe. Ainsi, en différenciant la première équation (3), il viendra

$$dz = rdD \cos D;$$

d'ailleurs, de la relation (6) on tire

$$dz = d\omega\,(y' \cos \omega - z' \sin \omega) + dy' \sin \omega = yd\omega + dy' \sin \omega.$$

Différenciant de même la deuxième équation (2), on a

$$dy' = rdL \cos L \cos \lambda = rdL \cos Æ \cos D,$$

puisque $x = x'$. Par suite

$$dz = rd\omega \cos D \sin Æ + rdL \cos D \cos Æ.$$

Égalant ces deux valeurs de $dz$ et divisant tout par $r \cos D$, il vient enfin

$$dD = d\omega \sin Æ + dL \sin \omega \cos Æ \qquad (\alpha).$$

Maintenant, pour obtenir la variation en ascension droite, on différenciera la première équation (2), qui donnera

$$dy = rdÆ \cos Æ \cos D - rdD \sin Æ \sin D,$$

et de la relation (5) on tirera, à cause de celle (6),

$$dy = dy' \cos \omega - d\omega\,(y' \sin \omega + z' \cos \omega) = dy' \cos \omega - zd\omega.$$

De plus, la deuxième équation (2) fournit

$$dy' = rdL \cos L \cos \lambda = rdL \cos Æ \cos D,$$

par conséquent

$$dy = rdL \cos \omega \cos Æ \cos D - rd\omega \sin D.$$

Égalant cette valeur à la précédente, et effaçant le facteur commun, on obtient

$$dÆ \cos Æ \cos D - dD \sin Æ \sin D = dL \cos \omega \cos Æ \cos D - d\omega \sin D;$$

puis remplaçant $dD$ par sa valeur $(\alpha)$, on trouve, après avoir réduit,

$$dÆ = -\,d\omega \cos Æ \operatorname{tang} D + dL\,(\cos \omega + \sin \omega \sin Æ \operatorname{tang} D) \qquad (\beta).$$

266. Ces calculs étant purement analytiques, voici une autre solution en faveur de ceux qui préfèrent les méthodes trigonométriques.

De la première des relations,

$$(1') \qquad \sin\lambda = \cos\omega \sin D - \sin\omega \cos D \sin \text{Æ},$$
$$(2') \qquad \sin D = \cos\omega \sin\lambda + \sin\omega \cos\lambda \sin L,$$
$$(3') \qquad \cos \text{Æ} \cos D = \cos L \cos\lambda,$$

démontrées à l'art. 259, on tire, en différenciant,

$$dD = \frac{d\omega\,(\cos\omega \cos\lambda \sin L - \sin\omega \sin\lambda) + dL \sin\omega \cos\lambda \cos L}{\cos D};$$

mais des valeurs (1′), (2′), on déduit

$$\cos\lambda \sin L = \frac{\sin D - \cos\omega \sin\lambda}{\sin\omega} = \sin\omega \sin D + \cos\omega \cos D \sin \text{Æ};$$

par conséquent, comme ci-dessus,

$$dD = d\omega \sin \text{Æ} + dL \sin\omega \cos \text{Æ} \qquad (\alpha).$$

La relation (3′) donne

$$d\text{Æ} = \frac{dL \cos\lambda \sin L - dD \sin D \cos \text{Æ}}{\sin \text{Æ} \cos D}.$$

Substituant pour $\cos\lambda \sin L$ et $dD$ leurs valeurs précédentes, et réduisant, on trouve définitivement

$$d\text{Æ} = -\,d\omega \cos \text{Æ} \tang D + dL(\cos\omega + \sin\omega \sin \text{Æ} \tang D) \quad (\beta).$$

Ces formules différentielles ($\alpha$) et ($\beta$) ne conviendront au phénomène de la précession des équinoxes, qu'autant que $dL$ sera remplacée par sa valeur annuelle 50″,1; mais alors les termes en $d\omega$ étant insensibles pour un si petit espace de tems, comme on le verra bientôt, on a simplement

($\alpha'$), préc. ann. en décl., ou $dD = 50'',1 \sin\omega \cos \text{Æ}$,
($\beta'$), précess. ann. en Æ, ou $d\text{Æ} = 50'',1 (\cos\omega + \sin\omega \sin \text{Æ} \tang D)$.

Dans toutes ces formules, $\omega$ représente l'obliquité moyenne de l'écliptique (art. 36).

Lorsque $\tang D$ ne croît pas trop rapidement, c'est-à-dire quand la distance polaire de l'astre n'est pas trop petite, il n'y a aucun inconvénient à supposer $dL$ proportionnel au tems, dans le calcul de la variation en ascension droite et en déclinaison pour plusieurs années. Ainsi, au lieu de $dL$ on écrira $\pm t.50'',1$, $t$ étant le nombre d'années écoulées depuis la première époque jusqu'à la seconde; mais pour plus de précision, l'on emploiera au lieu de Æ et $D$ leurs valeurs correspondantes à l'époque moyenne; on verra bientôt une application de cette remarque. Nous observerons, quant à présent, que $t$ se prend positivement ou négativement, selon que l'on cherche la position d'une étoile, pour une époque postérieure ou antérieure à celle pour laquelle cette position est connue.

267. Dans les observations qui demandent l'exactitude la plus scrupuleuse, on ne considère pas la variation annuelle en longitude comme constante, on la détermine au contraire d'après des formules de la *Mécanique céleste*. En effet, l'observation et la théorie ont fait connaître d'une part, qu'en rapportant le mouvement progressif du point équinoxial, soit à une écliptique fixe comme celle de 1750, soit à l'écliptique mobile (art. 35), ce mouvement, produit par l'action des astres sur le sphéroïde terrestre, est irrégulier. Or, la précession luni-solaire $\Upsilon\Upsilon'$ (fig. 9, tom. I) étant désignée par $\psi$, c'est-à-dire celle qui aurait lieu sur l'écliptique fixe, par l'action combinée de la Lune et du Soleil, serait, à partir de 1750 et au bout du tems $1750 + t$,

$$\psi = t.50'',2876 - t^2.0'',000\,12179;$$

c'est en effet ce que donne la première formule de la page 158 du tome III de la *Mécanique céleste*, en la développant suivant les puissances du tems, et prenant pour unité la seconde sexagésimale.

La précession totale $\Upsilon_1\Upsilon'$ ou la rétrogradation du point équinoxial sur l'écliptique vraie, étant représentée par $\psi'$, serait, à partir de la même époque,

$$\psi' = t.50'',0992 + t^2.0'',00012215;$$

ainsi la différence de ces valeurs, ou le mouvement direct du point équinoxial, occasionné par le déplacement de l'écliptique, est

$$\psi - \psi' = t.0'',1884 - t^2.0'',00024394.$$

Si donc l'on fait $\omega = 23°28'23''$, qui était l'obliquité moyenne en 1750, on aura, pour le mouvement direct $\Upsilon'\Upsilon''$ ou $\mu$ du point équinoxial en ascension droite,

$$\mu = \frac{\psi - \psi'}{\cos \omega} = t.0'',20540 - t^2.0'',00026595,$$

et pour son mouvement annuel,

$$\mu = 0'',20513 - t.0'',0005319.$$

De plus, le changement de l'obliquité de l'équateur sur l'écliptique fixe ou $d\omega' = + t^2\, 0'',000009842,$

et sur l'écliptique mobile

$$d\omega = - t.0'',521154 - t^2.0'',000002723;$$

de là

précession luni-solaire ann. $\psi = 50'',28749 - t.0'',00024358,$
précession générale ann. $\psi' = 50'',09927 + t\, 0'',0002443.$

On réduira ces formules à l'an 1800, en supposant $t = 50$; ce qui donnera pour $1800 + t$,

précession luni-solaire ann. $\psi = 50'',27531 - t.0'',00024358,$
précession générale ann. $\psi' = 50'',11148 + t.0'',0002443,$
$\mu = 0'',17854 - t.0'',0005319.$

268. Telles sont les valeurs à substituer dans les formules de précession annuelle, savoir :

$$dD = \psi \sin \omega \cos Æ + d\omega' \sin Æ,$$
$$dÆ = -\mu + \psi (\cos \omega + \sin \omega \sin Æ \tang D) - d\omega' \cos Æ \tang D;$$

lesquelles sont précisément celles de la *Mécan. cél.*, tom. II, p. 350. Ainsi, d'après les valeurs ci-dessus, on a, pour 1800,

$$dD = 50'',27531 \sin \omega \cos Æ + 0'',00000984 \sin Æ,$$
$$dÆ = -0'',17854 + 50'',27531 (\cos \omega + \sin \omega \sin Æ \tang D)$$
$$- 0'',00000984 \cos Æ \tang D.$$

Quand la déclinaison est australe, on fait tang $D$ négative, et l'on change le signe de la valeur de $dD$, après quoi l'on ajoute cette valeur à la déclinaison $D$ considérée comme positive; c'est ainsi que procèdent les astronomes. Mais il est suffisant d'employer les formules suivantes :

$$(\alpha'') \qquad dD = n \cos \text{Æ},$$
$$(\beta'') \qquad d\text{Æ} = m + n \sin \text{Æ} \operatorname{tang} D,$$

en y supposant alors $m = \psi \cos \omega - \mu$ et $n = \psi \sin \omega$. Les quantités $m$ et $n$ sont ce que les astronomes appellent constantes de la précession en ascension droite et en déclinaison.

Prenant donc pour époque l'an 1800, on aura $\omega = 23^\circ 27' 57''$, et à cause de la valeur précédente de $\psi$, on trouvera, tout calcul fait,

$$(\gamma) \qquad \begin{cases} m = 45''9501 + t.0''00030847 \\ n = 20{,}0246 - t.0{,}000096993. \end{cases}$$

D'après les observations et les calculs les plus récens de M. Bessel, on aurait (*Connaiss. des Tems,* 1819), à partir de 1750,

$$\begin{aligned} \psi &= t.50''340499 - t^2.0''00012\ 17945, \\ \psi' &= t.50{,}176068 + t^2.0{,}00012\ 21483, \\ \mu &= t.\ 0{,}17926 - t^2.0{,}00026\ 60394, \\ d\omega &= -\ t.\ 0{,}48368 - t^2.0{,}00000\ 27229; \end{aligned}$$

et par suite, pour l'époque de 1800,

$$\begin{aligned} m &= 46''01135 + t.0''00030 8645, \\ n &= 20{,}04554 - t.0{,}0000970204; \end{aligned}$$

néanmoins nous nous en tiendrons aux résultats ci-dessus, dans le petit nombre d'applications que nous en ferons.

M. de Zach a donné dans ses Tables d'aberration et de nutation, pag. 37, vol. I, les valeurs de $\psi$ et $\psi'$, ainsi que celles des constantes $m$ et $n$ pour différentes époques ; mais ce célèbre astronome s'est trompé relativement aux valeurs de la précession luni-solaire annuelle qu'il donne croissantes depuis 1450 jusqu'à 1950, puisque, suivant les formules de la *Mécanique céleste* rapportées ci-dessus, il est constant qu'elles vont au contraire en diminuant. Par exemple, M. de Zach annonce que, d'après ses dernières recherches, l'on a, à partir de 1750,

$$\begin{aligned} \psi &= 50''239055 + t.0''00023485, \\ \psi' &= 50{,}0540, \\ \mu &= 0{,}201683 - t.0{,}0000012. \end{aligned}$$

Mais d'une part, le second terme de la valeur de $\psi$ est positif au lieu d'être négatif; d'autre part, le second terme de la valeur de $\mu$ est beaucoup trop petit. Nous signalons cette petite erreur, parce qu'elle s'est propagée dans l'évaluation des mouvemens propres, par M. de Zach.

### APPLICATIONS.

269. La position moyenne de l'Épi de la Vierge ou $\alpha$♍, étant prise dans le Catalogue d'Étoiles de Bradley, on trouve qu'au 1er janvier 1760,

$$Æ = 6^s\,18^\circ\;8'\,44'',1, \qquad \text{variation annuelle} + 47''003,$$
$$D = \quad 9.54.\;3, \text{ (australe)}, \quad \text{variation annuelle} + 18,987.$$

On demande cette position moyenne pour le 1er janvier 1800?

*Solution.* De 1760 à 1800 il s'est écoulé 40 ans; l'époque moyenne est conséquemment 1780. Rapportant à cette époque l'ascension droite et la déclinaison précédentes, on aura, en supposant les variations proportionnelles au tems,

$$Æ_1 = 6^s\,18^\circ\,24'\,24''16,$$
$$D_1 = \quad 10.\;0.22,74.$$

Déterminant ensuite les deux constantes $m$ et $n$ pour l'époque moyenne, on aura, d'après les formule ci-dessus ($\gamma$),

$$m = 45'',9439, \quad n = 20'',0265.$$

Substituant ces valeurs moyennes dans les deux formules ($\beta''$), ($\alpha''$), et opérant par logarithmes, on aura, à cause de $t = 40$ ans,

*Pour la précession en ascension droite.*

$$\begin{aligned}
\log n &= 1{,}3016051\; + \\
\log 40 &= 1{,}6020600\; + \\
\text{l.sin}\, Æ' &= 9{,}4993573\; - \\
\text{l.tang}\, D' &= 9{,}2465997\; - \\
& \quad 1{,}6496221\; + = +\; 44''629 \\
\text{partie constante } 40.m &= 30'\,37{,}756 \\
\text{Précession en } Æ \text{ pour 40 ans, ou } dÆ &= 31.22{,}385.
\end{aligned}$$

Remarquez que nous avons affecté tang $D$ du signe négatif, parce que l'étoile est dans la région australe.

*Pour la précession en déclinaison.*

$$\begin{aligned} \log n &= 1{,}3016051\ - \\ \log 40 &= 1{,}6020600\ + \\ \text{l.}\cos \text{\AE}_1 &= \underline{9{,}9771960}\ - \\ \log dD &= 2{,}8808611\ + = +\ 760''09 \end{aligned}$$

Précession en $D$ pour 40 ans, ou $dD = 12'\ 40{,}09$.

Nous avons changé le signe de $n$, parce que la déclinaison est australe (art. 268). Si on voulait le laisser positif, il faudrait prendre $D$ négativement; mais les astronomes sont, comme nous l'avons dit ci-dessus, dans l'usage de procéder de l'autre manière; c'est-à-dire qu'ils considèrent les déclinaisons australes et boréales comme positives.

Soient $\text{\AE}'$ et $D'$ l'ascension droite et la déclinaison cherchées; on a en général

$$\text{\AE}' = \text{\AE} + d\text{\AE}, \quad D' = D + dD;$$

ainsi la position moyenne de $\alpha$ de la Vierge était au 1er janvier 1800, d'après le Catalogue cité,

$$\begin{aligned} \text{\AE}' &= 6^s\, 18^\circ\, 40'\ 6''485, \\ D' &= \quad 10.\ 6.43{,}09. \end{aligned}$$

Les formules (I) de l'art. 259 servent à résoudre généralement le problème actuel; mais la solution précédente est suffisante pour notre objet.

On a soupçonné dans quelques étoiles des mouvemens propres. Par exemple, la position moyenne de $\alpha$ de la Vierge, déduite des observations à l'époque de l'an 1800, ne se trouve pas être exactement la même que celle ci-dessus, conclue des observations faites en 1760. En effet, à l'époque du 1er janvier 1800, et

| | | | |
|---|---|---|---|
| Suivant Maskeline.. | $\text{\AE}' = 6^s 18^\circ 40'\ 6''060$, | suivant Piazzi | $D' = 10^\circ\ 6'\ 42''8$ |
| Par le calcul précédent | $\text{\AE}' = 6.18.40.6{,}485$ | ............. | $D' = 10.6.43{,}1$ |
| Différence pour 40 ans | $= \quad -\ 0''425$ | ............. | $= \quad -\ 0''3.$ |

En supposant toutes les observations parfaitement exactes, et la précession moyenne telle que nous l'avons employée bien connue, l'Epi de la Vierge paraîtrait par conséquent avoir un mouvement propre en ascension droite et en déclinaison, l'un de $-\ 0'',425$ pour

40 ans, l'autre de — 0",3 pour le même tems. Mais, vu l'extrême petitesse de ces deux quantités, ce mouvement est très douteux.

270. Trouver la variation annuelle en ascension droite et en déclinaison de la polaire, pour le 1er janvier 1810, sachant qu'à cette époque

$$\text{Æ} = 13°38'18'',$$
$$D = 88.17.42 \text{ (boréale)}.$$

*Solution.* Par les formules précédentes, on a, en 1810,

$$m = 45'',9532, \quad n = 20'',0236;$$

de là les formules ($\beta''$), ($\alpha''$) donnent

$$\begin{array}{ll}
\log n = 1,3015421 \ \ldots\ldots\ldots & \log n = 1,3015421 \\
\sin \text{Æ} = 9,3725297 & \cos \text{Æ} = 9,9875784 \\
\tan D = 1,5262701 & \log dD = 1,2891205 = 19'',459; \\
\quad 2,2003419 = 158''614 & \\
\text{constante} \quad m = 45,953 & \\
\quad d\text{Æ} = 204,567. & dD = 19'',459.
\end{array}$$

Dans les Catalogues d'Étoiles, comme celui qui est inséré dans la *Connaissance des Tems*, et qu'on renouvelle tous les 10 ans, les colonnes intitulées *variation annuelle*, comprennent ordinairement en un seul terme la précession annuelle et le mouvement propre, ce qui dispense du calcul précédent.

Pour les besoins ordinaires, on multiplie chaque variation, prise avec son signe, par le nombre des années, mois et jours compris entre l'époque du Catalogue et celle à laquelle on veut rapporter la position de l'étoile, afin d'avoir la variation totale cherchée. Si la seconde époque est postérieure à celle du Catalogue, on ajoute les produits à l'ascension droite et à la déclinaison données par ce Catalogue; si au contraire la seconde époque est antérieure à la première, on soustrait ces produits. Cependant, cette proportionnalité n'est pas rigoureusement exacte, comme nous l'avons déjà remarqué (art. 266), sur-tout lorsque les étoiles sont très près du pôle. Par exemple, la variation annuelle en ascension droite de la polaire ou de $\alpha$ de la petite Ourse, est, d'après le calcul précédent, de 204",567 en 1810, et elle augmente sensiblement d'une année à l'autre; il serait donc nécessaire, en faisant usage de la formule ($\beta''$) qui donne la variation annuelle, de calculer cette variation d'année en année, en y changeant chaque fois les valeurs de Æ et $D$, c'est-à-dire en prenant celles qui correspondent au point de départ; mais on évite ce calcul fastidieux, par la méthode suivante.

Si l'on différencie les formules ($\alpha''$), ($\beta''$), on aura, en regardant $m$ et $n$ comme des constantes et rétablissant l'homogénéité,

$$(\alpha_2)\quad d^2D = -\,n \sin Æ\, dÆ \sin 1'',$$

$$(\beta_2)\quad d^2Æ = \quad dD \operatorname{tang} D\, dÆ \sin 1'' + n \sin Æ \frac{dD}{\cos^2 D} \sin 1''.$$

Ces différentielles secondes expriment les changemens survenus aux mouvemens annuels d'une année à la suivante, en prenant $dD$ et $dÆ$ pour ces mouvemens. Ainsi, par des additions répétées des valeurs de $d^2D$ et $d^2Æ$, on aura les variations d'année en année. Par exemple, appliquant les formules ($\alpha_2$), ($\beta_2$) à la polaire, pour laquelle les variations annuelles en 1810 sont $dD = 19'',459$ et $dÆ = 204'',567$, on trouvera

$$d^2D = -\,0'',005,$$
$$d^2Æ = \quad 1'',151;$$

c'est-à-dire que $dD$ diminue d'une année à l'autre de 0″,005, et que $dÆ$ augmente de 1″,151; on a donc

| | | | | |
|---|---|---|---|---|
| En 1810 variat. ann. $dÆ$ | = | 204″567 | var. ann. $dD$ = | 19″459 |
| En 1811 ............ | = | 205,718 | .......... = | 19,454 |
| En 1812 ............ | = | 206,869 | .......... = | 19,449 |
| Mouvem. pour 3 ans en Æ | = | 617″154 | en $D$ = | 58″362. |

Si l'on voulait calculer par cette méthode le mouvement pour un grand nombre d'années, il conviendrait, pour plus de précision, de déterminer le mouvement annuel correspondant à l'époque moyenne (art. 266), afin d'éviter d'avoir égard aux différentielles troisièmes. Ce serait sur-tout nécessaire relativement à l'ascension droite qui varie irrégulièrement.

Il y a plus; si l'on demandait la variation en ascension droite pour un jour quelconque de l'année, à l'aide de la variation annuelle 204″,567, il serait encore plus exact et plus court de renoncer à la méthode des parties proportionnelles, pour multiplier cette variation annuelle ou toute autre par le facteur pris dans la table XII calculée par M. Maskeline, pour tous les jours de l'année.

# CHAPITRE V.

## *Calcul des positions apparentes des étoiles.*

### *Formules de nutation.*

271. Si l'obliquité de l'écliptique et le mouvement du point équinoxial en ascension droite n'éprouvaient aucune inégalité périodique, les positions des astres dont il a été question dans le chapitre précédent, seraient telles dans la nature; mais la Lune, en agissant sur le sphéroïde terrestre d'après les lois de l'attraction universelle, fait osciller l'axe des pôles de l'équateur, de manière qu'il en résulte alternativement une augmentation et une diminution dans l'obliquité, ainsi que dans le mouvement du point équinoxial. Ce phénomène de la nutation, découvert par Bradley, dépend donc essentiellement de la situation de la Lune dans son orbite ou de celle de ses nœuds; mais la théorie seule a fait voir qu'il est réglé sur le mouvement moyen du nœud ascendant (art. 28).

Obligé, comme tous les astronomes, d'emprunter dans cette circonstance les résultats de la théorie, nous observerons que $d\omega$ étant la variation d'obliquité, $dL$ celle de longitude, produites toutes deux par la nutation, et $\Omega$ la longitude moyenne du nœud ascendant de la Lune, on a

$$d\omega = 9'',648 \cos \Omega\,,\; dL = -\frac{9'',648 \cos 2\omega}{\cos \omega}\cdot\frac{\sin \Omega}{\sin \omega},$$

les deux demi-axes de l'ellipse de nutation étant $9'',648$ et $\frac{9'',648 \cos 2\omega}{\cos \omega}$ (*Mécan. céleste,* tom II, pag. 351, et *Tabulæ speciales Aber. et Nut.,* vol. I, pag. 116, par M. de Zach); ou bien, prenant pour $\omega$ l'obliquité moyenne de l'écliptique en 1810, qui était $23°27'52''$, on obtient

$$d\omega = 9'',648 \cos \Omega\,, \quad dL = -18'',038 \sin \Omega.$$

Ces deux inégalités coexistantes, dont la période est de 18 ans $\frac{2}{3}$ environ, se portent sur les ascensions droites et les déclinaisons;

ainsi, il s'agit maintenant de trouver les corrections à faire aux positions moyennes des étoiles pour avoir leurs positions vraies. Mais ce nouveau problème est tout résolu par les formules ($\alpha$) et ($\beta$) de l'art. 265, si l'on y met pour $d\omega$ et $dL$ leurs valeurs précédentes; on a donc

$$\text{nutation en } D \text{ ou } dD' = -7'',182 \cos Æ \sin \Omega + 9'',648 \sin Æ \cos \Omega,$$
$$\text{nutation en } Æ \text{ ou } dÆ' = -16'',544 \sin \Omega - [7'',182 \sin Æ \sin \Omega + 9'',648 \cos Æ \cos \Omega] \tang D.$$

On suppose ici que la déclinaison est boréale; si elle était australe, il faudrait changer le signe de la valeur de $dD'$ et prendre tang $D$ négativement, comme il a été dit à l'art. 268.

Il suit de là qu'en désignant respectivement par $Æ'$ et $D'$ l'ascension droite et la déclinaison vraies, on aura

$$D' = D + dD', \quad Æ' = Æ + dÆ'.$$

272. Ces formules ont été données pour la première fois par Lambert; elles lui ont servi à construire des tables générales très simples et très utiles, qu'on trouvera à la fin de cet ouvrage. Voici la manière de les disposer pour cet effet.

Soit $d\omega = m \cos \Omega$, $dL = -n \sin \Omega$, les formules ($\alpha$) et ($\beta$) se changeront en celles-ci :

$$dD' = m \sin Æ \cos \Omega - n \sin \omega \cos Æ \sin \Omega,$$
$$dÆ' = -m \cos Æ \cos \Omega \tang D - n \sin \omega \sin Æ \sin \Omega \tang D - n \cos \omega \sin \Omega.$$

Mais en général

$$\sin x \cos y = \tfrac{1}{2} \sin (x+y) + \tfrac{1}{2} \sin (x-y),$$
$$\cos x \cos y = \tfrac{1}{2} \cos (x+y) + \tfrac{1}{2} \cos (x-y),$$
$$\sin x \sin y = \tfrac{1}{2} \cos (x-y) - \tfrac{1}{2} \cos (x+y);$$

ainsi

$$dD' = \tfrac{1}{2}(m - n \sin \omega) \sin (Æ + \Omega) + \tfrac{1}{2}(m + n \sin \omega) \sin (Æ - \Omega),$$
$$dÆ' = -n \cos \omega \sin \Omega - [\tfrac{1}{2}(m - n \sin \omega) \cos (Æ + \Omega) + \tfrac{1}{2}(m + n \sin \omega) \cos (Æ - \Omega)] \tang D;$$

ou en nombres

$$dD' = 8'',415 \sin(\mathit{AR} - \Omega) + 1'',233 \sin(\mathit{AR} + \Omega)$$
$$d\mathit{AR}' = -16'',544 \sin\Omega$$
$$\qquad - [8'',415 \cos(\mathit{AR} - \Omega) + 1'',233 \cos(\mathit{AR} + \Omega)] \operatorname{tang} D.$$

La table de nutation en déclinaison se composera par conséquent de deux parties qui auront pour argument l'une $\mathit{AR} - \Omega$, l'autre $\mathit{AR} + \Omega$. Or, on rendra la table de nutation en ascension droite dépendante de la première, en écrivant la valeur de $d\mathit{AR}'$ ainsi qu'il suit:

$$d\mathit{AR}' = -16'',544 \sin\Omega$$
$$\qquad + [8'',415 \sin(\mathcal{A} - \Omega - 3^s) + 1'',233 \sin(\mathcal{A} + \Omega - 3^s)] \operatorname{tang} D;$$

ce qui est permis, puisqu'en général

$$\sin(x - 3^s) = \sin(x - 90^\circ) = -\cos x.$$

Réciproquement l'on fera dépendre la table de nutation en déclinaison de celle de nutation en ascension droite, en écrivant la valeur de $dD'$ comme il suit:

$$dD' = -8'',415 \cos(\mathcal{A} - \Omega + 3^s) - 1'',233 \cos(\mathit{AR} + \Omega + 3^s).$$

Il suffit donc d'ajouter à la table une troisième partie pour le terme $-16'',544 \sin\Omega$. C'est d'après ce précepte qu'a été construite la table XIII.

273. Nous venons de calculer l'effet de la nutation lunaire en ascension droite et en déclinaison. Le Soleil produit aussi une nutation toute semblable, mais beaucoup plus faible, et dont la période est d'une demi-année seulement. Lorsqu'on y a égard, on l'ajoute à celle qui provient de la Lune, et l'on a ce qu'on appelle la *nutation luni-solaire*. On évalue séparément la nutation solaire en ascension droite et en déclinaison, à l'aide des mêmes formules ($\alpha$) et ($\beta$) de l'art. 265, mais dans lesquelles il faut faire

$$d\omega = 0'',4345 \cos 2\odot, \text{ et } dL = -\frac{0'',4345}{\operatorname{tang}\omega} \sin 2\odot = -1'',001 \sin 2\odot;$$

$\odot$ désignant la longitude du Soleil pour le moment où l'on calcule la nutation: alors on a

nutat. sol. en $D =$ $0'',417 \sin(Æ - 2\odot) + 0'',018 \sin(Æ + 2\odot)$
nutat. sol. en $Æ = - 0'',918 \sin 2\odot$
$- [0'',417 \cos(Æ - 2\odot) + 0'',018 \cos(Æ + 2\odot)] \operatorname{tang} D.$

Ces deux formules sont absolument de même forme que les précédentes, et leurs coefficiens numériques sont à peu près le $\frac{1}{18}$ de ceux qui leur correspondent. Il suit de là que les tables de nutation lunaire serviront pour calculer la nutation solaire, en divisant leurs nombres par 18, ou en les multipliant par 0,06.

*Formules d'aberration.*

274. Il résulte de l'explication du phénomène de l'aberration de la lumière des astres, donnée à l'art. 38, que pour déterminer graphiquement l'aberration due au mouvement annuel de la Terre, abstraction faite du mouvement propre de l'astre dont émane la molécule lumineuse qui parvient à notre œil, il faut prendre sur la droite que décrit cette molécule, et à partir de l'observateur, puis sur la direction du mouvement de la Terre ou sur la tangente à l'orbe qu'elle parcourt, deux lignes qui soient entre elles dans le rapport de la vitesse de la lumière à celle de notre globe, et sur ces deux lignes construire un parallélogramme; car la diagonale de ce parallélogramme est la direction suivant laquelle l'œil voit l'astre, et l'angle que cette diagonale fait avec le rayon visuel mené au lieu réel de l'astre est l'aberration absolue de la lumière provenant du mouvement de translation de la Terre. Par rapport au sens de ce mouvement, le lieu apparent d'une étoile fixe est toujours en avant de son lieu vrai.

A cause de l'immense distance à laquelle nous sommes des étoiles, les droites menées de l'une d'elles à tous les points de l'orbite terrestre peuvent être censées parallèles entre elles; par conséquent la diagonale du parallélogramme d'aberration dont on vient de parler, décrit dans une année sidérale une surface conique dont l'axe, qui se meut parallèlement à lui-même, est la direction primitive de la lumière, et dont la base est une courbe située dans un plan parallèle à celui de l'orbe terrestre.

Un des élémens essentiels à connaître pour résoudre le problème qui nous occupe, est le rapport de la vitesse de la lumière à celle de la Terre. Or, on sait que la lumière parcourt en 493'',2 le demi-grand axe de l'orbe terrestre, ou la moyenne distance de la Terre au Soleil; ainsi pendant ce tems, la Terre, en vertu de son moyen mouvement, décrit un arc de 20'',25. Telle serait sa vitesse, si son orbite était circulaire; mais l'arc $dS$ qu'elle décrit dans l'instant $dt$ a en général pour expression

$$dS = (dx^2 + dy^2)^{\frac{1}{2}} = (r^2\, dv^2 + dr^2)^{\frac{1}{2}};$$

$r$ étant le rayon vecteur, et $v$ l'angle qu'il fait avec l'axe des $x$.

D'ailleurs,

$$r = \frac{a(1-e^2)}{1+e\cos(v-\varpi)} = a(1-e^2)[1+e\cos(v-\varpi)]^{-1};$$

$a$ étant le demi-grand axe de l'orbe terrestre, $e = 0{,}0168$ le rapport de l'excentricité à cette droite, et $\varpi$ l'angle que la ligne des apsides fait avec l'axe des $x$. A la vérité, à cause de la petitesse de cette excentricité et de celle de $dt = 493'',2$, il suffit de conserver la première puissance de $e$, ou, ce qui revient au même, de considérer le très petit arc $dS$ comme circulaire, mais ayant $r$ pour rayon. Ainsi, le rapport de la vitesse de la Terre à celle de la lumière, sera sensiblement représenté par

$$ds = \frac{dS}{a} = \frac{rdv}{a}.$$

D'un autre côté, par la théorie du mouvement elliptique (*Mécan.* de M. Poisson, tom. I, pag. 355), on a

$$r^2dv = abndt;$$

$b$ étant le demi-petit axe de l'orbe terrestre, et $andt$ le mouvement moyen pendant $dt$ : donc la vitesse de la Terre, celle de la lumière étant prise pour unité, est

$$\begin{aligned} ds &= \frac{rdv}{a} = \frac{bndt}{a(1-e^2)}[1+e\cos(v-\varpi)] \\ &= \frac{andt}{a(1-e^2)^{\frac{1}{2}}}[1+e\cos(v-\varpi)] = \frac{20'',253}{(1-e^2)^{\frac{1}{2}}}[1+e\cos(v-\varpi)] \\ &= 20'',253\,[1+e\cos(v-\varpi)]; \end{aligned}$$

car l'arc moyen $ndt$ faisant partie de la circonférence $2\pi$, et étant réduit en secondes,

$$= \frac{2\pi dt}{T} R'' = \frac{2\pi . 493'',2}{24.3600\,T} R'' = 20'',253;$$

$T = 365^j,256384$ étant la révolution sidérale de la Terre, et $R''$ le rayon réduit en secondes. Dans ce calcul, $T$ et $dt$ sont, comme on le voit, réduits à la même unité de tems.

275. La distance de la Terre au Soleil étant prise pour unité, et celle d'une planète à la Terre étant représentée par $D$, le tems $t$ que la lumière met à venir de la planète à nous est $t = 493'',2D$; puisque l'on suppose le mouvement de la lumière uniforme.

Cela posé, soit $m$ le mouvement géocentrique d'une planète pendant 1'', c'est-à-dire l'arc qu'elle décrit en longitude ou en latitude, en ascension droite ou en déclinaison pendant l'unité de tems; son mouvement pendant le tems $493'',2D$ sera par conséquent $493'',2mD$. Telle est la mesure générale de son aberration. Si donc $A'$ est son lieu apparent, $A$ son lieu vrai, on aura

$$A' = A - 493'',2mD;$$

puisque la planète paraît, par l'effet de son aberration, moins avancée qu'elle ne l'est effectivement.

Pour le Soleil, dont la longitude apparente est $\odot'$ et la longitude vraie $\odot$, l'on a, abstraction faite de l'excentricité de l'orbite terrestre,

$$\odot' = \odot - 20'',25;$$

car, $$m = \frac{2\pi . R''}{24.3600T}, \quad D = a = 1.$$

L'aberration du Soleil est presque constante : elle est, comme on l'a vu à l'art. 244, renfermée dans la longitude moyenne. Si l'on avait besoin du lieu vrai de cet astre, comme dans le calcul des lieux géocentriques des planètes, on ajouterait 20'',25 au lieu du Soleil tiré des tables ou d'une Éphéméride.

276. Maintenant, exprimons analytiquement les variations en ascension droite et en déclinaison des étoiles, dues au phénomène de l'aberration.

Le rayon de la sphère céleste sur laquelle on projette tous les astres pouvant être pris arbitrairement, supposons-le égal au rayon vecteur $r$ de la Terre. Supposons de plus que ce rayon représente la vitesse de la lumière; dans ce cas, le parallélogramme d'aberration s'étendra nécessairement jusque dans la région de l'étoile que l'on considère, et l'extrémité de la diagonale, qui y est située, marquera à toute époque de l'année le lieu apparent de cette étoile. Or, cette diagonale ne différant de la distance $r$ que d'une quantité extrêmement petite, on pourra la représenter par $r+dr$.

Cela posé, rapportons la position de l'étoile à trois axes rectangles $x, y, z$, dont le plan des deux premiers soit l'équateur céleste; prenons pour origine des coordonnées le centre de ce cercle ou celui de la Terre, et considérons l'axe des $x$ comme la ligne des équinoxes; on aura (art. 258)

$$x = r\cos Æ \cos D,\quad y = r\sin Æ \cos D,\quad z = r\sin D \qquad (a);$$

d'où

$$\operatorname{tang} Æ = \frac{y}{x},\quad x^2+y^2+z^2=r^2 \qquad (b).$$

On passera du lieu vrai au lieu apparent en faisant varier tous les élémens du lieu vrai. Ainsi, différenciant les équations ($b$), on aura

$$dÆ = \frac{xdy - ydx}{x^2}\cos^2 Æ,\quad rdr = xdx + ydy + zdz \qquad (c).$$

Soit $ds$ le petit arc que la Terre décrit en 493",2, et nommons $\alpha$, $\beta$, $\gamma$ les angles que cet élément fait avec les axes des coordonnées; on aura évidemment, en transportant ce mouvement dans la région de l'étoile ou aux confins de la sphère céleste,

$$\frac{dx}{ds} = \cos\alpha,\quad \frac{dy}{ds} = \cos\beta,\quad \frac{dz}{ds} = \cos\gamma \qquad (d).$$

Multipliant et divisant par $ds$ le second membre de la première équation différentielle ($c$), il viendra

$$dÆ = \frac{ds}{x}(\cos\beta - \cos\alpha \operatorname{tang} Æ)\cos^2 Æ;$$

enfin éliminant $x$, l'aberration en ascension droite sera

$$dÆ = \frac{ds}{r\cos D}(\cos\beta\cos Æ - \cos\alpha\sin Æ) \qquad (1).$$

La troisième équation ($a$) différenciée, donne, par le même procédé,

$$\frac{dz}{ds} = \frac{dr}{ds}\sin D + \frac{r}{ds}\cos D . dD,$$

d'où

$$dD = \frac{\frac{dz}{ds} - \frac{dr}{ds}\sin D}{\frac{r}{ds}\cos D} = \frac{ds}{r\cos D}\left(\cos\gamma - \frac{dr}{ds}\sin D\right).$$

Mais la seconde équation différentielle ($c$) pouvant s'écrire ainsi

$$\frac{dr}{ds} = \frac{x}{r}\frac{dx}{ds} + \frac{y}{r}\frac{dy}{ds} + \frac{z}{r}\frac{dz}{ds},$$

on a, en vertu des relations ($a$), ($d$),

$$\frac{dr}{ds} = \cos\alpha\cos Æ\cos D + \cos\beta\sin Æ\cos D + \sin\gamma\sin D;$$

enfin, substituant cette valeur dans celle de $dD$, il viendra, pour l'aberration en déclinaison,

$$dD = \frac{ds}{r}\cos\gamma\cos D - \frac{ds}{r}\sin D(\cos\alpha\cos Æ + \cos\beta\sin Æ) \quad (2).$$

277. Les formules (1) et (2) renferment les angles $\alpha$, $\beta$, $\gamma$ qu'il faut éliminer. Pour cet effet, soit (fig. 8) $\Upsilon BC$ l'équateur, $\Upsilon TT'$ l'écliptique, $S$ le Soleil, $T$ la Terre, $\Upsilon$ le point équinoxial, $TR$ une tangente à l'orbite terrestre, $ST'$ une parallèle à cette tangente, $\omega$ l'obliquité $T\Upsilon B$ de l'écliptique, enfin $X$, $Y$, $Z$ trois axes passant par le centre $S$ du Soleil, et respectivement parallèles aux axes $x$, $y$, $z$ menés par le centre de la Terre. Le triangle sphérique $\Upsilon BT'$ dans lequel $\Upsilon T = \alpha$, $BT' = \beta$ et $\Upsilon B = 90°$, donne

$$\cos\beta = \sin\alpha\cos\omega.$$

Le triangle sphérique dont les sommets sont $\Upsilon$, $T'$ et le point où l'axe des $Z$ rencontre la surface de la sphère céleste, donne

$$\cos\gamma = \sin\alpha\sin\omega.$$

Ainsi, en substituant ces valeurs dans les formules (1) et (2), on a

$$dÆ = \frac{ds}{r\cos D}(\sin\alpha\cos\omega\cos Æ - \cos\alpha\sin Æ) \quad (1'),$$

$$dD = -\frac{ds}{r}(\cos\alpha\cos Æ\sin D + \sin\alpha\cos\omega\sin Æ\sin D - \sin\alpha\sin\omega\cos D) (2').$$

Il reste encore à éliminer l'angle $\alpha$, qui est celui que la tangente à l'orbite terrestre fait avec l'axe des $x$. Pour y parvenir, désignons par $\theta$ l'angle que la tangente dont il s'agit fait avec la ligne des apsides, ou le grand axe de l'orbite terrestre. Dans ce cas, l'on aura $\tang \theta = \frac{dy''}{dx''}$, $x''$ et $y''$ étant les coordonnées héliocentriques de la Terre, rapportées aux axes de l'orbite; et comme dans cette hypothèse

$$x'' = r\cos(\nu - \varpi),\quad y'' = r\sin(\nu - \varpi),$$

on a

$$\tang \theta = \frac{dy''}{dx''} = \frac{dr\sin(\nu - \varpi) + rd\nu\cos(\nu - \varpi)}{dr\cos(\nu - \varpi) - rd\nu\sin(\nu - \varpi)}.$$

De plus, à cause de

$$r = \frac{a(1 - e^2)}{1 + e\cos(\nu - \varpi)},\text{ on a } dr = \frac{ae(1 - e^2)\,d\nu\sin(\nu - \varpi)}{[1 + e\cos(\nu - \varpi)]^2};$$

donc réductions faites,

$$\tang \theta = \frac{e + \cos(\nu - \varpi)}{-\sin(\nu - \varpi)}.$$

Soit $\delta$ l'angle que la normale à la Terre fait avec son rayon vecteur; on aura visiblement

$$\alpha = \theta + \varpi,\text{ et } \delta = \nu + 90 - \alpha = \nu - \varpi + 90 - \theta;$$

de là

$$\tang \delta = \frac{\tang(\nu - \varpi)\tang\theta + 1}{\tang\theta - \tang(\nu - \varpi)} = \frac{e.\sin(\nu - \varpi)}{1 + e\cos(\nu - \varpi)};$$

par suite

$$\delta = e\sin(\nu - \varpi) - \tfrac{1}{2}e^2\sin 2(\nu - \varpi) + \ldots;$$

puis

$$\alpha = 90 + \nu - e\sin(\nu - \varpi).$$

On remarquera que $\nu$ est la longitude héliocentrique de la Terre, et $\varpi$ celle du périhélie. Soit $\odot$ la longitude du Soleil, et $\Pi$ celle du périgée; dans ce cas

$$\odot = 180^\circ + \nu,\quad \Pi = 180^\circ + \varpi;$$

par suite

$$\alpha = \odot - 90^\circ - e\sin(\odot - \Pi);$$

et par conséquent

$$\begin{aligned}\sin\alpha &= -\cos\odot - e\sin\odot\sin(\odot - \Pi),\\ \cos\alpha &= \phantom{-}\sin\odot - e\cos\odot\sin(\odot - \Pi).\end{aligned}$$

De là les formules (1'), (2') se changeront en celles-ci :

$$\text{aber. en } Æ = -\frac{20'',253}{\cos D}\left\{\begin{array}{l}\cos\omega\cos Æ\cos\odot + \sin Æ\sin\odot\\ +e\cos\omega\cos Æ\cos\Pi + e\sin Æ\sin\Pi\end{array}\right\} \quad (1_{\prime}),$$

$$\text{aber. en } D = -20'',253\sin D\left\{\begin{array}{l}-\cos\omega\sin Æ\cos\odot + \cos Æ\sin\odot\\ -e\cos\omega\sin Æ\cos\Pi + e\cos Æ\sin\Pi\end{array}\right\}$$
$$-20'',253\cos D(\sin\omega\cos\odot + e\sin\omega\cos\Pi) \quad (2_{\prime}).$$

Vu la petitesse de l'excentricité de l'orbite terrestre, les astronomes sont dans l'usage de négliger les termes qui dépendent de cette excentricité, mais il est facile d'en tenir compte si l'on veut.

Ces deux formules ont été données par M. Delambre, qui les a mises en tables à l'aide du procédé indiqué à l'art. 272. Ce sont les XIVes de notre Recueil. En négligeant les termes en $e$, puis mettant pour l'obliquité $\omega$ la valeur qu'elle avait en 1810, on aura

$$\text{aber. en } Æ = -(18'',580\cos Æ\cos\odot + 20'',255\sin Æ\sin\odot)\text{séc}D \quad (1''),$$
$$\text{aber. en } D = -[20'',255\cos Æ\sin\odot - 18'',580\sin Æ\cos\odot]\sin D$$
$$-8'',0659\cos\odot\cos D \quad (2'').$$

Enfin, celles-ci étant disposées pour former des tables générales, se changent en les suivantes :

$$\text{aber. en } Æ = -\frac{19'',42\cos(Æ-\odot) - 0'',84\cos(Æ+\odot)}{\cos D},$$
$$\text{aber. en } D = [19'',42\sin(Æ-\odot) - 0'',84\sin(Æ+\odot)]\sin D$$
$$-8'',07\cos\odot\cos D.$$

Lorsque la déclinaison $D$ est australe on la prend négativement ; alors $\sin D$ est négatif et $\cos D$ positif ; ou bien si l'on veut, à l'exemple des astronomes, considérer la déclinaison australe comme positive, il faut changer simplement le signe du second terme de l'aberration en déclinaison, c'est-à-dire écrire $+8'',07\cos\odot\cos D$.

Le mouvement de rotation de la Terre donne lieu aussi à une aberration diurne, mais qu'on néglige à cause de sa petitesse (*Abrégé d'Astronomie* par M. Delambre, pag. 502).

### *Formation des tables particulières d'aberration et de nutation.*

278. Malgré l'utilité des tables générales d'aberration et de nutation, plusieurs astronomes ont formé des tables particulières pour un très grand nombre d'étoiles, afin de pouvoir évaluer les effets

de ce genre avec plus de promptitude et non moins de précision. M. Delambre, dans son *Astronomie*, tom. III, a fait connaître les principes d'après lesquels La Caille, et plus récemment MM. Gauss et de Zach ont construit leurs Tables particulières. M. Cagnoli, de son côté, a publié, en 1804, un Recueil de cette espèce pour 500 étoiles. On trouve aussi dans la *Connaiss. des Tems* pour 1812, des tables de précession, d'aberration et de nutation, calculées par M. Burckhardt, et adaptées aux 36 étoiles dont les astronomes se servent le plus souvent. Enfin, dans la même année, M. de Zach a fait paraître de nouvelles tables d'aberration et de nutation pour 1400 étoiles. Au moyen de celles-ci, fondées sur une méthode analogue à celle de Clairaut et d'autres géomètres, on évalue les effets de ces mouvemens apparens d'une manière plus expéditive que par les tables générales ci-dessus. Cette méthode, expliquée très longuement par Lalande, au XVIIe livre de son *Astronomie*, peut ce me semble être présentée avec plus de clarté et de concision, ainsi qu'il suit.

Mettant la formule d'aberration en ascension droite sous cette forme

$$d\text{Æ} = -20'',255 \sin \text{Æ} \sin \odot \left[1 + \frac{18'',580}{20'',255} \cot \text{Æ} \cot \odot\right] \text{séc } D,$$

et faisant

$$\frac{18'',580}{20'',255} \cot \text{Æ} = \text{tang } \theta,$$

on aura

$$\begin{aligned} d\text{Æ} &= -20'',255 \sin \text{Æ} \sin \odot \text{ séc } D\, [1 + \text{tang } \theta \cot \odot] \\ &= -20'',255 \sin \text{Æ} \text{ séc } D . \sin(\theta + \odot) \\ &= + \frac{20'',255 \sin \text{Æ} \text{ séc } D}{\cos \theta} \sin(180° + \theta + \odot). \end{aligned}$$

On voit par là que le facteur $\frac{20'',255 \sin \text{Æ} \text{ séc } D}{\cos \theta}$ représente la plus grande aberration en ascension droite, et que pour avoir l'aberration actuelle, il faut, à l'argument des tables, savoir, $6^s + \theta$, ajouter le lieu du Soleil pour le jour proposé, puis multiplier par le sinus de ce nouvel argument la plus grande aberration.

Décomposant de même en deux facteurs la formule d'aberration en déclinaison, il viendra

$$dD = -20'',255 \cos Æ \sin \odot \sin D \times \left[1 - \frac{(18'',580 \sin Æ \sin D - 8'',0659 \cos D)\cot\odot}{20'',255 \cos Æ \sin D}\right];$$

soit

$$\frac{\pm 18'',580 \sin Æ \sin D - 8'',0659 \cos D}{\pm 20'',255 \cos Æ \sin D} = \text{tang}\, \theta';$$

le signe supérieur ayant lieu pour les déclinaisons boréales, et le signe inférieur pour les déclinaisons australes, d'après la remarque de l'art. 268.

Alors on aura

$$\begin{aligned} dD &= -20'',255 \cos Æ \sin \odot \sin D[1 - \text{tang}\, \theta' \cot \odot] \\ &= -\frac{20'',255 \cos Æ \sin D}{\cos \theta'} \sin(\odot - \theta') \\ &= \frac{20'',255 \cos Æ \sin D}{\cos \theta'} \sin(180^\circ - \theta' + \odot); \end{aligned}$$

mais $\frac{20'',255 \cos Æ \sin D}{\cos \theta'}$ est évidemment la plus grande aberration en déclinaison. Si donc à l'argument $6^s - \theta'$, pris dans les Tables de M. de Zach, on ajoute la longitude du Soleil pour le jour proposé, et qu'on multiplie par le sinus de ce nouvel argument la plus grande aberration, le produit sera l'aberration actuelle en déclinaison : la règle est donc la même dans les deux cas. Il n'y aura aucun doute sur le signe du résultat, en ayant soin d'affecter le sinus de l'argument du signe positif et du signe négatif, selon que cet argument sera plus petit ou plus grand que deux angles droits.

279. Les deux formules de nutation sont susceptibles du même mode de transformation ; en effet, la formule de nutation en ascension droite peut s'écrire ainsi :

$$dÆ' = -9'',648 \cos Æ \,\text{tang}\, D \cos \Omega \times \left[1 + \frac{(16'',5441 + 7'',1822 \sin Æ \,\text{tang}\, D)\,\text{tang}\, \Omega}{9'',648 \cos Æ \,\text{tang}\, D}\right];$$

faisant

$$\frac{16'',5441 \pm 7'',1822 \sin Æ \,\text{tang}\, D}{\pm 9'',648 \cos Æ \,\text{tang}\, D} = \cot \varphi,$$

et prenant le signe supérieur si la déclinaison est boréale, le signe inférieur dans le cas contraire, il vient

$$\begin{aligned} dÆ' &= \mp 9'',648 \cos Æ \,\text{tang}\, D \cos \Omega\, [1 + \cot \varphi \,\text{tang}\, \Omega] \\ &= \mp \frac{9'',648 \cos Æ \,\text{tang}\, D}{\sin \varphi} \sin(\varphi + \Omega); \end{aligned}$$

de là, pour une étoile boréale,

$$dA\!\!R' = \frac{9'',648 \cos A\!\!R \operatorname{tang} D}{\sin \varphi} \sin(6^s + \varphi + \Omega);$$

et pour une étoile australe

$$dA\!\!R' = \frac{9'',648 \cos A\!\!R \operatorname{tang} D}{\sin \varphi} \sin(\varphi + \Omega).$$

Ainsi, en multipliant la plus grande nutation en ascension droite $\frac{9'',648 \cos A\!\!R \operatorname{tang} D}{\sin \varphi}$ par le sinus de l'argument des tables $(6^s + \varphi)$, ou $\varphi$ augmenté de la longitude du nœud de la Lune pour le jour donné, le produit sera la nutation cherchée.

La formule de nutation en déclinaison est

$$dD' = \pm\, 9'',648 \sin A\!\!R \cos \Omega \mp 7'',1822 \cos A\!\!R \sin \Omega;$$

on prend les signes supérieurs pour les déclinaisons boréales, et les signes inférieurs pour les déclinaisons australes (art. 268). En décomposant cette formule en deux facteurs, on a

$$dD' = \pm\, 9'',648 \sin A\!\!R \cos \Omega \left[1 - \frac{7'',1822 \cos A\!\!R}{9'',648 \sin A\!\!R} \operatorname{tang} \Omega\right].$$

Soit

$$\frac{9'',648 \operatorname{tang} A\!\!R}{7'',1822} = \operatorname{tang} \varphi',$$

il vient

$$\begin{aligned} dD' &= \pm\, 9'',648 \sin A\!\!R \cos \Omega \,[1 - \cot \varphi' \operatorname{tang} \Omega] \\ &= \pm \frac{9'',648 \sin A\!\!R}{\sin \varphi'} \sin(\varphi' - \Omega) = \mp \frac{9'',648 \sin A\!\!R}{\sin \varphi'} \sin(\Omega - \varphi'); \end{aligned}$$

ainsi pour les étoiles boréales

$$dD' = + \frac{9'',648 \sin A\!\!R}{\sin \varphi'} \sin(6^s - \varphi' + \Omega),$$

et pour les étoiles australes

$$dD' = + \frac{9'',648 \sin A\!\!R}{\sin \varphi'} \sin(12^s - \varphi' + \Omega).$$

La règle d'après laquelle on détermine la nutation en déclinaison est donc absolument la même que la précédente; c'est d'après elle que nous avons calculé des Tables particulières pour $\alpha$ et $\beta$ de la petite Ourse.

Quelle que soit l'étoile pour laquelle on forme une table particulière, il faut avoir soin de rendre les argumens positifs. Or, comme dans les formules précédentes les angles auxiliaires $\varphi$; $\varphi'$ sont supposés tels, il faudrait modifier ces formules dans le cas contraire. Par exemple, pour une étoile australe, on a en général

$$dD' = + \frac{9'',648 \sin Æ}{\sin \varphi'} \sin (12^s - \varphi' + \Omega);$$

mais si l'angle $\varphi'$, dont le signe dépend de tang Æ, était négatif, il viendrait

$$dD' = \frac{-9'',648 \sin Æ}{\sin \varphi'} \sin (\varphi' + \Omega);$$

et pour rendre le facteur $\frac{-9'',648 \sin Æ}{\sin \varphi'}$ positif, il faudrait, en supposant d'ailleurs que Æ fût plus petit que deux angles droits, écrire

$$dD' = \frac{+9'',648 \sin Æ}{\sin \varphi'} \sin (6^s + \varphi' + \Omega),$$

afin que l'argument $6^s + \varphi'$ de la table et le logarithme du facteur dont il s'agit fussent positifs.

EXEMPLE.

280. Former, d'après la méthode précédente, une table particulière d'aberration et de nutation pour la polaire, à commencer de 1825.

Au 1er janvier 1820, position moyenne. $\begin{cases} Æ = 14^\circ 13' \; 7'' & \text{variat. ann.} = 216''47 \\ D = 88.20.55 & \text{variat. ann.} = 19,4; \end{cases}$

de là, et d'une manière suffisamment exacte,

Au 1er janvier 1825. $\begin{cases} Æ = 14^\circ 31' 10 \\ D = 88.22.50 \end{cases}$

Au 1er janvier 1830. $\begin{cases} Æ = 14.49.10 \\ D = 88.24.10; \end{cases}$

ainsi de suite.....

*Argumens d'aberration en Æ.*

$$\begin{array}{rll} \log\,\text{const.} & = 9{,}9625135 & \\ \cot Æ & = 0{,}5867343 & \qquad\qquad 180 \\ \text{l.tang}\,\theta & = 0{,}5492478 & \theta = \;\; 74^\circ 14' 30'' \\ & & \qquad 254.14.30 = 8^s 14^\circ 15'. \\ c.\cos\theta & = 0{,}5658777 & \\ \sin Æ & = 9{,}3991691 & \\ c.\cos D & = 1{,}5473275 & \\ \text{l. const.} & = 0{,}1304409 & \\ \log & = 1{,}6428152 & \ldots\ldots\ldots\ldots\ldots\ldots\ 1{,}64282. \end{array}$$

Le calcul est le même pour $\beta$ de la petite Ourse, mais l'on n'ajoute pas 180° à l'angle $\theta$.

*Argumens d'aberration en D.*

$$\begin{array}{rlrl} \log.\text{const.} & = 9{,}9625131 & \log.\text{const.} & = 9{,}6001206 \\ \log\tan Æ & = 9{,}4132657 & c.\cos Æ & = 0{,}0140966 \\ \log 1^{er}\,\text{terme} & = 9{,}3757788 + & \cot D & = 8{,}4528472 \\ & & \text{l.}2^e\,\text{terme} & = 8{,}0670644 - \\ 1^{er}\,\text{terme} & +0{,}23756 & & \\ 2^e\,\text{terme} & -0{,}01167 & & \\ \tan\theta' & = \;\;0{,}22589 & \log\tan\theta' & = 9{,}353897 \\ & & & \quad 180 \\ c.\cos\theta' & = 0{,}0108049 & \theta' & = -12^\circ 43' 45'' \\ \cos Æ & = 9{,}9859034 & & \\ \sin D & = 9{,}9998253 & & 167.16.15 = 5^s 17^\circ 16' \\ \log\,\text{const.} & = 1{,}3065322 & & \\ \log & = 1{,}3030658 & \ldots\ldots\ldots\ldots\ldots & 1{,}30307. \end{array}$$

Pour $\beta$ de la petite Ourse, le premier et le deuxième terme ci-dessus sont positifs; et l'on prend le supplément à 360° de l'angle $\theta'$, pour former l'argument de la table.

*Argumens de nutation en Æ.*

$$\begin{array}{rlrl} \log\,\text{const.} & = 9{,}8718202 & \log.\text{const.} & = 0{,}2342032 \\ \tan Æ & = 9{,}4132657 & c.\cos Æ & = 0{,}0140966 \\ \text{l.}1^{er}\,\text{terme} & = 9{,}2850859 & \cot D & = 8{,}4528472 \\ & & \text{l.}2^e\,\text{terme} & = 8{,}7011470 \end{array}$$

1er terme 0,192790
2e terme 0,050251

$\cot \varphi = 0{,}243041$ . log cot $\varphi$ = 9,3856778

$\varphi = 76°20'25''$

c.sin $\varphi$ = 0,0124587    180
cos Æ = 9,9859034    256.20.25 = $8^s 16°20'$
tang $D$ = 1,5471528
l. const. = 9,8083460
log = 1,3538609 ........................ 1,36386.

Pour $\beta$ de la petite Ourse, le second terme ci-dessus est négatif, mais l'on n'ajoute pas 180° à l'angle $\varphi$, comme dans cet exemple.

*Argumens de nutation en D.*

log. const. = 0,1281798
tang Æ = 9,4132657    180
tang $\varphi'$ = 9,5414455    $\varphi' = -$ 19°11'0''
160.49.0 = $5^s 10°40'$
c. sin $\varphi'$ = 0,4833431
sin Æ = 9,3991691
l. const = 0,9844373
log = 0,8669495 ........................ 0,86695.

Pour $\beta$ de la petite Ourse, on prend le supplément à 360° de l'angle $\varphi'$ : c'est ainsi qu'ont été trouvés les nombres de la table XVI. Nous aurions pu n'employer que des logarithmes à cinq décimales, parce que les quantités cherchées sont toujours très petites.

*Calculs des positions apparentes des étoiles, et de leurs passages au méridien en tems sidéral.*

281. Ier EXEMPLE. Déterminer la position apparente de $\alpha$ de l'Aigle pour le 1er juillet 1812.

Dans la *Connaissance des Tems* de 1812, M. Burckhardt a publié des tables d'aberration et de nutation pour 36 étoiles principales : elles ont l'avantage de donner presqu'à vue les quantités que l'on cherche ; elles sont en outre calculées avec une extrême précision, et renferment la nutation solaire. En voici l'usage :

Au 1er juillet 1812, on avait, par hypothèse, au moment de l'observation,

longit. du Soleil ☉ = 3s 9° 23′,
longit. moyenne du nœud de la Lune ☊ = 5.1.31,

d'après cela, on a,

1°. Par les Tables de M. Burckhardt,

| | | | |
|---|---|---|---|
| Æ moy. en 1805... | 19h41′15″9, | D moy. en 1805... | 8°21′50″3 B |
| variat. pour 7 ans.. | 20,5, | variat. pour 7 ans.. | 1. 3,8 |
| Æ moy. au 1er janvier 1812......= | 19h41′36,40. | D moy. au 1er janvier 1812.....= | 8°22′54″1. |
| Page 306. Variation......... | 1″45 | Page 313. Variation........ | 24″5 |
| Aberrat........... | 3,32 | Aberrat......... | 20,9 |
| Nutat............. | 1,53 | Nutat........... | 26,1 |
| Constante...... | — 4,00 | Constante.. — | 1. 0,0 |
| Æ apparente = | 19h41′38″70. | D apparente = | 8°23′5″6. |

Les constantes en ascension droite et en déclinaison ont été introduites pour rendre toujours positives les trois petites équations.

Notez bien que la variation a pour argument le jour du mois; l'aberration, la longitude ☉ du Soleil; la nutation, le nœud ☊ de la Lune.

2°. Par les tables particulières XV de notre recueil,

| Aberr. en Æ (en tems). | | | Aberr. en D. | | |
|---|---|---|---|---|---|
| 11s 6°28′ | | | 8s23° 5′ | | |
| ☉= 3. 9.23 | log const. | = 0,1286 | ☉=3. 9.23 | log const. | = 1,0213 |
| arg. 2s15°51′... | log sin arg. | = 9,9868 + | arg. 0s 2°28′... | log sin | = 8,6454+ |
| | + 1″,30 | 0,1154 | | +0″,47 | 9,6667 |

Si l'on voulait en secondes de degré l'aberration en Æ, il faudrait ajouter au logarithme constant 0,1286 celui de 15 ou log 0,1761.

| Nutat. en Æ (en tems). | | | Nutat. en D. | | |
|---|---|---|---|---|---|
| 6s2°14′ | | | 8s10°32 | | |
| ☊ = 5.1.31 | log const. | = 0,0171 | ☊ = 5. 1.31 | log const. | = 0,9658 |
| arg. 11s3°45′ | log sin | = 9,6467 — | 1s12° 3′... | log sin | = 9,8266 |
| | —0″,46 | 9,6638 | | + 6″,20 | 0,7924. |

| | | | |
|---|---|---|---|
| Æ moy. au 1er juillet 1812 | 19h41′37″85 | D idem........ | 8°22′58″6 |
| aberr........ | + 1,30 | aberr........ | + 0,5 |
| nutat........ | — 0,46 | nutat........ | + 6,2 |
| Æ apparente... | 19h41′38″69 | D apparente... | 8°23′ 5″3. |

IIe EXEMPLE. Calculer la position apparente de α de la Vierge, pour le 1er juillet 1812, sachant qu'à cette époque

$$\odot = 3^s 9^\circ 23',$$
$$\Omega = 5.1.31.$$

Suivant les Catalogues de MM. Maskeline et Piazzi, on avait, au 1er janvier 1805,

Æ moy. $13^h 14' 56'',10$, variat. ann. $+ 3'',1427$,
D moy. $10^\circ\ 8' 19'',3$ A, variat. ann. $+ 19'',001$;

de là

| | | | |
|---|---|---|---|
| Æ..... | $13^h 14' 56''10$ | D..... | $10^\circ\ 8' 19''3$ |
| mouvem. pour 7 ans, 51. | $+ 23,60$ | mouvem. pour 7 ans, 51. | $2.42,7$ |
| Æ moy. au 1er juil. 1812 = | $13^h 15' 19''70$ | D moy. au 1er juil. 1812 = | $10^\circ 11'\ 2''0$ |

1°. Par les tables particulières XV.

Aberr. en Æ (en tems).

$$2^s\ 9^\circ 45'$$
$$\odot = 3.\ 9,23 \qquad 0,1062$$
$$5^s 19^\circ\ 8' .. \log \sin 9,2754$$
$$9,3816 = +0'',24.$$

Aberr. en D.

$$2^s\ 3^\circ 49'$$
$$\odot = 3.\ 9.23 \qquad 0,8848$$
$$5^s 13^\circ 12' .. \log \sin 9,4609$$
$$0,3457 = +2'',22.$$

Nutat. en Æ (en tems).

$$6^s 5^\circ 31$$
$$\Omega = 5.1.31 \qquad 0,0553$$
$$11^s 7.\ 2 ... \log \sin 9,5913 -$$
$$9,6466 = -0'',44.$$

Nutat. en D.

$$5^s 5^\circ 25'$$
$$\Omega = 5.1.31 \qquad 0,8736$$
$$10^s 6^\circ 56' .. \log \sin 9,9027 -$$
$$0,7763 = -5'',97.$$

2°. Par les tables générales XIII et XIV.

$$Æ = 6^s 18^\circ 49'$$
$$\odot = 3.\ 9.23$$
$$Æ - \odot = 3.\ 9.26 ... \text{(tab. XIII, n° I)} \quad +3''20$$
$$Æ + \odot = 9.28.12 \quad \text{(tab. XIII, n° II)} \quad +0,15$$
$$+3,35 .... \quad \log 0,52504 +$$
$$c.\log \cos D = 0,00690$$
$$\text{aberr. en Æ} = +3''403 \qquad 0,53194 +$$
$$\text{(en tems)} = +0,23.$$

$\odot = 3^s\ 9°23'$
$D = 0.10.\ 8$

$\odot + D = 3.19.31$ $\quad \odot + D + 6^s$ (tab. XIII, n° III) $-\ 1''35$
$\odot - D = 2.29.15$ $\quad \odot - D + 6^s$ (tab. XIII, n° III) $+\ 0,07$
$-\ 1,28.$

$Æ - \odot + 3^s$ (tab. XIII, n° I) $+\ 19''15$
$Æ + \odot + 3^s$ (tab. XIII, n° II) $+\ \ 0,74$
$+\ 19,89$ $\quad$ log $1,29863\ +$
log sin $D = 9,24749$
$0,54612 = +\ 3''52$
$-\ 1,28$
aberr. en $D = +\ 2,24.$

$Æ = 6^s\ 18°49'$
$☊ = 5.\ \ 1.31$

$Æ - ☊ = 1.17.18$ $\quad Æ - ☊ + 6^s$ (tab. XIV, n° I) $-\ 6''18$
$Æ + ☊ = 11.20.20$ $\quad Æ + ☊ + 6^s$ (tab. XIV, n° II) $+\ 0,21$
nutat. en $D = -\ 5,97.$

$Æ - ☊ + 3^s$ (tab. XIV, n° I) $+\ 5''71$
$Æ + ☊ + 3^s$ (tab. XIV, n° II) $+\ 1,21$
$+\ 6,92$ $\quad$ log $0,84011\ +$
l. tang $D = 9,25439$
$0,09450 = +\ 1'',24.$
$+\ 1''24$
(tab. XIV, n° III) argum. ☊ $\quad -\ 7,30$
nutat. en $Æ = -\ 6,66$
(en tems)... $= -\ 0,44.$

Si dans la formation des argumens $Æ - \odot$ et $\odot - D$, le premier terme était plus petit que le second, l'on ajouterait 12 signes au premier, afin que la différence fût positive.

De là

| | | | |
|---|---|---|---|
| Æ moyenne. | $13^h15'19''70$ | $D$ moyenne. | $10°11'\ 2''00$ |
| Aberration.. | $+\ 0,24$ | Aberration.. | $+\ 2,22$ |
| Nutation.... | $-\ 0,44$ | Nutation.... | $-\ 5,97$ |
| Æ apparente | $13^h15'19''50.$ | $D$ apparente | $10°10'58''25.$ |

Pour changer une position apparente en position moyenne, il faut évidemment prendre l'aberration et la nutation avec des signes contraires à ceux qu'indiquent les tables.

L'ascension droite apparente $13^h 15' 19'',5$ exprime en tems sidéral (art. 11) l'heure du passage de l'étoile au méridien supérieur: en y ajoutant $12^h$ on a l'heure du passage suivant au méridien inférieur. Ainsi à l'un comme à l'autre passage, il est, à la pendule sidérale, supposée bien réglée, $1^h 15' 29'',5$; même remarque pour tout autre astre.

Dans la *Connaissance des Tems*, l'ascension droite est donnée par approximation en heures et minutes seulement, afin qu'on sache à une demi-minute près l'heure du passage des étoiles au méridien; ce qui est suffisant pour pouvoir se préparer à l'observation.

282. Si l'on voulait évaluer les aberrations en longitude et en latitude des étoiles, elles se déduiraient tout d'abord des formules $(1_,)$, $(2_,)$ de l'art. 277, en y faisant $\omega = 0$. En effet, par suite de la coïncidence des plans de l'équateur et de l'écliptique, l'ascension droite Æ se change en longitude $L$, et la déclinaison $D$ en latitude $\lambda$; ainsi l'on a

$$\text{aberr. en longit.} = -\frac{20'',253}{\cos\lambda}\cos(\odot - L),$$
$$\text{aber. en latit.} = -20'',253 \sin\lambda \sin(\odot - L).$$

Maintenant, si l'on suppose que

$$\frac{X}{\cos\lambda} = -\frac{20'',253}{\cos\lambda}\cos(\odot - L), \quad Y = -20'',253 \sin\lambda \sin(\odot - L),$$

il viendra, à cause de $\cos^2(\odot - L) + \sin^2(\odot - L) = 1$,

$$X^2 + Y^2 \sin^2\lambda = (20'',253 \sin\lambda)^2.$$

Telle est l'équation de l'ellipse d'aberration ou de l'orbite apparente de l'étoile, rapportée à ses axes rectangles. Il est évident que cette ellipse a pour demi-axes $20'',253$ et $20'',253 \sin\lambda$, et pour centre le lieu vrai de l'astre; il ne l'est pas moins que le demi-grand axe $20'',253$ est parallèle à l'écliptique, et le demi-petit axe tangent au cercle de latitude.

# LIVRE CINQUIÈME.

## OBSERVATIONS ASTRONOMIQUES.

## CHAPITRE PREMIER.

### *Notions abrégées sur les effets des lunettes astronomiques.*

283. AFIN de suivre le plan que nous nous sommes tracé, de réunir dans cet ouvrage tout ce qu'il importe de connaître en Géodésie, nous allons donner une idée des principaux phénomènes de Dioptrique.

Il résulte de ce qui a été dit à l'art. 113, que les lunettes adaptées aux cercles répétiteurs portent chacune à leurs extrémités deux lentilles, et que l'image d'un objet éloigné est transmise avec beaucoup de netteté à leur foyer ou centre commun de sphéricité; mais cette propriété exige, pour être bien comprise, quelques explications.

Soit $LL'$ (fig. 9) l'objectif supposé bi-convexe; $A$ un point lumineux très éloigné de ce verre, et situé dans l'axe des deux surfaces $LPL'$, $LP'L'$. Parmi tous les rayons émanés de ce point et qui viennent couvrir la surface de l'objectif, il en est un perpendiculaire à cette surface, qui ne subit aucune réfraction (art. 17); c'est le rayon principal $ACO$.

De même parmi tous les rayons émanés du point lumineux $B$ situé hors de l'axe $ACO$, et qui tombent sur l'objectif, il en est un $BGb$ principal, lequel, après avoir éprouvé une réfraction en entrant dans le verre, passe par le centre $G$ de l'objectif, arrive à la seconde surface $LP'L'$ où il éprouve une seconde réfraction, et continue sa route parallèlement à sa direction primitive, puisque les deux surfaces $LPL'$, $LP'L'$ sont égales. En faisant abstraction de l'épaisseur de la lentille, qui est toujours très petite, ce rayon principal sera représenté par la droite $BGb$, et censé n'éprouver aucune réfraction.

284. Considérons maintenant un rayon $AE$ (fig. 10) rencontrant obliquement la surface convexe $LPL'$; ce rayon changera de direction en entrant dans le verre, et c'est un fait constaté par l'expérience, qu'il se rapprochera de la perpendiculaire $CE$ à cette surface, parce que la densité du verre est plus grande que celle de l'air; en sorte que le sinus de l'angle d'incidence $CEA = \theta$ sera au sinus de l'angle réfracté $CEE' = \varphi$ dans le rapport constant de $m : n$.

Le rayon lumineux $EE'$ après avoir traversé la lentille en ligne droite, éprouvera une seconde inflexion au point $E'$, en sortant du verre pour rentrer dans l'air; mais il s'écartera de la perpendiculaire $C'E'$ à la seconde surface $LE'L'$, parce qu'il passera dans un milieu moins dense, en sorte que le sinus de l'angle d'incidence $C'E'E = \theta'$ sera au sinus de l'angle rompu $C'E'A' = \varphi' :: n : m$.

Cela posé, soit $r = EC$ le rayon de courbure des deux surfaces $LPL'$, $LP'L'$ supposées parfaitement égales; $d$ la distance $AE$ très grande par rapport à $r$; l'épaisseur $PP'$ de la lentille extrêmement petite; et prolongeons $EE'$ jusques en $R$ : on aura à cause de l'angle $AEM = A + C$, de l'angle $CEE' = C - R$, et de la petitesse de ces angles, on aura, dis-je,

$$\text{au point } E,\quad \frac{m}{n} = \frac{\sin\theta}{\sin\varphi} = \frac{A+C}{C-R},$$

$$\text{au point } E',\quad \frac{n}{m} = \frac{\sin\theta'}{\sin\varphi'} = \frac{R+C'}{A'+C'}.$$

De là

$$A = \frac{m}{n}(C-R) - C,$$

$$A' = \frac{m}{n}(R+C') - C';$$

puis ajoutant, l'on a

$$A + A' = \frac{m}{n}(C+C') - C - C'.$$

Mais par hypothèse, $C$ diffère extrêmement peu de $C'$; partant,

$$A + A' = 2C\left(\frac{m-n}{n}\right).$$

D'un autre côté, les triangles rectilignes $AEC$, $A'E'C'$ donnent, en désignant par $d'$ la droite $E'A'$,

$$A = \frac{r}{d}C$$

$$A' = \frac{r}{d'}C';$$

d'où

$$A + A' = \left(\frac{r}{d} + \frac{r}{d'}\right) C.$$

Égalant ces deux valeurs de $A + A'$, on a enfin

$$d' = \frac{r}{2\left(\frac{m-n}{n}\right) - \frac{r}{d}}.$$

C'est un résultat de l'expérience que, dans le passage de l'air dans le verre, l'on a $\frac{m}{n} = \frac{31}{20}$ : mettant donc cette valeur dans celle de $d'$, il vient

$$d' = \frac{r}{2\left(\frac{31}{20} - 1\right) - \frac{r}{d}} = \frac{r}{\frac{11}{10} - \frac{r}{d}},$$

ou à fort peu près

$$(1) \qquad d' = \frac{r}{1 - \frac{r}{d}} = r\left(1 + \frac{r}{d} + \frac{r^2}{d^2} + \ldots\right).$$

Faisons $\frac{r}{d} = \frac{1}{10000}$, c'est-à-dire supposons que l'objet observé soit à une distance égale à 10 mille fois la longueur de la lunette ; on aura

$$d' = r + \frac{r}{10000} + \frac{r}{(10000)^2} + \ldots;$$

si de plus $r = 1^m$, il viendra

$$d' = 1^m + 0^m,0001 + \ldots$$

Il suit de là et de ce que l'épaisseur de la lentille peut être considérée comme nulle, que le point $E'$ coïncide sensiblement avec le point $E$, et le point $A'$ avec le point $C$.

On tire en outre pour conséquence, que tous les rayons partant d'un objet $A$ très éloigné d'une lunette, et qui traversent l'objectif bi-convexe, se réunissent à son centre de sphéricité ; réciproquement, que les rayons émanant d'un objet placé au foyer $A'$ d'une lentille $LL'$ et qui la traversent, en sortent sensiblement parallèles, ou ne se réunissent qu'à une très grande distance.

285. Le foyer $A'$ d'une lunette n'est pas, à proprement parler, un point mathématique, puisque tous les rayons, tels que $AE$, ne se réunissent pas rigoureusement au même lieu. Le petit intervalle

dans lequel la vision est bien nette, dépend de la distance à laquelle on se trouve de l'objet et de la grandeur de la lentille. Ce défaut de réunion des rayons en un seul et même point, et qui nuit à la netteté des images, se désigne sous le nom d'*aberration de sphéricité*.

Les rayons parallèles à l'axe $AO$, après avoir traversé l'objectif et s'être réunis au foyer, continuent leur route à travers l'oculaire d'où ils sortent parallèles, lorsque son centre de sphéricité $F$ (fig. 9) coïncide avec celui de l'objectif. Cela est évident, puisque les surfaces de l'une et de l'autre lentilles sont semblables et placées de la même manière par rapport à l'axe optique $AO$. De plus, les objets sont vus renversés dans les lunettes que nous considérons ici; car, d'après ce qui précède, les points $B, B'$ d'un objet ayant respectivement leurs images en $b$, $b'$ sur l'oculaire, et par conséquent en-deçà du foyer commun $F$, l'œil placé en $O$ voit le point $b$ au-dessous de l'axe optique $AO$, quoique $B$ soit au-dessus.

286. Tous les rayons reçus par l'objectif, et qui vont traverser l'oculaire, occupent sur cette seconde lentille un espace beaucoup plus petit; c'est pour cela que les lunettes rendent en général les objets plus distincts. En effet, la lumière produite par une certaine quantité de rayons est d'autant plus vive que ces rayons sont réunis dans une plus petite étendue. Ainsi, en désignant par $\rho$ et $\rho'$ les rayons de l'ouverture de l'objectif et de celle de l'oculaire; par $I, I'$ les intensités de la lumière à l'entrée et à la sortie de la lunette; on a

$$I' = \frac{\rho^2}{\rho'^2} I.$$

Il est donc avantageux que l'oculaire soit beaucoup plus petit que l'objectif.

287. Désignons respectivement par $r$ et $R$ leurs rayons de sphéricité (fig. 11). L'objet $AB$ éloigné viendra se peindre en $ab$ au foyer de la lunette, et le rayon principal $BGb$ entrera dans l'oculaire au point $e$, pour en sortir au point $e'$, et suivre, après deux réfractions, la direction $e'O$ qu'on peut considérer comme parallèle à $bg$; le point $g$ étant le centre de l'oculaire et $O$ son foyer. L'image $ab$ est donc vue sous l'angle $e'Oa = bga$. Or, à cause de

$$\tang g = \frac{ba}{ag}, \quad \tang G = \frac{ba}{aG},$$

on a

$$\tang g = \frac{aG}{ag} \tang G,$$

ou simplement

$$g = \frac{R}{r} G.$$

Donc, l'angle sous lequel on voit l'image d'un objet est proportionnel à $\frac{R}{r}$; ou, ce qui est de même, le grossissement d'une lunette est d'autant plus fort, que le rayon de sphéricité de l'oculaire est plus petit par rapport à celui de l'objectif. Cet angle de vision sert seul pour estimer l'amplification d'une lunette; car quoique le jugement que nous portons sur la grandeur d'un objet dépende beaucoup aussi de la distance à laquelle nous le supposons de notre œil, comme il ne peut être soumis au calcul, on en fait abstraction dans cette mesure.

Le champ d'une lunette est mesuré par l'angle sous lequel on verrait du point $O$ et à travers l'oculaire toute la longueur d'un fil placé au second foyer $a$ de ce verre, et qui serait égale au diamètre intérieur du tube. On conçoit, d'après cela, pourquoi le Soleil et la Lune ne sont pas vus en entier dans les télescopes qui grossissent considérablement, comme 300 fois.

288. La formule (1) nous apprend que plus un objet $A$ est près d'une lentille $LL'$ (fig. 10), plus son image $A'$ s'en éloigne. Or, cette image ne pouvant, pour une bonne vue, être bien distincte qu'au foyer de l'oculaire, il est évident qu'il faut alonger la lunette, ou éloigner les deux lentilles l'une de l'autre.

Les myopes, qui ont le cristallin ou la partie antérieure de l'œil très convexe, voient confusément les objets éloignés, très bien aperçus par les presbytes; parce que chez eux les images de ces objets se forment très près du cristallin, et en-deçà de la rétine ou du fond de l'œil où la vision est seulement très distincte. Il faut donc qu'ils rapprochent les objets jusqu'à ce que les images tombent sur la rétine même; c'est pour cette raison qu'ils ne voient bien dans la lunette d'un presbyte qu'après avoir enfoncé suffisamment l'oculaire pour placer, entre ce verre et son centre de sphéricité, l'image produite au foyer de l'objectif.

289. On noircit les parois intérieures des lunettes afin qu'elles

absorbent les rayons qu'elles réfléchiraient sans cela, et qui nuiraient à la clarté des images. On attache en outre le réticule (art. 113) à un diaphragme dont l'ouverture est moindre que celle de la lunette, afin d'en rétrécir le champ et d'arrêter les rayons qui, en se décomposant près des bords de l'objectif, formeraient des images moins nettes et entourées des couleurs de l'arc-en-ciel, ou de franges dans lesquelles le bleu et le pourpre dominent ordinairement. On remarque de ces iris très près du centre même, dans les lunettes qui ne sont point *achromatiques* (art. 113), et quand les objets sont très loin de l'objectif. Cet effet résultant de la différente réfrangibilité des rayons colorés dont se compose un faisceau de lumière blanche, est presqu'entièrement détruit lorsque les objectifs sont composés de deux verres de différentes densités, comme nous l'avons déjà fait observer.

La bonté d'une lunette dépend nécessairement de celle des verres, qui doivent être très polis, de forme très régulière et de matière très pure. Avec un oculaire d'un très court foyer et un excellent objectif, on voit très distinctement un objet fort lumineux, quoique son image perde de son éclat par le grossissement de l'oculaire. Si, au contraire, l'objet est obscur, ou que l'objectif soit défectueux, il faut un oculaire dont la longueur focale ne soit pas trop courte. (*Voyez,* pour plus de détails, le *Traité d'Optique* par La Caille.)

On adapte plusieurs oculaires aux lunettes terrestres, afin de voir les objets dans leur situation naturelle; mais alors la lumière se trouve d'autant plus affaiblie qu'elle traverse un plus grand nombre de verres.

290. Nous avons dit (art. 113) qu'on plaçait dans les lunettes du cercle répétiteur et au foyer de la lunette, un réticule composé de deux fils qui se coupent à angles droits; mais dans les cercles de grandes dimensions qui servent pour les observations les plus délicates de l'Astronomie, le réticule est formé de cinq fils parallèles et équidistans, coupés perpendiculairement par un sixième fil. Nous en expliquerons l'usage lorsque nous parlerons de la lunette méridienne.

On place aussi au même foyer, dans les grands quarts de cercle et les théodolites non répétiteurs, tels que ceux de Ramsden, un micromètre composé de deux châssis, l'un fixe auquel sont attachés deux fils rectangulaires, l'autre mobile portant un fil nommé *curseur*. Ce second châssis se meut verticalement ou horizontalement à l'aide d'une vis dont la tête porte une aiguille qui, en tournant sur un cadran fixe divisé en un certain nombre de parties, indique les fractions de tours que la vis a faites, et met à même par ce moyen d'évaluer des parties plus petites que celles qui peuvent être tracées sur le limbe. Quand le curseur couvre exactement le fil auquel il est parallèle, l'aiguille doit marquer o. Le curseur étant ensuite amené sur un objet, sa distance au fil fixe marquée par le nombre de tours de l'aiguille, s'ajoute à l'arc lu sur le limbe ou se soustrait de cet arc, selon le cas. (Voyez l'*Astron.* de M. Delambre, tom. I, pag. 91.) Les diamètres des planètes se mesurent au micromètre.

# CHAPITRE II.

## *Dénominations des principales étoiles, et moyens de les reconnaître.*

291. Les méthodes d'observation qui seront l'objet des chapitres suivans exigeant quelque connaissance de l'état du ciel, nous allons donner la description des principales étoiles et indiquer les moyens de les reconnaître aisément.

Quand on observe les étoiles avec une bonne lunette, elles paraissent toutes comme des points plus au moins brillans, mais plus petits qu'à l'œil nu. Les planètes présentent au contraire un disque sensible et analogue à celui de la Lune; ainsi, il est impossible de confondre dans un télescope Vénus, Mars, Jupiter et Saturne avec les plus belles étoiles. A la vue simple, Mars paraît de couleur rougeâtre, Jupiter et Vénus de couleur claire et argentine, Saturne est pâle et plombé, et quand on observe ces corps célestes pendant plusieurs jours, on s'aperçoit qu'ils ne conservent pas les mêmes positions par rapport aux étoiles voisines; d'ailleurs ils scintillent très peu, sur-tout quand ils sont à quelque distance de l'horizon.

Les dénominations des principales constellations ou *astérismes* remontent à la plus haute antiquité. Mais dans les tems modernes, les étoiles qui composent un même groupe ont été désignées méthodiquement par des lettres grecques, ou romaines, ou par des chiffres. Les étoiles, selon leur plus ou moins d'éclat, se nomment de première, de seconde, de troisième, etc. grandeur. Cette classification n'a sans doute rien de rigoureux; aussi arrive-t-il que les astronomes ne sont pas toujours d'accord sur la grandeur, ou plutôt sur la mesure de l'éclat de la lumière d'une étoile.

La première constellation qu'il importe de remarquer, et qui sert à trouver successivement toutes les autres, est la *grande Ourse*, ou vulgairement *le Chariot* (fig. 12). Elle se trouve pour nous vers le pôle élevé, et se compose de sept étoiles principales et très visibles. Les quatre premières sont $\alpha$, $\beta$, $\gamma$, $\delta$, et forment un quadrilatère : les trois autres $\varepsilon$, $\zeta$, $\eta$ représentent la *Queue* de la grande Ourse, parce que sur les anciennes cartes célestes, ces trois étoiles occupent cette partie même de l'animal qui y est figuré.

La droite menée par $\beta$ et $\alpha$ de la grande Ourse ou par les *gardes*, passe très près d'une étoile assez belle, qu'on nomme la *Polaire*, et autour de laquelle toutes les autres qui l'avoisinent semblent tourner d'orient en occident. Cette étoile est la principale ou l'$\alpha$ de la *petite* Ourse, autre constellation à peu près semblable à la première, mais plus rapprochée du pôle. Cette seconde constellation a pour *gardes* $\beta$ et $\gamma$, étoiles de troisième grandeur.

$\alpha$ et $\beta$ de la petite Ourse servent principalement à déterminer la latitude d'un lieu de la Terre. La première ou la Polaire passe à peu près au méridien, quand elle se trouve dans le même vertical avec celle des trois étoiles de la queue de la grande Ourse, la plus voisine du quadrilatère, c'est-à-dire $\varepsilon$. Ainsi, on peut savoir, à l'aide d'un fil-à-plomb placé à quelque distance de l'œil, lorsque cette circonstance à lieu, et trouver à peu près, pendant la nuit, la direction de la ligne méridienne terrestre.

La constellation du Dragon se reconnaît par une file d'étoiles qui entourent la petite Ourse; l'étoile la plus remarquable de cette constellation est désignée par $\alpha$ et se trouve entre la queue de la grande Ourse (fig. 12) et les gardes de la petite Ourse.

La droite menée par les étoiles $\zeta$ et $\eta$ de la queue de la grande Ourse et prolongée de 31° environ, passe fort près d'une étoile de la première grandeur, nommée *Arcturus* ou l'$\alpha$ *du Bouvier.*

La *Chèvre*, ou l'étoile principale de la constellation du Cocher, est de première grandeur; elle est située sur la ligne menée par $\delta$ et $\alpha$ de la grande Ourse (fig. 13).

La ligne tirée de l'étoile $\varepsilon$ de la grande Ourse à la Polaire, passe de l'autre côté du pôle, au milieu d'une constellation nommée *Cassiopée*, et composée de cinq étoiles principales qui font une espèce de M.

Au-delà de Cassiopée se trouve un groupe de sept étoiles occupant une grande étendue; quatre de celles-ci forment le quarré de Pégase, opposé au quadrilatère de la grande Ourse. L'$\alpha$ du quarré de Pégase se nomme la *tête d'Andromède;* cette étoile est la plus septentrionale des quatre de ce quarré. La luisante $\alpha$ de Persée, ou la quatrième à partir de la tête d'Andromède, est la plus près du pôle.

On trouve la constellation du Lion, en prolongeant de 45° environ vers le midi, la droite qui joint $\alpha$ et $\beta$ de la grande Ourse : elle forme un grand trapèze à l'un des angles duquel est une étoile de la première grandeur, nommée *Régulus*. La queue $\beta$ du Lion est une étoile de deuxième grandeur, située un peu au midi de la ligne tirée de Régulus à Arcturus, et est à 15° de Régulus vers l'orient (fig. 12).

La constellation d'Orion est un groupe de plusieurs étoiles rangées suivant l'ordre que présente la figure 14. En hiver elle paraît du côté du sud vers les sept à huit heures du soir. Dans l'intérieur du quadrilatère, formé des étoiles $\gamma$, $\alpha$, $\varkappa$, $\beta$ ou Rigel, on remarque trois étoiles en ligne droite, désignées par $\delta$, $\epsilon$, $\zeta$, et vulgairement appelées les *trois Rois*, ou, selon les astronomes, le *Baudrier d'Orion*.

*Sirius*, l'étoile la plus brillante et la plus scintillante de celles que nous apercevons, est à l'orient du Baudrier; c'est l'$\alpha$ du grand Chien. Les *Pléiades*, formant un amas de petites étoiles, sont à l'occident en tirant vers le nord.

*Aldébaran* ou $\alpha$ du Taureau est une étoile de la première grandeur, située fort près des Pléiades, et sur la ligne menée de l'étoile $\gamma$ d'Orion aux Pléiades : elle est remarquable par sa grandeur, son éclat et sa couleur rouge.

*Procyon* ou *le petit Chien* est une étoile, entre la première et la deuxième grandeur, située au nord de Sirius et plus orientale qu'Orion : elle fait avec Sirius et le baudrier d'Orion un triangle presque équilatéral.

Au nord de Procyon se trouvent, dans la constellation des Gémeaux, deux étoiles assez remarquables et peu distantes l'une de l'autre; la première, la plus au nord, est désignée par $\alpha$ ou *Castor*; la seconde, par $\beta$ ou *Pollux*.

La diagonale $\alpha\gamma$ du quarré de la grande Ourse, prolongée de 68°, passe près d'une étoile de la première grandeur, connue sous le nom de l'*épi de la Vierge* (fig. 12). Cette étoile fait à peu près un triangle équilatéral avec Arcturus et la queue du Lion.

$\alpha$ de la *Lyre* ou *Wéga* (fig. 15) est une des plus brillantes étoiles du ciel, et fait presque un triangle rectangle avec Arcturus et la Polaire; l'angle droit étant vers l'orient à la Lyre.

Au midi de la Lyre paraît une belle étoile de la seconde grandeur, dans la constellation de l'*Aigle* : elle est désignée, dans les catalogues, par α ou *Altaïr*. Cette étoile est située entre deux autres qui en sont fort proches, et qui forment une ligne droite avec elle.

Le *Capricorne* est une constellation indiquée par le prolongement de la ligne qui passe par la Lyre et par l'Aigle. Deux étoiles de troisième grandeur, α et β, à 2° l'une de l'autre, sont placées sur ce prolongement, et forment la tête du Capricorne. A 20° plus loin, du côté de l'orient, sont deux autres étoiles, δ et γ, situées de l'orient à l'occident et à 2° l'une de l'autre, lesquelles composent la queue du Capricorne.

En menant une ligne de l'Aigle à la queue du Capricorne, son prolongement de 20° indique *Fomalhaut* ou *la bouche du Poisson austral*, étoile de première grandeur.

Enfin, la ligne menée de Régulus à l'épi de la Vierge, et prolongée vers l'orient, rencontre la constellation du *Scorpion*, composée de trois étoiles au front du Scorpion, et formant un grand arc du nord au sud. L'étoile de la première grandeur, placée à l'orient et comme au centre de cet arc, se nomme *Antarès* ou *le cœur du Scorpion*.

Nous n'étendrons pas d'avantage ce Catalogue d'étoiles, qui est plus que suffisant pour mettre en pratique les méthodes que nous allons exposer. Ceux qui désireront une description complète des constellations, pourront consulter le *Traité d'Astronomie* de Lalande, ou l'*Uranographie* de M. Francœur (2e édition).

Outre les étoiles que l'on aperçoit à la vue simple, on remarque dans le ciel une lumière blanche de forme irrégulière, et à laquelle on a donné le nom de *voie lactée* : elle entoure le ciel en forme de ceinture, et paraît, à l'aide du télescope, être formée d'un amas de petites étoiles dont les distances angulaires sont extrêmement petites. Quant aux parties qui ne présentent qu'une lumière blanche et continue, elles se nomment *nébuleuses*.

Enfin il est des étoiles, comme *Algol* ou la tête β de Méduse, située au sud et à peu de distance de α de Persée, qu'on nomme *changeantes*, parce qu'elles ont un éclat variable : celle-ci passe de la seconde à la quatrième grandeur, dans une période de 69h. Il en est d'autres dont la lumière augmente de plus en plus depuis un grand laps de tems ; d'autres au contraire qui, après avoir brillé tout à coup, n'ont pas tardé à disparaître : phénomène extraordinaire qui paraît dû à un vaste incendie.

292. Nous ferons remarquer que le moyen le plus sûr pour apprendre à connaître les étoiles, indépendamment de cartes célestes et de la méthode des alignemens, est de les observer à leurs passages au méridien. Pour cet effet, l'on calcule l'heure du passage en tems vrai, d'une étoile bien connue, de Sirius par exemple, et après avoir disposé les lunettes du cercle répétiteur, comme il est dit à l'art. 121, on dirige la lunette sur cette étoile, pour la suivre jusqu'à l'instant de sa médiation, en ayant soin d'éclairer un peu l'objectif (art. 127), afin de pouvoir placer l'étoile exactement sous le fil vertical. Le cercle étant alors fixé invariablement, pourra servir à faire connaître les principales étoiles du Catalogue, dont on aura calculé l'heure du passage, et lorsqu'on aura amené la lunette supérieure au point du limbe qui désigne la plus grande hauteur que l'étoile proposée puisse atteindre au-dessus de l'horizon; hauteur qui est évidemment égale à celle de l'équateur, plus ou moins la déclinaison de cette étoile; parce que de cette manière, l'astre, au moment de sa médiation, sera peu éloigné de l'axe optique, et par conséquent facile à distinguer des étoiles plus petites qui pourraient l'avoisiner.

Quand on saura régler une pendule sur le tems sidéral, il ne sera pas nécessaire de déterminer le tems vrai du passage, puisqu'à cet instant la pendule marquera l'ascension droite de l'étoile (art. 11).

# CHAPITRE III.

## *De la détermination de la marche d'une pendule, par rapport au Soleil et aux étoiles.*

### PREMIÈRE MÉTHODE.

### *Par les hauteurs correspondantes du Soleil.*

93. En supposant que le Soleil décrive perpétuellement le même parallèle, et que les circonstances de son cours soient les mêmes après comme avant midi, on aura de la manière suivante l'heure que marque une pendule au moment où cet astre passe au méridien du lieu de l'observation.

Observez le tems où l'un des bords du Soleil se trouve à une certaine hauteur apparente vers l'est, ainsi que le tems où le même bord arrive à la même hauteur vers l'ouest; le milieu entre ces deux tems sera l'heure que la pendule marquait lorsque le centre du Soleil passait au méridien. Si, par exemple, le bord inférieur du Soleil était vu le matin à la hauteur de $20^g$, lorsque la pendule marque $8^h46'58''$, et que le même bord fût aperçu le soir à la même hauteur, pendant que la pendule marque $3^h0'3''$, l'instant du midi vrai serait annoncé par cette pendule, à $11^h53'30'',5$, moitié de $8^h46'58'' + 15^h0'3''$.

On ne peut se dispenser de répéter cette opération au moins huit à dix fois le matin, et autant le soir, afin que le milieu pris entre tous les résultats, donne le plus exactement qu'il est possible l'instant du midi.

Quand on prend plusieurs hauteurs le matin, il est indispensable d'en tenir note, afin de pouvoir remettre, le soir, la lunette supérieure dans les mêmes positions qu'elle avait avant midi, en commençant toutefois dans un ordre inverse, comme cela est évident.

C'est ordinairement avec un quart de cercle astronomique que l'on observe les hauteurs correspondantes des astres; mais le cercle répétiteur peut très bien servir au même usage. Pour cet effet, l'on fixe à zéro la lunette supérieure, en suivant le procédé décrit à l'art. 121; ensuite on dispose le limbe de l'instrument dans le vertical de l'astre, de manière que la bulle d'air du grand niveau soit exactement entre ses repères. Dans cette position, la lunette inférieure est horizontale; ainsi la lunette supérieure, rendue mobile et amenée sur l'astre, parcourra sur le limbe, un arc qui sera la mesure de l'angle de hauteur de cet astre au-dessus de l'horizon. Comme rien n'oblige à se presser dans ces sortes d'observations, l'on amène la ligne de foi du vernier de la lunette supérieure exactement sur un trait de division du limbe, et l'on note, comme nous venons de le dire, l'instant précis où l'un des bords se trouve en contact avec le fil horizontal.

C'est ainsi que M. Moynet et moi prîmes, à l'île d'Elbe, des hauteurs correspondantes du Soleil, les 20, 21 et 22 mars 1803. Voici la série des seules observations que nous pûmes faire le 20.

*Le matin.*

| | |
|---|---|
| A la hauteur apparente $H'$, la pendule marquait. | $8^h 48' 15''$ |
| $H''$. . . . . . . . . . . . . | 8.51.28 |
| $H'''$. . . . . . . . . . . . . | 8.55.53 |
| Somme des tems du matin. . . . | $26^h 35' 36''$. |

*Le soir.*

| | |
|---|---|
| A la hauteur apparente $H'''$, la pendule marquait. | $14^h 53' 37''$ |
| $H''$. . . . . . . . . . . . . | 14.58. 1 |
| $H'$. . . . . . . . . . . . . | 15. 1.15 |
| Somme des tems du soir. . . . | $44^h 52' 53''$ |
| Celle du matin étant . . . . | 26.35.36 |
| Le milieu entre ces deux sommes, ou le 6ᵉ = | $11^h 54' 44'',83$. |

Ainsi, le centre du Soleil passa au méridien à $11^h 54' 44'',83$, à très peu près, en tems de la pendule.

Cette manière de procéder au calcul du midi approché ne fait pas voir l'accord des résultats partiels, mais il se manifeste ainsi qu'il suit :

| HAUTEUR apparente. | TEMS de la pendule. | MIDIS approchés. |
|---|---|---|
| $H'$ | 8h 48′ 15″<br>15. 1.15 | |
| | 23.49 30 | 11h 54′ 45″ |
| $H''$ | 8.51.28<br>14.58. 1 | |
| | 9.29 | 11.54.44,5 |
| $H'''$ | 8.55.53<br>14.53.37 | |
| | 9.30 | 11.54.45 |
| Moyenne arithmétique, ou midi approché.... | | 11h 54′ 44″83 |

Nous venons de faire connaître le résultat assez exact de nos observations du 20 mars; et nous nous assurâmes de même par un grand nombre de hauteurs correspondantes prises les jours suivans, et dans des circonstances plus favorables, que durant la présence du Soleil dans le méridien, la pendule marquait 11h 54′ 7″ le 21 mars, et 11h 53′ 30″,88 le lendemain; mais ces résultats ne donnent pas encore l'instant précis du midi vrai compté à la pendule, parce que le cours du Soleil n'est pas tel que nous l'avons supposé d'abord. Il importe donc de faire connaître la correction qu'il s'agit d'employer en pareil cas; tel est l'objet de l'article suivant.

*Recherche de l'équation des hauteurs correspondantes.*

294. Lorsque le Soleil s'avance dans les signes septentrionaux, par exemple, sa déclinaison est plus grande le soir que le matin (art. 11), par conséquent si on l'a observé à 20g de hauteur avant midi, l'angle horaire correspondant était plus petit que celui qui a eu lieu le soir à la même hauteur. D'où il suit que si ce dernier angle surpassait le premier de 20″ en tems, leur demi-différence 10″ serait ce qu'il faudrait ôter du milieu pris entre les tems des hauteurs égales, pour avoir le midi vrai.

Cela posé, soit $P$ l'angle horaire du matin, et $P'$ ou $P + dP$ l'angle horaire du soir, lorsque le Soleil est descendu à la même hauteur à laquelle il a été observé la première fois. Soit en outre, en tems de la pendule, $T$ l'époque du matin, $T'$ celle du soir, à partir de minuit; on aura, pour le midi $m$ approché, ou pour l'époque du milieu des deux intervalles,

$$m = \frac{T+T'}{2}.$$

Mais $dP$ étant la différence des deux angles horaires $P, P'$ exprimés en degrés, on a nécessairement, lorsque le Soleil s'approche continuellement du pôle élevé,

$$\text{midi vrai} = \frac{T+T'}{2} - \frac{dP}{2.15},$$

en réduisant $dP$ en tems (art. 238). On a d'ailleurs

$$P = 12^h - T, \quad P' = T' - 12^h, \quad \frac{P+P'}{2} = \frac{T'-T}{2}.$$

Supposons maintenant qu'on ait pris des hauteurs correspondantes le soir un certain jour, et le lendemain matin; on propose d'en conclure le minuit vrai.

Si l'on désigne par $P$ l'angle horaire du soir, par $P'$ l'angle horaire du matin, l'un et l'autre étant comptés à partir de midi; et que $T, T'$ soient les tems correspondans, comptés d'un midi à l'autre, les angles horaires comptés de minuit seront successivement $12^h - T$, $T' - 12^h$; et dans l'hypothèse que le Soleil s'approche du pôle nord, on aura $12^h - T > T' - 12^h$; en sorte que le minuit $M$ approché, ou $\frac{T+T'}{2}$ sera plus petit que le minuit vrai, de la moitié de la différence $dP$ des angles horaires; donc

$$\text{minuit vrai} = \frac{T+T'}{2} + \frac{dP}{2.15}.$$

On a en outre

$$P = T, \quad P' = 24 - T', \quad \frac{P+P'}{2} = 12 - \left(\frac{T'-T}{2}\right).$$

Il reste, dans l'un et l'autre cas, à évaluer $dP$ en fonction de la latitude du lieu et de la déclinaison de l'astre. Dans ce but, soit $N$ la distance du centre du Soleil au zénit, qu'il est inutile de connaître, pourvu qu'elle soit la même avant comme après midi; $H$ la hauteur du pôle, $D$ la déclinaison boréale de l'astre à la première époque, $D'$ sa déclinaison à la seconde époque; on aura généralement

$$\cos N = \cos P \cos H \cos D + \sin H \sin D,$$
$$\cos N = \cos P' \cos H \cos D' + \sin H \sin D';$$

de là

$$\text{tang}\, H (\sin D' - \sin D) = \cos P \cos D - \cos P' \cos D'.$$

Mettant ici pour $D$ et $D'$ leurs valeurs respectives $\frac{1}{2}(D' + D) - \frac{1}{2}(D' - D)$ et $\frac{1}{2}(D' + D) + \frac{1}{2}(D' - D)$, afin d'introduire les valeurs moyennes dans la formule, on aura

$$\text{tang}\, H \left[\sin\left(\frac{D'+D}{2} + \frac{D'-D}{2}\right) - \sin\left(\frac{D'+D}{2} - \frac{D'-D}{2}\right)\right]$$
$$= \cos P \cos\left(\frac{D'+D}{2} - \frac{D'-D}{2}\right) - \cos P' \cos\left(\frac{D'+D}{2} + \frac{D'-D}{2}\right);$$

puis développant et réduisant il viendra,

$$2\,\text{tang}\, H \cos\tfrac{1}{2}(D'+D) \sin\tfrac{1}{2}(D'-D) = (\cos P - \cos P') \cos\tfrac{1}{2}(D'+D)$$
$$\times \cos\tfrac{1}{2}(D'-D) + (\cos P + \cos P') \sin\tfrac{1}{2}(D'+D) \sin\tfrac{1}{2}(D'-D);$$

ensuite divisant tout par $\cos\frac{1}{2}(D'+D)\cos\frac{1}{2}(D'-D)$, et remarquant que

$$\cos P - \cos P' = 2\sin\tfrac{1}{2}(P'+P) \sin\tfrac{1}{2}(P'-P),$$
$$\cos P + \cos P' = 2\cos\tfrac{1}{2}(P'+P) \cos\tfrac{1}{2}(P'-P);$$

on obtiendra

$$\text{tang}\,\tfrac{1}{2}(P'-P) = \frac{\text{tang}\,[\text{illegible}]-D)}{\sin\frac{1}{2}(P'+P)}$$
$$\times\left[\frac{\text{tang}\, H}{\cos\frac{1}{2}(P'-P)} - \text{tang}\,\tfrac{1}{2}(D'+D)\cos\tfrac{1}{2}(P'+P)\right];$$

mais à cause de

$$\frac{\text{tang}\, H}{\cos\frac{1}{2}(P'-P)} = \frac{\text{tang}\, H}{\cos\frac{1}{2}(P'-P)} + \text{tang}\, H - \text{tang}\, H$$
$$= \text{tang}\, H + \text{tang}\, H\left(\frac{1-\cos\frac{1}{2}(P'-P)}{\cos\frac{1}{2}(P'-P)}\right)$$
$$= \text{tang}\, H + \frac{2\,\text{tang}\, H \sin^2\frac{1}{4}(P'-P)\,\text{tang}\,\frac{1}{2}(P'-P)}{\cos\frac{1}{2}(P'-P)\,\text{tang}\,\frac{1}{2}(P'-P)}$$
$$= \text{tang}\, H + \text{tang}\, H\,\text{tang}\,\tfrac{1}{2}(P'-P)\,\text{tang}\,\tfrac{1}{4}(P'-P);$$

on a enfin

$$\tang \tfrac{1}{2}(P'-P) = \frac{\tang \frac{1}{2}(D'-D)}{\sin \frac{1}{2}(P'+P)}[\tang H - \tang \tfrac{1}{2}(D'+D)\cos \tfrac{1}{2}(P'+P)]$$
$$+ \frac{\tang \frac{1}{2}(D'-D)\tang H \tang \frac{1}{2}(P'-P)\tang \frac{1}{2}(P'-P)}{\sin \frac{1}{2}(P'+P)}.$$

Dans cette formule rigoureuse aux différences finies, donnée par M. Delambre, il est toujours permis de négliger les quantités du troisième ordre; ainsi l'on a simplement $P'-P$ ou

$$dP = \frac{D'-D}{\sin \frac{1}{2}(P'+P)}[\tang H - \tang \tfrac{1}{2}(D'+D)\cos \tfrac{1}{2}(P'+P)];$$

mais la correction du passage étant $-\frac{dP}{30}$ au méridien supérieur, et $+\frac{dP}{30}$ au méridien inférieur, on a définitivement

$$\text{midi vrai} = \frac{T+T'}{2} + \frac{D'-D}{30\sin \frac{1}{2}(P'+P)}$$
$$\times\ [\tang \tfrac{1}{2}(D'+D)\cos \tfrac{1}{2}(P'+P) - \tang H];$$
$$\text{minuit vrai} = \frac{T+T'}{2} + \frac{D'-D}{30\sin \frac{1}{2}(P'+P)}$$
$$\times\ [\tang H - \tang \tfrac{1}{2}(D'+D)\cos \tfrac{1}{2}(P'+P)].$$

Dans ces deux formules, $D'-D$ est le changement en déclinaison pendant l'intervalle des deux observations correspondantes; mais si l'on veut que $D'-D = dD$ exprime le changement diurne, il faudra écrire $\frac{(D'-D)(T'-T)}{24}$ au lieu de $dD$ : d'ailleurs comme on prend ordinairement pour déclinaison moyenne $\frac{1}{2}(D'+D)$, celle $D''$ qui avait lieu à l'instant du passage, on aura, en désignant le demi-intervalle $\frac{T'-T}{2}$ par $t$, et substituant pour $\frac{P'+P}{2}$ ses valeurs précédentes converties en degrés,

$$(1)\qquad \text{midi vrai} = \frac{T+T'}{2} + \frac{dDt}{360}\left(\tang D'' \cot 15t - \frac{\tang H}{\sin 15t}\right),$$
$$(2)\qquad \text{minuit vrai} = \frac{T+T'}{2} + \frac{dDt}{360}\left(\frac{\tang H}{\sin 15t} + \tang D'' \cot 15t\right);$$

formules dans lesquelles $t$ devra être exprimé en heures et décimales d'heure, et $dD$ en secondes de degrés.

La variation diurne $dD$ en déclinaison ayant été considérée comme

positive dans tous les calculs précédens où le Soleil est supposé aller du sud au nord, il faudra la prendre négativement lorsque le Soleil s'éloignera du pôle boréal. On affectera de même du signe négatif tang $H$ et tang $D$ pour l'hémisphère austral, ainsi que cot $15t$, si le demi-intervalle $t$ est plus grand que 6 heures. Dans ses *Nouvelles Tables d'aberration et de nutation,* M. de Zach a dressé des tables à simple entrée, pour abréger le calcul de la correction des hauteurs correspondantes : elles sont d'un usage facile; cependant celles de M. Delambre paraissent mériter la préférence, parce qu'elles donnent immédiatement les logarithmes des facteurs $\frac{dD}{360}$, $\frac{dD \tang D}{360}$ et $\frac{t}{\sin 15t}$, $\frac{t}{\tang 15t}$. L'une a pour argument la longitude du Soleil, et procure les deux premiers facteurs; l'autre a pour argument le demi-intervalle $t$ des observations, et fournit les deux autres facteurs (voyez l'*Astronomie,* tome I, page 576). Néanmoins nous ne ferons ici aucun usage de ces Tables, parce que la correction du midi s'évalue avec la plus grande facilité par la formule même que nous venons de démontrer.

### APPLICATIONS.

295. Les hauteurs correspondantes prises le 20 mars 1803 à Porto-Ferraio, dont la latitude $H = 42°49'6''$, ayant été observées vers $8^h51'52''$ du matin et $2^h57'38''$ du soir, il s'est écoulé $6^h5'46''$ entre les époques moyennes du matin et du soir; c'est la valeur de $T' - T$.

Ainsi, le demi-intervalle $\frac{T'-T}{2}$ ou . . . $t = 3^h2'53'' = 3^h,05$

Et comme ce jour-là le changement diurne en déclinaison était de $23'42'' = dD$, on a en secondes. . . . . . . . . . . . . . . . . . $dD = 1422''$

On avait en outre à midi. . . . . . . . . . $D'' = 0°25'42'',6$

Et l'angle horaire. . . . . . . . . . . . . . . $15t = 45°43'10''$.

Tels sont les élémens de la correction du midi ou de la formule suivante :

$$\frac{dDt}{360}\left(\tang D'' \cot 15t - \frac{\tang H}{\sin (15t)}\right), \quad (3)$$

dans laquelle $dD$ est positive, parce que le Soleil se rapproche du pôle boréal, et tang $D''$ négative, parce que la déclinaison du Soleil est australe. Cela posé, on a

| 1er terme. | | 2e terme. |
|---|---|---|
| log $dD$ = 3,15290 | | |
| log.$t$ = 0,48430 | | |
| $c$.log 360 = 7,44370 | | |
| 1,08090 | . . . . . . . . . . . . | 1,08090 — |
| l.tang $D$ = 7,87382 — | | l.tang $H$ = 9,96689 |
| l.cot 15$t$ = 9,98909 | | $c$.l.sin (15$t$) = 0,14513 |
| log 1er terme = 8,94381 — | | log 2e terme = 1,19292 —. |

1er terme = — 0″09
2e terme = — 15,59
Correction du midi = — 15,68.

Ainsi puisque l'heure trouvée par un milieu entre les tems des hauteurs correspondantes est (art. 293). . . . . . 11h54′44″83
et que la correction. . . . . . . . . . . . . . . . . = — 15,68
l'instant du midi vrai était donné par la pendule, à . . . . . . . . . . . . . . . . . . . . . . . . . . 11h54′29″15.
et par conséquent cette pendule était en retard ce jour-là sur le midi vrai de . . . . . . . . . . . . . . . . . . . . . . . . . . . . . 0h5′30″,85.

Par des observations et des calculs tout pareils, nous trouvâmes que le 21 mars 1803, le midi vrai était arrivé à la pendule à. . . . . . . . . . . . . . . . . . . . . . . . . . 11h53′51″7
cette pendule retardait donc sur le midi vrai de. . . . 6. 8,3

Enfin, le lendemain 22 mars, le midi vrai fut annoncé à la pendule à. . . . . . . . . . . . . . . . . . . . . . 11h53′15,6
donc la pendule retardait alors de . . . . . . . . . . . 6.44,4.

296. Il reste maintenant à déterminer la marche de la pendule par rapport au tems moyen. Or, en suivant le précepte de l'art. 242, on trouve

Pour le 20 mars 1803 à Porto-Ferraio, tems moyen au midi vrai. . . . . . . . . . . . . . . . . . . . . . . . . . . . . . . 0h 7′53″9
et comme la pendule marquait à midi vrai . . . . . . 11.54.29,2
il s'ensuit qu'elle retardait sur le tems moyen de. . . . 13.24,7.

Pour le 21 mars, tems moyen au midi vrai. . . $0^h\ 7'35''8$
et comme la pendule marquait à midi vrai. . . . . 11.53.51,7

son retard sur le tems moyen était de . . . . . . . . 13.44, 1.
Enfin pour le 22 mars, tems moyen au midi vrai. $0^h\ 7'17''6$
midi vrai à la pendule. . . . . . . . . . . . . . . . . 11.53.15,6

retard de la pendule. . . . . . . . . . . . . . . . . . 14. 2,0.

Il résulte de ces observations, que, du 20 au 21 mars, la pendule retardait sur le tems moyen de $13'44'',1$, — $13'24'',7 = 19'',4$, dans l'intervalle de deux midis vrais consécutifs, c'est-à-dire dans l'espace de $23^h 59' 41'',9$ *tems moyen;* par conséquent le retard dans un jour moyen était de $19'',42$. Mais du 21 au 22 mars, ce retard ne s'est trouvé que de $17'',9$. Si nous pouvions considérer nos observations comme très exactes, nous en conclurions que la pendule aurait eu une petite irrégularité de $1'',5$ d'un jour à l'autre.

297. Pour déterminer avec précision la marche de la pendule, il est important de faire une longue suite d'observations de ce genre, et de dresser un tableau de cette marche, ainsi qu'il suit :

| MARS 1803 | TEMS de la pendule à midi vrai. | ÉQUATION du tems. + | CORRECTION ou équation de la pendule. + | RETARD diurne de la pendule. |
|---|---|---|---|---|
| 20 | $11^h 54' 29''2$ | $7'53''9$ | $13' 24''7$ | $19''42$ |
| 21 | 11.53.51,7 | 7.35,8 | 13.44,1 | 17,90 |
| 22 | 11.53.15,6 | 7.17,6 | 14. 2,0 | |
| ...... | ...... | ...... | ...... | ...... |

On entend ici par *équation* de la pendule, ce qu'il faut ajouter au tems qu'elle marque à midi vrai pour avoir le tems moyen.

Nous aurions pu régler exactement notre pendule sur le tems moyen, en relevant tant soit peu la lentille pour accélérer les oscillations. On parvient à ce but en tournant une vis qui se trouve audessus de la suspension. Quand cette vis traverse un petit cadran, et qu'elle porte une aiguille, on sait, après quelques essais, à combien de parties du cadran répond un certain nombre de secondes d'accélération; on peut donc profiter de cette connaissance pour régler plus vite la pendule.

Les bonnes horloges astronomiques conservent un mouvement bien régulier, quelle que soit la température à laquelle on les expose. Cet avantage résulte de ce que la lentille est très pesante et qu'elle est soutenue par des verges de compensation composées de deux métaux dont les densités sont différentes. Ces verges sont disposées entre elles de manière que quand l'un des métaux tend à éloigner la lentille du point de suspension; l'autre métal la rapproche au contraire d'une quantité équivalente. Néanmoins, il est prudent de placer la pendule dans un lieu où la température varie peu, et sur-tout de l'assujétir à un mur épais isolé de la voie publique.

Les mouvemens des garde-tems ou chronomètres, particulièrement en usage dans la marine, sont aussi en grande partie dégagés de l'influence de la température, au moyen d'un compensateur qui les régularise.

298. Résolvons maintenant le problème suivant, qui trouve de fréquentes applications.

Le 21 mars 1803, à Porto-Ferraio, l'on a observé un phénomène à $5^h10'20''$ du soir en tems de la pendule; on demande le tems moyen de l'observation.

Si la pendule marquait exactement $24^h$ en un jour moyen, il suffirait d'ajouter à $5^h10'20''$ son retard absolu du 21 mars ou son *équation* $13'44'',1$, et l'on aurait, pour le tems moyen de l'observation, $5^h24'4'',1$; mais le retard diurne de la pendule étant de $17'',9 = \rho$, il faut déterminer son retard pour l'intervalle qui s'est écoulé depuis midi jusqu'à l'heure du phénomène, c'est-à-dire pour $17^h10'20'' - 11^h53'51'',7 = 5^h16'28'',3 = 5^h,26$.

On aura donc cette proportion :

$$24^h - \rho = 23^h,98 : 5^h,26 :: 17'',9 : x = 3'',92;$$

c'est ce qu'il faut ôter du tems moyen approché. . . $5^h24'4'',1$;
ainsi, tems moyen cherché . . . . . . . . . . . . . . $= 5^h24'0'',18$.

Pour connaître le tems vrai de la même observation, évaluons l'équation du tems.

D'abord, d'après le tableau précédent, le 21 à midi vrai à Porto-Ferraio, l'équation du tems. . . . . . . . . $= 0^h7'35''8$
le 22 *idem* elle était. . . . . . . . . . . . . . . . . . 0.7.17,6

variation en 24 heures solaires vraies . . . . . . . $\nu =$ 18,2.

Ensuite, comme le tems moyen de l'observation, dans le lieu où elle s'est faite, était $5^h 24' 0'',18 = 5^h,4$, on aura, à cause que l'équation du tems diminue,

$24^h - \nu = 23^h 98 : 5^h,4 :: 18'',2 : x =$ — 4''09

de là, équation du tems le 21 . . . . . . . . . . . . $0^h 7' 35,80$

équation du tems pour le moment de l'observation. — 0.7.31,71.

(Soustractive, parce que le tems moyen est en avance sur le tems vrai).

Tems moyen de l'observation. . . . . . . . . . . . . $5^h 24'$ 0''18

Tems vrai de l'observation. . . . . . . . . . . . . . 5.16.28,47.

299. Afin qu'on puisse se familiariser avec la méthode des hauteurs correspondantes, et voir d'un coup-d'œil tous les élémens du calcul de la correction du midi approché, nous extrairons du Registre des observations faites en 1811 à l'École d'Application des ingénieurs-géographes militaires, le tableau suivant :

## *Observations correspondantes du Soleil.*

Le 18 février 1811, vers $9^h$ du matin et $3^h$ du soir,

Latitude.... $H = 48° 51' 40''$, Observation
Longit. (ouest) $= 4''$ (en tems). du bord inférieur.

Le chronomètre de Berthoud dont on s'est servi, donne 5 battemens par 2″.

| NOMBRE des OBSERVATIONS. | TEMS du CHRONOMÈTRE. | MIDIS approchés. | ARCS parcourus. | REMARQUES. |
|---|---|---|---|---|
| 1 | Matin 8ʰ34′50″,4<br>Soir. 14.55. 2 | | 82ᵍ,1 | *Matin.*<br>Barom. = 28ᵖ,208<br>Ther. de Réaumur = + 6°. |
| | 22.89.52,4 | 11ʰ44′56″,2 | | |
| 2 | M. 8.36.16,8<br>S. 14.53.36,8 | | 81,9 | |
| | 9.53,6 | 11.44.56,8 | | *Soir.* |
| 3 | M. 8.37.47<br>S. 14.52. 5,6 | | 81,7 | Barom. = 28ᵖ,16<br>Ther. = +9°(R). |
| | 9.52,6 | 11.44.56,3 | | Beau tems. |
| 4 | M. 8.39.16,4<br>S. 14.50.38,8 | | 81,5 | |
| | 9.55,2 | 11.44.57,6 | | |
| 5 | M. 8.40.45,4<br>S. 14.49.11,6 | | 81,3 | |
| | 9.57,0 | 11.44.58,5 | | |
| 6 | M. 8.42.15,2<br>S. 14.47.38,8 | | 81,1 | |
| | 9.54,0 | 11.44.57,0 | | |
| 7 | M. 8.43.45<br>S. 2.46. 9,6 | | 80,9 | |
| | 9.54,6 | 11.44.57,3 | | |
| 8 | M. 8.45.11,6<br>S. 14.44.38,8 | | 80,7 | |
| | 9.50,4 | 11.44.55,2 | | |

Moy. de tous les midis approch. $= 11^h44'56'',86$ = tems approch. du passage.

On voit par ce tableau que l'époque moyenne des observations du matin est. . . . . . . . . . . . . . . . . . . . . . $T = 8^h 40'$
celle des observations du soir. . . . . . . . . . . . $T' = 14.50.$
Ainsi tems écoulé entre ces deux époques
ou . . . . . . . . . . . . . . . . . . . . . $T' - T = 6^h 10'$
demi-intervalle. . . . . . . . . . . . . . . $t = 3.\ 5 = 3^h,08.$
angle horaire. . . . . . . . . . . . . . . $15t = 46°15.$

Et la *Connaissance des Tems* donne pour la déclinaison australe du Soleil à midi. . . . . . . . . . . . . . . . . . $D'' = 11°50'6''$
variation diurne . . . . . . . . . . . . . . . . . . $dD = 1271''.$

On a donc tout ce qu'il faut pour calculer la correction du midi, par la formule (3); on trouvera, en observant la règle des signes énoncée à l'art. 294,
correction du midi. . . . . . . . . . . . . . . . . . . . = $-\ 19''44$
mais midi approché. . . . . . . . . . . . . . . . . . . = $11^h 44' 55,80$
donc heure vraie du passage . . . . . . . . . . . . . = $11.44.36,36.$

300. Dans l'explication de la méthode des hauteurs correspondantes, nous avons tacitement supposé que les réfractions à hauteurs apparentes égales, pour les époques du matin et du soir, étaient elles-mêmes égales, quoique cela n'ait pas toujours lieu. Par exemple, dans les observations rapportées ci-dessus, le baromètre et le thermomètre annoncent que l'état de l'atmosphère n'était pas précisément le même après comme avant midi. Les astronomes ont néanmoins rarement égard à l'effet que peut produire sur la correction du midi une petite variation dans la réfraction; mais si l'on voulait calculer cette correction en toute rigueur, il n'est pas difficile de s'assurer que l'on aurait, en faisant varier la distance zénitale apparente $N$ (art. 294),

$$\text{correct. du midi} = \frac{dN \sin N}{30.\cos H \cos D \sin(15t)} + \frac{dDt}{360}\left(\operatorname{tang} D'' \cot 15t - \frac{\operatorname{tang} H}{\sin 15t}\right) \quad (4);$$

formule dans laquelle $dN$ doit être exprimée en secondes de degré. Soit donc $r$ la réfraction du matin, $r'$ celle du soir supposée plus faible; on aura $dN = r - r'$; par conséquent, dans ce cas, $dN$ sera positive. On conçoit bien en effet que l'angle horaire du soir a été plus petit que celui du matin, si la réfraction s'est trouvée plus forte à cette première époque qu'à la seconde.

### DEUXIÈME MÉTHODE.

### *Par les hauteurs absolues du Soleil.*

301. Ce n'est ordinairement que quand le ciel est sans nuages, que l'on est sûr du succès de la méthode précédente; mais lorsque le tems est variable, il vaut mieux régler sa pendule par les hauteurs absolues. Cette méthode consiste à prendre plusieurs distances zénitales du Soleil avant ou après midi, pour en déduire l'heure de l'observation, et par suite le retard ou l'avance de la pendule; mais il faut alors connaître assez exactement la latitude du lieu de l'observation.

Supposons, par exemple, qu'après six observations conjuguées faites le 1er avril 1804, à 43°17′ de latitude nord, et par 40°15′ de longitude occidentale, l'arc parcouru par la lunette supérieure du cercle soit de 462g; le sixième de cet arc = 77g sera la mesure de la distance apparente du centre du Soleil au zénit. Supposons de plus, que le milieu entre les six tems donnés par la pendule soit de 4h12′10″.

On sait que la distance vraie d'un astre au zénit est égale à sa distance apparente, plus la réfraction, moins la parallaxe (art. 256). Or, la distance apparente du centre du Soleil au zénit, réduite en degrés sexagésimaux, est de.................. 69°18′ 0″

| | | |
|---|---|---|
| La réfraction moyenne corrigée de la température, par le procédé de l'art. 254, est supposée de.................... | 2′30″ | + 0. 2.22,05 |
| La parallaxe du Soleil, pour le 1er avril, et à 20° ½ de hauteur, est (Tab. X) | — 7,95 | |

Donc la distance vraie du centre du Soleil au zénit............................ =69°20′22″05.

On calculera ensuite, par la méthode de l'art. 239, la déclinaison du Soleil pour le jour, l'heure et le lieu de l'observation.

Déclinaison du Soleil pour le 1er avril 1804 à midi, à Paris.......................... 4°34′25″

Déclinaison pour le 2.................. 4.57.30

Changement en déclinaison, pour 24 heures..... 0°23′15″.

Le 1er avril, à 4h 12′ 10″ du soir, par 40° 15′ de longitude occidentale, répond au 1er avril à 6h 53′ 10″ comptées à Paris; ainsi la partie proportionnelle pour ce tems . . . . . . . . . . . . . . = 6′40″2

Ajoutant la déclinaison du 1er avril, on aura, pour la déclinaison boréale cherchée. . . . . . . . . 4° 41′ 5″2.

Cela posé, dans le triangle sphérique *PZS* (fig. 16) on connaît, 1°. *ZP*, ou le complément de la latitude; 2°. *ZS*, ou la distance vraie du centre du Soleil au zénit; 3°. enfin *PS*, distance de l'astre au pôle, ou le complément de sa déclinaison.

L'angle horaire *P* s'obtiendra donc par la formule de l'art. 74.

### *Calcul de l'angle horaire.*

| | | | |
|---|---|---|---|
| Distance vraie du centre du Soleil au zénit = | 69° 20′ 22″05 | | |
| Complément de la latitude. . . . . . . = | 46. 43. . . . | *C*.sin = | 0,1378852 |
| Complément de la déclinaison . . . . . = | 85. 18. 54,80 | *C*.sin = | 0,0014534 |
| Somme. . . | 201° 22′ 16″85 | | |
| ½ somme. . | 100. 41. 8,42 | | |
| ½ som. — compl. latitude . . . . . . . | 53. 58. 8,42 | . . sin = | 9,9077869 |
| ½ som. — compl. déclinaison . . . . . | 15. 22. 13,62 | . . sin = | 9,4233423 |
| | | | 19,4704678 |
| | | log sin ½ *P* = | 9,7352339 |
| | | ainsi ½ *P* = | 32° 55′ 30″5. |

L'angle horaire *ZPS* est donc de 65° 51′ 1″ = 4h 23′ 24″06 tems vrai,
mais la pendule marquait. . . . . . . . . . . 4. 12. 10

donc au moment de l'observation, elle retardait sur le Soleil, de. . . . . . . . . . . . . . 0h 11′ 14″06.

Maintenant, voici le calcul qu'il faut effectuer pour connaître la marche de la pendule par rapport au tems moyen.

L'heure vraie ou apparente pour le méridien et le moment de l'observation, était. . . . . . . . . . . . . . . . . . 4h 23′ 24″06

Ajoutant la différence des méridiens. . . . . . . 2. 41

on a l'heure vraie que l'on comptait à Paris au même instant, le 1er avril 1804. . . . . . . . . . . . . . . . 7h 4′ 24″06.

Le tems moy. au midi vrai le 1er avril 1804 à Paris = 0h 3′ 57″2

Le tems moyen, *idem*, pour le 2. . . . . . . . . . = 0. 3. 38,8

Différence en 24 heures. . . — 18″4.

Ainsi, pour le 1er avril 1804, à $7^h 4' 24'',06$ du soir, l'équation du tems est. . . . . . . . . . . . . . . . . . . . . . . . . . . $0^h\ 3' 51'' 80$

Ajoutant l'heure de l'observation, tems vrai. . . . $4.23.24,06$

on a pour le tems moyen . . . . . . . . . . . . . . . $4^h 27' 15'' 86$

(Si cette somme surpassait $12^h$, on en ôterait 12 pour avoir le tems moyen.)

Mais la pendule marquait. . . . . . . . . . . . . . . . $4.12.10$

donc elle retardait sur le tems moyen, de. . . . . . . $0^h 15'\ 5'' 86.$

Après avoir pareillement calculé l'heure vraie, à l'aide des hauteurs absolues du Soleil prises dans le même lieu à une autre époque, on déterminera, comme ci-dessus, l'avance ou le retard de la pendule, par rapport au tems moyen; et de là l'on conclura aisément l'avance ou le retard, dans l'intervalle de ces mêmes observations. Divisant ensuite ce dernier résultat par le nombre des heures moyennes qui se sont écoulées depuis une époque jusqu'à l'autre, le quotient sera la quantité dont la pendule avance ou retarde par heure, sur le tems moyen. On voit présentement ce qu'il faut faire pour régler la pendule sur le moyen mouvement du Soleil, afin de la rendre utile aux usages de la société; mais en Astronomie, il n'est pas absolument nécessaire qu'elle soit réglée ainsi; il suffit au contraire que l'on sache exactement de combien elle avance ou retarde sur le tems apparent, ou sur le tems moyen, ou enfin sur le tems sidéral.

302. Quoique le calcul précédent puisse suffire pour guider le lecteur dans la pratique de la méthode exposée, voici cependant le tableau complet des observations et calculs des hauteurs absolues du Soleil, pour le 14 et le 15 décembre 1813. Ces hauteurs, ou plutôt ces distances zénitales ont été prises à l'Observatoire du Dépôt de la Guerre, avec un cercle à niveau mobile; et pour mesurer le tems l'on s'est servi d'une pendule de Berthoud.

**DISTANCES ZÉNITALES ABSOLUES DU SOLEIL,**
**POUR DÉTERMINER LE TEMS.**

| Le 14 décembre 1813 après midi, observation du centre. | | | Le 15 décembre 1813 après midi, observation du centre. | | |
|---|---|---|---|---|---|
| NOMBRE des observations. | ARC PARCOURU sur le limbe. | TEMS de la pendule. | NOMBRE des observations. | ARC PARCOURU sur le limbe. | TEMS de la pendule. |
| | départ. | | | départ. | |
| 1 | $0^g$ | $2^h\,11'\,48''$ | 1 | $332^g,820$ | $2^h\,58'\,30''$ |
| 2 | ........... | 13.14 | 2 | .......... | 3. 0.29 |
| 3 | ........... | 14.31,5 | 3 | .......... | 1.43 |
| 4 | $348^g,278$ | 15.39 | 4 | .......... | 2.58 |
| | | Les nuages ont interrompu la série. | 5 | .......... | 5.13 |
| | | | 6 | $887^g,260$ | 6.27 |
| Barom. $27^p\,11^l\,\frac{9}{11}$ Therm. $+2^\circ,66R$ | $348^g,278$ Arc moyen $= 87^g,0695$ $= 78^\circ 21' 45'' 18$ | Som. $15'\,12'',5$ Époque moyenne $= 2^h\,13'48'',1$ ou tems astronomique. | Barom. $28^p$ Therm. $+3^\circ R$ | $554^g,440$ Arc moyen $= 92^g,406666$ $= 83^\circ 9' 57'',6$ | Som. $18^h 15' 20''$ Époque moyenn $= 3^h 2' 33'',33$ ou tems astronomique. |
| Latitude $H = 48^\circ 51' 40''$. | | | Longitude ouest $M = 4''$ en tems. | | |

NOTA. Lorsqu'on observe constamment le même bord du Soleil, il faut tenir compte de son demi-diamètre, dont on trouve la valeur dans la *Connaissance des Tems.*

## *Calcul de l'observation du 14.*

facteur barométrique $= 0,9965$
facteur thermométr. $= 1,026$
produit... $1,0224$
réfraction moyenne $276''38$
produit ou réfr. vraie $= +\ 4'42''57$
dist. zénit. appar. $\delta = 78^\circ 21.45,18$
demi-diamètre du $\odot = 0$
somme... $78^\circ 26' 27'' 75$
parallaxe de haut.. $-\ 8,46$
dist. zénit. vraie du centre ..... $N = 78^\circ 26' 19'' 29$

décl. du $\odot$ le 14 déc. à midi $d = 23^\circ 13' 53''$
*idem*.... le 15 .... *idem* $d' = 23.17.15$
variation en $24^h$ $u = 3' 22''$
$24^h$ : tems astron. $\pm M :: u : x = 18''77$
déclinaison du $\odot$ .... $d = 23^\circ 13' 53,00$
déclin. actuelle du $\odot$ $D = 23.14.11,77$
dist. du $\odot$ au pôle $\Delta = 113^\circ 14' 11,77$
compl. de la latit. $H$ ou $C = 41.\ 8.20,00$
dist. zénitale vraie $N = 78.26.19,29$
somme... $S = 232^\circ 48' 51'' 06$

$\frac{1}{2} S = 116^\circ 24' 25'' 5$
$- C = 41.\ 8.20,0$
$R = 75.16.\ 5,5$

$\frac{1}{2} S = 116^\circ 24' 25'' 5$
$- \Delta = 113.14.11,8$
$R' = 3.10.13,7.$

$$\begin{aligned}
\log\sin R &= 9{,}9854834\\
\log\sin R' &= 8{,}7427800\\
c.\log\sin C &= 0{,}1818490\\
c.\log\sin^2\Delta &= 0{,}0367396\\
\text{somme ou}\log\sin\tfrac{1}{2}P &= 18{,}9468520\\
\text{demi-som. ou}\log\sin\tfrac{1}{2}P &= 9{,}4734260;\ \text{de là}\ \tfrac{1}{2}P = 17^\circ\,18'\,18''02\\
&\text{angle horaire}\ P = 34.36.36{,}04\\
&\text{en tems}\ldots\ T = 2^h\,18'26'',4.
\end{aligned}$$

L'angle horaire est ici le tems astronomique, parce que l'observation est faite après midi. Dans le cas contraire, le complément de cet angle à $24^h$ serait le tems astronomique.

Cherchons maintenant le *tems moyen* de l'observation.

| | |
|---|---|
| Équation du tems le 14 décembre à midi $Q$ = | $0^h\,5'\ 5''3$ |
| *idem* .......... le 15 .............. $Q'$ = | 4.36,3 |
| variation diurne $\nu$ = | 29,0 |
| $24^h : T \pm M :: \nu : y$ = | $0^h\ 0'\ 2''79$ |
| équation du tems $Q$ = | 0. 5. 5,30 |
| équation du tems actuelle $q$ = | $0^h$ 5. 2,51 |
| tems vrai de l'observation $T$ = | 2.18.26,40 |
| TEMS MOYEN de l'observation | $2^h\,13'\,23''89$ |
| heure de la pendule | 2.15.48,10 |
| correction ou *avance absolue* de la pendule = | — 24,21. |

Calculant de la même manière l'observation du 15, on trouve

| | |
|---|---|
| Tems vrai de l'observation | $3^h\,6'\,41''7$ |
| Équation du tems........ | — 4.32,5 |
| TEMS MOYEN........... | 3.2. 9,2 |
| Heure de la pendule...... | 3.2.33,3 |
| Corr., ou *avance absolue* de la pendule.......... | — 24''1. |

Dans l'intervalle des deux observations, qui est de $24^h\,49'$ tems moyen, la pendule n'a retardé que de 0'',1 ; ainsi son retard diurne, ou en $24^h$ solaires moyennes, était seulement de 0'',09. Une quantité si petite, et dont on ne peut répondre, permet de regarder cette pendule comme bien réglée.

| Il résulte de là, que puisque le tems moyen au midi vrai le 15 .......................... = | 11$^h$ 55′ 23″7 |
| --- | --- |
| et que l'avance absolue de la pendule........... = | 24,1 |
| le midi vrai à cette pendule eut lieu le même jour à.................................. | 11.55.47,8 |
| Pareillement le midi vrai le 14 fut annoncé à... | 11.55.18,9 |
| Ainsi l'avance de la pendule en 24$^h$ solaires vraies = | 29″1; |

c'est ce qu'on nomme *avance relative*.

### TROISIÈME MÉTHODE.

### *Par l'observation des étoiles.*

303. La marche de l'horloge, relativement au premier mobile, ou aux étoiles dont les retours aux méridiens sont égaux, se détermine de la même manière que par rapport au Soleil. Si, par exemple, on observe, à la même hauteur sur l'horizon, une étoile fixe, avant et après son passage au méridien, le milieu entre les tems des observations correspondantes sera l'heure que l'horloge marquait à l'instant du passage. Si le lendemain on observe encore cette étoile, on saura à quelle heure elle se sera retrouvée dans le méridien; par conséquent l'on connaîtra si l'horloge suit exactement le mouvement diurne du ciel, ou de combien elle avance ou retarde en 24 heures sidérales. Dans ce dernier cas, l'on abaissera ou l'on élevera la lentille du pendule, afin de faire retarder ou avancer l'horloge; et l'on s'assurera, par d'autres hauteurs correspondantes, prises à différentes époques, s'il est encore nécessaire de changer la durée des oscillations du pendule.

Il convient, pour faire usage de la méthode d'observation actuelle, de choisir une des étoiles qui passent au méridien pendant la nuit, et c'est de quoi l'on s'assure en calculant l'heure approchée de ce passage, comme nous l'avons enseigné (art. 245). Il faut aussi, pour que l'étoile paraisse animée d'un mouvement fort sensible, qu'elle soit observée loin du méridien et dans le voisinage du premier vertical; pourvu toutefois qu'elle soit un peu élevée au-dessus de l'horizon, afin d'éviter les erreurs qui pourraient résulter des variations de la réfraction dans les basses régions de l'atmosphère. Enfin, s'il arrivait que l'état de l'atmosphère fût différent, aux deux époques des observations correspondantes, il serait nécessaire de faire, à l'heure du passage donnée par la pendule, la correction dépendante du baromètre et du thermomètre (art. 300).

On règle encore une horloge sur le tems sidéral, par la méthode des hauteurs absolues d'une étoile : pour cet effet, l'on calcule, comme il est dit à l'art. 301, l'angle horaire de l'étoile, à l'aide de sa déclinaison, de sa distance au zénit et de la latitude du lieu supposée bien connue ; mais ici la distance vraie au zénit est seulement égale à la distance apparente, plus la réfraction ; puisque la parallaxe est sensiblement nulle.

L'angle horaire de l'étoile étant trouvé, on le convertira en tems, à raison de 15° par heure, et le résultat exprimera des heures sidérales : on saura donc sur-le-champ de combien l'horloge avance ou retarde sur l'étoile, au moment de l'observation.

Supposons, par exemple, qu'un certain jour avant le passage de l'étoile au méridien, l'angle horaire réduit en tems ait donné $2^h 14' 24''$, au moment où la pendule marquait $3^h 15' 30''$ : cette pendule avançait donc sur l'étoile, de $1^h 1' 6''$. Supposons encore que le lendemain, après le retour de la même étoile au méridien, l'angle horaire ait été trouvé de $4^h 8' 0''$, lorsque la pendule marquait $5^h 9'$ ; donc au moment de la seconde observation la pendule n'était en avance que de $1^h 1'$ sur le tems sidéral ; donc elle retardait de $6''$ dans l'intervalle de $30^h 22' 24''$, ou de $\frac{2}{10}$ de seconde par heure.

304. Pour achever d'éclaircir cette méthode, nous allons rapporter le calcul des observations de distances zénitales absolues de *Sirius* ou $\alpha$ du grand Chien, faites au Dépôt de la Guerre le 18 février 1811, vers $6^h \frac{1}{2}$ du soir avant le passage. Toutefois ces observations ne doivent pas être regardées comme très concluantes, parce que l'étoile était trop près du méridien.

| TEMS du chronomètre. | ANGLE multiple. | ANGLE simple. | ÉLÉMENS du calcul de l'angle horaire. |
|---|---|---|---|
| $6^h25'40''18^{bat.}$<br>26.30.18<br>27.40.10<br>28.30.14<br>29.10.17<br>29.50.18<br>30.20.19<br>31.30. 6<br>32. 0.27<br>32.40.12 | 771ᵍ,36367 | 77ᵍ,136367<br>=<br>69°25′21″,8<br>= $Z$ | Baromètre.. = $28^{po}\ 2^{lig}$,<br>Thermomèt. = + 4° (R),<br>Latitude $H$ = 48° 51′ 43″,<br>Longit. ouest = 4″ (en tems).<br><br>Position moyenne de l'étoile au 1er janvier 1811.<br>Æ = $6^h36'49''$,33 selon Maskeline,<br>$D$ = 16°27′53″,5 selon Piazzi,<br>⊙ = $10^s29°\ 0'$,<br>☊ = 5.28. 0. |
| $6^h29'29''.36$ = époque moyenne.<br>NOTA. 5 battemens du chronomètre font 2″. | | | |

Par les Tables de M. Burckhardt (art. 281), on a

| | | | |
|---|---|---|---|
| Asc. dr. moyenne | $6^h36'49''33$ | Décl. moyenne | 16°27′53″5 |
| Variat. (18 févr.) | + 0,35 | Variation..... | 20,6 |
| Aberration...... | + 2,94 | Aberration.... | 30,4 |
| Nutation....... | + 2,00 | Nutation..... | 29,4 |
| Constante...... | − 4,00 | Constante.... | − 1. 0 |
| Æ apparente.... | = $6^h36'50''62$ | $D$ apparente.. | = 16°28′13″9 (A) |
| ou TEMS SIDÉRAL du passage au méridien. | | Dist. polaire apparente Δ | = 106°28′13″9. |

*Type du calcul de l'angle horaire P.*

| | | |
|---|---|---|
| distance zénit. observée $Z$ = | 69° 25′ 21″8 | |
| réfraction | + 2.37,4 | |
| distance zénitale vraie $N$ = | 69° 27′ 59″2 | |
| distance polaire Δ = | 106.28.13,9 | |
| colatitude 90 − $H$ = | 41. 8.17 | |
| somme..... | 217. 4.30,1 | |
| ½ somme..... | 108.32.15,05...... | 108.32.15,35 |
| | − 106.28.13,90 | − 41. 8.17 |
| $R$ = | 2° 4′ 1″15, $R'$ = | 67.23.58,35. |

| | | | |
|---|---|---|---|
| sin $R$ = | 8,5571207 | | |
| sin $R'$ = | 9,9652991 | | |
| c.sin $\Delta$ = | 0,0181973 | | |
| c.sin $(90 - H)$ = | 0,1818562 | | |
| somme..... | 18,7224733 | | |
| $\frac{1}{2}$ somme..... | 9,3612366 | = | sin $\frac{1}{2}P$; |
| | de là $\frac{1}{2}P$ | = | 13° 16′ 54″4 |
| | angle horaire $P$ | = | 26.33.48,8 |
| | angle horaire en tems | = | − 1h 46′ 15″25 |
| | asc. dr. apparente | = | + 6.36.50,62 |
| TEMS SIDÉRAL de l'observation | | | 4h 50′ 35″37 |
| tems de la pendule | | | 6.29.29,36 |
| | avance absolue | = | 1h 38′ 53″99 |

Au moment de l'observation

| | |
|---|---|
| distance de l'équinoxe au ☉ | + 1h 54′ 23″65 |
| tems sidéral | + 4.50.35,37 |
| TEMS VRAI | 6.44.59,02 |
| tems de la pendule | 6.29.29,36 |
| retard absolu | 0.15.29,66. |

305. Une horloge réglée sur les fixes, et à laquelle on ferait marquer 0h0′0″ quand le point équinoxial du printems entre dans le méridien, donnerait en tems, l'ascension droite de tout astre au moment où il serait au point culminant, c'est-à-dire à sa plus grande élévation au-dessus de l'horizon. Ainsi, en prenant dans la *Connaissance des Tems* le complément à 24 heures de la distance de l'équinoxe au Soleil, pour un jour proposé, on aura son ascension droite pour ce jour-là, ou, ce qui est de même, l'heure que l'on doit compter à midi vrai à Paris, sur l'horloge des étoiles. Il résulte même de cette remarque un moyen très simple de faire marquer à l'horloge réglée sur les fixes, 0h0′0″, lorsque l'équinoxe passe au méridien; car si, avec une *lunette méridienne,* l'on observe une étoile lors de sa culmination, et que l'on mette en même tems le pendule de l'horloge en mouvement, les aiguilles du cadran étant préalablement fixées sur l'heure, la minute et la seconde données

par l'ascension droite de l'étoile; cette horloge sera réglée comme on le désirait.

A défaut de lunette méridienne, on aura recours à la méthode des hauteurs absolues ou correspondantes du Soleil ou des étoiles, et par là on connaîtra la marche de l'horloge. Supposons, dans cette circonstance, que le midi vrai ou apparent arrive un certain jour à $10^h 41' 30''$ en tems de l'horloge réglée sur les fixes, et que l'ascension droite du Soleil, à cette époque, soit de $6^h 20' 10''$; alors l'horloge aura marqué au moment du midi, $4^h 21' 20''$ de plus que l'ascension droite du Soleil. Pour la retarder de cette quantité, on pourra faire marcher un *compteur* (*) d'accord avec elle; ensuite, l'on comptera les secondes qui s'écoulent du moment où l'on arrêtera le pendule de l'horloge, et l'on fera rétrograder les aiguilles de $4^h 19' 20''$ seulement, afin d'avoir tout le tems de faire cette disposition; enfin à l'instant où les $120''$ ôtées de $4^h 21' 20''$ expireront sur le compteur, on remettra le pendule en mouvement : par ce moyen la présence du point équinoxial au milieu du ciel, sera, à l'avenir, annoncée par l'horloge à $0^h 0' 0''$, ou, ce qui est de même, à $12^h$. Néanmoins l'on ne pourra se dispenser de vérifier de nouveau la marche de l'horloge, lorsqu'il s'agira, par la suite, de faire des observations importantes; d'abord parce que l'ascension droite apparente des étoiles change peu à peu, en vertu du mouvement des équinoxes sur l'écliptique, de la nutation et de l'aberration (art. 34 et suivans); ensuite, parce que la marche de l'horloge pourrait avoir été altérée par quelques causes physiques qui ne seraient point décélées, ou dont il serait impossible d'évaluer les effets.

Les opérations précédentes peuvent être récapitulées et abrégées ainsi qu'il suit :

1°. Pour régler une pendule sur le tems sidéral par le Soleil; prenez des hauteurs absolues du Soleil trois ou quatre heures avant ou après midi; calculez l'angle horaire (art. 301); cherchez dans la *Connaissance des Tems* la distance Σ de l'équinoxe au Soleil, pour l'instant de vos observations; prenez le complément à $24^h$ de cette

(*) Le *compteur* est une petite pendule qui sonne et marque les secondes seulement; il est sur-tout utile quand on est obligé de faire des observations astronomiques un peu loin de l'horloge.

distance; alors le tems sidéral sera

$$(24^h - \Sigma \mp P),$$

$P$ désignant l'angle horaire réduit en tems, et compté de midi.

Soit $T$ le tems de la pendule pour l'instant de l'observation,

$$(24^h - \Sigma \mp P) - T$$

sera la correction de la pendule. Si l'observation est faite avant midi, le tems sidéral . . . . . . . . . . . . . . . . $= (24^h - \Sigma - P)$
et après midi, ce tems. . . . . . . . . . . . . . . $= (24^h - \Sigma + P)$.

En répétant les mêmes opérations plusieurs jours de suite, vous saurez si la marche de la pendule est trop lente ou trop rapide.

2°. Par les étoiles; prenez des hauteurs d'une étoile, et calculez l'angle horaire comme ci-dessus, après avoir cherché la déclinaison apparente de l'étoile par le procédé de l'art. 281.

Soient toujours $P$ l'angle horaire trouvé, et Æ l'ascension droite de l'étoile, pour le jour de l'observation, corrigée de l'aberration et de la nutation, art. 281. Cela posé, si les hauteurs ont été prises à l'orient, le tems sidéral. . . . . . . . . . . . . . . . . . $= (Æ - P)$.

Si au contraire elles ont été prises à l'occident,
le tems sidéral . . . . . . . . . . . . . . . . . . . . . . . . $= (Æ + P)$.

Soit $T$ le tems de la pendule,

$$(Æ \mp P) - T$$

sera ce qu'il faut ajouter au tems $T$, pour avoir le tems sidéral.

Ces opérations, faites plusieurs jours de suite, montreront si la marche de la pendule est trop lente ou trop rapide; et il est évident que, par cette méthode, comme par la précédente, le mouvement de la pendule est comparé à celui du point équinoxial.

### *Remarques sur la méthode des hauteurs absolues.*

306. Il n'est pas inutile d'apprécier le degré d'exactitude que l'on peut obtenir dans le calcul du tems absolu. Or, dans le triangle sphérique $ZPS$ (fig. 16), on a

$$\cos ZS = \cos ZP \cos SP + \sin ZP \sin SP \cos P,$$

ou, d'après la notation adoptée dans l'art. 302,

$$\cos N = \cos C \cos \Delta + \sin C \sin \Delta \cos P.$$

Différenciant, en faisant seulement varier la distance zénitale $N$ et l'angle horaire $P$, il vient

$$dP = \frac{dN \sin N}{\sin C \sin \Delta \sin P};$$

mais le même triangle donne, en désignant par $Z$ l'azimut de l'astre,

$$\frac{\sin N}{\sin P} = \frac{\sin \Delta}{\sin Z};$$

donc

$$dP = \frac{dN}{\sin C \sin Z}.$$

Il résulte de là que, pour une même valeur de $dN$, la variation $dP$ d'angle horaire sera d'autant plus petite que $\sin Z$ sera plus grand. Mais cette dernière quantité atteint son *maximum* quand l'azimut $Z = 90°$. Par conséquent, l'instant le plus favorable à la détermination de l'angle horaire a lieu lorsque l'astre est dans le premier vertical, et qu'il a d'ailleurs un mouvement rapide. Il n'est pas toujours possible de profiter de cet instant; mais en choisissant un astre qui ait une petite déclinaison et qui soit éloigné d'environ 45° du méridien, il donnera l'heure avec précision.

La formule différentielle précédente, en l'écrivant ainsi,

$$dN = dP \sin Z \sin C,$$

donne en outre la démonstration du principe sur lequel est fondée la méthode d'observation actuelle, savoir : que les hauteurs d'un astre prises loin du méridien, croissent proportionnellement au tems, et qu'ainsi la moyenne de ces hauteurs correspond exactement à l'époque moyenne. En effet, lorsque $\sin Z$ diffère peu de l'unité et que la série est de courte durée, comme de 8 à 10 minutes, la variation qu'il éprouve n'a pas d'influence sensible sur la valeur du facteur $\sin Z \sin C$; ou, ce qui est de même, la variation en hauteur $dN$ croît proportionnellement au tems $dP$. Mais lorsque $\sin Z$ est très petit, la valeur de $dN$ augmente comme le quarré du tems, puisque, dans ce cas, $Z$ est proportionnel à $P$. En général, pour connaître la durée qu'on pourra donner à une série de hauteurs ou de distances zénitales d'un astre, on calculera d'abord par la formule rigoureuse

$$\cos P = \frac{\cos N - \cos \Delta \cos C}{\sin \Delta \sin C},$$

la valeur de $P$ correspondante à la valeur moyenne de $N$; puis faisant varier $P$ de la moitié de l'intervalle de cette série, on déterminera $N'$ par cette autre formule rigoureuse,

$$\cos N' = \cos P' \sin \Delta \sin C + \cos \Delta \cos C$$

$P'$ désignant le nouvel angle horaire : on aura, par ce moyen, $N' - N = dN$. Ensuite, on calculera $dN$ par la formule approchée ci-dessus, en prenant pour $P$ et $N$ leurs valeurs moyennes, et s'il arrive que ces deux valeurs s'accordent à $\frac{1}{100}$ de seconde près, on sera en droit de considérer la distance moyenne, lue sur le limbe, comme correspondante à l'époque moyenne des observations (*Astronom. physiq.*, tom. I, pag. 296).

307. Quand on désire connaître le tems vrai avec une grande précision, et par des distances zénitales observées avec le cercle de Borda, on groupe les observations de deux en deux, afin d'avoir une distance moyenne et un tems moyen arithmétique entre ceux des deux tems donnés par la pendule; ensuite on détermine l'heure vraie correspondante et la correction de la pendule, comme nous venons de l'enseigner. Cette méthode se présente naturellement à l'esprit, et elle a l'avantage, malgré sa longueur, de faire juger tout d'abord de la justesse des résultats partiels. Par exemple, si l'on a fait dix observations conjuguées, on aura dix corrections de la pendule, dont le milieu sera la correction pour l'instant moyen entre toutes les observations; et à moins d'erreurs de calcul, ces dix corrections partielles suivront la marche connue de la pendule, c'est-à-dire qu'elle croîtront ou diminueront si la pendule avance ou retarde; qu'elles seront constantes, si la pendule est exactement réglée sur l'astre.

Il faut toutefois faire abstraction des petites discordances dues aux observations, car on estime difficilement l'instant précis du contact dans une lunette qui grossit peu; d'ailleurs le mouvement de l'astre dans le sens vertical étant bien plus lent que le passage par les fils d'une lunette méridienne, il est rare qu'on puisse connaître le tems plus exactement qu'à la seconde.

Ces discordances ne viennent pas seulement de l'incertitude sur le tems du contact; quelques-unes résultent en partie des erreurs de la division, sur-tout vers le commencement d'une série. Mais si une double distance se trouve trop grande, la suivante sera très probablement trop faible, et l'on aura lieu d'espérer que l'erreur disparaîtra presque entièrement du résultat.

Telles sont en substance les remarques mêmes de M. Delambre, sur la méthode actuelle, dont il a été fait un fréquent usage dans la mesure de la méridienne (*Connaiss. des Tems* pour 1820 pag. 358). Mais ce savant astronome s'est aperçu qu'il pouvait souvent se permettre de réunir les observations quatre à quatre, sans craindre de commettre une erreur qui passât un dixième de seconde de tems, et que même en partageant quelquefois vingt observations en deux groupes de six et en deux autres de quatre, les discordances étaient encore d'un ordre inférieur aux erreurs de l'observation. Nous nous appuyons de son autorité, pour prouver combien on doit être scrupuleux dans le calcul des observations astronomiques faites avec le cercle de Borda.

308. Parmi les moyens qu'on a proposés pour réduire toutes les distances observées, au tems qui tient le milieu entre tous les tems de la pendule, il en est un remarquable par son élégance et sa simplicité; c'est celui que M. Soldner a décrit dans les *Éphémérides de Berlin* pour 1818, le voici :

Soit, comme M. Delambre (*Connaissance des Tems* pour 1820), $H$ la hauteur du pôle, $D$ la déclinaison, $Z$ l'angle au zénit ou l'azimut du Soleil, $P$ l'angle horaire, $A$ l'angle au centre du Soleil entre le vertical de cet astre et le cercle de déclinaison; enfin $N$ la distance zénitale : on aura généralement

$$\cos N = \cos P \cos H \cos D + \sin H \sin D \qquad (1).$$

Si l'on suppose que la variable $N$ reçoive un accroissement quelconque $\Delta N$, l'angle horaire $P$, qui est fonction de cette variable, augmentera de $\Delta P$. Quant aux quantités $H$ et $D$, nous les considérerons comme constantes, quoique dans la réalité $D$ varie tant soit peu pendant la durée d'une série; mais si, en partant de l'époque moyenne, il arrive que la variation en déclinaison, dans la première moitié de la série, donne un résultat trop fort, elle en donnera un trop faible dans la seconde moitié; on doit donc compter sur une compensation suffisamment exacte à cet égard. Or, par le théorème de Taylor,

$$\Delta N = \frac{dN}{dP}\Delta P + \frac{d^2N}{dP^2}\frac{\Delta P^2}{1.2} + \frac{d^3N}{dP^3}\frac{\Delta P^3}{1.2.3} + \text{etc.};$$

différenciant deux fois l'équation (1) ci-dessus, on a

$$\frac{dN}{dP} = \frac{\sin P \cos H \cos D}{\sin N},$$

$$\frac{d^2N}{dP^2} = \frac{\cos P \cos H \cos D}{\sin N} - \frac{\cos N \sin P \cos H \cos D}{\sin^2 N} \cdot \frac{dN}{dP};$$

d'ailleurs le triangle sphérique $ZAP$ donnant

$$\sin A \cos D = \cos H \sin Z,$$
$$\sin P \cos H = \sin N \sin A,$$

on a

$$\frac{dN}{dP} = \sin A \cos D,$$

$$\frac{d^2N}{dP^2} = \frac{\cos P \cos H \cos D}{\sin N} - \frac{\cos N \cos D \sin A \cos H \sin Z}{\sin N}$$

$$= \frac{\cos H \cos D (\cos P - \cos N \sin A \sin Z)}{\sin N}.$$

Mais d'après l'art. 67, $\cos P = \sin A \sin Z \cos N - \cos A \cos Z$; ainsi

$$\frac{d^2N}{dP^2} = \frac{-\cos H \cos D \cos A \cos Z}{\sin N};$$

et de là

$$\Delta N = \frac{\Delta P \cos H \cos D \sin P}{\sin N} - \tfrac{1}{2}\Delta P^2 . \frac{\cos H \cos D \cos A \cos Z}{\sin N} + \text{etc.}$$

Nous négligeons le terme du troisième ordre, parce qu'on peut presque toujours s'arrêter à ce degré d'approximation. La distance zénitale corrigée sera donc de cette forme

$$N + \Delta N = N + a\Delta P - b . \frac{2\sin^2 . \frac{1}{2}\Delta P}{\sin 1''} + \text{etc.},$$

en faisant attention que l'on a sensiblement $\frac{1}{2}\Delta P^2 = 2\sin^2 \frac{1}{2}\Delta P$.

Chacune des distances zénitales autre que celle correspondante à la moitié de l'intervalle, sera susceptible d'une réduction semblable, et leur somme, en la désignant par le simbole $\Sigma(N + \Delta N)$, sera

$$\Sigma(N + \Delta N) = \Sigma N + a\Sigma\Delta P - b\Sigma . \frac{2\sin^2 \frac{1}{2}\Delta P}{\sin 1''} + \text{etc.}$$

Soit $O$ la somme des distances observées $= \Sigma(N + \Delta N)$, et $n$ le nombre des observations; on aura évidemment, pour la distance moyenne,

$$\frac{O}{n} = \frac{\Sigma N}{n} + \frac{a}{n}\Sigma\Delta P - \frac{b}{n}\Sigma . \frac{2\sin^2 \frac{1}{2}\Delta P}{\sin 1''} + \text{etc.};$$

mais puisque l'on rapporte tout à l'instant du milieu, le premier terme proportionnel à la première puissance du changement de l'angle horaire se compose de deux parties, dont l'une est nécessairement positive dans la première moitié des distances, l'autre négative dans la seconde moitié. Ainsi, la somme des intervalles est égale de part et d'autre, et ce terme disparaît entièrement; c'est en effet ce que l'expérience confirme. On a donc simplement

$$\frac{\Sigma N}{n} = \frac{O}{n} + \frac{b}{n}\,\Sigma.\frac{2\sin^2\frac{1}{2}\Delta P}{\sin 1''} - \text{etc. } (2).$$

La distance $\frac{\Sigma N}{n}$ qui avait lieu à l'instant moyen entre ceux qu'a marqués la pendule, différera donc de la distance moyenne observée $\frac{O}{n}$, de la quantité $\frac{b}{n}\,\Sigma.\frac{2\sin^2\frac{1}{2}\Delta P}{\sin 1''}$. On en fera usage pour calculer le tems vrai, après quoi l'on aura la correction de la pendule, c'est-à-dire la différence du tems vrai de l'observation, à l'époque moyenne de la pendule. Mais le coefficient $b = \frac{\cos H \cos D \cos A \cos Z}{\sin N}$ renferme deux quantités $A$, $Z$ qu'il faut avant tout déterminer à la minute seulement. Quant à la distance $N$ ou $\frac{\Sigma N}{n}$, on peut, dans ce même coefficient, la remplacer par la valeur approchée $\left(\frac{O}{n}\right)$; or, on a

$$\sin A = \frac{\sin P}{\sin N}\cos H, \qquad \sin Z = \frac{\sin P}{\sin N}\cos D;$$

et comme l'angle horaire est donné assez exactement par la marche de la pendule, supposée déjà connue assez bien, on a tout ce qu'il faut pour évaluer le coefficient $b$. Mais il restera encore à déterminer la somme $\Sigma\left(\frac{2\sin^2\frac{1}{2}\Delta P}{\sin 1''}\right)$; c'est ce qui se fera à l'aide de la table XVIII, dont nous expliquerons la formation, en parlant des observations de latitude. Nous ferons remarquer seulement quant à présent, que les $\Delta P$ en tems s'obtiennent en prenant la différence de l'instant moyen des observations à chacun des instans observés.

Il s'agit, pour déterminer le signe de $b$, de savoir si $A$ et $Z$ sont aigus ou obtus. Dans notre climat, l'angle $A$ est toujours aigu; mais l'azimut $Z$ est obtus une grande partie de la journée : il l'est toujours quand la déclinaison du Soleil est australe; mais si elle est boréale, l'azimut $Z$ peut être aigu quand le Soleil est peu élevé sur l'horizon; enfin, cet azimut est toujours droit quand le Soleil passe au premier vertical. On lève toute incertitude à cet égard, à l'aide de la formule $\cos P = \operatorname{tang} D \cot H$, qui fera connaître l'heure de la journée où l'angle $Z$ est droit.

Une autre manière de procéder, selon M. Soldner, est de calculer à la fois $P, A, Z$ d'après les trois données $\frac{O}{n}$, $D$, $H$; la déclinaison $D$ étant toujours celle qui correspond au milieu de la série. L'angle horaire $P$ ou le tems vrai auquel on parvient ainsi, n'est qu'approché; mais on le corrige ensuite en cherchant l'effet que peut produire sur l'angle horaire le petit changement $\frac{b}{n}\,\Sigma\left(\frac{2\sin^2\frac{1}{2}\Delta P}{\sin 1''}\right)$ de distance zénitale. Or, on a, par ce qui précède,

$$dP = \frac{dN \sin N}{\cos H \cos D \sin P}.$$

Remplaçant dans cette formule différentielle, la variation $dN$ par sa valeur

$$\Sigma\left(\frac{2\sin^2\frac{1}{2}\Delta P}{n \sin 1''}\right)\frac{\cos H \cos D \cos A \cos Z}{\sin N},$$

on a, après avoir simplifié,

$$dP = \Sigma\left(\frac{2\sin^2\frac{1}{2}\Delta P}{n \sin 1''}\right)\frac{\cos A \cos Z}{\sin P} \qquad (3).$$

La correction du tems approché sera donc $\frac{dP}{15}$. Il faut, dans le calcul de cette dernière formule, faire attention aux signes des lignes trigonométriques. On remarquera que $\sin P$ est positif après le passage au méridien, négatif avant ce passage. Quant aux signes qui doivent affecter $\cos A$ et $\cos Z$, on se rappellera ce qui a été dit plus haut à cet égard.

309. M. Delambre compare numériquement la méthode ordinaire à celle de M. Soldner, et fait voir qu'il est presque aussi simple et tout aussi exact de conclure la correction moyenne de la pendule des résultats partiels fournis par les observations groupées quatre à quatre.

Par exemple, l'heure moyenne entre vingt observations s'est trouvée de $3^h 38' 36'',95$ dans un lieu dont la distance du pôle au zénit est

de 39° 10′ 20″,1 ; la distance zénitale moyenne du ⊙, corrigée de la réfraction et de la parallaxe, de 51° 14′ 7″ ; la déclinaison du Soleil pour l'instant moyen, de 21° 26′ 40″ ; d'où il est aisé de conclure, par la méthode de l'art. 301, que l'heure correspondante à la distance moyenne, était.............................. 3h 36′ 38″13
mais l'heure moyenne de la pendule était.......... 3.38.36,95
donc la correction résultante serait.............. 1.58,82.

En réunissant les observations quatre à quatre, on a eu ces résultats partiels :

| NOMBRE des observat. | MOYENNES des tems de la pendule. | DISTANCE zénitale réduite. | DISTANCE polaire ⊙. | TEMS vrai. | CORRECTION de la pendule. |
|---|---|---|---|---|---|
| 4.... | 3h 25′ 30″9 | 49° 7′ 49″5 | 68° 33′ 25″2 | 3h 23′ 30″7 | — 2′ 0″2 |
| 4.... | 32. 6,1 | 50. 7.20,0 | 68.33.22,6 | 3.30. 5,0 | — 2.1,1 |
| 4.... | 38.21,5 | 51. 4.20,6 | 68.33.20,0 | 3.36.19,2 | — 2.2,3 |
| 4.... | 45. 1,6 | 52. 5.53,8 | 68.33.17,5 | 3.43. 0,4 | — 2.1,2 |
| 4.... | 52. 4,6 | 53.11. 6,3 | 68.33.14,5 | 3.50. 2,9 | — 2.1,7 |
| 20 | | | Correction moyenne.... | | — 2.1,3 |

Il résulte de là, que la correction moyenne de la pendule, correspondante à son heure moyenne, est plus exactement de 2′ 1″,3. Ainsi, dans le cas actuel, les vingt observations réunies en un seul groupe produiraient 2″,5 d'erreur. En calculant même les observations deux à deux, pour resserrer davantage les intervalles, on aurait, pour correction de la pendule 2′ 1″,55. La formule de M. Soldner donne ce dernier résultat à $\frac{2}{100}$ de seconde près.

Pour réduire les corrections partielles à l'époque du milieu de la série, il faut faire attention que la pendule avançait de 1″,67 par heure sur le tems vrai. Or, de l'époque moyenne des vingt observations à l'époque moyenne des quatre premières, il s'est écoulé 13′ 7″,43 = 13′,1 ; on dira donc

$$60' : 1'',67 :: 13',1 : x = 0'',3.$$

telle est l'avance de la pendule pendant 13′,1. D'après cela, les cinq corrections partielles précédentes, réduites à l'époque moyenne de la série, seront

— 2′ 0″5
— 2.1,3
— 2.2,3
— 2.1,0
— 2.1,3

Correction moyenne — 2′ 1″3.

Le Mémoire de M. Delambre contient beaucoup d'autres détails importans, que nous ne pouvons rapporter ici (voyez la *Connaissance des Tems* de 1820).

# CHAPITRE IV.

## *Des observations et du calcul des latitudes.*

310. La latitude d'un lieu terrestre, ou la hauteur du pôle, se détermine par des hauteurs du Soleil ou des étoiles; mais on choisit ordinairement, pour faire ces observations, une des étoiles circompolaires; parce que si, pendant une longue nuit, on observe sa plus grande et sa plus petite hauteur, c'est-à-dire ses deux passages au méridien, la demi-somme de ces hauteurs, diminuées chacune de la réfraction, sera la hauteur du pôle cherchée.

La méthode actuelle suppose que l'on a invariablement fixé un quart de cercle dans le plan du méridien, en l'adossant contre une muraille, instrument que l'on nomme pour cette raison un *mural:* mais les ingénieurs-géographes étant obligés d'observer dans des lieux où il serait souvent fort difficile et très dispendieux de faire établir un pareil instrument, se servent plus commodément du cercle répétiteur, qui a d'ailleurs l'avantage exclusif de donner, par des observations multipliées et dans une seule nuit, la latitude avec une très grande précision. A la vérité, les distances au zénit observées avec ce cercle ne sont pas prises dans le plan du méridien; mais on les y réduit par la méthode suivante.

### *Correction des distances au zénit, observées près du méridien.*

Soit $Z$ (fig. 17) le zénit de l'observateur, $P$ le pôle, $E$ l'étoile supposée très près du méridien $ZP$; $PE$ sera la distance de l'étoile au pôle, ou le complément de sa déclinaison, $ZE$ sa distance au zénit observée.

Prenons $Pe = PE$, $Ze$ sera la distance au zénit telle qu'elle aurait été observée dans le méridien; et comme, pour le cas de la figure, $ZE > Ze$, soit $ZE = Ze + x$.

D'ailleurs

$$Ze = ZP - PE = (1^q - L) - (1^q - D) = D - L;$$

$D$ étant la déclinaison de l'étoile $E$, et $H$ la latitude du lieu $Z$; donc

$$ZE = D - H + x.$$

Le triangle sphérique $ZPE$ donne

$$\cos ZE = \cos PE \cos PZ + \sin PE \sin PZ \cos P,$$

ou

$$\cos(D - H + x) = \sin D \sin H + \cos D \cos H \cos P;$$

mais à cause de $\cos P = 1 - 2 \sin^2 \frac{1}{2} P$, on aura

$$\cos(D - H + x) = \sin D \sin H + \cos D \cos H - 2\cos D \cos H \sin^2 \tfrac{1}{2} P;$$

ou bien

$$\cos(D - H + x) = \cos(D - H) - 2\cos D \cos H \sin^2 \tfrac{1}{2} P.$$

Soient, pour abréger, $-2\cos D \cos H \sin^2 \frac{1}{2} P = q$ et $D - H = A$; on aura

$$(1) \qquad \cos(A + x) - \cos A = q.$$

Parmi les méthodes propres à fournir la valeur de $x$, nous choisirons celle de l'art. 102, qui est applicable en cette circonstance, puisque $q$ est fonction de $x$, et que ces deux quantités s'évanouissent en même tems. Il s'agit donc, dans la série

$$x = \left(\frac{dx}{dq}\right) q + \left(\frac{d^2x}{dq^2}\right) \frac{q^2}{2} + \left(\frac{d^3x}{dq^3}\right) \frac{q^3}{2.3} + \ldots,$$

de remplacer les coefficiens différentiels déduits de la relation (1). Or, en général

$$\frac{dx}{dq} = -\frac{1}{\sin(A + x)}, \quad \frac{d^2x}{dq^2} = \frac{\frac{dx}{dq}\cos(A + x)}{\sin^2(A + x)} = -\frac{\cot(A + x)}{\sin^3(A + x)},$$

. . . . . . . . . . . . . . . . . . . . . . . . . . . . . . . . . . . . . . . . . . . . . . .

Mais ici ces valeurs devant correspondre à $x = 0$, on a

$$\left(\frac{dx}{dq}\right) = -\frac{1}{\sin A} = -\frac{1}{\sin(D - H)},$$

$$\left(\frac{d^2x}{dq^2}\right) = \frac{-\cot A}{\sin^3 A} = \frac{-\cot(D - H)}{\sin^3(D - H)},$$

et par conséquent en secondes de degré,

$$x = \frac{2\sin^2 \frac{1}{2} P \cos D \cos H}{\sin(D - H)\sin 1''} - \frac{1}{2}\left(\frac{2\sin^2 \frac{1}{2} P \cos D \cos H}{\sin(D - H)\sin 1''}\right)^2 \cot(D - H)\sin 1'' \ldots (1).$$

Le second terme se calcule facilement à l'aide du premier, qui le plus souvent suffit.

A la seule inspection de la figure, on voit que la valeur de $x$, donnée par la formule ci-dessus, se retranche de la distance observée, quand l'étoile passe entre le pôle $P$ et le zénit $Z$; ainsi l'on a $Ze = ZE - x$. Si au contraire elle passe au-dessous du pôle, la valeur de $x$ conservera les signes qu'elle a plus haut; mais au lieu de $(D - H)$, on mettra $(D + H)$, parce qu'alors $Ze = ZP + PE = 2^{Q} - (D + L)$.

Enfin, si l'étoile passe au midi du zénit, auquel cas $Ze = PE - PL = H - D$, il faudra changer les signes de la valeur de $x$, et mettre $H - D$ à la place de $D - H$; ainsi l'on aurait, pour le Soleil comme pour une étoile,

$$x = -\frac{2\sin^2 \frac{1}{2} P \cos D \cos H}{\sin (H - D) \sin 1''} + \frac{1}{2}\left[\frac{2\sin^2 \frac{1}{2} P \cos D \cos H}{\sin (H - D) \sin 1''}\right]^2 \cot (H - D) \sin 1'' \ldots (2);$$

en ayant cependant le soin de changer le signe de $D$ quand la déclinaison de l'astre est australe.

Soit que l'on ait l'intention de calculer directement la valeur de $x$, soit que l'on veuille former des tables de réduction pour les étoiles que l'on aura choisies, il faudra connaître à fort peu près la latitude du lieu. Si donc elle ne peut être conclue des opérations géodésiques (art. 192), on considérera les distances au zénit observées à l'orient et à l'occident, et fort près du méridien, comme ayant été prises dans le méridien même, et l'on en conclura la latitude approchée du lieu.

Supposons, par exemple, que l'on sache par la méthode de l'art. 281, à quelle heure l'étoile polaire passera au méridien un certain jour, et que vers l'instant de ses passages supérieur et inférieur on ait observé ses deux distances au zénit, ainsi que l'état du baromètre et du thermomètre; on aura la latitude approchée ainsi qu'il suit :

| | Passage supérieur. | Passage inférieur. |
|---|---|---|
| Soit, distance apparente au zénit. | $43^g 79801$...... | $47^g 64250$ |
| Réfraction vraie .............. | 0,01495...... | 0,01707 |
| on aura, distance vraie .......... | $43^g 81296$...... | $47^g 65957$; |
| donc, demi-somme, ou distance vraie du pôle au zénit | | $45^g 23626$ |
| donc enfin, complém. de cette demi-somme, ou latit. | | 54,76374. |

311. Le calcul des tables par la formule donnée plus haut est assez facile; car $\sin^2 \frac{1}{2} P$ et $\sin^4 \frac{1}{2} P$ étant les seules quantités variables, il s'ensuit que quand on aura le logarithme du premier nombre de la table, les logarithmes de tous les autres nombres s'obtiendront en ajoutant successivement les différences des logarithmes de $\sin^2 \frac{1}{2} P$ et $\sin^4 \frac{1}{2} P$.

Prenons pour exemple l'étoile polaire qui, comme le dit M. Delambre, semble mériter la préférence parmi celles que l'on peut choisir pour les observations de la hauteur du pôle. On déterminera d'abord la latitude approchée pour le lieu de l'observateur, par le procédé précédent, et la déclinaison apparente de l'étoile, selon la méthode de l'art. 281. Une erreur de quelques secondes sur chacun de ces élémens n'est d'aucune considération.

Supposons que la latitude $H =$ 46° 10′ 40″
et que la déclinaison $D =$ 88.13.30
on aura $D - H =$ 42° 2′ 50″
$D + H =$ 134.24.10....... 45°35′50″.

Ensuite le calcul des facteurs constans de la formule (1) se fera ainsi qu'il suit :

| Passage supérieur. | | Passage inférieur. | |
|---|---|---|---|
| l. 2 | 0,30103 | | |
| c. sin 1″ | 5,31443 | | |
| cos $D$ | 8,49101 | | |
| cos $H$ | 9,84037 | | |
| | 3,94684 ................ | | 3,94684 |
| c. sin $(D - H)$ | 0,17409 | c. sin $(D + H)$ | 0,14604 |
| log $a$ — | 4,12093 | log $a$ + | 4,09288 |
| 2 log $a$ + | 8,24186 | 2 log $a$ — | 8,18576 |
| log $\frac{1}{2}$ | 9,69897 ................ | | 9,69897 |
| l. sin 1″ | 4,68557 ................ | | 4,68557 |
| cot $(D - H)$ | 0,04484 | cot $(D + H)$ — | 9,99094 |
| log $b$ + | 2,67124 | log $b$ + | 2,56124. |

Il ne s'agit plus, pour calculer la table de réduction, tant pour le passage supérieur que pour le passage inférieur, que d'ajouter successivement à ces logarithmes constans les différences logarithmiques de $\sin^2 \frac{1}{2} P$ et de $\sin^4 \frac{1}{2} P$, comme nous l'avons déjà fait observer, et comme on peut le voir par l'exemple de ces additions, mis à côté de la table XVII, 2e partie.

Pour le passage supérieur, la réduction est soustractive; parce que le second terme, quoique positif, est toujours plus faible que le premier, qui, dans le cas actuel, est négatif.

Pour le passage inférieur, le premier terme est positif, et le second l'est aussi; parce que $D+H$ est toujours plus grand que 90° : ainsi la réduction est additive.

Quoique pendant l'observation d'une même étoile, la déclinaison $D$ varie par la précession, l'aberration et la nutation, l'on peut regarder cette déclinaison comme constante, dans l'intervalle de trois à quatre mois; mais après ce tems il faut refaire la table, ou la corriger par les formules que M. Delambre a données (page 50 de son Mémoire cité).

Ce célèbre astronome, à qui appartient la méthode précédente, prescrit de faire pour tout l'intervalle de l'observation d'une même étoile, un tableau qui donne de dix jours en dix jours la position apparente de l'étoile, c'est-à-dire son ascension droite en tems, et sa distance au pôle à peu près connue, affectées l'une et l'autre de la précession, de l'aberration et de la nutation (art. 281). On conçoit en effet qu'avec ce secours le calcul est plus facile et moins sujet à erreur.

On évite des corrections trop fortes, en observant peu de minutes avant et après le passage au méridien.

312. Il n'est pas nécessaire de noter chaque distance au zénit, prise avec le cercle répétiteur, parce que l'on perdrait un tems précieux, qu'il convient au contraire d'employer à multiplier les observations autant que possible; mais l'on tient registre des instans des observations données par la pendule (art. 126), afin que la comparaison de ces instans avec l'heure du passage de l'étoile au méridien (art. 281) donne les angles horaires $P$, avec lesquels on cherchera dans la table les réductions correspondantes. La somme de toutes ces réductions, divisée par le nombre des observations, sera la réduction moyenne que l'on retranchera (pour un passage supérieur) de la moyenne entre toutes les distances observées, c'est-

à-dire de l'arc total parcouru, divisé par le nombre des observations; le reste sera la distance apparente telle qu'elle aurait été observée au méridien. Ces remarques seront mieux saisies, si l'on jette un coup-d'œil sur le tableau suivant, extrait du Mémoire cité de M. Delambre.

POLAIRE. *Passage supérieur,* 11 décembre 1796.

Ascension droite apparente.... 0h 51′ 55″
La pendule, réglée sur le tems sydéral, art. 11 et 303, retardait de 0. 1. 0
Passage au méridien, en tems de la pendule.................... 0.50.55

Barom. 27po. 0lig.
Therm. — 8°

| ARC PARCOURU réduit en degrés sexagésimaux. | INSTANS des observations donnés par la pendule. | ANGLES HORAIRES en tems. | RÉDUCTION exprimée en secondes de degrés. Tab. XVII 2e partie. |
|---|---|---|---|
| 0° 0′ 0″ | 0h 37′ 49″ | 0h 13′ 6″ | — 10″,78 |
| | 42.53 | 8. 2 | 4,06 |
| | 45. 8 | 5.47 | 2,11 |
| | 47. 8 | 3.47 | 0,91 |
| | 48.39 | 2.16 | 0,32 |
| | 50.16 | 0.39 | 0,03 |
| | 52.33 | 1.38 | 0,16 |
| | 54.39 | 3.44 | 0,88 |
| | 56.35 | 5.40 | 2,03 |
| | 58.55 | 8. 0 | 4,03 |
| | 61.18 | 10.23 | 6,77 |
| 504° 24′ 19″,62 | 63.49 | 12.54 | 10,46 |

| | |
|---|---|
| Somme des réductions.................... | — 42″,54 |
| qu'il faut diviser par le nombre des observations. | 12 |
| Quotient.............................. | — 3,545 |
| Distance moyenne au zénit, entre les 12 observées. | 42° 2′ 1″,635 |
| Distance méridienne apparente.................. | 42. 1.58,090 |
| (Art. 253). { Réfraction moyenne ..................... | + 51,020 |
| (Art. 253). { Correction de température................ | + 3,570 |
| Distance polaire ...................... + | 1.46.22,310 |
| Hauteur de l'équateur, ou *colatitude*....... | 43.49.14,99 |
| Latitude d'Evaux.......................... | 46.10.45,01 |

Si la pendule était réglée sur le moyen mouvement du Soleil, il faudrait, après avoir cherché les angles horaires comme ci-dessus, les augmenter tous à raison de 10″ par heure, ou de 1″ pour 6ᵐ (art. 14), cette précision sera suffisante; mais pour plus de facilité, on réglera d'avance la pendule sur le tems sidéral, quand on devra observer des étoiles.

313. Pour faire connaître la manière de former un tableau des résultats d'un passage, nous extrairons de la *Base du Système métrique*, le suivant, qui est relatif au passage supérieur de la Polaire, observé à Évaux, l'un des points de la Méridienne.

| 1796 et 1797 | $n$ | LATITUDES simples. | $N$ | LATITUDES combinées. |
|---|---|---|---|---|
| 11 décembre. | 12 | 46° 10′ 45″01 | 12 | 46° 10′ 45″01 |
| 14......... | 28 | 47,64 | 40 | 46,85 |
| 15......... | 24 | 46,70 | 64 | 46,80 |
| 16......... | 40 | 42,75 | 104 | 45,24 |
| 17......... | 24 | 46,71 | 128 | 45,51 |
| 2 janvier... | 28 | 42,18 | 156 | 44,92 |
| 17......... | 20 | 40,29 | 176 | 44,39 |
| 18......... | 24 | 42,03 | 200 | 44,11 |
| 21......... | 10 | 39,89 | 210 | 43,91 |

Dans ce tableau, la colonne intitulée $n$ désigne le nombre des observations de chaque jour; et la colonne qui suit, donne les résultats correspondans, obtenus par la méthode précédente. La colonne intitulée $N$ indique le nombre des observations, comme si elles avaient été faites sans interruption; la dernière colonne donne les latitudes combinées, ou les *latitudes moyennes* correspondantes aux nombres $N$, et calculées par la règle de l'art. 118. Par exemple, le 11 décembre, la moyenne de 12 observations est 46° 10′ 45″,01; et le 14 décembre, la moyenne de 28 observations est 46° 10′ 47″,64. Pour avoir le résultat moyen entre les 40 observations, il faudra, d'après l'article cité, et en ne prenant que les chiffres qui diffèrent entre eux, écrire $\frac{12 \times 5'',01 + 28 \times 7'',64}{12 + 28} = \frac{274'',04}{40} = 6'',85$.

Il suit de là que le résultat moyen cherché est 46° 10′ 46″,85, comme on le voit par le tableau ci-dessus.

314. On rend la latitude indépendante de l'erreur produite par celle qui pourrait affecter la déclinaison, en observant les deux passages

de l'étoile ; et l'on obtient par ce moyen ses deux distances vraies au zénit, dont la demi-somme est le complément de la latitude (art. 310).

En effet, soit $H_{(m)}$ la véritable latitude cherchée, $\Delta$ la distance polaire de l'étoile, déterminée par les catalogues (art. 281), et supposée trop petite de la quantité $\mu$ ; $Z_{(1)}$ la distance zénitale méridienne, lors du passage supérieur ; et $Z_{(2)}$ la distance zénitale méridienne lors du passage inférieur ; on aura

$$\begin{array}{rrl} \text{pour le passage supérieur,} & H_{(m)} = & 90 - (Z_{(1)} + \Delta + \mu) \\ \text{pour le passage inférieur,} & H_{(m)} = & 90 - (Z_{(2)} - \Delta - \mu) \\ \hline \text{somme...} & 2H_{(m)} = & 180 - (Z_{(1)} + Z_{(2)}) \\ \frac{1}{2}\text{somme ou latitude exacte,} & H_{(m)} = & 90 - \frac{1}{2}(Z_{(1)} + Z_{(2)}). \end{array}$$

Dans le premier cas, la latitude approchée

$$H_{(1)} = H_{(m)} + \mu = 90 - (Z_{(1)} + \Delta);$$

dans le second cas, l'on a

$$H_{(2)} = H_{(m)} - \mu = 90 - (Z_{(2)} - \Delta);$$

de là,

$$H_{(1)} - H_{(2)} = 2\mu;$$

ainsi, correction de distance polaire

$$\mu = \frac{1}{2}(H_{(1)} - H_{(2)}).$$

Voici, pour exemple, le résumé des passages de la Polaire, à Évaux, selon M. Delambre.

| | | |
|---|---|---|
| Par 210 observ. passage supér. | $H_{(1)} =$ | 46° 10′ 43″91 |
| Par 410 observ. passage infér. | $H_{(2)} =$ | 46.10.43,20 |
| 620 observ. milieu où latit. | $H =$ | 46.10.43,555 |
| différence | $(H_{(1)} - H_{(2)}) =$ | + 0,71 |
| ½ différence ou correct. de dist. polaire | $\mu =$ | + 0″35. |

Une comparaison toute pareille des passages de $\beta$ de la petite Ourse a donné, par un milieu entre 552 observations,

| | |
|---|---|
| $H =$ | 46° 10′ 43″10 |
| or, par la polaire on a eu | 46.10.43,55 |
| Milieu entre 1172 observat. | 46.10.43,32 |
| Réduction au clocher...... | − 0,88 |
| LATITUDE du clocher d'Évaux = | 46° 10′ 42″44. |

315. Quand on observe un grand nombre d'étoiles, le calcul des latitudes s'abrège considérablement à l'aide des tables générales que M. Delambre a données dans la *Connaissance des Tems* de l'an XII. Nous avons seulement inséré ici deux de ces tables, parce qu'elles suffisent à la rigueur : elles sont comprises sous les numéros XVIII et XIX, et elles donnent respectivement les facteurs $\frac{2\sin^2 \frac{1}{2}P}{\sin 1''}$ et $\frac{2\sin^4 \frac{1}{2}P}{\sin 1''}$ des premier et deuxième termes de la correction $x$. Ainsi le calcul sera réduit à celui des autres facteurs

$$\frac{\cos D \cos H}{\sin(D-H)} = F, \text{ et } \left(\frac{\cos D \cos H}{\sin(D-H)}\right)^2 \cot(D-H) = f,$$

dépendans seulement de la déclinaison et de la latitude.

Pour exemple de l'usage de ces tables, cherchons derechef la réduction précédente, obtenue par une table particulière. On aura d'abord, en vertu des valeurs de $D$ et de $H$, et en se conformant aux remarques de l'art. 46,

$$\begin{aligned} \text{l.}\cos D &= 8{,}49101 \\ \text{l.}\cos H &= 9{,}84037 \\ \text{comp. l.}\sin(D-H) &= 0{,}17409 \\ \hline \log F &= 8{,}50547 \quad \ldots\ldots\ldots \quad 2\log F = 7{,}01094 \\ & \qquad\qquad \text{l.cot.}(D-H) = 0{,}04484 \\ & \qquad\qquad \log f = 7{,}05578. \end{aligned}$$

Ensuite on achèvera l'opération ainsi qu'il suit :

| Angles horaires. | Table XVIII. | Table XIX. |
|---|---|---|
| 13′ 6″ | 336″9 | 0″27 |
| 8.2 | 126,7 | 0,04 |
| 5.47 | 65,7 | 0,01 |
| 3.47 | 28,1 | 0,00 |
| 2.16 | 10,1 | 0,00 |
| 0.39 | 0,8 | 0,00 |
| 1.38 | 5,2 | 0,00 |
| 3.44 | 27,4 | 0,00 |
| 5.40 | 63,0 | 0,01 |
| 8.0 | 125,7 | 0,04 |
| 10.23 | 211,6 | 0,11 |
| 12.54 | 326,7 | 0,26 |
| | — 1327″9 | + 0″74. |

| | | | |
|---|---|---|---|
| log 1327,9... | 3,12317 | log 0,74... | 9,86923 |
| comp. log 12... | 8,92082 | .......... | 8,92082 |
| log $F$... | 8,50547 | log $f$... | 7,05578 |
| — 3,544 | 0,54946 | + 0,000 | 6,84583 |
| | | — 3,544 | |

Réduction = — 3″544;

c'est-à-dire que vis-à-vis les douze angles horaires, on mettra les 24 nombres que fournissent les tables XVIII et XIX ayant ces angles pour argumens. La somme de la première colonne sera — 1327,9, parce que l'on a observé le passage supérieur : cette somme, au contraire, serait positive dans les passages observés au-dessous du pôle. Quant à la somme de la deuxième colonne, elle est toujours positive, et dans le cas actuel, elle = + 0,74.

Au-dessous des logarithmes de ces deux sommes, écrits séparément, on mettra le complément arithmétique du logarithme du nombre des observations, puis les logarithmes de $F$ et de $f$ calculés ci-dessus. Enfin, on fera deux sommes de ces logarithmes, et la réduction sera = — 3″,544 + 0″,000, c'est-à-dire qu'elle sera réduite à son premier terme, puisque le deuxième est insensible. Ce résultat est, à un millième de seconde près, le même que par la table particulière, et la méthode qui y conduit est à la fois simple et rapide. Si l'on construisait des tables sur les facteurs $F$ et $f$, on abrégerait encore de beaucoup la recherche de la réduction dont il s'agit.

Il est essentiel de ne pas pousser trop loin la série des observations, parce que quand la distance de l'astre au zénit est petite et que les angles horaires sont un peu grands, la moindre erreur sur le tems de l'observation influe d'une manière sensible sur la réduction, et par conséquent sur la distance réduite; mais en cessant les observations aussitôt que la réduction s'accroît de $\frac{1}{2}$ ou de $\frac{1}{3}$ de seconde pour une seconde de tems, comme il arrive à quelques minutes du méridien et quand l'astre est fort élevé, on trouve cette réduction avec la plus grande exactitude.

316. L'illustre astronome dont nous expliquons la méthode, a calculé sur la formule $\sin P = \frac{dx \sin (D-H)}{15\, dP \cos D \cos H}$ que l'on obtient en différenciant par rapport à $P$, le premier terme de la valeur de $x$ (art. 310),

une table qui fait connaître les valeurs de l'angle horaire $P$, lorsque la réduction varie d'une seconde de degré à chaque seconde de tems : on s'assure, par ce moyen, de la durée que l'on peut donner aux observations. Nous engageons le lecteur à recourir, pour de plus amples détails sur cet objet, à la *Connaissance des Tems* de l'an XII ou à la *Base du Système métrique*, tom. II page 205.

La série des observations devant être faite dans un intervalle de tems fort court, on trouvera un grand avantage à remarquer sur le cercle azimutal de l'instrument, la direction du vertical de l'étoile que l'on observe, afin de pouvoir amener facilement cette étoile dans le champ de la lunette. On calculera pour cet effet une table d'azimut pour différentes déclinaisons et différens angles horaires, et on placera en outre, près du cercle, une ficelle horizontale dans la direction de l'alidade supérieure lorsqu'elle sera pointée sur l'astre; cette ficelle indiquera la hauteur de l'astre durant l'observation.

Reste à faire voir sur quelle formule on pourra établir une table d'azimut. Or, dans le triangle sphérique $ZPE$ (fig. 17), on a (art. 65)

$$\cot Z = \frac{\sin(PZ)\cot(PE)}{\sin P} - \cot P \cos(PZ);$$

mais, à cause de $PZ = 1^q - H$, de $PE = 1^q - D$, et de $QZE = 2^q - Z = z$, cette formule se change en

$$\cot z = \cot P \sin H - \frac{\cos H \operatorname{tang} D}{\sin P};$$

donc, si l'on met au lieu de $\cot z$, sa valeur $\frac{1}{\operatorname{tang} z}$, et qu'on réduise les termes du second membre au même dénominateur, on aura, pour l'azimut $z$ de l'astre, compté du sud,

$$\operatorname{tang.azimut} = \frac{\operatorname{s\acute{e}c} H \sin P \cot D}{\operatorname{tang} H \cos P \cot D \mp 1}.$$

Le signe supérieur étant pour les étoiles qu'on observe au méridien, au-dessus de l'équateur et du pôle; et le signe inférieur, pour celles qu'on observe au-dessous.

317. Tout ce que nous avons dit jusqu'à présent sur la manière d'effectuer les réductions au méridien, suppose que la pendule est réglée sur le tems sidéral; mais il peut arriver qu'elle ne le soit pas, par deux causes; ou parce qu'elle ne marque pas exactement $24^h$

entre deux passages consécutifs d'une même étoile au méridien, ou bien parce qu'elle ne marque pas $0^h 0' 0''$ quand le point équinoxial passe au méridien, quoique suivant le mouvement sidéral.

Dans ce dernier cas, si la pendule est en retard, il faudra retrancher de l'ascension droite apparente la quantité dont elle retarde, et le reste sera l'heure du passage de l'étoile au méridien en tems de la pendule; c'est ce qui a eu lieu dans l'exemple précédent: si elle est en avance, on ajoutera son avance absolue; cela est de toute évidence.

Dans le premier cas, il faudra connaître de combien la pendule avance ou retarde dans l'espace de $24^h$. Supposons un retard diurne exprimé par $\rho$, et que $P'$ soit l'un des angles horaires trouvés comme ci-dessus; cet angle, donné en tems de la pendule, différera du véritable angle horaire $P$, d'une quantité proportionnelle à $\rho$. On dira donc

$$24^h - \rho : 24^h :: P' : P = \frac{24P'}{24 - \rho} = P' + \frac{\rho P'}{24 - \rho};$$

mais $\rho$ étant toujours une petite quantité exprimée en secondes, on a

$$P = P' + \frac{\rho P'}{86400 - \rho} = P'\left(1 + \frac{\rho}{86400 - \rho}\right) = P'(1 + \rho'),$$

en faisant $\frac{\rho}{86400 - \rho} = \rho'$, pour abréger.

Introduisant cette valeur de $P$ dans la formule (2), et observant que $P'$ et $\rho'$ sont très petits, il viendra

$$x = -\frac{\cos D \cos H.(1 + 2\rho')}{\sin (H - D)} \cdot \frac{2\sin^2 \frac{1}{2} P'}{\sin 1''} + \text{etc.};$$

en effet, on a sensiblement

$$\sin \tfrac{1}{2} P = (1 + \rho')\sin \tfrac{1}{2} P', \text{et} \sin^2 \tfrac{1}{2} P = (1 + \rho')^2 \sin^2 \tfrac{1}{2} P' = (1 + 2\rho')\sin^2 \tfrac{1}{2} P'.$$

Tout cela suppose encore que $D$ est constante durant l'observation; ce qui est vrai pour les étoiles, mais non pas pour le Soleil. Voici alors comme on tient compte du mouvement de cet astre en déclinaison.

Soit $PQ$ (fig. 18) le méridien du lieu; $Z$ le zénit, et $S$ la position du Soleil au commencement de l'observation. Si cet astre décrivait le parallèle $Sr$, la distance zénitale $ZS$ réduite au méridien, par la formule précédente, serait représentée par $Zr$; mais le Soleil parcourant au contraire l'arc $SS'$, rencontre le méridien en un point $S''$ différent de $r$. La distance zénitale $Zr$ est donc trop grande de la quantité $rS''$ qu'il s'agit d'évaluer. Or, $rS''$ est l'accroissement de déclinaison correspondant à l'angle horaire $SPZ$, et qu'on peut supposer proportionnel au tems. Ainsi, connaissant la variation en déclinaison pour $1'$, on multipliera cette variation relative par le nombre de minutes contenues dans l'angle horaire pour lequel on veut calculer l'accroissement de déclinaison. Dans l'hypothèse de la figure, le Soleil se rapproche du pôle boréal, ainsi la correction $rS''$ est soustractive de la distance zénitale avant midi; elle est au contraire additive à cette distance après midi, puisque la distance méridienne $ZS'' = Zr' + r'S''$.

On abrégera singulièrement ce calcul en prenant négativement la somme des angles horaires avant midi, et positivement celle des angles horaires après le passage; puis divisant leur différence par leur nombre, qui est celui des observations; alors le quotient sera l'angle horaire moyen par lequel on multipliera la variation en déclinaison pour $1'$, afin d'avoir la correction cherchée. On fera autant que possible le même nombre d'observations avant et après le passage au méridien, et à des tems également éloignés de midi. L'exemple suivant éclairera parfaitement ce que ces remarques peuvent avoir d'obscur.

### *Observation et calcul d'une latitude, par les distances méridiennes du Soleil.*

318. Le 15 décembre 1813, nous prîmes, au Dépôt de la Guerre, des distances méridiennes du centre du Soleil, et nous sûmes, par les hauteurs absolues du même jour et de la veille (art. 302), que le midi vrai fut annoncé à la pendule à $11^h 55' 47'',8$; nous formâmes en conséquence le tableau suivant:

Passage au méridien à 11ʰ55′47″,86, tems de la pendule.

| NOMBRE des observat. | DISTANCE zénitale moyenne appar. du centre du Soleil. | INSTANS des observat. donnés par la pendule. | ANGLES horaires en tems de la pendule. | RÉDUCTIONS au méridien, en secondes de degré. 1er terme, table XVIII. | 2e terme, table XIX. |
|---|---|---|---|---|---|
| 1 | | 11ʰ46′25″ | 9′23″ | — 172″9 | + 0″07 |
| 2 | | 47.21 | 8.27 | 140,2 | 0,05 |
| 3 | | 49.26 | 6.22 | 79,6 | 0,01 |
| 4 | | 50.40 | 5. 8 | 51,7 | 0,01 |
| 5 | | 51.50 | 3.58 | 30,9 | 0,00 |
| 6 | | 53. 9 | 2.39 | 13,8 | 0,00 |
| 7 | | 54.26 | 1.22 | 3,7 | 0,00 |
| 8 | | 55.32 | 0.16 | 0,1 | 0,00 |
| 9 | | 56.51 | — 1. 3 | 2,2 | 0,00 |
| 10 | $\delta = 72°7'36'',84$ | 58. 9 | 2.21 | 10,8 | 0,00 |
| 11 | | 59.25 | 3.37 | 25,7 | 0,00 |
| 12 | | 12. 0.49 | 5. 1 | 49,4 | 0,01 |
| 13 | | 2. 6 | 6.18 | 77,9 | 0,01 |
| 14 | | 2.59 | 7.11 | 101,3 | 0,02 |
| 15 | | 6.16 | 10.28 | 215,1 | 0,11 |
| 16 | | 7.35 | 11.47 | 272,6 | 0,17 |
| 17 | | 9.40 | 13.52 | 377,4 | 0,34 |
| 18 | | 10.45 | 14.57 | 438,7 | 0,46 |
| 19 | | 12.39 | 16.51 | 557,4 | 0,75 |
| $n = 20$ | | 13.38 | 17.50 | 624,4 | 0,94 |
| | Barom. = 28ᵖᵒ. Therm. = + 4° (Réaumur). | | Somme | $nx = 3245''8$ | $ny = 2''95$ |

Latitude approchée $H = 48°51'40''$; longitude ouest $M = 4'$ (en tems).

On trouve, dans la *Connaissance des Tems*, la variation diurne en déclinaison de 2′54″; partant,

$$\pm \text{ variation pour } 1' = 0'',12;$$

cette dernière variation s'affecte du signe + lorsque le Soleil va vers le nord, et du signe — dans le cas contraire, comme dans le cas actuel.

Faisant la somme des angles horaires, on a

| Avant midi. | Après midi. |
|---|---|
| $m = 37',35$, | $s = 1^h 51' 16$; |

de là

$$\text{angle horaire moyen } \frac{s-m}{n} = \quad 3',69$$

multipliant par le mouvement en $D$, pour 1′ — 0″,12

on a correction en déclinaison = — 0″,44.

On sait, par l'art. 302, que l'avance de la pendule en $24^h$ solaires vraies était de 29″; ainsi, prenant dans ce cas $\rho$ négativement, on a $\rho = -29''$; d'ailleurs, en général, $\rho' = \frac{\rho}{86400 - \rho}$; mais $\rho$ étant négatif, on a

$$\rho' = -0{,}000335, \text{ et } 1 + 2\rho' = 0{,}999665.$$

On trouve en outre

| | |
|---|---|
| facteur barométrique = | 0,999 |
| facteur thermométrique = | 1,060 |
| produit... | 1,0589 |
| réfraction moyenne | 179″,04 |
| produit ou réfraction vraie | 3′9″,6. |

Il reste encore un élément essentiel à déterminer; c'est la déclinaison $D$ du Soleil à midi vrai, le 15 décembre 1813. La *Connaissance des Tems* donne $D = 23°17'15''$ pour le méridien de l'Observatoire royal; mais cette valeur n'est pas assez exactement calculée pour la faire servir à la recherche de la vraie latitude du Dépôt de la Guerre : en effet, par les Tables solaires de M. Delambre, nous avons eu (art. 244)

$$\text{déclinaison apparente } D = 23°17'12'',87.$$

D'ailleurs, $H = 48.51.40$;

et puisque la déclinaison est australe, on a, en la prenant négativement,

$$H - D = 72°8'53''.$$

Maintenant on calculera la réduction totale au méridien ainsi qu'il suit :

| | |
|---|---|
| $\mathrm{l.cos}\,D = 9{,}96309$ | |
| $\mathrm{l.cos}\,H = 9{,}81815$ | |
| $\mathrm{l.}(1 + 2\rho') = 9{,}99985$ | $2\log F = 9{,}60504$ |
| $c.\sin(H - D) = 0{,}02143$ | $\mathrm{l.cot}\,(H - D) = 0{,}45203$ |
| $\log.F = 9{,}80252$ | $\log f = 0{,}05707$ |
| $\log nx = 3{,}51132\ -$ | $\log ny = 0{,}46982\ +$ |
| $c.\log n = 8{,}69897$ | $c.\log n = 8{,}69897$ |
| $\log$ 1er terme $= 2{,}01281\ -$ | $\log$ 2e terme $= 9{,}22586\ +$. |

Ainsi,

1er terme = − 1′ 43″00
2e terme = + 0,17
Réduction au méridien = − 1′ 42″83.

En définitif, on a

| | | |
|---|---|---|
| distance zénitale apparente $\delta$ = | | 72° 7′ 36″84 |
| réduction au méridien = | − | 1.42,83 |
| correction en déclinaison = | − | 0,44 |
| distance méridienne apparente = | | 72. 5.53,57 |
| réfraction vraie = | + | 3. 9,60 |
| parallaxe de hauteur = | − | 8,23 |
| distance méridienne vraie géocentrique = | | 72. 8.54,94 |
| déclin. apparr. du ⊙ lors du passage $D$ = | − | 23.17.12,87 |
| latitude cherchée = | | 48°51′ 42,07. |

Il faudrait plusieurs centaines d'observations de ce genre pour être bien sûr d'une latitude ; mais comme il peut exister une petite incertitude sur l'obliquité de l'écliptique, il est préférable de se rendre indépendant de cet élément, en observant les deux passages de la Polaire ou de $\beta$ de la petite Ourse (art. 314). Quand les écarts autour de la moyenne de toutes les observations sont très petits, comme d'une seconde, il est probable alors que la latitude a été déterminée à ce degré de précision.

*Application de la méthode précédente à la détermination de l'obliquité de l'écliptique.*

319. Les distances méridiennes du Soleil, prises aux environs des

solstices et pendant plusieurs jours de suite, font connaître l'obliquité de l'écliptique avec une très grande précision ; car ces distances différant très peu de la déclinaison solsticiale qui mesure cette obliquité, il est possible d'évaluer rigoureusement la correction qui leur est relative : c'est en cela que consiste la *réduction au solstice*.

Pour donner une idée de cette méthode, à laquelle nous ne nous arrêtons que par occasion, supposons qu'on ait fait une série d'observations méridiennes du Soleil, huit jours avant et huit jours après le solstice, dans un lieu dont la latitude est bien connue, et qu'on veuille en déduire la déclinaison solsticiale.

Soit $D$ la déclinaison du Soleil donnée par l'une des séries d'observations dont il s'agit, et par le procédé expliqué à l'art. 318 ; $\omega$ l'obliquité apparente du Soleil déterminée par les tables (art. 244). Dans cette hypothèse, l'excès de $\omega$ sur $D$ est très petit, et $90° - \odot$, ou $\odot - 90°$, selon que l'observation précède ou suit le solstice d'été, sera aussi une quantité très petite. Mais en général

$$\sin D = \sin \omega \sin \odot ;$$

par conséquent, pour le cas particulier que l'on considère, l'on a, en faisant $\omega - D = x$, et $90 - \odot = u$,

$$\sin (\omega - x) = \sin \omega \cos u.$$

Reste à obtenir $x$ en série qui procède suivant les puissances de $u$. Or, on a d'abord

$$\sin (\omega - x) - \sin \omega = -2\sin \omega \sin^2 \tfrac{1}{2} u ;$$

si donc l'on fait $-2\sin \omega \sin^2 \frac{1}{2} u = q$, on aura, par l'art. 102,

$$\frac{dx}{dq} = -\frac{1}{\cos (\omega - x)},$$
$$\frac{d^2x}{dq^2} = -\frac{\tang (\omega - x)}{\cos^2 (\omega - x)},$$
$$\frac{d^3x}{dq^3} = -\frac{1 + 2\sin (\omega - x) \cos (\omega - x) \tang (\omega - x)}{\cos^5 (\omega - x)} ;$$

puis faisant $x = 0$, dans ces coefficiens différentiels, il viendra

$$\left(\frac{dx}{dq}\right) = -\frac{1}{\cos \omega}, \quad \left(\frac{d^2x}{dq^2}\right) = -\frac{\tang \omega}{\cos^2 \omega},$$
$$\left(\frac{d^3x}{dq^2}\right) = -\frac{1 + 2\sin \omega \cos \omega \tang \omega}{\cos^5 \omega} ;$$

de là, en parties du rayon,

$$\begin{aligned} x &= 2\,\text{tang}\,\omega \sin^2 \tfrac{1}{2}u - 2\,\text{tang}^3\,\omega \sin^4 \tfrac{1}{2}u \\ &\quad + \tfrac{4}{3}\left(\frac{\text{tang}^3\,\omega}{\cos^2\omega} + 2\,\text{tang}^5\,\omega\right)\sin^6 \tfrac{1}{2}u - \ldots \\ &= 2\,\text{tang}\,\omega \sin^2 \tfrac{1}{2}u - 2\,\text{tang}^3\,\omega \sin^4 \tfrac{1}{2}u \\ &\quad + \tfrac{4}{3}(\text{tang}^3\,\omega + 3\,\text{tang}^5\,\omega)\sin^6 \tfrac{1}{2}u - \ldots \end{aligned}$$

Si l'on mettait pour $\sin \frac{1}{2}u$ sa valeur en série, et qu'on réduisît, on tomberait sur la valeur de $x$ donnée par M. Delambre; mais il est un moyen très direct et très élémentaire d'y parvenir, c'est de procéder comme à l'art. 99. D'abord à cause de $\cos u = 1 - \frac{u^2}{2} + \ldots$, on a

$$\sin(\omega - x) = \sin\omega\left(1 - \frac{u^2}{2} + \frac{u^4}{2.3.4} - \frac{u^6}{2.3.4.5.6} + \ldots\right);$$

ainsi l'on peut supposer en général

$$\omega - x = \omega + Au^2 + Bu^4 + Cu^6 + \ldots$$

Or, pour déterminer les coefficiens $A, B, C, \ldots$ il ne s'agit que de prendre le sinus de chaque membre de cette série hypothétique, puis d'égaler terme à terme le développement du second membre avec celui de la première série. Effectuant cette opération, il vient

$$\begin{aligned} \sin(\omega - x) &= \sin\omega \cos(Au^2 + Bu^4 + Cu^6 \ldots) \\ &\quad + \cos\omega \sin(Au^2 + Bu^4 + Cu^6 \ldots); \end{aligned}$$

et comme $\cos m = 1 - \frac{m^2}{2} + \ldots$, $\sin m = m - \frac{m^3}{2.3} + \ldots$, on a

$$\sin(\omega - x) = \sin\omega + A\cos\omega \,\Big|\, u^2 \; \begin{array}{l} -\frac{A^2}{2}\sin\omega \\ +B\cos\omega \end{array} \Big|\, u^4 \; \begin{array}{l} -AB\sin\omega \\ +C\cos\omega \\ -\frac{A^3}{6}\cos\omega \end{array} \Big|\, u^6$$

Maintenant, faisant la comparaison indiquée, on trouve

$$\begin{aligned} A &= -\tfrac{1}{2}\,\text{tang}\,\omega, \\ B &= \tfrac{1}{24}\,\text{tang}\,\omega + \tfrac{1}{8}\,\text{tang}^3\,\omega, \\ C &= -\tfrac{1}{720}\,\text{tang}\,\omega - \tfrac{1}{24}\,\text{tang}^3\,\omega - \tfrac{1}{16}\,\text{tang}^5\,\omega; \end{aligned}$$

et enfin, en parties du rayon,

$$\begin{aligned} \omega - x &= \omega - \tfrac{1}{2}\,\text{tang}\,\omega . u^2 + \left(\frac{\text{tang}\,\omega}{24} + \frac{\text{tang}^3\,\omega}{8}\right)u^4 \\ &\quad - \left(\frac{\text{tang}\,\omega}{720} + \frac{\text{tang}^3\,\omega}{24} + \frac{\text{tang}^5\,\omega}{16}\right)u^6 \ldots \end{aligned}$$

Si l'on voulait que $u$, qui est la distance au solstice sur l'écliptique, fût exprimée en unités de dixaines de minutes, ce qui serait plus commode pour construire une table, il faudrait dire

$$10' : 1 :: \frac{u''}{60} : u = \frac{u''}{600}.$$

Ainsi, $u'' = 600\ u$ serait alors la quantité à mettre dans la série précédente à la place de $u$ exprimée en secondes. Il est entendu alors que pour rétablir l'homogénéité et avoir $x$ en secondes de degré, il faut en général, au lieu de $u^n$, écrire $u^n (\sin 1'')^{n-1}$.

Les observations de chaque jour font connaître la valeur de $x$ avec une très grande précision, c'est-à-dire ce qu'il faut ajouter à la déclinaison apparente observée pour avoir la déclinaison solsticiale; on corrige ensuite ce résultat de l'effet de la latitude du Soleil (art. 244), et l'on obtient l'obliquité apparente de l'écliptique ; enfin, on dégage cette obliquité de la nutation luni-solaire, et l'on a l'obliquité moyenne pour l'époque de l'observation. La moyenne de tous les résultats partiels exprime l'obliquité moyenne correspondante à l'époque moyenne de la durée des observations.

On ne sait pas précisément à quoi tient la petite différence que l'on trouve entre les résultats des observations solsticiales d'hiver et celles d'été; mais l'on est porté à accorder plus de confiance à ces dernières, parce que le Soleil se trouve alors à une hauteur où l'on a bien moins à craindre l'influence de l'erreur des tables de réfraction.

### *Détermination de la latitude géographique, par les digressions de la Polaire.*

320. La méthode la plus sûre pour déterminer la latitude d'un lieu, est sans contredit celle qui est fondée sur l'observation des deux passages d'une même étoile circompolaire au méridien de ce lieu; cependant cet élément géographique se détermine encore avec beaucoup d'exactitude par l'observation de l'étoile polaire, à l'époque de sa plus grande digression orientale ou occidentale, c'est-à-dire au moment de son plus grand éloignement du méridien, sur-tout lorsque la déclinaison de cette étoile est bien connue.

A l'instant de la plus grande digression, l'arc vertical $ZA$ (fig. 19) mené par l'étoile est perpendiculaire à la distance polaire $AP = \Delta$. Supposons qu'on ait recueilli, comme pour le passage au méridien, une série d'observations de distances zénitales, quelques instans avant et après la digression; et que $ZB$ soit une de ces distances. Désignons les angles horaires $ZPA$, $ZPB$ respectivement par $P$, $P'$; leur différence $P - P' = \theta$ sera fort petite, et la distance zénitale $ZB = N'$ différera très peu de $ZA = N$; en sorte que l'on aura en général

$$N' = N - \Delta N, \quad P' = P - \theta;$$

et, comme à l'art. 308,

$$\Delta N = \frac{dN}{dP}\theta + \frac{d^2N}{dP^2}\frac{\theta^2}{2} + \frac{d^3N}{dP^3}\frac{\theta^3}{2.3} + \ldots$$

Si de plus $C$ désigne la colatitude $ZP$ du lieu dont $Z$ est le zénit, et $\Delta$ la distance-polaire de l'étoile, on aura

$$\cos N = \cos\Delta\cos C + \sin\Delta\sin C\cos P;$$

de là

$$\frac{dN}{dP} = \frac{\sin\Delta\sin C\sin P}{\sin N}.$$

Mais puisque le triangle sphérique $ZAP$ est rectangle en $A$, il en résulte ces relations

$$(m) \quad \cot P = \cot N\sin\Delta, \quad \sin N = \sin C\sin P.$$

Par conséquent

$$\frac{dN}{dP} = \sin\Delta.$$

Passant aux coefficiens différentiels des ordres suivans, on trouve d'abord

$$\frac{d^2N}{dP^2} = \frac{\sin\Delta\sin C\cos P\sin N - \sin\Delta\sin C\sin P\cos N.\frac{dN}{dP}}{\sin^2 N}$$

$$= \frac{\sin\Delta\sin C\cos P}{\sin N} - \sin^2\Delta\cot N$$

$$= \sin^2\Delta\cot N - \sin^2\Delta\cot N = 0;$$

ensuite on obtient, à cause des relations $(m)$,

$$\frac{d^3N}{dP^3} = -\sin\Delta - \sin^2\Delta\cot P\cot N + \frac{\sin^3\Delta}{\sin^2 N}$$

$$= -\sin\Delta - \sin^3\Delta\cot^2 N + \frac{\sin^3\Delta}{\sin^2 N}$$

$$= -\sin\Delta + \frac{\sin^3\Delta(1 - \cos^2 N)}{\sin^2 N}$$

$$= -\sin\Delta + \sin^3\Delta;$$

..............................

Donç enfin

$$\Delta N = \theta \sin \Delta - \tfrac{1}{6}\theta^3 \sin \Delta + \tfrac{1}{6}\theta^3 \sin^3 \Delta;$$

et en secondes,

$$\Delta N = \theta'' \sin \Delta - \tfrac{1}{6}\theta''^3 \sin \Delta \cos^2 \Delta \sin^2 1''.$$

Dans cette formule, les angles $\theta$ exprimés en secondes de degré, se déduisent des observations mêmes. En effet, après avoir déterminé d'abord l'angle horaire $P$ par la formule $\cos P = \frac{\operatorname{tang} \Delta}{\operatorname{tang} C}$, dans laquelle $\Delta$ est la distance polaire apparente (art. 281), et $C$ la colatitude que l'on suppose déjà connue assez bien; ensuite l'ascension droite apparente Æ de l'étoile, qui exprime l'heure sidérale du passage de l'étoile au méridien; on aura, en désignant d'ailleurs par $M$ l'ascension droite du milieu du ciel, ou le tems sidéral de l'observation, lorsque l'étoile était en $B$, et pour le cas de la figure, c'est-à-dire après la digression orientale,

$$\theta = P - Æ + M.$$

Chaque observation donnera une valeur de $\theta$ et une valeur de $\Delta N$: on fera donc une somme des $\Delta N$, comme à l'art. 215, et l'on aura, dans l'hypothèse de la figure,

$$N = N' + r + \Delta N;$$

$N'$ représentant la distance zénitale moyenne entre toutes celles observées à l'époque de la digression, et $r$ étant la réfraction à la hauteur du pôle. Il est important, pour compenser les erreurs, de faire à peu près le même nombre d'observations avant et après la digression. Il est inutile de faire remarquer qu'avant la digression l'angle $\theta$ est négatif.

La valeur de $N$ étant obtenue, on résoudra l'équation

$$\cos C = \cos N \cos \Delta,$$

pour connaître la colatitude $C$. Mais on se procurera un résultat numérique plus exact, en déterminant la différence $y$ entre l'hypoténuse $C$ et le côté $N$ par cette série, donnée par M. Delambre et facile à démontrer par le procédé de l'art. 310, savoir :

$$y = 2\sin^2 \tfrac{1}{2}\Delta \cot N - 2\sin^4 \tfrac{1}{2}\Delta \cot^3 N + \ldots$$

C'est par cette méthode d'observation que MM. Arago et Mathieu ont vérifié la latitude de l'Observatoire, avec le grand cercle astronomique répétiteur de M. Laplace : ils l'ont trouvée de 48°50′13″, comme MM. Delambre et Méchain l'avaient obtenue avec un cercle répétiteur de 0m,43 de diamètre, construit par Lenoir.

*Digression sur la recherche de la constante de la réfraction.*

321. Les observations de latitude par les étoiles circompolaires, sont très propres, par leur combinaison, à faire connaître la constante de la réfraction. En effet, si $r$ et $r'$ sont les réfractions aux distances zénitales apparentes $z$ et $z'$ de la Polaire, réduites au méridien, on aura en général, d'après l'art. 248,

$$\left.\begin{array}{l} r = M\alpha + N\alpha^2 \\ r' = M'\alpha + N'\alpha^2 \end{array}\right\} \quad (1);$$

et si $z$ est la distance méridienne lors du passage supérieur, que $\Delta$ et $\Delta'$ soient les distances polaires apparentes aux époques des deux passages; on aura, en désignant toujours par $H$ la hauteur du pôle,

$$\begin{array}{ll} \text{au passage supérieur} & z + r + \Delta = 90 - H, \\ \text{au passage inférieur} & z' + r' - \Delta' = 90 - H; \end{array}$$

et de là,

$$2(90 - H) = z + z' + \Delta - \Delta' + (M + M')\,\alpha + (N + N')\,\alpha^2.$$

Dans cette relation, les seules inconnues sont $H$ et $\alpha$; car d'une part $\Delta - \Delta'$ est la différence des distances polaires, qui est toujours connue avec assez d'exactitude, et qui est nulle lorsque l'intervalle des deux passages n'est que de $12^h$; d'autre part, les coefficiens $MM'$, $NN'$ désignent des nombres connus, puisqu'ils dépendent de la distance zénitale, de la hauteur barométrique et de la température, trois quantités observées.

Deux autres étoiles circompolaires, telles que $\beta$ et $\zeta$ de la petite Ourse, donneraient deux autres relations pareilles à la précédente; ainsi on aurait en tout, trois équations entre deux inconnues. Mais comme alors leur combinaison peut se faire de plusieurs manières, on choisit les équations qui sont susceptibles de procurer des valeurs de $\alpha$ et de $H$, dépendantes le moins possible des erreurs commises dans le calcul des coefficiens $MM'$, $NN'$. Tel est, en peu de mots, le procédé par lequel M. Biot est arrivé à la valeur de la constante $\alpha$, employée à l'art. 249. Cette valeur étant trouvée, on aura ensuite $r$ et $r'$, à l'aide des relations (1).

Il est un autre moyen de déterminer *à priori* la réfraction, pour une hauteur quelconque; le voici :

Vers l'époque du solstice d'été, on observe la distance méridienne du Soleil. Cette distance, comptée depuis le zénit jusqu'au centre de cet astre, sera très peu influencée par la réfraction, à cause de sa grande hauteur au-dessus de l'horizon; ainsi, en la diminuant de la parallaxe de hauteur (art. 256), on aura sa distance vraie géocentrique. Si donc l'on connaît la latitude du lieu par les passages supérieur et inférieur de la Polaire; la colatitude augmentée de la distance méridienne du Soleil sera sa distance polaire, qu'on pourra regarder comme constante pendant l'intervalle du soir au matin.

Supposons maintenant qu'on ait observé la distance zénitale du Soleil, lorsque cet astre est près de l'horizon; cette observation fera connaître l'angle horaire (art. 301); et alors, dans le triangle sphérique dont les sommets sont au pôle, au zénit et au Soleil, on connaîtra deux côtés et l'angle compris; la distance zénitale vraie sera donc le troisième côté de ce triangle : enfin la différence de cette distance à celle observée et diminuée de la parallaxe de hauteur, sera la réfraction cherchée.

# CHAPITRE V.

*Discussion des erreurs commises sur la mesure des distances au zénit, eu égard à la petite inclinaison du cercle et au défaut de parallélisme de l'axe optique.*

322. QUELQUE précaution que l'on prenne pour bien disposer verticalement le limbe du cercle, on ne peut éviter une petite déviation qui cause quelquefois deux à trois minutes sexagésimales d'erreur, dans la verticalité de cet instrument, lorsqu'on observe les distances des astres au zénit.

Soit $OH$ (fig. 20) l'intersection de l'horizon avec le plan vertical $HZO$; soit en outre $HEO$ la position du plan du limbe de l'instrument. Les points $Z$, $Z'$ étant également éloignés des extrémités de l'horizontale $OH$, l'arc $ZZ'$ mesurera l'angle $O$, ou l'inclinaison du plan du limbe sur le plan vertical; alors si $E$ est le lieu apparent d'une étoile, sa véritable distance au zénit $Z$ sera représentée par l'arc $ZE$, et non par la distance $EZ'$ observée sur l'instrument. Connaissant donc l'arc $ZZ' = I$, et $Z'E = Z$, on aura l'hypoténuse du triangle sphérique rectangle $ZZ'E$ par l'équation

$$\cos ZE = \cos I \cos Z;$$

mais $ZE$ ne surpassant $Z'E$ que d'une quantité fort petite $x$; soit $ZE = Z + x$, et l'on aura

$$\text{(A)} \quad \cos(Z + x) = \cos Z \cos I = \cos Z - 2\cos Z \sin^2 \tfrac{1}{2} I.$$

Cette équation étant de la forme de celle (1), traitée à l'art. 310, on a de suite

$$x = \frac{2\cot Z \sin^2 \frac{1}{2} I}{\sin 1''} - \frac{2\cot^3 Z \sin^4 \frac{1}{2} I}{\sin 1''} + \ldots$$

Autrement développant le premier membre de l'équation (A), on a d'abord

$$\cos Z \cos x - \sin Z \sin x = \cos Z \cos I;$$

ensuite

$$\sin Z \sin x = \cos Z (\cos x - \cos I) = 2\cos Z (\sin^2 \tfrac{1}{2} I - \sin^2 \tfrac{1}{2} x).$$

Puis divisant les deux membres par $\sin Z$, il vient

$$\sin x = 2\cot Z \sin^2 \tfrac{1}{2} I - 2\cot Z \sin^2 \tfrac{1}{2} x.$$

Mais $x$ étant fort petit, on a sensiblement

$$\sin x = 2\cot Z \sin^2 \tfrac{1}{2} I, \quad \text{et } \sin^2 \tfrac{1}{2} x = \tfrac{1}{4} \sin^2 x;$$

partant,

$$\sin x = 2\cot Z \sin^2 \tfrac{1}{2} I - 2\cot^3 Z \sin^4 \tfrac{1}{2} I.$$

Le premier terme du second membre est toujours suffisant, même en supposant $I$ d'un degré; et il est remarquable que plus la quantité $Z$ augmente, plus l'erreur $x$ diminue, l'inclinaison $I$ de l'instrument restant toutefois la même. On peut s'assurer, par exemple, que la correction correspondante à 5′ d'inclinaison du cercle serait de 0″,29 pour l'étoile polaire observée à 37° du zénit, et de 3″ à 4° environ pour $\zeta$ de la grande Ourse et de la Chèvre. Il vaut donc mieux, dans les observations de latitude, et pour la zône que nous habitons, faire usage des étoiles circompolaires; d'ailleurs, outre que ces observations seront beaucoup plus faciles, l'erreur de la réfraction sera moindre que celle qui résulterait de l'inclinaison du cercle.

Si l'on désigne par $Z$, $Z'$ les distances observées et corrigées de la réfraction, et par $z$, $z'$ les distances vraies d'une étoile circompolaire au zénit, lors des passages supérieur et inférieur; $x$ et $x'$ étant les corrections dues à l'inclinaison du cercle, il est évident que l'on aura

$$z = Z + x,$$
$$z' = Z' + x';$$

donc la distance du pôle au zénit, ou

$$\frac{z'+z}{2} = \frac{Z'+x'}{2} + \frac{Z+x}{2};$$

mais dans le passage inférieur, $x'$ est insensible; donc

$$\text{latitude} = 90^\circ - \frac{z'+z}{2} = 90^\circ - \tfrac{1}{2}(Z'+Z) - \frac{x}{2};$$

donc enfin la latitude n'est affectée que de la moitié de l'erreur produite par l'inclinaison; ce qui permet de regarder cette erreur comme nulle, sur-tout si l'on observe l'étoile polaire.

321. Cherchons maintenant l'erreur commise par le défaut de parallélisme de l'axe optique. Pour cet effet, soit $Z$ l'angle de la verticale avec cet axe ou le rayon visuel mené à un objet quelconque. Cet angle sera la distance zénitale telle qu'elle devrait être lue sur le limbe; mais on lit au contraire $Z_1$, qui peut être considéré comme la projection orthogonale du premier, sur le plan du limbe. Si donc $\theta$ est l'inclinaison du rayon visuel sur ce plan, on aura, comme ci-dessus, par la propriété du triangle sphérique rectangle,

$$\cos Z = \cos\theta \cos Z_1.$$

Soit $Z = Z_1 + x_1$; alors

$$\cos(Z_1 + x_1) = \cos\theta \cos Z_1;$$

d'où l'on tire

$$\sin x_1 = 2\cot Z_1 \sin^2 \tfrac{1}{2}\theta - 2\cot^3 Z \sin^4 \tfrac{1}{2}\theta.$$

Cette correction $x_1$ est ordinairement plus petite que la précédente $x$, due à l'inclinaison du limbe, parce que l'on peut rendre $\theta$ inférieur à $I$, en réglant avec soin l'axe optique, comme on l'a enseigné à l'art. 115.

# CHAPITRE VI.

## *Des observations azimutales et des calculs qui y sont relatifs.*

324. Les triangles qui, par leur enchaînement, déterminent les positions respectives des objets terrestres, seraient orientés si l'on connaissait l'inclinaison de l'un quelconque de leurs côtés sur la méridienne du lieu principal de la carte, parce que de là dériveraient nécessairement les azimuts de tous les autres côtés. Lorsque l'on peut faire placer au loin une mire dans le plan du méridien céleste, la ligne menée de cette mire au lieu de l'observateur est en même tems le premier côté de ligne méridienne; donc, si l'on mesure l'angle entre le sommet de l'un des triangles du réseau et la mire dont il s'agit, on aura l'azimut cherché; mais cette méthode exigeant l'usage d'une bonne lunette méridienne, on est souvent obligé d'y suppléer ainsi qu'il suit.

### *Azimuts déduits des observations du Soleil.*

325. On choisit une station dont la latitude soit exactement connue; et lorsque le Soleil est près de l'horizon, on prend, avec le cercle répétiteur, sa distance angulaire à un objet terrestre. On calcule ensuite l'azimut de cet astre, pour l'heure vraie de l'observation, et cet azimut fait connaître celui de l'objet. En effet, soit $ZP$ (fig. 21) le premier côté de la méridienne terrestre, ou l'intersection du plan du méridien céleste avec l'horizon du lieu $Z$; soient en outre $ZS$ et $ZG$ les intersections respectives des verticaux du Soleil $S$ et de l'objet $G$ : l'angle $GZS$ étant mesuré, et l'azimut $SZP$ du Soleil étant déduit de l'heure de l'observation, l'inclinaison du côté $ZG$ sur le méridien $PZ$ sera connue et représentée, dans le cas de la figure, par l'angle $GZP$.

L'observation du Soleil est plus commode que celle d'une étoile, parce que quand on prend un azimut pendant la nuit, il faut établir un réverbère à l'objet terrestre, et éclairer les fils des réticules à l'aide de réflecteurs adaptés aux objectifs.

Pour avoir un azimut indépendant des erreurs produites par celles de l'angle mesuré, de la déclinaison de l'astre, de la latitude du lieu et du tems vrai donné par la pendule, il faut qu'il soit le résultat moyen entre d'autres azimuts pris pendant plusieurs jours, et conclus, autant qu'il est possible, de la comparaison du même objet terrestre avec le Soleil levant et le Soleil couchant. Avant de faire une observation de ce genre, on doit vérifier scrupuleusement la marche de la pendule, parce que le tems, ou l'angle horaire de l'astre, est tellement un des élémens essentiels du calcul, qu'une seconde d'erreur sur le tems vrai en produirait plusieurs sur l'azimut. Si la pendule est réglée sur le tems solaire moyen, on réduira en heure vraie ou apparente celle de l'observation donnée par cette pendule, ainsi qu'il a été expliqué à l'art. 243; si au contraire on en ignore la marche, on l'évaluera en prenant des hauteurs correspondantes ou absolues du Soleil, le jour et le lendemain de l'observation.

Nous ne répéterons point ici ce que nous avons dit à l'art. 126, relativement à la manière d'obtenir l'angle entre l'objet terrestre et le centre du Soleil, ainsi que le milieu entre tous les tems des observations faites avec le cercle répétiteur; mais nous remarquerons que le succès dans la recherche actuelle, comme dans toutes les observations astronomiques, dépend aussi de l'habileté des observateurs.

326. Maintenant soit $S$ (fig. 21) le lieu vrai du Soleil, $S'$ son lieu apparent; $G$ le lieu vrai de l'objet terrestre, $G'$ son lieu apparent; $Z$ le zénit de l'observateur, $P$ le pôle du monde, et $ZP$ le méridien céleste.

L'arc de distance ou l'angle $S'ZG'$ sous lequel on voit l'image du Soleil et celle de l'objet est connu, ainsi que la distance apparente $ZG'$ de cet objet au zénit. De plus, l'instant de l'observation conclu de la pendule donne l'angle horaire $ZPS$ de l'astre, et par suite on obtient sa distance polaire $PS = \Delta$. Enfin, on connaît $PZ = C$, complément de la latitude du lieu de l'observation.

Il résulte de là que, dans le triangle $ZPS$, on connaît les deux côtés $\Delta$, $C$ et l'angle $P$ compris; on pourra donc déterminer l'azimut $PZS$ du Soleil et sa distance vraie au zénit. Pour éviter à cet égard toute ambiguité de signes, on pourra recourir à la solution suivante.

Soit $A$ l'azimut du centre du Soleil, compté du nord à l'est; $S$ l'angle à cet astre formé par son cercle de déclinaison $SP$ et par le vertical $ZS$. On aura, par les formules de Néper, et en vertu de la notation ci-dessus,

$$(1)\qquad \operatorname{tang}\tfrac{1}{2}(A+S) = \cot\tfrac{1}{2}P\,\frac{\cos\frac{1}{2}(\Delta-C)}{\cos\frac{1}{2}(\Delta+C)},$$

$$(2)\qquad \operatorname{tang}\tfrac{1}{2}(A-S) = \cot\tfrac{1}{2}P\,\frac{\sin\frac{1}{2}(\Delta-C)}{\sin\frac{1}{2}(\Delta+C)}.$$

Maintenant, si $N$ désigne la distance zénitale vraie géocentrique de l'astre, on aura

$$\sin N = \frac{\sin P \sin \Delta}{\sin A};$$

mais pour n'avoir aucune incertitude sur l'espèce de l'angle $N$, il vaudra mieux employer cette formule

$$(3)\qquad \sin\tfrac{1}{2}N = \cos\tfrac{1}{2}P\,\frac{\sin\frac{1}{2}(\Delta-C)}{\sin\frac{1}{2}(A-S)};$$

l'une de celles ($\delta$) démontrées à l'art. 64.

Si, comme à l'ordinaire, $r =$ la réfraction, et $\varpi =$ la parallaxe de hauteur de l'astre pour le moment de l'observation; la distance apparente du Soleil au zénit, rapportée à la surface de la Terre et au centre de la station, sera (art. 256),

$$ZS',\ \text{ou}\ n = N - r + \varpi;$$

alors dans le triangle sphérique $G'S'Z$, qui appartient à une sphère dont le centre est au lieu de l'observateur, on connaîtra $ZS' =$ distance apparente du Soleil au zénit, $S'G' =$ distance observée entre cet astre et l'objet terrestre, et $ZG' =$ distance apparente de cet objet au zénit. Si donc on fait $ZS' = n$, $S'G' = O$, $ZG' = z$, on réduira à l'horizon l'angle observé $O$, par la méthode de l'art. 129, c'est-à-dire qu'en faisant

$$R = \frac{n+z+O}{2} - z,\quad R' = \frac{n+z+O}{2} - n,$$

on aura

$$\sin\tfrac{1}{2}G'ZS',\ \text{ou}\ \sin\tfrac{1}{2}O' = \sqrt{\frac{\sin R \sin R'}{\sin z \sin n}}\qquad (4).$$

Lorsque l'observation azimutale a été faite à quelque distance du centre de la station, l'angle $O'$ a lui-même besoin d'une correction pour être réduit à ce centre. Si, par exemple (fig. 22), l'instrument était en $Z$, et que l'on dût réduire l'angle $SZM$ au point $F$, on y parviendrait par la formule donnée à l'art. 135; et il est remarquable que la correction se réduit à un seul terme par la raison déjà exposée au même article; ainsi, la quantité à ajouter à l'angle $O'$ pour le réduire à $O''$ est

$$\frac{r \sin (O' + y)}{D \sin 1''}, \text{ ou } -\frac{r \sin y''}{G \sin 1''},$$

selon que l'astre est à gauche ou à droite de l'objet terrestre.

Passons maintenant aux applications.

*Élémens du calcul d'une observation azimutale.*

327. Le 22 mars 1803 au matin, à 2m,4 du *fanal* de Porto-Ferraio, dont la latitude boréale est de 42° 49′ 6″, nous avons observé l'angle entre le Soleil levant et le signal de Monte-Capane, situé vers l'ouest (fig. 22); et par un milieu pris entre six observations, cet angle s'est trouvé de 151° 37′ 22″,8, en même tems que le milieu entre les instans donnés par la pendule était de 18h 30′ 42″,5, comptées astronomiquement, c'est-à-dire d'un midi à l'autre.

Le baromètre, placé près de l'instrument et à l'ombre, marquait 27po 7lig,5 = 0m,745, et le thermomètre de Réaumur 10° ⅓ = 10g,91.

De plus, la distance de Monte-Capane au zénit du fanal = 86° 15′ 11″,88.

L'angle de direction, ou la distance angulaire de Monte-Capane au centre du fanal = 236° 40′ 22″,8.

Enfin, le logarithme de la distance itinéraire de ces deux points = 4,1606848.

Les hauteurs correspondantes du Soleil, prises le 21 mars et le lendemain, ont fait connaître que la pendule retardait en 24 heures, tems vrai, de 0′36″,1. En effet, le 21, elle était en retard sur le midi apparent, de 0h6′8″,3; et le 22 mars elle retardait de 6′44″,4 (art. 295).

Il suit de là, que pour réduire en tems vrai l'heure de l'observation, il faut, 1°. ajouter 6′8″,3 à 18h30′42″,5, et la somme 18h36′50″,8 sera le tems écoulé sur la pendule, depuis le 21 mars à midi jusqu'au moment de l'observation;

2°. Trouver de combien la pendule retardait sur le tems vrai, à 18h36′50″,8, et cela au moyen de la proportion

$$23^h 59' 23'',9 : 36'',1 :: 18^h 36' 50'',8 : x = 27'',98;$$

5°. Enfin, ajouter 27″,98, retard de la pendule, à $18^h36'50'',8$, et l'on aura $18^h37'18'',78$ pour le tems vrai cherché.

En général, si $\nu$ et $d$ dénotent respectivement les avances ou les retards de la pendule en 24 heures, et sur le midi qui précède l'observation azimutale, ou un phénomène astronomique quelconque, et que $T$ soit l'heure à laquelle ce phénomène a été remarqué, on aura

$$24^h \pm \nu : \mp \nu :: T \mp d : x = \mp \frac{\nu (T \mp d)}{24 \pm d},$$

et par conséquent l'heure vraie de l'observation sera

$$(T \mp d) \mp \frac{\nu (T \mp d)}{24 \pm d};$$

le signe supérieur étant relatif à l'avance, et le signe inférieur l'étant au retard de la pendule.

Cette règle suppose que le Soleil a une marche uniforme dans l'intervalle de $24^h$; si l'on voulait mettre toute la précision possible à cet égard, ce serait le cas de procéder comme il a été expliqué à l'art. 298.

D'un autre côté, la déclinaison australe du Soleil, le 21 mars à midi, à Porto-Ferraio.................... = — 0° 1′ 59″6
et le changement en déclinaison, pour le tems vrai de l'observation, calculé à raison de 23′41″ par 24 heures.......................... = + 0.18.22,6

donc la déclinaison boréale du Soleil, lors de l'observation.......................... = $0^h$ 16′ 23″0.

Partant, la distance du Soleil au pôle, ou le complément de la déclinaison...................... = 89° 43′ 37″ = $\Delta$

L'angle horaire, ou le complément à 24 heures de l'heure vraie de l'observation = $5^h22'41'',22$.................. = 80.40.18,15 = $P$

Complément de la latitude du fanal.... = 47.10.54 = $C$

Distance entre le centre du Soleil et le signal de Monte Capane............... = 151.37.22,8 = $O$

Distance de Monte-Capane au zénit... = 86.15.11,88 = $z$.

Il vaudrait encore mieux calculer la déclinaison du Soleil pour le moment de l'observation, à l'aide des Tables du Soleil (art. 244). Dans ce cas, l'on calculerait la déclinaison à midi, pour plusieurs jours de suite, et l'on obtiendrait la déclinaison correspondante à une heure quelconque, par la méthode d'interpolation de l'art. 241.

Toutes ces données étant recueillies, on procédera de la manière suivante aux calculs des azimuts du Soleil et de l'objet terrestre.

### TYPE DU CALCUL.

*Détermination de l'azimut et de la distance zénitale apparente du Soleil.*

328. On aura l'azimut $\mathcal{A}$ du centre du Soleil, compté du nord à l'est, par ces deux formules :

$$(1)\qquad \text{tang}\,\tfrac{1}{2}(\mathcal{A}+S)=\cot\tfrac{1}{2}P\,\frac{\cos\frac{1}{2}(\Delta-C)}{\cos\frac{1}{2}(\Delta+C)};$$

$$(2)\qquad \text{tang}\,\tfrac{1}{2}(\mathcal{A}-S)=\cot\tfrac{1}{2}P\,\frac{\sin\frac{1}{2}(\Delta-C)}{\sin\frac{1}{2}(\Delta+C)}.$$

Mais, par ce qui précède,

| | | | |
|---|---|---|---|
| colatitude $C =$ | 47° 10′ 54″ | ............... | 47° 10′ 54″ |
| distance polaire $\Delta =$ | 89.43.37 | ............... | 89.43.37 |
| $\Delta + C$ | 136.54.31 | $\Delta - C =$ | 42.32.43 |
| $\frac{1}{2}(\Delta + C) =$ | 68.27.15,5 | $\frac{1}{2}(\Delta - C) =$ | 21.16.21,5. |

Calculant maintenant les deux formules ci-dessus, on aura

| Formule (1). | | Formule (2). | |
|---|---|---|---|
| l.cot $\frac{1}{2}P =$ | 0,0710215 ....... | l.cot $\frac{1}{2}P =$ | 0,0710215 |
| l.cos $\frac{1}{2}(\Delta - C) =$ | 9,9693528 | l.sin $\frac{1}{2}(\Delta - C) =$ | 9,5596748 |
| c.l. cos $\frac{1}{2}(\Delta + C) =$ | 0,4350463 | c.l.sin $\frac{1}{2}(\Delta + C) =$ | 0,0314587 |
| l.tang $\frac{1}{2}(\mathcal{A}+S) =$ | 0,4754206 | l.tang $\frac{1}{2}(\mathcal{A}-S) =$ | 9,6621550; |

de là

$\frac{1}{2}(\mathcal{A}+S) =$ 71° 29′ 51″50

$\frac{1}{2}(\mathcal{A}-S) =$ 24.40.20,01

somme ou azimut du ☉, $\mathcal{A} =$ 96.10.11,51.

La distance zénitale apparente du centre du Soleil se trouvera ainsi qu'il suit.

Soit $N$ la distance zénitale vraie géocentrique du centre de cet astre; on aura

$$(3)\qquad \sin\tfrac{1}{2}N=\cos\tfrac{1}{2}P\,\frac{\sin\frac{1}{2}(\Delta-C)}{\sin\frac{1}{2}(\mathcal{A}-S)}.$$

Opérant par les logarithmes, il vient

$$\begin{aligned}
\text{l.cos}\,\tfrac{1}{2}P &= 9{,}8821050\\
\text{l.sin}\,\tfrac{1}{2}(\Delta - C) &= 9{,}5596748\\
\text{c.l.sin}\,\tfrac{1}{2}(A - S) &= 0{,}3794199\\
\hline
\text{l.sin}\,\tfrac{1}{2}N &= 9{,}8211997
\end{aligned}$$

de là

$$\begin{aligned}
\tfrac{1}{2}N &= 41^\circ\,29'\,32''72\\
\hline
N &= 82.59.\;5{,}44\\
\text{parallaxe (table X)} &= +\quad 8{,}00\\
\text{réfraction (tab. VIII)} &= -\;7.\;3{,}55\\
\hline
\text{dist. appar. du} \odot \text{ au zénit } n &= 82.52.\;9{,}89.
\end{aligned}$$

*Réduction à l'horizon, de l'angle observé entre le Soleil et l'objet terrestre.*

L'arc de distance $O$ ayant été observé dans un plan incliné à l'horizon, il faut le réduire à ce dernier plan, afin de pouvoir le comparer à l'azimut $A$ du Soleil. Or, les élémens de la formule (4) sont, d'après ce qui précède,

$$\begin{aligned}
z &= 86^\circ\,15'\,11''88\\
n &= 82.52.\;9{,}89\\
O &= 151.37.22{,}80\\
\hline
z + n + O &= 320.44.44{,}57\\
\hline
\tfrac{1}{2}(z + n + O) &= 160.22.22{,}28 \;\ldots\ldots\ldots\; 160^\circ\,22'\,22''28\\
z &= -\;86.15.11{,}88 \qquad n = -\;82.52.\;9{,}86\\
\hline
R &= 74^\circ\;7'\;10''40 \qquad R' = 77.30.12{,}42\,;
\end{aligned}$$

et l'on a

$$\begin{aligned}
\text{comp. log sin } z &= 0{,}0009292\\
\text{comp. log sin } n &= 0{,}0033719\\
\text{log sin } R &= 9{,}9831004\\
\text{log sin } R' &= 9{,}9895873\\
\hline
\text{log sin}^2\,\tfrac{1}{2}O' &= 19{,}9769888\\
\text{log sin}\,\tfrac{1}{2}O' &= 9{,}9884944 = 76^\circ 52'\,10'',204;
\end{aligned}$$

donc

$$O' = 153^\circ\,44'\,20'',41.$$

Ainsi la distance angulaire de l'objet terrestre au centre du Soleil, comptée sur l'horizon, est de 153°44'20",41 : pour la réduire au centre de la station ou du fanal de Porto-Ferraio, voici le calcul qu'il faut effectuer.

*Calcul de la réduction de l'angle observé, au centre de la station.*

Le Soleil étant à gauche de l'objet terrestre (fig. 22), on aura, comme l'on sait, pour la réduction cherchée,

$$\frac{r \sin (O' + y)}{D \sin 1''};$$

or, ici $r = 2^m,5$ $O' + y = 236° 40' 22'',8$; donc

$$\begin{aligned}
\log r &= \phantom{-}0,3979400 \\
c.\log \sin 1'' &= \phantom{-}5,3144251 \\
\text{l}.\sin (O' + y) &= -\ 9,9219717 \\
c.\log D &= \phantom{-}5,8393152 \\
&\phantom{=}\ -\ 1,4736520 = -\ 29'',76.
\end{aligned}$$

Partant et à cause de

| | | |
|---|---|---|
| | $O' =$ | 153° 44′ 20″41 |
| | $A =$ | 96.10.11,82 |
| l'azimut approché du signal de Monte-Capane... | = | 249.54.32,23 |
| D'un autre côté, la réduction au centre étant ... | = | — 29,76 |
| l'azimut exact de Monte-Capane, compté du nord à l'est.................................. | = | 249.54. 2,47 |
| | | 180 |
| et compté du sud à l'ouest................ | $Z =$ | 69° 54′ 2″47. |

Si l'on comptait le même azimut du nord à l'ouest, sa valeur serait 110° 5′ 57″,53.

329. Toutes les circonstances du calcul seraient les mêmes, si, au lieu du Soleil, on observait une étoile; et l'on conçoit que si la pendule était exactement réglée sur les fixes, la différence entre le tems de l'observation azimutale et celui du passage de l'étoile au méridien, comptés sur la pendule, serait l'angle horaire $P$. Mais pour observer ce passage, il faut être pourvu d'une lunette méridienne; sinon, l'on trouvera l'heure à laquelle l'astre est le plus élevé sur l'horizon, par la méthode des hauteurs correspondantes (art. 299) : on connaîtra donc encore, par ce moyen, l'angle horaire $P$. Ensuite, après avoir rassemblé les autres élémens du calcul,

dont la déclinaison de l'étoile affectée de la précession, de la nutation et de l'aberration fait partie, on procédera absolument comme ci-dessus.

Mais lorsque la pendule marque chaque jour l'ascension droite des étoiles au moment de la culmination (art. 305), on a sur-le-champ l'angle horaire de l'étoile que l'on compare à l'objet terrestre, en prenant la différence entre l'heure même de l'observation, donnée par la pendule, et l'ascension droite de l'étoile, convertie en tems à raison de 15° par heure.

Enfin, si la pendule n'est point réglée, on opérera ainsi qu'il a été dit à l'art. 305, et l'on calculera le tems sidéral pour le moment de l'observation. La comparaison de ce tems avec l'ascension droite de l'étoile, donnera de même l'angle horaire, que l'on réduira ensuite en degrés, à raison d'une heure pour 15°. On pourrait employer aussi, à cet effet, le tems vrai de l'observation, et celui du passage de l'étoile au méridien.

Lorsqu'en faisant usage du cercle répétiteur ordinaire, on prolonge la durée d'une observation azimutale, il est essentiel de lire les différens multiples de l'arc de distance, de manière à pouvoir grouper les observations partielles de 4 en 4 ou de 6 en 6 au plus. Alors on calcule séparément chaque groupe par le procédé précédent, et la moyenne des résultats partiels, donne l'azimut cherché. La raison à donner à cet égard est la même que celle sur laquelle est fondée la remarque de l'art. 307.

Enfin, si, pour ne pas se tromper, l'on observait toujours le même bord du Soleil, on augmenterait ou l'on diminuerait l'arc de distance du demi-diamètre de cet astre; car l'angle entre le centre du Soleil et l'objet terrestre est celui que l'on considère dans le calcul ci-dessus.

### *Des azimuts donnés par la Polaire.*

330. Quelle que soit l'habileté des observateurs, il existe presque toujours entre les azimuts du Soleil, pris au cercle répétiteur et aux deux époques les plus favorables de la journée, des discordances qui produisent sur les résultats définitifs des incertitudes de plusieurs secondes. Aussi les géomètres ont-ils conseillé d'observer en pareil cas la Polaire; parce que d'une part, elle est, relativement à notre zône, à une hauteur qui ne fait pas craindre des réfractions extraor-

dinaires; que d'autre part, son mouvement en azimut est peu sensible quand elle approche le plus possible du cercle de 6 heures, ce qui exige alors que le signal auquel on la rapporte soit éloigné de 90° degrés du méridien, ou à peu de chose près; enfin, parce que le tems n'a plus sur la détermination de l'azimut la même influence que dans les observations du Soleil. La méthode que M. Legendre a exposée à ce sujet, dans les Mémoires de l'Académie des Sciences (année 1787), revient à peu près à ce qui suit.

Après avoir placé un réverbère au signal dont on veut connaître l'azimut, on mesurera, avec le cercle répétiteur, l'arc de distance entre l'objet terrestre et l'étoile, quelques instans avant et après l'époque de la plus petite ou de la plus grande longueur de cet arc, comme quand on prend des distances méridiennes. On notera l'heure, la minute, la seconde et fraction de seconde de chaque observation, et l'époque moyenne en tems de la pendule répondra à l'arc moyen déterminé sur le limbe, si la série est de courte durée, comme d'une demi-heure au plus. Ensuite on prendra la distance zénitale apparente du réverbère; enfin on recueillera, comme à l'ordinaire, tous les élémens relatifs à la réduction au centre de la station, s'il y a lieu.

Cette manière d'observer les azimuts a une grande analogie avec les observations de latitude; aussi le calcul des réductions de distances est-il à peu près le même dans l'un et dans l'autre cas; c'est ce que l'on va prouver.

331. Supposons premièrement que la réfraction soit nulle, que $Z$ (fig. 23) soit le zénit de la station, $R$ le réverbère, $P$ le pôle, $EE''$ le parallèle de l'étoile; représentons par $\Delta$ la distance polaire $EP$ de cette étoile, par $R$ la distance du réverbère au pôle, par $RE$ la plus courte distance entre toutes celles $RE'$, $RE''$, etc.; enfin, faisons $RE''=RE+u=R-\Delta+u$. Le triangle $RZP$, dans lequel on connaîtra les deux côtés $ZP = 90° -$ latitude, $RZ =$ distance du réverbère au zénit, et à fort peu près le côté $RP =$ arc de distance $= RE+\Delta$, donnera approximativement l'angle horaire $RPZ$, ou l'heure à laquelle l'étoile $E$ passera au méridien du signal $R$. On aura donc les angles horaires $E''PE$, comptés depuis l'époque de ce passage, en soustrayant de l'heure de l'observation, lorsque l'étoile était en $E''$, celle de ce même passage.

Cela posé, soit $p$ cet angle horaire; le triangle $RE''P$ donnera

$$\cos RE'' = \cos PE' \cos PR + \sin PE' \sin PR \cos p,$$

ou $$\cos(R - \Delta + u) = \cos\Delta \cos R + \sin\Delta \sin R \cos p.$$

Développant le premier membre dans l'hypothèse que $u$ est fort petit, et ne conservant que les premières puissances, on aura, comme à l'art. 310.

$$u = \frac{2\sin\Delta \sin R \sin^2 \frac{1}{2} p}{\sin 1'' \sin(R-\Delta)} - \frac{1}{2}\left(\frac{2\sin\Delta \sin R \sin^2 \frac{1}{2} p}{\sin 1'' \sin(R-\Delta)}\right)^2 \cot(R-\Delta) \sin 1'' + \ldots$$

Telle est la quantité qu'il faut ôter de chacune des distances observées $RE''$, pour les réduire à ce qu'elles deviennent au moment de la plus courte distance de l'étoile au réverbère; ou, ce qui revient au même, de la distance moyenne mesurée sur le limbe, on ôte la somme des $u$, et le reste est la plus courte distance cherchée $RE$. Cette plus courte distance étant trouvée, on l'augmentera de $\Delta$; puis, pour déterminer l'azimut $RZP$ du réverbère, l'on résoudra le triangle $RPZ$, dans lequel les trois côtés sont connus. Si la plus courte distance $RE$, trouvée par ce calcul, différait trop de celle qui a servi dans le calcul approximatif de l'angle horaire $RPZ$, on recommencerait toutes les opérations précédentes avec cette nouvelle distance, et cette seconde fois, la nouvelle valeur de l'angle horaire serait exacte.

Remarquons pourtant que l'azimut approché $RZP$ et l'angle horaire $RPZ$ se trouveraient encore, en observant la distance $Re$ au moment où l'étoile passe au méridien $PZ$, et en résolvant d'abord le triangle $ReZ$, dont on connaîtrait les trois côtés $RZ$, $eZ = PZ - Pe = C - \Delta$ et $Re$; ensuite le triangle $RPZ$ qui serait donné par les deux côtés $RZ$, $PZ$ et l'angle compris.

332. Dans tout ce qu'on vient de dire, on n'a point eu égard à la réfraction; cependant, il est évident qu'elle affecte la position du pôle et celle de l'étoile, et qu'en élevant tout le parallèle de cet astre, elle en altère la figure. Pour tenir compte de ce déplacement dans le calcul précédent, il ne s'agit que de rapporter toutes les distances aux lieux apparens du pôle, de l'étoile et du réverbère, parce que l'arc de distance entre ces deux derniers objets est lui-même un arc apparent : or, il est remarquable que les points des plus

grandes digressions de l'étoile et le pôle sont élevés par la réfraction, de la même quantité; et que comme on observe cette étoile à très peu de distance de ces mêmes points, l'on peut supposer la réfraction constante pour tout l'arc apparent décrit pendant la courte durée des observations, et considérer même cet arc comme faisant partie d'un cercle ayant pour centre le pôle apparent.

D'après cela, soit $P$ (fig. 24) le pôle vrai, $P'$ le pôle apparent; $E$ le lieu vrai dans le méridien du réverbère ou de $R$, $E'$ son lieu apparent, $r$ la réfraction dans la région du pôle. Soient en outre

$$ZP = C,\quad ZP' = C' = C - r,\quad PE = \Delta,$$
$$ZE = Z,\quad ZE' = Z - r;$$

enfin l'azimut $PZE$ de l'étoile $= A$. Le triangle sphérique $ZEP$ donne

$$\cos\Delta = \cos C \cos Z + \sin C \sin Z \cos A.$$

Différenciant, en faisant tout varier excepté $A$, on a

$$\begin{aligned}-\sin\Delta d\Delta = &-\sin C\cos Z\, dC - \sin Z \cos C dZ\\ &+ \cos C \sin Z \cos A dC\\ &+ \sin C \cos Z \cos A dZ;\end{aligned}$$

mais $dC = r$ et $dZ = r$ par hypothèse; donc

$$\sin\Delta d\Delta = r\sin(C+Z) - r\cos A \sin(C+Z)$$
$$d\Delta = \frac{r\sin(C+Z)(1-\cos A)}{\sin\Delta} = \frac{2r\sin(C+Z)\sin^2\frac{1}{2}A}{\sin\Delta}.$$

Il est évident, à la seule inspection de la figure, que quand $C$ diminue, $\Delta$ devient $\Delta' = P'E'$, et qu'on a $\Delta' < \Delta$; ainsi, $r$ et $d\Delta$ sont de même signe, et l'on a $\Delta' = \Delta - d\Delta$. Partant,

$$\Delta' = \Delta - \frac{2r\sin(C+Z)}{\sin\Delta}\sin^2\tfrac{1}{2}A;$$

formule donnée par M. Biot (*Astron. phys.*, tome I, page 324), et dans laquelle il faudra prendre $r$ positivement, pour avoir la valeur du rayon $\Delta'$ de l'arc apparent décrit par l'étoile, pendant la durée des observations.

Soit maintenant $G'$ l'arc moyen de distance entre les lieux apparens $R'$ de l'objet terrestre et $E'$ de la polaire; la plus courte distance apparente de $R'$ au pôle apparent $P'$ sera $G' + \Delta' = R'$. Soit en outre $p'$ l'angle horaire de l'étoile, compté du méridien apparent du signal; on aura, par ce qui précède, et en rapportant tous les calculs aux positions apparentes, ainsi qu'on l'a déjà dit,

$$\Delta' = \Delta - \frac{2r \sin (C + Z)}{\sin \Delta} \sin^2 \tfrac{1}{2} A,$$

$$u = \frac{2 \sin \Delta' \sin R' \sin^2 \frac{1}{2} p'}{\sin (R' - \Delta') \sin 1''} - \text{etc.}$$

La première formule exige que l'on connaisse non-seulement la distance zénitale vraie $ZE = Z$, ou, pour mieux dire, la moyenne entre toutes celles qui ont lieu durant l'observation de la série, mais encore l'angle $A$ qui représente l'azimut $PZE$ du vertical dans lequel se trouve l'étoile. Pour cet effet, l'on résoudra le triangle $ZPE$ dans lequel on connaît les deux côtés $ZP$, $PE$, ainsi que l'angle compris $ZPE$, c'est-à-dire l'angle horaire moyen. Mais dans notre climat, l'angle $A$ étant fort petit, et variant très peu pendant la durée de la série, si, comme nous l'avons déjà dit, l'azimut du réverbère diffère peu de 90°; la différence de $\Delta'$ à $\Delta$ sera très petite. La méthode d'observation actuelle aura donc toute la précision requise.

Il résulte de ce qui précède, que la véritable distance apparente $R'$ est égale à l'arc moyen $G'$, diminué de la somme des $u$ et augmenté de $\Delta'$. Telle est la distance qu'il faut définitivement employer dans la résolution du triangle sphérique $R'P'Z$, pour avoir l'azimut $R'ZP'$.

Si la pendule n'est pas exactement réglée sur le tems sidéral, comme nous l'avons supposé tacitement ci-dessus, on aura, ainsi qu'il a été démontré à l'art. 317,

$$u = \frac{\sin \Delta' \sin R' . (1 + \rho')}{\sin (R' - \Delta')} \cdot \frac{2 \sin^2 \frac{1}{2} p'}{\sin 1''} - \ldots\ldots$$

et

$$\rho' = \frac{\rho}{86400 - \rho};$$

$\rho$ étant le retard diurne de la pendule, exprimé en secondes. Il n'est pas besoin de faire remarquer que la valeur de $u$ s'obtiendra au moyen des tables de réduction au méridien (art. 315), et que l'angle horaire moyen employé dans le calcul de l'azimut $A$, doit, pour plus de précision, être corrigé de la variation de la pendule.

333. Une question importante à traiter est celle de savoir dans quelles circonstances il faut observer, pour parvenir aux résultats les plus exacts. Voici, en peu de mots, comment M. Delambre est arrivé aux règles qu'il s'était tracées à cet égard.

Soit $A$ (fig. 21) l'azimut $SZP$ de l'astre, $A'$ celui du signal $G$, et $O'$ l'angle de deux verticaux $ZS$, $ZG$.

Le triangle sphérique $PSZ$ donnera, en vertu de la notation de l'art. 328,

$$\sin P \sin \Delta = \sin N \sin A,$$

et par la propriété du triangle $GZS$, on aura, en désignant par $G'$ l'arc de distance $SG'$,

$$\cos G' = \cos z \cos n + \sin z \sin n \cos O'.$$

D'ailleurs, à cause de $A' = A - O'$, on a

$$dA' = dA - dO';$$

puis différenciant les deux formules ci-dessus, en faisant tout varier, on trouvera en dernière analyse

$$\begin{aligned} dA' = {} & dP \cot P \tang A + d\Delta \cot \Delta \tang A \\ & - dN \cot N \tang A - \frac{dG' \sin G'}{\sin z \sin n \sin O'} \\ & - dz \cot z \cot O' - dn \cot n \cot O' \\ & + dz \cot n \operatorname{cos\acute{e}c} O' + dn \cot z \operatorname{cos\acute{e}c} O'. \end{aligned}$$

Il résulte de cette formule différentielle,

1°. Que le premier terme qui est le plus considérable, et qui est relatif à l'erreur de la pendule, aura peu d'influence sur l'azimut, si l'on observe l'astre loin du premier vertical, c'est-à-dire du point où $A = 90°$. Ainsi, relativement à la Polaire, ce terme est fort petit;

2°. Que comme $P = 90°$ au cercle de 6 heures, et que par conséquent $\cot P = 0$, il est nécessaire de mesurer l'arc de distance $G'$ un peu avant et un peu après le passage de l'astre au cercle dont il s'agit;

3°. Qu'il faut placer le signal dans l'horizon autant que possible, et à très peu près à 90° du vertical de l'astre, afin que $z$ et $O'$ diffèrent peu du quadrant;

4°. Que, pour anéantir les erreurs $d\Delta$ et $dN$ commises sur la déclinaison et sur la distance zénitale de l'astre, il est nécessaire d'observer alternativement le matin et le soir; car tang $A$ changeant de signe d'une observation à l'autre, ces erreurs se détruiront en grande partie;

5°. Que les termes en $dz$ et $dn$ dépendans du changement de réfraction pendant la durée d'une série, seront nuls si $O' = 90°$;

6°. Enfin, que l'erreur $dG'$ de l'arc de distance s'anéantira, en multipliant les observations.

Lorsqu'un astre se trouve dans le premier vertical, on a

$$\cos P = \cot H \cot \Delta;$$

ainsi en résolvant cette équation par rapport à l'angle horaire $P$, on connaîtra l'heure à laquelle ce phénomène arrivera, et l'on pourra par conséquent éviter d'observer en ce moment même. (*Voyez*, pour plus de détails, la *Base du Système métrique décimal*, tome II, page 152.)

### *Azimuts observés au théodolite répétiteur.*

334. Les observations azimutales sont beaucoup plus faciles lorsqu'on emploie un bon théodolite répétiteur, et leurs calculs se simplifient même, en ce que l'angle entre l'objet terrestre et l'astre est naturellement réduit à l'horizon. Si l'on observe le Soleil à son lever ou à son coucher, on peut mettre alternativement ses deux bords en contact avec le fil vertical de la lunette, afin d'éluder son demi-diamètre; mais il est nécessaire que ces deux observations se fassent dans le moins de tems possible, parce que le demi-diamètre azimutal du Soleil change d'autant plus que cet astre est plus élevé au-dessus de l'horizon. En procédant de la sorte, la moyenne des deux époques, en tems de la pendule, correspondra sensiblement à l'arc moyen, ou à l'angle entre l'objet terrestre et le centre du Soleil, lequel est égal à la demi-somme des deux angles observés. Ainsi, l'azimut de ce centre, qu'on obtiendra par la méthode de calcul expliquée ci-dessus (art. 328), fera connaître celui de l'objet terrestre.

Autrement, l'on calculera l'azimut du centre du Soleil, correspondant au tems de l'observation de l'un des bords, et pour avoir l'azimut du bord observé, l'on ajoutera à celui du centre, ou l'on en retranchera l'azimut du diamètre horizontal apparent, selon la position de ce centre à l'égard du bord observé; après quoi l'on aura par addition ou soustraction, l'azimut du signal. Enfin, la moyenne des deux résultats provenant de l'observation de chaque bord donnera l'azimut le plus probable de ce même signal. On en verra plus loin un exemple.

M. de Zach, dans son ouvrage sur l'*Attraction des montagnes*, tome I, page 151 et suivantes, propose de déterminer les azimuts par une méthode qui a beaucoup d'analogie avec celles des hauteurs correspondantes, et qui est extrêmement simple. Elle consiste à observer, avec le théodolite répétiteur, l'angle entre un objet terrestre et une étoile, quelques instans avant et après son passage au méridien; car s'il arrive que l'époque moyenne des observations soit précisément le tems du passage, l'angle moyen correspondant sera l'azimut cherché. Mais s'il existe une différence entre l'époque moyenne dont il s'agit et le tems du passage, on déterminera la correction d'azimut, en la supposant proportionnelle au tems. Prenons pour exemple les observations mêmes de M. de Zach, savoir :

| NOMBRE des répétitions. | TEMS du chronomètre. | ANGLE MULTIPLE entre Sirius et un objet terrestre. |
|---|---|---|
| 1 | 6h 42′ 10″0 | 22° 39′ 55″ |
| 2 | 43.48,0 | 44.52.50 |
| 3 | 44.58 | 66.46.20 |
| 4 | 46. 7,5 | 88.20.30 |
| 5 | 47.29,5 | 109.31.40 |
| 6 | 48.40,5 | 130.23.30 |
| 7 | 49.49,0 | 150.56.20 |
| 8 | 50.58,5 | 171. 9.50 |
| 9 | 52.56,0 | 190.50.55 |
| 10 | 54.11,0 | 210.11. 0 |
| 11 | 56.36,0 | 229. 7.30 |
| 12 | 56.53,0 | 247.42.20 |
| 13 | 57.58,0 | 265.59.30 |
| 14 | 59.10,0 | 283.56.25 |
| Époq. moy. | 6h 50′ 46″07 | 20° 16′ 53″2 $= \frac{283° 56' 25''}{14}$ |
| Passage de Sirius au méridien | 6.50.31,25 | |
| Différence | + 14″82. | |

Il résulte de là, que l'arc moyen 20° 16′ 53″,2 ou l'azimut approché, correspond à l'époque moyenne $6^h$ 50′ 46″,07; que depuis la première observation jusqu'à cette époque moyenne, il s'est écoulé 8′ 36″,07, et que pendant cet intervalle, l'azimut de l'étoile a changé de 22° 39′ 55″ — 20° 16′ 53″,2 = 2° 23′ 1″,8. Ainsi, la variation en azimut, pendant les 14″,82, se trouvera en disant

$$516'',07 : 8581'',8 :: 14'',82 : x = 246'',44.$$

Or, le signal était à l'occident de Sirius; on a donc

| | |
|---|---|
| Azimut observé à l'époque moyenne....... | = 20° 16′ 53″20 |
| Correction....... $x$ = | + 4. 6,44 |
| Azimut du signal compté du sud à l'ouest.... | = 20° 20′ 59″64. |

Mais l'exactitude de cette méthode tient à deux choses; premièrement, c'est que l'heure du passage est supposée exactement connue; en second lieu, c'est que le mouvement azimutal aux environ du méridien, est sensiblement uniforme. Cependant si, dans l'exemple précédent, il existait une incertitude d'une seconde sur le tems du passage, il est visible que l'azimut ne serait connu qu'à 16″ près. Une pareille incertitude n'est pas probable, si l'on détermine l'heure du passage avec beaucoup de soin, par la méthode de l'art. 303, ou si l'ascension droite est bien connue (art. 281); mais en n'admettant qu'un quart de seconde d'erreur, on ne sera encore sûr de l'azimut qu'à 4″ près. Cherchons donc quelles sont les circonstances les plus favorables à ce genre d'observation.

335. Supposons un triangle sphérique $ZPE$ (fig. 17), dans lequel $Z$ est le zénit, $P$ le pôle élevé, $E$ l'étoile; et faisons $ZE = N$, $ZP = C$, $EP = \Delta$. Ce triangle donnera

$$\sin N \sin A = \sin P \sin \Delta;$$

différenciant, en regardant $\Delta$ comme constant, on aura

$$dN \cos N \sin A + dA \cos A \sin N = dP \cos P \sin \Delta.$$

Mais, comme nous supposons ici les observations faites très près du méridien, la distance zénitale $N$ est presque constante, et $\cos P$ ainsi que $\cos A$ diffèrent très peu de l'unité; on a donc simplement

$$dA = dP \frac{\sin \Delta}{\sin N},$$

ou à fort peu près

$$dA = dP \frac{\sin \Delta}{\sin(\Delta - C)}.$$

Ce résultat nous apprend en effet que quand un astre est à une très petite distance du méridien, la variation en azimut est proportionnelle au tems $dP$ : nous voyons en outre qu'une erreur sur le tems du passage a une grande influence sur l'azimut, si le zénit est entre l'astre et le pôle; mais que cette influence est bien moindre au passage inférieur, parce qu'alors

$$dA = \frac{dP \sin \Delta}{\sin(\Delta + C)}.$$

Nous ne croyons pas devoir, d'après cela, conseiller l'emploi exclusif de la méthode actuelle, si l'on veut apporter la plus grande précision possible dans l'orientation d'un réseau trigonométrique du premier ordre.

*De l'instrument des passages, et de son usage pour observer les azimuts.*

336. Le cercle répétiteur et le théodolite ne sont pas les seuls instrumens dont on se sert pour déterminer les azimuts. La lunette des passages, d'un mètre de longueur, remplit le même objet avec la plus grande facilité et la plus grande exactitude, quand elle réunit toutes les conditions requises.

Cette lunette astronomique, dont nous avons déjà parlé à l'art. 159, porte un micromètre fixe, ordinairement composé de cinq fils parallèles, et d'un sixième horizontal qui les coupe à angles droits par le milieu. Elle est montée perpendiculairement sur un axe dont les extrémités, ayant la forme de tourillons, sont parfaitement calibrées et reposent sur deux coussinets solidement fixés à deux blocs de pierre d'un très grand poids, auxquels on donne la plus parfaite stabilité. L'un des coussinets s'élève ou s'abaisse verticalement en faisant tourner la vis qui y est adaptée; l'autre coussinet se meut horizontalement en avant ou en arrière au moyen d'une autre vis qui y est fixée : c'est à l'aide de celle-ci qu'on amène exactement l'axe optique de la lunette sur un point fixe quelconque dans l'horizon.

Le mouvement de rotation que l'on imprime à l'axe est d'autant plus doux, que le frottement des tourillons sur les coussinets est plus faible. On diminue ce frottement en plaçant d'une manière convenable des contre-poids qui supportent l'axe.

Une alidade qui se meut avec la lunette marque, sur un demi-cercle gradué et attaché à l'un des bras de l'axe de rotation, la distance zénitale de l'astre sur lequel on pointe.

L'instrument des passages est parfaitement rectifié, 1°. quand son axe de rotation est exactement horizontal; 2°. quand l'axe optique de la lunette décrit rigoureusement un plan vertical; 3°. quand le fil transversal est perpendiculaire à ce plan, et coupe à angles droits les cinq autres fils placés à égale distance entre eux.

On satisfait à la première condition, en suspendant à l'axe un niveau à bulle d'air, et procédant comme il a été dit à l'art. 125. On s'assure que l'axe optique est perpendiculaire à l'axe de rotation, en dirigeant le fil méridien ou du milieu, sur un objet bien distinct à l'horizon, par exemple, sur le milieu d'une plaque noire percée d'un trou circulaire et se projetant dans le ciel; car si, après avoir retourné l'axe de rotation bout pour bout, le fil du milieu passe encore par le centre de la plaque ou de la mire, l'axe optique sera vérifié; mais s'il y a une petite déviation, on la fera disparaître ainsi qu'il a été dit à l'article précité.

Enfin, ces deux vérifications faites, on verra si, dans le mouvement vertical donné à la lunette, les fils cachent les mêmes points immobiles. Dans ce cas, ces fils seront bien parallèles; et lorsque la lunette sera à très peu près dans le méridien, on sera sûr que le fil transversal du micromètre est horizontal, si une étoile loin du pôle le parcourt dans toute son étendue sans le quitter.

337. Pour faire servir la lunette des passages à la détermination des azimuts, il suffirait, à l'aide de cet instrument, de placer exactement une mire dans le méridien, parce qu'alors l'angle entre cette mire et le sommet d'un des triangles du réseau serait l'azimut cherché, si le lieu de l'observation était lui-même un des points de ce réseau. Mais on évite les longueurs et les difficultés de cette opération, en déterminant la déviation de la lunette par la méthode suivante:

Supposons qu'on ait calculé l'heure du passage d'une étoile au méridien (art. 281), de Sirius par exemple, et qu'on ait une pendule réglée sur le tems sidéral (art. 303); on dirigera la lunette méridienne sur cette étoile, à l'instant de sa médiation marqué par la pendule, et l'on fera ensuite placer au sud une mire d'une manière stable dans la direction de l'axe optique, à la plus grande distance possible du lieu d'où l'on observe. Pour déterminer la position de cette mire, on pourra se servir d'une plaque sur laquelle on aura marqué plusieurs lignes verticales équidistantes et numérotées, afin de savoir à quel point correspond l'axe optique. Cette opération préliminaire étant faite, on choisira parmi les étoiles celles qui ont une petite déclinaison, et l'on observera plusieurs jours de suite leurs passages aux cinq fils du micromètre, ayant soin de vérifier auparavant si l'axe optique de la lunette passe par le point de mire. Dans le cas où il s'en écarterait, on l'y ramènerait en donnant un mouvement azimutal à l'axe de rotation, sans détruire toutefois l'horizontalité de cet axe; ou si l'on n'avait pas le tems de faire cette rectification, l'on noterait le petit écart, qu'on évaluerait ensuite facilement en secondes, à l'aide de la distance connue de la mire au lieu de l'observation.

338. Dans la supposition que les cinq fils sont à égale distance les uns des autres, le cinquième des tems marqués par la pendule, lorsqu'une étoile passait derrière chacun de ces fils, est l'époque moyenne de son passage au fil du milieu. Cette moyenne arithmétique est préférable à une observation unique, puisqu'on peut espérer que les erreurs commises sur le tems et sur le pointé se compensent en partie. Mais si les distances des fils sont inégales, la moyenne arithmétique des cinq observations ne correspondra pas au fil du milieu, ou, ce qui est de même, au vertical de la mire. Pour lors on procédera ainsi qu'il suit, afin de connaître l'intervalle des fils.

Il est d'abord aisé de comprendre que l'intervalle d'un fil à l'autre, mesuré sur le fil transversal ou équatorial, intercepte à l'équateur céleste un très petit arc de cercle. Or, pour trouver le tems qu'une étoile, située dans cette région, met à parcourir cet intervalle $a$, supposé évalué en parties du rayon de l'équateur pris pour unité, on dira

$$2\pi : 24^h :: a : \tau = \frac{24a}{2\pi};$$

$\pi$ étant la demi-circonférence d'un cercle dont le rayon est égal à l'unité, et $\tau$ désignant le tems cherché.

Le même intervalle des fils étant dirigé sur un parallèle quelconque à l'équateur, sera de même la corde d'un très petit arc de ce parallèle, supposé d'ailleurs éloigné du pôle. Ainsi on trouvera le tems qu'une étoile mettrait pour décrire l'arc $a$ de ce parallèle, en disant

$$2\pi \cos D : 24^h :: a : \tau' = \frac{24a}{2\pi \cos D};$$

$D$ désignant la déclinaison boréale du parallèle que décrit l'étoile, et par conséquent $\cos D$ étant le rayon de ce cercle.

De là

$$\frac{\tau}{\tau'} = \cos D, \text{ ou } \tau' = \frac{\tau}{\cos D} = \frac{\tau}{\sin \Delta},$$

en dénotant par $\Delta$ la distance polaire; c'est-à-dire que l'intervalle des fils en tems, hors de l'équateur, est égal à l'intervalle équatorial divisé par le sinus de la distance polaire.

En supposant donc qu'on ait observé une centaine de passages aux cinq fils, on aura, pour chacun des quatre intervalles, cent valeurs de $\tau$ : alors la moyenne sera l'intervalle dont on fera usage pour réduire au fil méridien l'observation faite à l'un des fils latéraux. Mais voici comment M. Delambre rend cette réduction inutile, lorsque l'observation est complète.

Soit $M$ l'observation au fil du milieu, les cinq fils donneront

$$\begin{array}{l} M - a \\ M - b \\ M \\ M + c \\ M + d \\ \hline 5M - a - b + c + d; \end{array}$$

la moyenne des cinq tems donnerait $M - \left(\frac{a-d}{5} + \frac{b-c}{5}\right)$, à laquelle il faudrait ajouter $+\left(\frac{a-d}{5} + \frac{b-c}{5}\right)$, pour une étoile dans l'équateur, ou $\frac{a-d+b-c}{5 \sin \Delta}$ pour une étoile quelconque; afin d'avoir l'heure moyenne du passage au fil du milieu.

Notez bien que les valeurs de $a$, $b$, $c$, $d$ sont des moyennes obtenues par le procédé qu'on vient d'expliquer; mais il sera beaucoup plus simple de rendre les fils équidistans.

Par exemple, le 1er janvier 1809, une observation de Rigel, faite à l'Observatoire royal de Paris, à la lunette méridienne, a donné

| | | | |
|---|---|---|---|
| au fil I | 5h 5′ 48″5 | | |
| ..... II | 6. 6,1 | 17″6 | |
| ..... III | 5. 6.23,5 | 17,4 | |
| ..... IV | 6.41,0 | 17,5 | |
| ..... V | 6.58,5 | 17,5 | |
| somme... | 31′ 57,″6 | | |

moy., ou passage au méridien 5h 6′ 23,″32.

Les quatre intervalles sont 17″,6; 17″,4; 17″,5; 17″,5, et par un milieu 17″,5. Il suit de là que si, à une autre époque, l'on n'avait pu faire qu'une observation de Rigel au cinquième fil, on la réduirait au fil du milieu, en ôtant deux fois 17″,5, ou 35″ de l'heure du passage observée.

Lorsqu'on observe le Soleil, on note successivement tous les instans des passages du premier et du second bord à chacun des fils; et l'on prend le milieu arithmétique de tous les instans, pour avoir l'époque du passage du centre au fil méridien; c'est ce qu'on voit par le tableau suivant:

Le 12 août 1809, passage du Soleil au

| | 1er fil. | 2e fil. | 3e fil. | 4e fil. | 5e fil. | |
|---|---|---|---|---|---|---|
| | 25′27″4 | 25′45″5 | 9h26′ 3″5 | 26′22″0 | 26′40″2 | 1er bord. |
| | 27.39,4 | 27.57,5 | 9.28.15,4 | 28.33,5 | 28.51,5 | 2e bord. |
| Somme | 13. 6,8 | 13.43,0 | 14.18,9 | 14.55,5 | 15.31,7 | |
| Moyenne | 26.33,4 | 26.51,5 | 9.27. 9,45 | 27.27,5 | 27.45,85 | Centre. |

Prenant le milieu des cinq moyennes, on a, pour le passage du centre au méridien, 9h27′9″,59.

339. Passons maintenant au calcul de la déviation de la mire, supposée au sud de la station.

Soit $Z$ (fig. 25) le zénit du lieu de l'observateur, $ZA$ le vertical que décrit la lunette, $P$ le pôle; et supposons que l'objectif soit tourné du côté du sud. La déviation orientale de la lunette sera représentée par l'angle sphérique $MZH$, qu'il s'agit de trouver à l'aide de l'observation des passages des astres $A$, $B$, au fil du milieu de la lunette.

Nommons $H$ la latitude du lieu $Z$; on aura $ZP = 90 - H$; et désignons par $\Delta$ la distance polaire de l'astre $A$. Le triangle sphérique $ZPA$, dans lequel $H$ est l'angle horaire, donnera (art. 65)

$$\tang Z = \frac{\sin P}{\cot \Delta \cos H - \cos P \sin H},$$

ou représentant par $x$ la déviation $MH$, on aura $\tang Z = -\tang x$, et par conséquent

$$\tang x = \frac{\sin P}{\cos P \sin H - \cot \Delta \cos H}.$$

Mais, dans l'hypothèse que la déviation est très petite, on a sensiblement $\cos P = 1$ et $\sin P = P$; ainsi

$$(1) \qquad P = (\sin H - \cot \Delta \cos H)\, x = nx.$$

Telle est la quantité qu'il faudra ajouter au passage observé pour avoir le véritable passage au méridien, lorsque l'on connaîtra $x$; mais c'est précisément ce qu'il faut trouver.

Supposons qu'une autre étoile $B$ ait été observée à la lunette : pour celle-ci on aura pareillement

$$(2) \qquad P' = (\sin H - \cot \Delta' \cos H)\, x = n'x.$$

De ces deux équations toutes semblables on tire

$$P' - P = x\,(\cot \Delta - \cot \Delta') \cos H = \frac{x \sin (\Delta' - \Delta)}{\sin \Delta \sin \Delta'} \cos H;$$

et si on désigne par $T$ le tems sidéral du passage de la première étoile au méridien, ou son ascension droite apparente réduite en tems; par $t$ le tems du passage au vertical de la lunette, observé à une pendule exactement réglée sur le tems sidéral, on aura $P = T - t$, et pour la seconde étoile, $P' = T' - t'$; ainsi

$$(3) \qquad x = \frac{[T' - T - (t' - t)] \sin \Delta \sin \Delta'}{\cos H \sin (\Delta' - \Delta)}.$$

Il suit de ce résultat, que pour déterminer la déviation de la lunette, bien rectifiée d'ailleurs, il suffit de connaître à peu près les distances polaires $\Delta$ et $\Delta'$, et très exactement la différence $T' - T$ d'ascension droite, pourvu que $\Delta - \Delta'$ ne soit pas un petit arc. Cette déviation sera orientale si $x$ est positif, occidentale dans le cas contraire. On pourrait bien la déterminer par l'observation d'une seule étoile; car dans ce cas

$$(4) \qquad x = -\frac{(T-t)\sin\Delta}{\cos(H+\Delta)} = \frac{(t-T)\sin\Delta}{\cos(H+\Delta)};$$

mais elle serait trop dépendante du tems du passage de l'étoile au méridien et de sa déclinaison, ainsi que de la marche de la pendule.

Les deux formules précédentes se rapportant aux passages supérieurs, on les ramènera aux passages inférieurs en prenant négativement sin Δ et cot Δ ; et si au lieu d'observer deux étoiles différentes, on observe la même étoile au-dessus et au-dessous du pôle, Δ′ se changera en — Δ; la différence des passages au méridien, savoir $T' - T$, sera de $12^h$, et l'on aura, en vertu de la formule (1),

$$(5) \qquad x = \frac{[12^h - (t'-t)]\sin^2\Delta}{\cos H \sin 2\Delta} = \frac{[12^h - (t'-t)]}{2\cos H \cot\Delta}.$$

Cette nouvelle formule ne dépend plus de l'ascension droite de l'étoile; elle donnera la déviation $x$ avec beaucoup de précision, si cot Δ est très grand, ou, ce qui est de même, si l'on observe de préférence les étoiles circompolaires. M. Delambre, à qui est due la méthode que nous expliquons, indique la Polaire, $\delta$, $\beta$, $\gamma$ de la petite Ourse et $\gamma$ de Céphée; parce qu'on n'a rien à craindre de l'irrégularité de la pendule (*Astron.*, tome I, page 431). On fera bien alors de placer la mire au nord de la station.

340. Nous avons dit (art. 4) que pour s'assurer que la marche diurne d'une pendule suit exactement le tems sidéral, il suffisait d'observer les passages consécutifs d'une étoile dans un vertical quelconque; mais cette observation ne fait pas connaître son avance absolue ou son retard (art 304). Dans la solution précédente, où il s'agit d'évaluer une très petite quantité, on peut, sans inconvénient, faire abstraction de la petite variation diurne de la pendule; mais veut-on déterminer le retard absolu $\rho$, lorsque la variation diurne est nulle? on aura, lors du passage de la première étoile,

$$(1') \qquad T - t - \rho = x(\sin H - \cot\Delta\cos H),$$

et lors du passage de la seconde étoile,

$$(2') \qquad T' - t' - \rho = x(\sin H - \cot\Delta'\cos H),$$

d'où il suit, comme ci-dessus,

$$(3') \qquad x = \frac{[T' - T - (t'-t)]\sin\Delta\sin\Delta'}{\cos H\sin(\Delta'-\Delta)}.$$

Connaissant $x$, on aura $\rho$ par l'une et l'autre équation d'où dérive celle-ci.

341. Choisissons pour exemple les observations que M. Delambre a employées lui-même pour expliquer sa méthode (*Connaissance des Tems* de 1792).

Le 13 août 1789, ce savant astronome n'ayant pas eu le tems de remettre sa lunette des passages sur la mire méridienne, en calcula la déviation, par les passages de 2α♑ et de α du Cygne.

| | | |
|---|---|---|
| Passage observé de 2α♑ | $t =$ | $20^h 6' 30'' 50$ |
| Ascension droite apparente calculée.. | $T =$ | $20.6.24,05$ |
| Différence......... | $T - t =$ | $-\ 6''45$ |
| Passage observé de α du Cygne...... | $t' =$ | $20^h 34' 21'' 80$ |
| Ascension droite apparente calculée.. | $T' =$ | $20.34.18,20$ |
| Différence......... | $T' - t' =$ | $-\ 3''60$; |

de là
$$T' - t' - (T - t) = +\ 2'',85.$$

D'ailleurs on avait alors
$$\Delta = 103^\circ 11', \quad \Delta' = 45^\circ 30', \quad H = 48^\circ 50',$$

et par conséquent
$$\Delta - \Delta' = +\ 57^\circ 41';$$

par suite la formule (3) ou (3') donnera
$$x = \frac{+2'',85 \sin\Delta \sin\Delta'}{-\cos H \sin(\Delta - \Delta')};$$

et par logarithmes, on aura
$$\begin{aligned} \log 2'',85 &= 0,45484 - \\ \sin\Delta &= 9,98840 \\ \sin\Delta' &= 9,85324 \\ c.\cos H &= 0,18161 \\ c.\sin(\Delta - \Delta') &= 0,07309 \\ \log x &= 0,55118 = -\ 3'',5578. \end{aligned}$$

La déviation $x$ était donc occidentale et de 3'',558 en tems; ce qui fait 53'',37 en arc.

On aura maintenant le retard absolu $\rho$, à l'époque des observations, par les deux formules (1', 2'); la première, relative au passage de $2\alpha$♑, devient

$$\rho = T - t + x\frac{\cos(\Delta + H)}{\sin\Delta} = -6'',45 + 3'',23 = -3'',22;$$

la seconde formule, relative au passage de $\alpha$ du Cygne, donne

$$\rho = T'' - t' + x\frac{\cos(\Delta' + H)}{\sin\Delta'} = -3'',60 + 0'',38 = -3'',22.$$

Dans ce calcul, les seconds termes 3",23 et 0",38 sont positifs, parce que $x$ et $\cos(\Delta + H)$ aussi bien que $\cos(\Delta' + H)$ sont négatifs. Ainsi, la valeur de $\rho$ étant elle-même négative, exprime une avance au lieu d'un retard, comme nous l'avions supposé d'abord.

342. Le moyen de se familiariser avec les méthodes, et d'en apprécier l'exactitude, est d'en faire diverses applications : nous choisirons en conséquence pour second exemple, les deux passages de la Chèvre observés à Paris par M. Delambre, le 1er août 1789.

Passage inférieur à la lunette à........ $17^h1'18'',8 = t'$,
Passage supérieur 12 heures après, ou à $5^h1'18'',6 = t$.

On avait d'ailleurs

$$\Delta = 44°15', \quad H = 48°50';$$

de là, $t' - t = 12^h0'0'',2$, et ensuite la formule (5) donne en tems,

$$x = \frac{-0'',2\tan\Delta}{2\cos H} = -0'',148;$$

ainsi on a en arc

$$x = -2'',25.$$

On juge par le signe de $x$, que la déviation était occidentale quand l'objectif était tourné vers le sud, comme nous l'avons supposé dans les formules précédentes : elle serait au contraire orientale, si l'on tournait l'objectif vers le nord. Mais pour obtenir cette déviation avec une grande exactitude, il faut faire de nombreuses observations.

343. Il est des ingénieurs qui, au lieu d'employer une mire méridienne pour orienter une chaîne de triangles, observent le passage

des astres par le vertical d'un signal quelconque; mais alors le succès de cette méthode dépend trop du tems et de la déclinaison de l'astre qu'on observe (art. 333). Quoi qu'il en soit, voici le calcul complet d'une observation de ce genre, faite le 1er avril 1811 à Amsterdam.

M. Krayenhof, ayant dirigé sa lunette sur le signal de Haarlem, observa au fil du milieu le passage des deux bords du Soleil; l'observation du bord oriental apparent eut lieu à $6^h 2' 4''$ du soir, en tems du chronomètre, et celle du bord occidental à $6^h 4' 48''$. Dans le même moment, le baromètre marquait $0^m,76$, et le thermomètre centigrade $+ 14^g$; on demande l'azimut de Haarlem sur l'horizon d'Amsterdam, sachant en outre que

la latitude nord d'Amsterdam $H = 52°22' 17''$,
que la longitude orientale $= 2.33.\ 0$;

que le retard du chronomètre en 24 heures solaires vraies $= 18'',4$; enfin, que son avance absolue sur le midi vrai, au 1er avril $= 4'4'',56$.

*Solution.* Lorsqu'un astre est loin du méridien, son mouvement en azimut ne peut plus à la rigueur être considéré comme proportionnel au tems, dans de courts intervalles. Ainsi au lieu de prendre la moyenne des tems des passages des deux bords du Soleil, pour l'heure du passage du centre au signal ou au fil du milieu, nous calculerons l'azimut du centre du Soleil, compté du nord vers l'ouest, pour le moment de l'observation du bord occidental vrai; et de cet angle, nous retrancherons la correction due au demi-diamètre horizontal du Soleil, pour avoir l'azimut du signal. Cependant, le tems que le diamètre de cet astre reste sous le fil est si court, qu'on pourrait encore sans inconvénient faire usage de la méthode dont il s'agit.

Cela posé, on aura l'heure vraie de l'observation, en retranchant d'abord du tems du chronomètre, l'avance de la pendule sur le midi vrai; ainsi

heure de l'observation $6^h\ 2'\ 4''$ en tems du chronomètre
avance absolue...... $-\ 4.\ 4,56$
reste... $5^h 57' 59'' 44$.

Mais le retard diurne est de $18'',4$; donc le retard à $5^h 57' 59'',44$ s'obtiendra par cette proportion :

$$24^h - 18''4 : 18'',4 :: 5,966 : x = 4'',57.$$

Ajoutant 4″,57 à $5^h 57' 59''$,44, on a pour l'heure vraie de l'observation $5^h 58' 4''$,01. Réduisant ce tems en degrés, on a l'angle horaire

$$P = 89°31'0'',15.$$

Au même instant, l'on comptait à Paris $5^h 47' 52''$,01, puisque Amsterdam est à l'est de cette ville, et que la différence des méridiens est de 2°33′ ou 10′12″ en tems. Calculant par conséquent la déclinaison du Soleil pour $5^h 47' 52''$,01, on trouve (art. 239)

$$D = 4° 23' 48'',32 \text{ boréale.}$$

Il s'agit maintenant de déterminer l'azimut $A$ du centre du Soleil. Employons, comme à l'art. 326, les formules de Néper, savoir :

$$\text{tang}\, \tfrac{1}{2}(A + S) = \cot \tfrac{1}{2} P \frac{\cos \frac{1}{2}(H - D)}{\sin \frac{1}{2}(H + D)},$$
$$\text{tang}\, \tfrac{1}{2}(A - S) = \cot \tfrac{1}{2} P \frac{\sin \frac{1}{2}(H - D)}{\cos \frac{1}{2}(H + D)};$$

$S$ étant l'angle au Soleil (fig. 26). Si la déclinaison du Soleil était australe, il faudrait la prendre négativement, et par conséquent changer le signe de $D$ dans ces formules.

TYPE DU CALCUL.

$$\tfrac{1}{2} H = 26° 11' \; 8'',50, \qquad \frac{H - D}{2} = 23° 59' \; 14'',34,$$
$$\tfrac{1}{2} D = 2.11.54,16, \qquad \frac{H + D}{2} = 28.23. \; 2,66,$$
$$\tfrac{1}{2} P = 44.45.30,07,$$

| | | | |
|---|---|---|---|
| $\log\cos \frac{1}{2}(H-D)$ | = 9,9607730 | $\log\sin \frac{1}{2}(H-D)$ | = 9,6090973 |
| $\text{c.}\log\sin \frac{1}{2}(H+D)$ | = 0,3229595 | $\text{c.}\log\cos \frac{1}{2}(H+D)$ | = 0,0556255 |
| $\text{l.}\cot \frac{1}{2} P$ | = 0,0036633 | ................ | = 0,0036633 |
| $\log.\text{tang} \frac{1}{2}(A+S)$ | = 0,2873958 | $\log.\text{tang} \frac{1}{2}(A-S)$ | = 9,6683861. |
| | | $\frac{1}{2}(A+S)$ | = 62° 42′ 31″36 |
| | | $\frac{1}{2}(A-S)$ | = 24.59. 7,91 |
| azimut compté du nord vers l'ouest... | | $A$ | = 87.41.39,27. |

Tel est l'azimut du centre du Soleil, lorsque le bord oriental apparent ou le bord occidental vrai est dans le vertical du signal; mais il faut avoir l'azimut de ce bord. Pour cela, l'on cherchera la correction due au demi-diamètre horizontal $SO$ du Soleil, laquelle est égale à l'angle $OZS$ formé par les plans verticaux $ZS$, $ZO$. Calculons d'abord $ZS$, ou la distance zénitale vraie géocentrique du Soleil, à l'aide de la règle des quatre sinus, savoir :

$$\sin ZS = \frac{\sin P \sin SP}{\sin A} = \frac{\sin P \cos D}{\sin A}$$

$$\begin{aligned} \log.\sin P &= 9{,}9999845 \\ \text{l.}\cos D &= 9{,}9987201 \\ c.\log \sin A &= 0{,}0003518 \\ \hline \text{l. } \sin ZS &= 9{,}9990564 \quad ZS = 86^\circ 13' 32'',14. \end{aligned}$$

Ajoutant à cette distance zénitale la parallaxe de hauteur du Soleil, qui est 8″,77, on a 86° 13′ 40″,91, pour la distance zénitale vraie rapportée au lieu même de l'observation. Il s'agit maintenant d'avoir la distance zénitale apparente; or, les tables de réfraction ayant pour argument la distance vraie, on trouvera, en procédant comme à l'art. 254,

Réfraction vraie...................... $= -\ 11' 40''5$
mais distance zénitale vraie............... $= 86^\circ 13.40{,}9$
donc distance zénitale apparente cherchée $= 86.\ 2.\ 0{,}4 = n.$

Il résulte de là, que dans le triangle sphérique $OZS$, qu'on peut supposer rectangle en $O$, l'on connaît le côté $ZS$ et le côté $OS = 16' 1'',3 = \frac{1}{2}\delta$ (*Connaissance des Tems* de 1811, 1er avril); donc pour avoir l'angle en $Z$ ou la correction d'azimut, c'est-à-dire le demi-diamètre azimutal du Soleil, on dira

$$1 : \sin ZS :: \sin .\ \text{correction} : \sin OS;$$

d'où
$$\sin.\text{correction} = \frac{\sin \frac{1}{2}\delta}{\sin n};$$

de là
$$\begin{aligned} \log \sin \tfrac{1}{2}\delta &= 7{,}6684332 \\ c.\log \sin n &= 0{,}0010416 \\ \hline \text{l.}\sin.\text{correction} &= 7{,}6694748 \\ c.\sin 1'' &= 5{,}3144251 \\ \hline \log.\text{correction} &= 2{,}9838999 = 963'',6 = 16'3'',6. \end{aligned}$$

Comme on a réellement observé le bord occidental, cette correction est soustractive de l'azimut du centre du Soleil; ainsi

| | |
|---|---|
| Azimut du Soleil.......................... | 87° 41′ 39″27 |
| Correction........... | — 16. 3,60 |
| Azimut du signal, compté du nord à l'ouest..... | 87° 25′ 35″67 |
| Réduction au centre de la station............. | + 0,70 |
| Azimut définitif....... | 87.25.36,37 |

Quoique les azimuts soient très faciles à observer de cette manière, il est cependant douteux qu'on puisse jamais les obtenir avec la précision que procurent les méthodes des art. 332 et 336.

# CHAPITRE VII.

## PREMIÈRE MÉTHODE.

### *Détermination de la différence des longitudes terrestres, par le moyen d'un garde-tems.*

344. La position d'un lieu sur la Terre dépendant à la fois de sa latitude et de sa longitude, il convient de faire connaître les méthodes que l'on emploie avec succès pour déterminer ce second élément géographique.

Lorsqu'il s'agit de déterminer la différence en longitude de deux lieux fort voisins, les bonnes montres marines ou les chronomètres qui, comme ceux de Berthoud, conservent une marche à très peu près uniforme pendant plusieurs mois, peuvent être employés de préférence pour cet objet. Si donc, dans un certain lieu, une telle montre était exactement réglée sur le moyen mouvement du Soleil, et que dans un autre lieu le midi moyen arrivât à 11 heures comptées sur cette montre, la différence en longitude serait d'une heure moyenne ou de 15°, et le second lieu serait évidemment à l'est du premier.

Il n'est pas toujours possible de déterminer l'instant précis du midi; cela d'ailleurs n'est pas nécessaire, puisque l'on peut trouver le tems vrai pour tout autre moment du jour (art. 301). Supposons donc qu'après avoir réglé une montre à l'Observatoire de Paris, on ait pris, dans un autre lieu, des hauteurs absolues du Soleil avant son passage au méridien, et calculé l'heure vraie, puis le tems moyen de l'observation (art. 302); la différence de ce tems avec l'heure marquée par la montre, lors de l'observation, sera, comme ci-dessus, la différence des deux méridiens.

L'exemple suivant fixera encore mieux les idées à cet égard.

Le 1er avril 1804, à 43° 17′ de latitude nord, et par 40° 15′ de longitude occidentale estimée, on a trouvé, pour la distance du centre du Soleil au zénit, 69° 20′ 22″,05, au moment où la montre, réglée sur le *tems moyen* à Paris, marquait 7h 8′ 30″,86 du soir. A cette même époque, la déclinaison du Soleil était de 4° 41′ 5″,2 (art. 301); il suit de là et de l'article cité, que le tems vrai de l'observation, pour le lieu où elle s'est faite, était 4h 23′ 24″,06. Mais l'on trouve dans la *Connaissance des Tems*, que le 1er avril 1804, le *tems moyen au midi vrai* égalait 0h 3′ 57″,2, et que cette quantité diminuait de 18″,4 en 24 heures; donc, à 7h 4′ 24″,06, tems vrai compté à Paris, elle avait diminué de 5″,40, et alors le tems moyen n'était en avance sur le tems vrai, au moment de l'observation, que de 0h 3′ 57″,2 — 5″,40 = 0h 3′ 51″,80. Cela posé,

| | |
|---|---|
| Tems moyen compté à Paris, au moment de l'observation.............................. | 7h 8′ 30″86 |
| Équation du tems soustractive, parce que le tems moyen est en avance sur le tems vrai..... | — 3.51,80 |
| Tems vrai compté à Paris.................... | 7. 4.39,06 |
| Tems vrai de l'observation par rapport au méridien du lieu où elle s'est faite............ | 4.23.24,06 |
| Différence de longitude, en tems ............ | 2h 41′ 15″0 |
| Donc, longitude occidentale du lieu de l'observation, par rapport au méridien de Paris....... | = 40° 18′ 45″. |

Cette méthode suppose que l'on connaît déjà à peu près la différence de longitude cherchée, et il est rare que l'on n'ait pas une donnée satisfaisante à cet égard. D'ailleurs on pourra, dans un premier calcul, employer la déclinaison du Soleil pour le jour de l'observation et pour midi à Paris : dans l'exemple ci-dessus, cette déclinaison boréale = 4° 34′ 25″. Lorsqu'on aura trouvé ainsi la différence de longitude approchée, on recommencera le calcul, en faisant à la déclinaison du Soleil, la correction due à cette différence.

Si le garde-tems avait une petite variation diurne, il ne faudrait point négliger d'en tenir compte.

On déterminerait les différences de longitude plus commodément par l'observation d'une étoile, si la montre était réglée sur le tems sidéral; et si l'intervalle de tems entre les observations était court, il serait permis de supposer insensibles les variations de la précession, de l'aberration et de la nutation sur la position apparente de cette étoile.

Lorsqu'on se sert de cet expédient pour déterminer la différence des méridiens des extrémités d'un arc de parallèle, l'on met en comparaison deux ou trois chronomètres excellens, et l'on a soin qu'ils n'éprouvent aucune secousse dans le transport. Ceux que Bréguet, artiste français, exécute maintenant pour la marine sont fort estimés. Il a imaginé de renfermer deux mouvemens dans la même boîte, et de les régulariser l'un par l'autre, afin d'obtenir par ce moyen une marche plus uniforme et plus indépendante des mouvemens du vaisseau.

### DEUXIÈME MÉTHODE.

*Par les observations des éclipses des satellites de Jupiter, ou par les signaux de feu.*

345. C'est sur-tout de l'observation des éclipses fréquentes des satellites de Jupiter, que les astronomes déduisent avec exactitude la différence des longitudes de deux lieux terrestres; différence qui est celle même des heures que l'on compte sur les méridiens, à l'instant du phénomène. Deux circonstances sont propres à faire connaître cette différence des longitudes; l'une est l'immersion, c'est l'instant où le satellite entre dans l'ombre de Jupiter et disparaît; l'autre est l'émersion, c'est l'instant où ce satellite sort de l'ombre et reparaît. La prédiction de ces phénomènes, pour le méridien de Paris, se trouve dans le livre de la *Connaissance des Tems*, à la 7e page de chaque mois; et comme les positions des satellites à l'égard de Jupiter, ainsi que leurs configurations, sont indiquées dans le même livre, il est inutile de donner ici des explications à cet égard.

Ces sortes d'observations se font avec une grande facilité, au moyen d'une lunette astronomique d'un mètre environ, ou d'un télescope de 6 à 7 décimètres de foyer, ou même d'une lunette des passages portative. Il faut d'abord déterminer exactement la marche de la pendule, par rapport au tems moyen, par l'un des procédés des art. 293 et suiv.; ensuite, pour se préparer à l'observation de l'éclipse, savoir à fort peu près l'heure à laquelle elle aura lieu, et cela en ajoutant au tems moyen de ce phénomène, indiqué par les tables, la différence approchée des longitudes, si l'on est à l'orient de Paris; ou bien en la retranchant, si l'on est à l'occident.

Une seule observation ne pouvant être assez concluante, on en recueillera un grand nombre; alors la moyenne des résultats partiels sera la différence de longitude la plus probable.

Malgré la précision avec laquelle les tables des deux premiers satellites de Jupiter ont été calculées dans ces derniers tems, il est encore plus sûr de conclure la différence des longitudes d'observations correspondantes faites sur ces deux satellites. Par exemple, à Cumana, capitale de la nouvelle Andalousie, M. de Humboldt observa, le 12 novembre 1800 au soir, l'immersion du 1er satellite à $4^h 16' 56''$ du chronomètre, ou à $11^h 56' 18'',7$ tems moyen, parce que le chronomètre retardait alors de $7^h 39' 22'',7$. Au même instant physique, M. Triesnecker observa cette immersion à Vienne, le 13 novembre au matin, à $5^h 18' 20'',7$ tems moyen.

| | | |
|---|---|---|
| Il suit de là, que la différence des méridiens de Vienne et de Cumana, qui est à l'ouest.............. = | $5^h 22'\ 2''$ | t. moy. |
| mais la longit. de Vienne comptée de Paris = | 56.10, | est. |
| donc LONGITUDE de Cumana comptée de même, est de...................... | 4.25.52 | ouest. |
| Le 13 au matin, M. Méchain observa l'immersion à Paris à.................. | $4^h 22' 17''7$ | t. moy. |
| M. de Humboldt à Cumana à........... | 11.56.18,7 | |
| donc, LONGIT. de Cumana, comptée de Paris = | 4.25.59 | ouest. |
| Enfin, le 13 novembre, M. Flaugergues l'observa à Viviers à.................. | $4^h 31' 35''$ | t. moy. |
| M. de Humboldt à Cumana à........... | 11.56.18,7 | |
| donc, longitude de Cumana, comptée du méridien de Viviers................. | 4.35.16,3 | ouest. |
| Mais longitude de Viviers est............ | 9.24 | est |
| donc LONGITUDE de Cumana.......... = | $4^h 25' 52''3$ | ouest. |
| Le terme moyen de ces trois résultats est.. | $4^h 25' 54''4$. | |

Mais M. de Humboldt ayant fait beaucoup d'autres observations astronomiques dans le même but, il en est résulté, pour la longitude de Cumana, $4^h 26' = 66° 30' 0''$ ouest de Paris.

Les observations correspondantes dont il s'agit ne sont parfaitement comparables entre elles, que quand le phénomène céleste est annoncé au même instant physique par chaque observateur. Mais si l'un d'eux reçoit l'impression du phénomène quelques secondes plutôt ou plus tard que l'autre, ce qui peut arriver si leurs lunettes ne présentent pas le même grossissement, et si leurs vues sont différentes, il importe d'avoir égard à cette circonstance dans la comparaison des observations, sur-tout si l'on a pour but d'obtenir par ce moyen l'amplitude d'un arc de parallèle terrestre.

346. Un phénomène terrestre instantané, qui serait vu de deux lieux peu distans l'un de l'autre, suppléerait avec avantage aux phénomènes célestes. Or, si, sur un lieu élevé et pendant une nuit sereine, l'on fait, à diverses reprises, enflammer en plein air un ou deux kilogrammes de poudre à canon, et que deux observateurs munis chacun d'une pendule, et placés aux lieux dont ils veulent connaître la différence de longitude, observent les apparitions de ces feux, apparitions qui seront subites pour de petites comme pour de grandes distances, à cause de la prodigieuse vitesse avec laquelle la lumière se propage; le milieu des différences entre tous les tems correspondans des deux pendules réglées de la même manière, sera la différence de longitude cherchée. Si l'arc dont on veut mesurer l'amplitude était fort grand et qu'un seul feu ne suffît pas, on en ferait plusieurs; alors la somme des amplitudes partielles serait la différence de longitude des stations extrêmes : cela est de toute évidence.

C'est à l'aide de l'un de ces moyens que l'on fixerait la position respective de deux îles voisines dont on aurait formé la carte, et que l'on ne pourrait lier par des triangles.

Les signaux de feu ont été employés en France pour la première fois, par Cassini de Thury et Lacaille, en 1740, à l'occasion de la mesure de deux degrés de longitude aux environs de Marseille. Ils ont été dans ces derniers tems renouvelés avec succès en Allemagne; et c'est par leur secours que M. de Zach, en 1810, est parvenu à déterminer avec beaucoup de précision la différence des méridiens de N.-D. des Anges et de l'Observatoire de Marseille. La moyenne entre 63 observations lui a donné cette différence de 29",95 en tems, et il est remarquable que la plus grande discordance entre les résultats partiels est un peu moindre que 2" (*Attraction des Montagnes*, tome I, page 135). L'expérience a prouvé à ce célèbre astronome qu'une demi-livre de poudre (244 grammes $\frac{75}{100}$) produit un feu visible à plus de 25 myriamètres. Il n'est pas même absolument nécessaire que le foyer de la flamme soit aperçu des stations dont on cherche la différence de longitude, car l'éclair qui se forme peut, en se reflétant dans le ciel, être visible à une très grande distance. Mais il est important de noter l'heure, la minute, la seconde et fraction de seconde de l'instant de la première impression du feu, dont la durée est d'autant plus longue que l'on emploie une plus grande quantité de poudre.

### TROISIÈME MÉTHODE.

### *Par les éclipses.*

347. Les éclipses de Soleil et les occultations des étoiles par la Lune sont très propres à donner avec précision les différences de longitude des lieux éloignés où elles ont été observées avec soin. Toutes les méthodes de calcul qui se rapportent à ces phénomènes, sont fondées sur la détermination de la distance angulaire apparente des deux astres qui se superposent. Cette distance, considérée au même instant physique, n'est pas la même, à cause de la parallaxe, pour tous les points de la Terre où l'on voit l'éclipse. En effet, le commencement ou la fin de ce phénomène se manifestant pour un point particulier de la Terre, lorsque les deux astres paraissent en contact, il arrive en général que leurs disques, relativement à tout autre point du globe, ne s'atteignent pas encore, ou que l'un anticipe sur l'autre. C'est ce qui fait que le problème des longitudes géographiques, par les éclipses de cette espèce, est un des plus compliqués de l'Astronomie pratique.

Lagrange a publié, sur cette matière, deux Mémoires très intéressans, l'un dans les volumes de l'Académie de Berlin, année 1766, l'autre dans les Éphémérides de cette ville pour l'année 1782. Ce second Mémoire a été reproduit dans la *Connais. des Tems* pour 1817. La méthode que cet illustre géomètre a exposée dans celui-ci, étant considérée analytiquement, ne laisse rien à désirer; mais, sous le rapport de la pratique, elle n'a pu obtenir l'assentiment de tous les astronomes, à cause de l'extrême longueur des calculs qui en dépendent. Nous nous proposons d'exposer ici cette méthode, mais nous tâcherons de la simplifier de manière à la rendre susceptible d'offrir les mêmes avantages que celles dont les astronomes font habituellement usage.

Supposons, comme à l'art. 258, que les points de l'espace soient rapportés à trois axes rectangles, et que le plan des $x$, $y$ soit celui de l'écliptique. Adoptons en outre une notation analogue à celle de cet article, c'est-à-dire désignons par

$l$, $\lambda$ la longitude et la latitude vraies de la Lune ou d'un astre $A$;
$L$, $\Lambda$ la longitude et la latitude vraies de l'astre occulté $B$;
$g$, $h$ l'ascension droite et la déclinaison du zénit;
$n$, $q$ la longitude et la latitude du zénit;
$\psi$, $\Psi$ la parallaxe horizontale de la Lune et celle de l'astre occulté;
$r$ la distance du centre de la Terre au centre de la Lune;
$r'$ la distance de l'observateur au centre de la Lune;
$\rho$ le rayon terrestre à la latitude $H$;
$l''$, $\lambda''$ la longitude et la latitude vraies du point $C$ de contact d'un plan tangent à la sphère céleste;
$\omega$ l'obliquité apparente de l'écliptique;

enfin, appelons $\Sigma'$ la distance apparente des centres des deux astres; et supposons que les trois poins $A$, $B$, $C$ soient dans l'hémisphère boréal.

Choisissons maintenant un nouveau système d'axes rectangulaires, ayant toujours pour origine le centre $O$ de la Terre (fig. 27); mais supposons l'axe des $x''$ dirigé vers un point $C$ arbitraire de la sphère céleste, dont la longitude et la latitude soient $l''$, $\lambda''$; prenons pour axe des $y''$ la droite $OD$ dans le plan même de l'écliptique, et pour axe des $z''$ la droite $OE$ perpendiculaire au plan des $x''y''$.

Cela posé, si l'on mène par l'origine $O$ des coordonnées une droite égale et parallèle au rayon vecteur apparent $r'$ de la Lune, les équations de ce rayon vecteur seront en général, par rapport aux nouvelles coordonnées,

$$y_{''} = p'x_{''}, \quad z_{''} = q'x_{''}.$$

Celles du rayon vecteur apparent $R'$ de l'astre occulté seront de même

$$y_{\text{a}} = P'x_{\text{a}}, \quad z_{\text{a}} = Q'x_{\text{a}};$$

ainsi la tangente trigonométrique de l'angle $\Sigma'$ de ces deux rayons, ou de la distance angulaire apparente des centres des astres, sera, comme l'on sait,

$$\text{(M)} \qquad \operatorname{tang} \Sigma' = \frac{\sqrt{(P'-p')^2 + (Q'-q')^2 + (P'q'-Qp')^2}}{1 + P'p' + Q'q'};$$

expression dans laquelle il ne s'agirait plus que de remplacer $P'$, $Q'$,

$p'$, $q'$ par leurs valeurs, si elle n'était d'ailleurs susceptible d'être considérablement simplifiée. Mais voyons auparavant quelles sont ces valeurs.

D'abord on a

$$p' = \frac{y_{''}}{x_{''}}, \quad q' = \frac{z_{''}}{x_{''}};$$

et si l'on désigne par $(r, x'')$, $(r, y'')$, $(r, z'')$ les angles que le rayon vecteur $r$ fait avec les axes des $x''$, $y''$, $z''$; par $a$, $b$, $c$ les cosinus de ces mêmes angles; on aura visiblement, à cause des triangles sphériques $ZAC$, $ZAD$, $ZAE$, ces trois relations (art. 54)

$$(1)\left\{\begin{aligned} a &= \cos(r, x'') = \cos(l - l')\cos\lambda\cos\lambda'' + \sin\lambda\sin\lambda'', \\ b &= \cos(r, y'') = \sin(l - l')\cos\lambda, \\ c &= \cos(r, z'') = \sin\lambda\cos\lambda'' - \cos(l - l')\cos\lambda\sin\lambda''. \end{aligned}\right.$$

Par la même raison, on aura ces trois autres relations

$$(2)\left\{\begin{aligned} \alpha &= \cos(\rho, x'') = \cos(n - l')\cos q\cos\lambda'' + \sin q\sin\lambda'', \\ \beta &= \cos(\rho, y'') = \sin(n - l')\cos q, \\ \gamma &= \cos(\rho, z'') = \sin q\cos\lambda'' - \cos(n - l')\cos q\sin\lambda''. \end{aligned}\right.$$

Or, en projetant orthogonalement les rayons $r$, $r'$ et $\rho$ sur les axes des $x''$, $y''$, $z''$, il est clair que

$$x_{''} = ar - \alpha\rho, \quad y_{''} = br - \beta\rho, \quad z_{''} = cr - \gamma\rho;$$

de là et de ce qui précède

$$p' = \frac{y_{''}}{x_{''}} = \frac{br - \beta\rho}{ar - \alpha\rho} = \frac{b - \beta\psi}{a - \alpha\psi},$$
$$q' = \frac{z_{''}}{x_{''}} = \frac{cr - \gamma\rho}{ar - \alpha\rho} = \frac{c - \gamma\psi}{a - \alpha\psi}.$$

Pareillement, si l'on désigne par $A$, $B$, $C$ ce que deviennent les relations (1), lorsque l'on change $l$ en $L$ et $\lambda$ en $\Lambda$, on aura, relativement à l'astre occulté,

$$P' = \frac{BR - \beta\rho}{AR - \alpha\rho} = \frac{B - \beta\Psi}{A - \alpha\Psi},$$
$$Q' = \frac{CR - \gamma\rho}{AR - \alpha\rho} = \frac{C - \gamma\Psi}{A - \alpha\Psi};$$

$\Psi$ étant le sinus de la plus grande parallaxe de hauteur de cet astre.

On remarquera que les deux systèmes d'équations (1), (2) satisfont aux relations suivantes :

$$(3) \left\{ \begin{array}{l} a^2+b^2+c^2=1, \quad \alpha^2+\beta^2+\gamma^2=1, \\ a\alpha+b\beta+c\gamma=\cos(r,\rho)=\cos(n-l')\cos\lambda\cos q+\sin\lambda\sin q; \end{array} \right.$$

et que la méthode analytique actuelle signifie, en Géométrie, que les lieux apparens des astres sont projetés perspectivement du centre de la sphère céleste, sur un plan qui la touche au point $C$.

348. On peut être curieux de trouver l'angle $V'$ que le plan du grand cercle, passant par les projections des lieux apparens sur le plan tangent, fait avec le cercle de latitude $x''z''$ du point de contact $C$; or, cela est facile, car soit en général

$$Mx_{\prime\prime}+Ny_{\prime\prime}+Pz_{\prime\prime}=0,$$

l'équation du plan de ce grand cercle; les coordonnées des deux projections dont il s'agit étant visiblement, en prenant le rayon de la sphère céleste pour unité,

$$\begin{array}{l} 1,\ p',\ q', \\ 1,\ P',\ Q', \end{array}$$

on aura $M=q'P'-p'Q'$, $N=Q'-q'$, $P=p'-P'$; et comme en général

$$\cos V'=\frac{N}{\sqrt{M^2+N^2+P^2}},$$

il viendra

$$\text{séc}\,V'=\frac{\sqrt{(q'P'-p'Q')^2+(Q'-q')^2+(P'-p')^2}}{Q'-q'}.$$

Supposons maintenant que les projections des deux lieux apparens et le point $C$ soient en ligne droite; on aura alors $q'P'=p'Q'$, et de l'expression précédente on tirera

$$\text{tang}\,V'=\frac{P'-p'}{Q'-q'}.$$

Lagrange, en donnant cette valeur particulière de tang $V'$ pour le cas général, a évidemment commis une inadvertance.

349. Toutes les formules de l'art. 347 sont de la plus grande généralité; mais il en est quelques-unes qui se simplifient lorsque

l'astre $\mathcal{A}$, par exemple, est dans la direction de l'axe des $x''$ ou en $C$. En effet, on a dans ce cas $l = l''$, $\lambda = \lambda''$, et par suite $a = 1$, $b = 0$, $c = 0$; enfin,

$$p' = \frac{-\beta\psi}{1-\alpha\psi}, \quad q' = \frac{-\gamma\psi}{1-\alpha\psi};$$

ces deux dernières valeurs sont donc l'effet de la parallaxe de l'astre $\mathcal{A}$ placé en $C$.

Supposons au contraire que l'axe des $x''$ passe par le centre du Soleil; on aura

$$l'' = L,\ \lambda'' = \mathrm{A} = 0, \text{ et par conséquent } \mathcal{A} = 1,\ B = 0,\ C = 0.$$

Quant aux équations (1), (2), elles deviennent

$$(1')\ \begin{cases} a = \cos(l-L)\cos\lambda, \\ b = \sin(l-L)\cos\lambda, \\ c = \sin\lambda. \end{cases} \qquad (2')\ \begin{cases} \alpha = \cos(n-L)\cos q, \\ \beta = \sin(n-L)\cos q, \\ \gamma = \sin q. \end{cases}$$

Malgré ces simplifications, la formule (M) serait encore beaucoup trop compliquée pour la pratique; mais il est aisé de voir que, relativement aux éclipses de Soleil, cette formule peut être réduite à celle-ci :

$$(\text{M}') \qquad \operatorname{tang} \Sigma' = \sqrt{(p'-P')^2 + (q'-Q')^2},$$

sans qu'il en résulte une erreur d'un dixième de seconde. Soit, pour le prouver,

$$\sqrt{(p'-P')^2 + (q'-Q')^2} = \operatorname{tang}\sigma',$$
$$\frac{Q'(p'-P') - P'(q'-Q')}{P'(p'-P') + Q'(q'-Q')} = \operatorname{tang} s,$$

on aura, pour le Soleil,

$$\sqrt{P'^2 + Q'^2} = \frac{\psi(1-\alpha^2)^{\frac{1}{2}}}{1-\alpha\psi} = f;$$

et par suite

$$\operatorname{tang}\Sigma' = \frac{\operatorname{tang}\sigma'(1+f^2\sin^2 s)^{\frac{1}{2}}}{1+f\cos s\operatorname{tang}\sigma' + f^2}.$$

Lagrange cherche, par un procédé très élégant, la différence $\Sigma' - \sigma'$ en série convergente, où la valeur du premier terme, dans les cas extrêmes, est moindre que $\frac{1}{10}$ de seconde. Pour parvenir à cette conclusion par une voie plus élémentaire et plus courte, prenons le logarithme de chaque membre de l'équation précédente, et développons : il viendra une série de la forme

$$\log \operatorname{tang} \Sigma' = \log \operatorname{tang} \sigma' - Kf \cos s \operatorname{tang} \sigma' + Kf^2 R - Kf^3 s \ldots;$$

dans laquelle $K = 0{,}434294$ est le module des tables. Or, le terme $Kf \cos s \operatorname{tang} \sigma'$, qui est le plus considérable de la série, acquiert la plus grande valeur lorsque $\cos s = 1$ : soit donc $\sigma' = 5°$; dans ce cas, la quantité $f$ ne pouvant surpasser tang 8″,5, puisque pour le Soleil, $\Pi = 8'',5$ à très peu près, on aura

$$Kf \operatorname{tang} \sigma' = 0{,}0000016;$$

c'est-à-dire que log tang $\sigma'$ devrait être diminué de 0,0000016. Mais par hypothèse, tang $\sigma'$ = tang 5°, d'où log tang $\sigma' = 8{,}9419518$; ainsi log tang $\Sigma'$ ne différant de log tang $\sigma'$ que de 0,0000016, il s'ensuit que $\Sigma' = \sigma' - 0'',06$. Il est donc prouvé que, dans les éclipses de Soleil, et à plus forte raison dans les passages de Vénus et de Mercure sur cet astre, l'on peut toujours faire tang $\Sigma'$ = tang $\sigma'$, sans craindre de jamais commettre une erreur de $\frac{1}{10}$ de seconde de degré.

Enfin, le même géomètre démontre que l'expression (M′), quoique déjà fort réduite, peut cependant l'être davantage (voyez la *Connaissance des Tems* pour 1817, page 256). En effet, d'après ce qui précède, on a, par rapport au Soleil,

$$p' - P' = \frac{b - \beta\psi}{a - \alpha\psi} + \frac{\beta\Psi}{1 - \alpha\Psi}$$
$$= \frac{b - \beta\psi + \beta\Psi(a - \alpha\psi)(1 - \alpha\Psi)^{-1}}{a - \alpha\psi} = \frac{b - \beta(\psi - a\Psi)}{a - \alpha\psi};$$

en négligeant les termes du second ordre comme étant très petits. Pareillement

$$q' - Q' = \frac{c - \gamma\psi}{a - \alpha\psi} + \frac{\gamma\Psi}{1 - \alpha\Psi} = \frac{c - \gamma(\psi - a\Psi)}{a - \alpha\psi}.$$

Mais $a$ différant toujours très peu de l'unité, on peut supposer dans le terme $a\Psi$, que $a = 1$; ainsi on a simplement

$$p' - P' = \frac{b - \beta(\psi - \Psi)}{a - \alpha\psi}, \quad q' - Q' = \frac{c - \gamma(\psi - \Psi)}{a - \alpha\psi};$$

partant, l'équation ($M'$) devient

$$\text{(N)}\qquad \tang \Sigma' = \frac{\sqrt{[b-\beta(\psi-\varpi)]^2+[c-\gamma(\psi-\varpi)]^2}}{a-\alpha\psi},$$

et donne la distance apparente des astres avec une précision toujours très suffisante, soit dans les éclipses de Soleil ou les passages des planètes sur son disque, soit dans les occultations des étoiles par la Lune. Dans ce dernier cas, l'on doit diriger l'axe des $x''$ par l'étoile ou par le centre de la planète occultée, et alors on a $l''=L$, $\lambda''=\Lambda$. Faisant donc $l-L=t$, $\lambda-\Lambda=u$, les relations (1), (2) prendront la forme suivante, comme il est facile de s'en assurer,

$$(1'')\qquad \begin{cases} a = \cos u - 2\sin^2 \frac{1}{2} t \cos \Lambda \cos \lambda, \\ b = \sin t \cos \lambda, \\ c = \sin u + 2\sin^2 \frac{1}{2} t \sin \Lambda \cos \lambda, \end{cases}$$

$$(2'')\qquad \begin{cases} \alpha = \cos(n-L)\cos\Lambda\cos q + \sin\Lambda\sin q, \\ \beta = \sin(n-L)\cos q, \\ \gamma = \cos\Lambda\sin q - \cos(n-L)\sin\Lambda\cos q, \end{cases}$$

et l'on aura en outre $\Pi = 0$, s'il s'agit des étoiles.

350. Au commencement et à la fin d'une éclipse, les disques des astres paraissent en contact, et alors la distance apparente des centres est égale à la somme des demi-diamètres apparens. Ces diamètres apparens variant en général à différentes hauteurs des astres sur l'horizon, la somme dont il s'agit ne peut être rigoureusement la même que celle qui est donnée par les Tables astronomiques (art. 244); mais la variation des diamètres apparens n'étant réellement sensible que pour la Lune, qui est l'astre le plus près de la Terre, on se borne à évaluer l'*augmentation de son demi-diamètre*. Or, si $d$ est le demi-diamètre horizontal de la Lune, donné par les tables, et $d'$ son demi-diamètre apparent; si de plus $r$ et $r'$ sont respectivement les distances du centre de cet astre au centre de la Terre et au lieu de l'observateur, on aura évidemment

$$\sin d' = \frac{r}{r'} \sin d.$$

Reste à trouver l'expression du rapport $\frac{r}{r'}$. D'abord si l'on élève au quarré chacune des équations ($\epsilon$) de l'art. 258, et qu'on fasse une somme des résultats, on aura, en rapportant l'astre à l'écliptique,

$$r'^2 = r^2 - 2\rho r\,[\cos(n-l)\cos\lambda\cos q + \sin\lambda\sin q] + \rho^2;$$

c'est ce que donne d'ailleurs immédiatement le triangle rectiligne $rr'\rho$.

Si ensuite on néglige, dans la formule (N), les très petits termes $\beta\Psi$ et $\gamma\Psi$, ce qui est permis dans cette circonstance, et qu'on ait égard aux relations citées, il viendra, après avoir développé,

$$\begin{aligned}(a-\alpha\psi)\tang\Sigma' &= \sqrt{(b-\beta\psi)^2+(c-\gamma\psi)^2} \\ &= \sqrt{(1-a^2)+\psi^2(1-\alpha^2)-2\psi(b\beta+c\gamma)},\end{aligned}$$

d'où l'on tire aisément

$$(a-\alpha\psi)^2\tang^2\Sigma' + (a-\alpha\psi)^2 = 1 - 2\psi(a\alpha+b\beta+c\gamma)+\psi^2;$$

ainsi,

$$\frac{r'}{r} = (a-\alpha\psi)\,\text{séc}\,\Sigma' = \frac{a-\alpha\psi}{\cos\Sigma'};$$

enfin

$$\sin d' = \frac{\sin d\cos\Sigma'}{a-\alpha\psi}.$$

Cela posé, soit $D$ le demi-diamètre horizontal du Soleil, donné par les Tables astronomiques; on aura, au commencement comme à la fin de l'éclipse,

$$\Sigma' = d' + D, \text{ ou } \sin d' = \sin\Sigma'\cos D - \cos\Sigma'\sin D;$$

substituant cette valeur de $\sin d'$ dans la précédente, on obtiendra définitivement

$$\text{(P)} \qquad \tang\Sigma' = \tang D + \frac{\sin d}{(a-\alpha\psi)\cos D}.$$

Cette formule et celle (N) donnent le moyen de calculer toutes les circonstances d'une éclipse; mais afin de pouvoir y appliquer aisément les logarithmes, il est nécessaire de leur faire subir préalablement quelques transformations. C'est pour avoir voulu les traiter directement, que Lagrange a rendu sa solution numérique extrêmement pénible, et même rebutante quand on veut l'appliquer aux occultations des étoiles.

### *Application aux éclipses de Soleil.*

351. Soit $l - L = t$; les relations (1'), (2') deviendront

$$(1_{,})\ \begin{cases} a = \cos t\cos\lambda, \\ b = \sin t\cos\lambda, \\ c = \sin\lambda; \end{cases} \qquad (2_{,})\ \begin{cases} \alpha = \cos(n-L)\cos q, \\ \beta = \sin(n-L)\cos q, \\ \gamma = \sin q; \end{cases}$$

et la formule (N) pourra, sans qu'il en résulte aucune erreur sensible, être écrite ainsi :

$$\text{(N)}\qquad \text{tang}\,\Sigma' = \frac{\sqrt{[\sin t\cos\lambda - \sin\beta\,(\psi-\Psi)]^2 + [\sin\lambda - \sin\gamma\,(\psi-\Psi)]^2}}{\cos t\cos\lambda - \sin\alpha\psi}.$$

Soit, pour abréger,

$$(4)\quad \begin{cases} \sin t\cos\lambda = \sin\tau, \\ \beta\,(\psi-\Psi) = e, \\ \gamma\,(\psi-\Psi) = f, \\ \cos t\cos\lambda - \sin\alpha\psi = k, \end{cases}$$

on aura, vu la petitesse des angles,

$$\text{(N')}\qquad \text{tang}\,\Sigma' = \frac{\sqrt{(\sin\tau - \sin e)^2 + (\sin\lambda - \sin f)^2}}{k}$$

$$= \frac{\sqrt{\left[\overline{\cos\left(\frac{\tau+e}{2}\right)\sin(\tau-e)}^{2} + \overline{\cos\left(\frac{\lambda+f}{2}\right)\sin(\lambda-f)}^{2}\right]}}{k}.$$

Faisant donc

$$(5)\qquad \text{tang}\,\theta = \frac{\cos\frac{1}{2}(\lambda+f)\sin(\lambda-f)}{\cos\frac{1}{2}(\tau+e)\sin(\tau-e)},$$

on aura définitivement

$$(6)\qquad \text{tang}\,\Sigma' = \frac{\cos\frac{1}{2}(\tau+e)\sin(\tau-e)}{k\cos\theta};$$

et d'après cette notation, la formule (P) se changera en celle-ci :

$$(7)\qquad \text{tang}\,\sigma' = \text{tang}\,D\left(1 + \frac{\sin d}{k\sin D}\right).$$

Ainsi, à l'aide des équations (1), (2), (3) et (4), on obtiendra la distance apparente $\Sigma'$ des centres des deux astres, aux approches ou pendant la durée de l'éclipse ; et par le moyen de l'équation (7), on aura cette même distance, lorsque ces astres se touchent et que le contact est extérieur.

352. Lagrange a donné des Tables des valeurs de $\alpha$, $\beta$, $\gamma$, rendues fonctions de l'ascension droite et de la déclinaison du zénit ; mais leur emploi, vu le grand nombre d'argumens à former et de petites parties proportionnelles à calculer, ne nous paraît nullement préférable à celui de ces valeurs mêmes qui ne renferment, comme ici, que la longitude et la latitude du zénit, ou, ce qui est de même, la longitude du nonagésime et le complément de sa hauteur ; c'est ce qu'un exemple numérique va mettre hors de doute.

Nous prendrons pour élémens du calcul, ceux que M. Delambre a employés à la page 433 du tome II de son *Astronomie*; ainsi nous ferons,

| | | |
|---|---|---|
| Ascension droite du zénit.... | $g =$ | $-31°21'57''$ |
| Déclinaison du zénit......... | $h =$ | 48.39.50 |
| Longitude du Soleil......... | $L =$ | 12. 6.36,7 |
| Longitude de la Lune....... | $l =$ | 11.29.48,8 |
| La latitude boréale *idem*.... | $\lambda =$ | 0.35.53 |
| ½ diamètre horizontal du ☉.. | $D =$ | 15.57,0 |
| ½ diamètre horizontal de ☾.. | $d =$ | 14.47,2 |
| Parallaxe horizontale du ☉.. | $\Psi =$ | 8″5 |
| Parallaxe horizontale de ☾.. | $\psi =$ | 54′ 10″3 |
| | $\psi - \Psi =$ | 54. 1,8. |

Cela posé, on trouvera $n$ et $q$, c'est-à-dire la longitude et la latitude du zénit, par les formules

$$(m)\left\{\begin{array}{l}\text{tang}\, n = \cos\omega\, \text{tang}\, g + \dfrac{\sin\omega\, \text{tang}\, h}{\cos g}, \cos q = \dfrac{\cos g \cos h}{\cos n},\\ \text{ou } \sin q = \sin h \cos\omega - \cos h \sin\omega \sin g,\end{array}\right.$$

démontrées à l'art. 260.

### TYPE DU CALCUL.

*Formules* (m) *déterminant le nonagésime.*

$$\begin{array}{rl} \cos\omega = & 9,96249 \\ \text{tang}\, g = & 9,78503 - \\ \hline & 9,74752 - 0,55914 \\ & \quad\quad + 0,53031 \\ \hline \end{array}
\qquad
\begin{array}{rl} \sin\omega\, \text{tang}\, h = & 9,65592 \\ c.\cos g = & 0,06861 \\ \hline & 9,72453 + 0,53031 \end{array}$$

$$\text{tang}\, n = -\ 1°39'5'' = -0,02883,\ \log 8,45984$$

$$\begin{array}{rl} L = & 12.\ 6.36,7 \\ \hline n - L = & -13°45'41''7 \end{array}
\qquad
\begin{array}{rl} \cos h = & 9,81986 \\ \cos g = & 9,93139 \\ c.\cos n = & 0,00018 \\ \hline \cos q = & 9,75143 \\ \sin q = & 9,91679 \end{array}$$

## *Formules* (2) et (4) *évaluant l'effet des parallaxes.*

$$\begin{aligned}
\sin q &= 9{,}91679\\
\log(\psi - \ast) &= \underline{3{,}51079}\\
\log f &= 3{,}42758\\
f &= 2676'',6\\
&= 44'36'',6
\end{aligned}$$

$$\begin{aligned}
\sin(n - L) &= 9{,}37635\ -\\
\cos q &= \underline{9{,}75143}\\
\log \beta &= 9{,}12778\ -\\
\log(\psi - \ast) &= \underline{3{,}51079}\\
\log e &= 2{,}63857\ -\\
e &= -435'',08\\
&= -7'15'',08
\end{aligned}$$

$$\begin{aligned}
\cos(n - L) &= 9{,}98735\\
\cos q &= \underline{9{,}75143}\\
\log \alpha &= 9{,}73878\\
\log \psi &= \underline{3{,}51191}\\
\log \alpha\psi &= 3{,}25069\\
\alpha\psi &= 1781'',1\\
&= 29'41'',1
\end{aligned}$$

$$\begin{aligned}
\cos \lambda &= 9{,}99998\\
\cos t &= \underline{9{,}99998}\\
&\ \ 9{,}99996 = 0{,}99990
\end{aligned}$$

$$\begin{aligned}
\log \alpha\psi &= 3{,}25069\ -\\
\sin 1'' &= \underline{4{,}68557}\ + 0{,}99990\\
&\ \ 7{,}93626 - \underline{0{,}00863}\\
&\qquad\qquad\ 0{,}99127\ \ \text{l.}\ 9{,}99619 = \log k
\end{aligned}$$

$$\begin{aligned}
\lambda &= 0^\circ 35'53''\\
-f &= -\underline{44.36,54}\\
\lambda - f &= -\ 8.43,54\\
&= -\ \underline{523'',54}\\
\lambda + f &= 0^\circ 80'29''6\\
\frac{\lambda + f}{2} &= 0.40.14,8
\end{aligned}$$

$$\begin{aligned}
l &= 11^\circ 29'48''8\\
L &= \underline{12.\ 6.36,7}\\
t = l - L &= -\ 0.36.47,9\\
&= -2207'',9
\end{aligned}$$

$$\begin{aligned}
\log t &= 3{,}34398\ -\\
\cos \lambda &= \underline{9{,}99998}\\
\log \tau &= 3{,}34396\ -\\
\tau &= -2207'',8\\
&= -36'47''8\\
-e &= +\ \underline{7.15,1}\\
\tau - e &= -29.32,7\\
&= -\underline{1772'',7}\\
\tau + e &= -44'2''9\\
\frac{\tau + e}{2} &= -22.1,4
\end{aligned}$$

## *Détermination de la distance apparente.*

Formule (5).

$$\begin{aligned}
\cos \tfrac{1}{2}(\lambda + f) &= 9{,}99997\\
\log(\lambda - f) &= 2{,}71895\ -\\
c.\cos \tfrac{1}{2}(\tau + e) &= 0{,}00001\\
c.\log(\tau - e) &= \underline{6{,}75136}\ -\\
\operatorname{tang} \theta &= 9{,}47029\ +\\
\cos \theta &= 9{,}98184\ -
\end{aligned}$$

Formule (6).

$$\begin{aligned}
\cos \tfrac{1}{2}(\tau + e) &= 9{,}99999\\
\log(\tau - e) &= 3{,}24864\\
c \log k &= 0{,}00381\\
c.\cos \theta &= \underline{0{,}01816}\\
\log \Sigma' &= 3{,}27060 = 1864'',6\\
\Sigma' &= 31'\ 4''6\\
\text{suivant M. Delambre...} &\ \ \underline{31.\ 4,5}\\
\text{différence...} &\ \ 0,1.
\end{aligned}$$

*Formule* (7) *donnant la somme des demi-diamètres apparens.*

$$\log d = 2{,}94802$$
$$c.\log D = 7{,}01909$$
$$c.\log k = 0{,}00381$$

$$\log \frac{d}{kD} = 9{,}97092 = 0{,}93525$$
$$+ 1$$
$$1{,}93525 = \zeta.$$

$$\log \zeta = 0{,}28673$$
$$\log D = 2{,}98091$$
$$\log \sigma' = 3{,}26764 = 1852'',0$$

| | | | |
|---|---|---|---|
| | $\sigma' = 30'\,52''0$ | | $\Sigma' = 31'\;4''6$ |
| selon M. Delambre... | $30.51{,}9$ | | $\sigma' = 30.52{,}0$ |
| différence... | $0{,}1$ | distance des bords = | $12{,}6.$ |

Le calcul précédent, qui est complet, n'a donc rien de pénible, puisqu'on peut n'employer partout que des logarithmes à 5 décimales; et il serait peut-être un peu moins long que la plupart de ceux dont les astronomes font usage, si l'on remplaçait par l'unité tous les cosinus qui en diffèrent très peu; ce qui n'altérerait pas sensiblement les résultats.

353. Pour donner une idée de la méthode trigonométrique par laquelle on obtiendrait les résultats précédens, nous ferons remarquer que le triangle sphérique, qui a pour sommets le pôle et les lieux apparens des deux astres, fournit cette relation,

$$\cos \Sigma' = \sin l' \sin L' + \cos l' \cos L' \cos (\lambda' - \Lambda'),$$

en désignant par un accent les coordonnées apparentes (art. 258); et à cause de $\cos m = 1 - 2\sin^2 \frac{1}{2} m$, on a

$$\sin^2 \tfrac{1}{2} \Sigma' = \sin^2 \tfrac{1}{2} (l' - L') + \cos l' \cos L' \sin^2 \tfrac{1}{2} (\lambda' - \Lambda');$$

formule qui a lieu quelle que soit la grandeur de $\Sigma'$, et qu'on pourrait transformer ainsi qu'on l'a enseigné à l'art. 77.

Mais comme, dans le cas des éclipses de Soleil ou des passages des planètes sur cet astre, la distance apparente $\Sigma'$ est très petite, et qu'en outre la latitude du Soleil est nulle, on conçoit qu'en pareille circonstance la formule dont il s'agit est plus facile à évaluer numériquement. Il y a plus; pour ne pas calculer les parallaxes de longitude et de latitude des deux astres, qui serviraient à faire connaître les lieux apparens de chacun d'eux (art. 264), et par suite, tous les élémens de la formule précédente, les astronomes supposent que l'astre occulté est sans parallaxe de hauteur; mais dans le calcul du lieu apparent de la Lune, qui se trouve fonction de sa parallaxe horizontale (art. 264), ils emploient par compensation la parallaxe *relative* $\psi - \Psi$.

Il reste à déterminer le demi-diamètre apparent de la Lune. Plusieurs méthodes se présentent à cet effet; d'abord en désignant par $d'$ ce demi-diamètre, et conservant la notationde l'art. 258, on a

$$\sin d' = \frac{r}{r'} \sin d,$$

et par le même article, la troisième relation ($\epsilon$) donne

$$\frac{r}{r'} = \frac{\sin \lambda'}{\sin \lambda - \sin \Pi \sin q} = \frac{\cos \lambda'}{\cos \lambda'} \cdot \frac{\sin \lambda'}{\sin \lambda - \sin \Pi \sin q};$$

mais la deuxième relation ($\xi$) est

$$\text{tang } \lambda' = \frac{\cos l' (\sin \lambda - \sin \Pi \sin q)}{\cos l \cos \lambda - \sin \Pi \cos n \cos q};$$

donc

$$\sin d' = \frac{\sin d \cos l' \cos \lambda'}{\cos l \cos \lambda - \sin \Pi \cos n \cos q}.$$

Si l'on connaissait la distance zénitale apparente $Z$ et la parallaxe de hauteur $\varpi$, on aurait visiblement

$$\frac{r}{r'} = \frac{\sin Z}{\sin (Z - \varpi)}, \quad \text{et enfin } d' = \frac{d \sin Z}{\sin (Z - \varpi)};$$

mais cette distance étant inconnue, on l'élimine de ce résultat par le procédé suivant:

Désignons par $A$ l'azimut de la Lune au moment de l'observation, par $\Delta$ sa distance au pôle de l'écliptique, et par $P$ l'angle que le cercle de latitude de cet astre fait avec le méridien du lieu; on aura, en désignant d'ailleurs par $\delta\Delta$ la parallaxe de distance au pôle de l'écliptique, par $\delta P$ la parallaxe de latitude,

$$\frac{\sin A}{\sin \Delta} = \frac{\sin P}{\sin (Z - \varpi)}, \qquad \frac{\sin A}{\sin (\Delta + \delta\Delta)} = \frac{\sin (P + \delta P)}{\sin Z}.$$

Divisant ces deux équations l'une par l'autre, il vient

$$\frac{\sin(\Delta+\delta\Delta)}{\sin\Delta}=\frac{\sin Z}{\sin(Z-\varpi)}\cdot\frac{\sin P}{\sin(P+\delta P)};$$

et par conséquent

$$\frac{\sin Z}{\sin(Z-\varpi)}=\frac{\sin(\Delta+\delta\Delta)}{\sin\Delta}\cdot\frac{\sin(P+\delta P)}{\sin P}.$$

Mais $d'=\frac{d\sin Z}{\sin(Z-\varpi)}$; donc

$$d'=d\frac{\sin(\Delta+\delta\Delta)}{\sin\Delta}\cdot\frac{\sin(l-n+dP)}{\sin(l-n)};$$

$n$ étant la longitude du zénit, et $l$ la longitude vraie de la Lune.

354. La formule (N) est propre à faire connaître les erreurs des Tables de la Lune, lorsqu'on a recueilli une observation complète dans un lieu connu. En effet, si l'on y a observé l'heure de l'immersion et celle de l'émersion, on calculera par les tables la longitude $l$ et la latitude $\lambda$ de la Lune, ainsi que les autres élémens de la formule (N), pour l'immersion, par exemple; puis l'on déterminera par le procédé précédent, les valeurs de $\Sigma'$ et $\sigma'$; et si elles diffèrent l'une de l'autre d'une quantité $\delta\Sigma'$, de manière que $\sigma'=\Sigma'+\delta\Sigma'$, cette quantité $\delta\Sigma'$, qui sera évidemment positive ou négative, selon que $\sigma'$ sera $>$ ou $<\Sigma'$, exprimera l'erreur provenant des tables. Supposons donc que les erreurs correspondantes en longitude et en latitude soient $\delta t$ et $\delta\lambda$; on obtiendra une équation de condition entre ces trois erreurs, en différenciant l'équation (N'). Mais remarquons que les petits angles $e$, $f$, $\psi$ peuvent, dans cette opération, être regardés comme constans, parce qu'en effet ils ne varient pas sensiblement, quand $t$ et $\lambda$ ne reçoivent, comme dans le cas dont il s'agit, que de très petits changemens, et qu'il suffit de retenir les termes du second ordre; ce qui revient à supposer le dénominateur $k$ invariable. D'après cette remarque, on aura, eu égard d'ailleurs à la petitesse des angles,

$$\left.\begin{aligned}\delta\Sigma'.\tang\Sigma'=&\,\delta\lambda\cos\lambda\cos\left(\frac{\lambda+f}{2}\right)\sin(\lambda-f)\frac{\cos^2\Sigma'}{k^2}\\&+\delta t\cos\lambda\cos t\cos\left(\frac{\tau+e}{2}\right)\sin(\tau-e)\frac{\cos^2\Sigma'}{k^2}\end{aligned}\right\}\quad(8).$$

Soit pareillement

$$\left.\begin{aligned}\delta\Sigma''.\tang\Sigma'' = \delta\lambda\cos\lambda_1\cos\left(\frac{\lambda_1+f_1}{2}\right)\sin(\lambda_1-f_1)\frac{\cos^2\Sigma''}{k_1^2}\\ +\delta t\cos\lambda_1\cos t_1\cos\left(\frac{\tau_1+e_1}{2}\right)\sin(\tau_1-e_1).\frac{\cos^2\Sigma''}{k_1^2}\end{aligned}\right\}\quad(9),$$

l'équation correspondante à l'émersion; la combinaison de ces deux équations linéaires, dans lesquelles on pourrait, sans inconvénient, égaler à l'unité les cosinus qui en diffèrent très peu, fourniront les valeurs des deux seules inconnues $\delta t$, $\delta\lambda$; puis par les mouvemens horaires on trouvera l'heure de la conjonction vraie, et enfin la longitude et la latitude exactes de la Lune à cette époque.

Par exemple, soient $\delta l$, $\delta L$ les mouvemens de la Lune et du Soleil pendant une heure, et $x$ l'intervalle de tems qui sépare la phase observée de la conjonction vraie; on aura, pour la longitude vraie de la Lune à cette époque, $l+\delta t+x\delta l$, puisque $\delta t$ est l'erreur des tables, et $x\delta l$ le mouvement pendant $x$ heures. On aura aussi $L+x\delta L$ pour la longitude correspondante du Soleil; par conséquent lors de la conjonction vraie,

$$x=\frac{l-L+\delta t}{\delta L-\delta l}=\frac{t+\delta t}{-\mu};$$

$\mu=\delta l-\delta L$ étant le mouvement horaire relatif en longitude.

Bien entendu que dans les applications numériques, il faut prendre $t$ négativement lorsque $l<L$; il en est de même pour la latitude $\lambda$ de la Lune, lorsqu'elle est australe.

Si, au lieu des équations différentielles précédentes, qu'il est si facile de soumettre au calcul logarithmique, on employait, comme le prescrit Lagrange, deux équations analogues à celle (N) dans laquelle $\Sigma'$ serait remplacée par $\sigma'$ (*voyez* le n° 35 de son Mémoire), on se trouverait dans la nécessité de combiner entre elles deux équations transcendantes en $\lambda$ et en $t$, qu'on ne pourrait résoudre que par la méthode des substitutions successives; aussi voilà pourquoi les astronomes ont abandonné ce procédé extrêmement laborieux, et considéré le problème des éclipses comme au-dessus des forces de l'analyse.

355. Les erreurs des Tables étant connues, il est aisé d'obtenir la longitude géographique d'un lieu où il a été fait une observation

correspondante à l'une de celles qui ont servi à déterminer ces erreurs. En effet, au moyen de la longitude du lieu à peu près connue, et des Tables, on calculera la longitude, la latitude et la distance apparente des centres, pour ce lieu et pour la phase observée; mais l'on sera en erreur sur cette distance de la quantité $\delta\Sigma_{\prime\prime}$, et sur les différences de longitude et de latitude des deux astres, des quantités $\delta t_{\prime\prime}$, $\delta\lambda_{\prime\prime}$. En désignant donc par $M$ le mouvement relatif en longitude pour 1″ de tems, et par $N$ celui en latitude, puis faisant $\delta t_{\prime\prime} = M\delta\varphi$, $\delta\lambda_{\prime\prime} = N\delta\varphi$ ($\delta\varphi$ exprimant l'erreur en tems commise sur la différence des méridiens cherchée), on aura, par ce qui précède,

$$\left.\begin{aligned}\delta\Sigma_{\prime\prime}\operatorname{tang}\Sigma'' = {} & N\delta\varphi\cos\lambda_{\prime\prime}\cos\left(\frac{\lambda_{\prime\prime}+f_{\prime\prime}}{2}\right)\sin(\lambda_{\prime\prime}-f_{\prime\prime})\cdot\frac{\cos^2\Sigma_{\prime\prime}}{k_{\prime\prime}^2}\\ & + M\delta\varphi\cos\lambda_{\prime\prime}\cos t_{\prime\prime}\cos\left(\frac{\tau_{\prime\prime}+e_{\prime\prime}}{2}\right)\sin(\tau_{\prime\prime}-e_{\prime\prime})\cdot\frac{\cos^2\Sigma_{\prime\prime}}{k_{\prime\prime}^2}\end{aligned}\right\}(10);$$

d'où l'on tirera la valeur de $\delta\varphi$. Ainsi, appelant $\varphi$ la différence supposée des méridiens, exprimée en tems, la vraie différence cherchée sera $\varphi + \delta\varphi = \varphi + \frac{\delta t_{\prime\prime}}{M}$, du moins si $\delta\varphi$ est d'un petit nombre de secondes; autrement ce résultat ne serait qu'une première approximation de laquelle il faudrait repartir pour arriver à un nouveau résultat plus exact.

La méthode analytique de Lagrange, pour calculer les éclipses de Soleil, étant donc modifiée ainsi qu'il précède, se trouve réunir tous les avantages des méthodes purement trigonométriques usitées jusqu'à présent, et avoir avec elles beaucoup d'analogie (voyez l'*Astronomie* de M. Delambre, tome II, page 426). Montrons maintenant comment on peut l'adapter aux occultations des étoiles et des planètes par la lune.

### *Application aux occultations des étoiles.*

356. En faisant coïncider le point où le plan de projection touche la sphère céleste, avec le centre de l'astre $B$ occulté, on a (art. 349) $l'' = L$, $\lambda'' = \Lambda$; ayant donc égard aux relations (1″), (2″), et faisant

$$(12)\qquad V = u + \frac{t^2}{2}\sin 1''\cos\lambda\,\frac{\sin\Lambda}{\cos u}$$

$$(13)\qquad V' = \cos u - \frac{t^2}{2}\sin^2 1''\cos\lambda\cos\Lambda,$$

(14) $F = (\psi - \Psi)\,[\sin q \cos \Lambda - \cos(n - L)\cos q \sin \Lambda]$,
(15) $\psi\alpha' = \psi\,[\cos(n - L)\cos q \cos \Lambda + \sin q \sin \Lambda]$,
(16) $K = V' - \sin \psi\alpha'$;

on a en général, à cause de

(17) $T = t\cos\lambda,\ E = \beta(\psi - \Psi) = (\psi - \Psi)\sin(n - L)\cos q$

et de la formule (N),

$$(18)\qquad \operatorname{tang} \Sigma' = \frac{\sqrt{[\sin T - \sin E]^2 + [\sin V - \sin F]^2}}{K}.$$

Cette dernière formule, toute conforme à celle (N'), se prête par conséquent aux mêmes transformations. Quant à la formule (7), il suffit d'y changer $k$ en $K$ pour la rendre générale; ainsi

$$(19)\qquad \operatorname{tang} \sigma' = \operatorname{tang} D + \frac{\sin d}{K \cos D}.$$

Pour appliquer ces formules aux occultations des étoiles, il suffit de faire $\Psi = 0$, puisque leur parallaxe de hauteur est nulle; on a en outre $D = 0$, par conséquent

$$(20)\qquad \operatorname{tang} \sigma' = \frac{\sin d}{K},\ \text{ou simplement}\ \sigma' = \frac{d}{K}.$$

357. Les astronomes ont cherché à découvrir, par la comparaison d'un grand nombre d'éclipses de Soleil et d'étoiles, si la Lune est douée d'une atmosphère. On conçoit en effet que si cette atmosphère existe, elle doit, en réfractant les rayons lumineux de l'astre occulté, et en les infléchissant derrière la Lune, influer sur l'instant précis et la durée des éclipses (voyez l'*Astronomie physique* de M. Biot, tome II, page 533). L'éclipse annulaire du Soleil, qui eut lieu en 1764, et qui fut visible dans toute l'Europe, parut offrir, par l'étendue et la variété de ses phases, des moyens de vérifier ce fait. Dionis-du-Séjour la calcula, par des procédés nouveaux, avec un soin tout particulier; mais il ne put concilier les nombreux résultats de ses calculs, comparés aux mesures directes de la distance des cornes du croissant prises pendant la durée de l'éclipse, qu'en supposant autour du Soleil une irradiation de $3''\frac{1}{2}$, et autour de la Lune une irradiation de $2''$ environ produite par l'atmosphère de ce satellite. Dans

cette hypothèse, on diminue de $5'' \frac{1}{2}$ environ la somme des demi-diamètres apparens donnés par les tables, parce que ces demi-diamètres n'y sont pas dépouillés de l'irradiation; de cette manière on a la distance des centres telle qu'elle se trouve réellement à l'instant du commencement ou de la fin de l'éclipse.

Cette correction des demi-diamètres est admise par plusieurs astronomes et rejetée par d'autres. M. Delambre craint bien que l'erreur prétendue des diamètres ne tienne à l'erreur de leurs mesures (*voyez* son *Astronomie*, tome II, page 423); mais il est incontestable que si l'atmosphère de la Lune existe réellement, elle est d'une extrême rareté.

Nous renverrons aux traités d'Astronomie, pour ce qui a rapport aux moyens à employer pour observer avec succès les éclipses de Soleil. Nous nous bornerons à faire remarquer qu'il est absolument nécessaire de savoir à quel point du disque solaire doit s'effectuer le contact; car comme, au commencement d'une éclipse, l'on n'aperçoit le bord de la Lune que quand il échancre celui du soleil, on pourrait bien, en ne dirigeant pas son attention vers le point où le contact doit s'effectuer, ne pas recevoir la première impression du phénomène. L'émersion des étoiles, pour être saisie exactement, exige les mêmes précautions.

Vu l'incertitude à laquelle sont sujettes les mesures micrométriques directes, M. Ferrer a cherché à déterminer la valeur de l'irradiation ou de l'inflexion de la Lune, indépendamment de la comparaison de ces mesures avec les diamètres déduits des occultations d'étoiles ou d'éclipses de Soleil. Les occultations qu'il a observées il y a quelques années, à la Havane, donnent, par une moyenne arithmétique, 2'',07 d'inflexion. Cet habile observateur fit usage d'un télescope qui grossissait deux cents fois; et, comme alors les étoiles de première et de deuxième grandeur lui paraissaient avoir un très petit disque, il tenait compte, pour déterminer l'inflexion, du tems écoulé entre l'instant où le centre de l'étoile était en contact avec le disque apparent de la Lune, et celui de la disparition totale de l'étoile derrière le disque réel (*Connaissance des Tems* de 1817, page 318).

Par exemple, le 15 juillet 1811, Aldébaran était en contact avec

le disque de la Lune à.................... 17ʰ 8′ 22″4 t. moyen.
il disparut entièrement à.................. 17.8.32,4

de là, tems écoulé entre le contact et l'occultation...................................... 10″0
M. Ferrer en conclut une inflexion de..... 2,7.

*Calcul de la différence des méridiens de Paris et de Berlin, par l'occultation d'une étoile.*

358. Comme en ce moment, nous avons moins pour but d'obtenir des résultats très exacts, que de guider le lecteur dans l'application de la méthode précédente; nous prendrons pour exemple l'occultation d'Antarès, observée le 16 avril 1749, et nous emploierons la plupart des élémens calculés par Lalande, à la page 437 du tome II de son *Astronomie* : voici ceux qui ont été déduits de l'observation.

| 16 avril 1749. | A PARIS, immersion. | A BERLIN, immersion. | A BERLIN, émersion. |
|---|---|---|---|
| Tems vrais de l'observation.................. | 13ʰ 1′ 20″ | 14ʰ 6′ 19″ | 15ʰ 12′ 54″ |

Mais à cette époque, on savait déjà que la longitude orientale de Berlin, comptée de Paris, était de 44′4″ en tems à fort peu près; ainsi

| 16 avril 1749. | A PARIS, immersion. | A BERLIN, immersion. | A BERLIN, émersion. |
|---|---|---|---|
| Tems vrais des observations réduits à Paris..... | 13ʰ 1′ 20″ | 13ʰ 22′ 15″ | 14ʰ 28′ 50″ |
| Tems moyens correspondans.............. | 13.3.32,8 | 13.24.27,6 | 14.31. 1,8 |

Lalande, faisant usage des Tables de la Lune et du Soleil, qui existaient alors, forma le tableau suivant:

| | A PARIS, immersion. | A BERLIN, immersion. | A BERLIN, émersion. |
|---|---|---|---|
| Longitude de la ☾... | 8s5°31′42″4 | 8s5°43′16″6 | 8s6°20′7″8 |
| Latitude de la ☾ australe. | 3.47.58,7 | 3.47.18,7 | 3.45.10,3 |
| Parallaxe horizontale de la ☾, pour chaque lieu (art. 263)............. | 57.16,2 | 57.15,9 | 57.17,1 |
| Tems vrais réduits en degrés.................. | 195°20′0″ | 211°34′45″ | 228°13′30″ |
| Ascension droite du ☉.. | 15.58.2,3 | 15.58.50,7 | 16.1.24,7 |
| Ascensc. droite du zénit | 211°18′2″3 | 227°33′35″7 | 244°14′54″7 |
| Déclin. du zénit, ou latit. géogr. moins l'angle de la vertic. avec le rayon (art. 260)............ | 48.38.50 | 52.20.24 | 52.20.24 |
| ½ diamètre horiz. de la ☾ | 15′38″3 | 15′38″5 | 15′38″8 |
| Augmentation (art. 353) | 2,9 | 2,7 | 3,0 |
| ½ diam. appar. de la ☾.. | $\sigma' = 15'41''2$ | $\sigma'' = 15'41''2$ | $\sigma''' = 15'41''8$ |

Les Tables de la Lune, par M. Burckhardt, fourniraient sans doute des résultats plus exacts; mais peu importe pour l'intelligence de la méthode.

Cagnoli, ayant calculé l'occultation dont il s'agit, trouva, comme Lalande, pour la position apparente d'Antarès, à l'époque du 16 avril 1749,

$$\begin{array}{ll} \text{longitude apparente} & = 246°16'19''2 \\ \text{latitude apparente} & = \quad 4.32.10,5 \text{ (australe)}; \end{array}$$

et à la même époque

$$\text{l'obliquité apparente de l'écliptique } \omega = 23°28'22''.$$

Nous remarquerons que les Tables de la *Connaissance des Tems* ne donnant ordinairement que les ascensions droites et les déclinaisons des étoiles, il serait nécessaire de recourir aux formules de l'art. 259, pour déterminer leurs longitudes et leurs latitudes; mais comme il s'agit ici des lieux apparens, on prendrait pour Æ et $D$ l'ascension droite et la déclinaison apparentes déterminées par le procédé de l'art. 281. Enfin, l'on emploierait l'obliquité apparente déduite des Tables solaires (art. 244).

La première opération est de chercher la distance apparente des centres des deux astres, afin de pouvoir la comparer à la somme des demi-diamètres apparens, et de connaître ainsi l'effet que produisent sur cette distance les erreurs qui affectent et la différence supposée des méridiens, et le lieu de la Lune déduit des tables.

### *Détermination de la distance apparente des centres des deux astres, lors de l'immersion à Paris.*

Il résulte de la notation et des données précédentes, que

l'obliquité de l'écliptique $\omega = 23^\circ 28' 22''$

| | |
|---|---|
| longitude ☾ $l = 245.31.42,4$ | latitude ☾ $\lambda = -3^\circ 47' 58'',7$ |
| longitude ✶ $L = 246.16.19,2$ | latitude ✶ $\Lambda = -4.32.10,5$ |
| $t = l - L = -0.44.36,8$ | $u = \lambda - \Lambda = +0.44.11,8$ |
| $= -2676'',8$ | $= +2651'',8$ |

ascension droite du zénit $g = 211^\circ 18' 2''$

déclinaison du zénit $h = 48.38.50.$

### *Formules (m) donnant le nonagésime.*

| | |
|---|---|
| $\cos \omega = 9,96248$ | $\sin \omega = 9,60022$ |
| $\text{tang}\, g = 9,78391$ | $\text{tang}\, h = 0,05544$ |
| $9,74639 = 0,55768$ | $c.\cos g = 0,06831 -$ |
| $-0,52963$ | $9,72397 = -0,52963$ |
| $\text{tang}\, n = +0,02805$ | |
| $\log \text{tang}\, n = 8,44793,$ | longit. du zénit $n = 181^\circ 36' 24''$ |
| | $L = 246.16.19,2$ |
| $l.\cos g = 9,93169 -$ | $n - L = -64.39.55,2$ |
| $l.\cos h = 9,82000$ | |
| $c.\log.\cos n = 0,00017 -$ | |
| $l.\cos q = 9,75186 +$ | |
| $l.\sin q = 9,91658 = \log.\sin.$latitude du zénit. | |

*Formules (12) et (17) donnant les principaux élémens de la distance apparente.*

$\log t = 3{,}42762 -$
$idem = 3{,}42762 -$
$\sin 1'' = 4{,}68557$
$c.\log 2 = 9{,}69897$
$\overline{1{,}23978}$
$l.\cos\lambda = 9{,}99904$

$\log.t^2.\frac{\sin 1''}{2}\cos\lambda = 1{,}23882$ ......... $1{,}23882$
$\sin A = 8{,}89811 -$ $\quad \sin 1'' = 4{,}68557$
$c.\log.\cos u = 0{,}00004$ $\quad \overline{5{,}92439}$
$\log \delta u = 0{,}13697 - \quad l.\cos A = 9{,}99863$
$\log \delta u' = 5{,}92302 = \log.t^2\frac{\sin^2 1''}{2}\cos\lambda\cos A$

$\delta u = -1''37$ $\quad \delta u' = 0{,}0000837$
$u = 2651{,}80$ $\quad \log\cos u = 9{,}99996$
$V = 2650''43 = u + \delta u$ $\quad \cos u = 9{,}99991$
$= 44'\,10''4$ $\quad -\delta u' = -0{,}00008$
$\log t = 3{,}42762 -$ $\quad V' = 9{,}99983$
$l.\cos\lambda = 9{,}99904$
$\log T = 3{,}42666 = -2670'',9$
$T = -44'30'',9.$

*Formules (14) et (15) évaluant l'effet des parallaxes.*

$2{,}35077 - = -224'',27$ $\quad 2{,}91795 + = 827'',84$
$\log\sin A = 8{,}89811 -$ $\quad \log\cos A = 9{,}99864$
$\log\sin q = 9{,}91658$ $\quad \log\cos q = 9{,}75186$
$\log(\psi - \Psi) = 3{,}53608$ ...................... $3{,}53608$
$\log.\cos A = 9{,}99864$ $\quad l.\cos(n - L) = 9{,}63137$
$3{,}45130 + = 2826''8$ $\quad l.\sin A = 8{,}89811 -$
$+65{,}7$ $\quad 1{,}81742 - = -65'',68.$
$F = 2892{,}5$
$= +48'\,12'',5$

Dans ce dernier calcul, le log 2,35077 supérieur est la somme des trois log. suivans, savoir, l. sin A, l. sin $q$ et log $(\psi - \Psi)$; et le logarithme inférieur 3,45130 est la somme des trois logarithmes immédiatement supérieurs, savoir l. cos A, log $(\psi - \Psi)$, l. sin $q$.

On a ensuite, *formules* (16) et (17), et par ce qui précède,

$$\log(\psi - \varpi) = 3{,}53608$$
$$\text{l.}\sin(n - L) = 9{,}95607 -$$
$$\text{l.}\cos q = 9{,}75186$$
$$\log E = 3{,}24401 -$$
$$E = -1754'',0 = -29'14''$$
$$V' = 9{,}99983$$
$$-\psi\varpi' = -0{,}00293$$
$$K = 9{,}99690 \quad \log K = 9{,}99865$$
$$V = 2650''4$$
$$F = 2892{,}5$$
$$V - F = -242''1$$
$$V + F = 5542{,}9$$
$$\tfrac{1}{2}(V + F) = 2771{,}4$$
$$= 46'11''9$$

$$+827''84$$
$$-224{,}27$$
$$\psi\varpi' = +603''57$$
$$\log \psi\varpi' = 2{,}78073$$
$$\log\sin 1'' = 4{,}68557$$
$$\log \psi\varpi' = 7{,}46630$$
$$\psi\varpi' = 0{,}0029262$$
$$T = -2670''9$$
$$E = -1754{,}0$$
$$T - E = -916''9$$
$$T + E = -4424{,}9$$
$$\tfrac{1}{2}(T + E) = -2212{,}4$$
$$= -36'52''4.$$

*Formule* (18) *donnant la distance apparente des centres.*

$$\text{l.}\cos\tfrac{1}{2}(V + F) = 9{,}99996 \qquad \text{l.}\cos\tfrac{1}{2}(T + E) = 9{,}99998$$
$$\log(V - F) = 2{,}38399 - \qquad \log(T - E) = 2{,}96232$$
$$\text{c.}\log\cos\tfrac{1}{2}(T + E) = 0{,}00002 \qquad \text{c.}\log K = 0{,}00135$$
$$\text{c.}\log(T - E) = 7{,}03768 - \qquad \text{c.}\log\cos\theta = 0{,}01464$$
$$\text{l.}\tang\theta = 9{,}42165 + \qquad \log\Sigma' = 2{,}97829 = 951'',23$$
$$\sin\theta = 9{,}40701 \quad \text{— distance appar. } \Sigma' = 15'51'',2.$$

*Formule* (20) *donnant la somme des demi-diamètres apparens.*

Lors de l'immersion à Paris, on avait

demi-diamètre horizontal de la ☾, ou $d = 15'38'',3 = 938'',3$;

de là

$$\log d = 2{,}97234$$
$$\text{c.}\log K = 0{,}00135$$
$$\log \sigma' = 2{,}97369;$$

ainsi, demi-diamètre apparent de la ☾, ou $\sigma' = 941''2 = 15'41'',2$

mais $d = 938{,}3$

donc, augmentation $= 2''9$ comme Lalande.

En calculant de la même manière l'immersion et l'émersion à Berlin, on trouve

pour l'immersion, distance apparente $\Sigma'' = 15'51''13$,
pour l'émersion, distance apparente $\Sigma''' = 15.45,20$.

Il est à remarquer maintenant que si les Tables lunaires étaient parfaitement exactes, et que la différence en longitude de Paris et de Berlin fût telle que nous l'avons supposée, on devrait avoir $\Sigma' = \sigma'$, $\Sigma'' = \sigma''$, $\Sigma''' = \sigma'''$; mais cette identité n'ayant pas lieu, et les valeurs de $\sigma'$, $\sigma''$, $\sigma'''$ pouvant être considérées comme exemptes d'erreurs, puisqu'elles ne sont pas influencées par les élémens sur lesquels il reste de l'incertitude, il s'ensuit que

$$\sigma' - \Sigma' = \delta\Sigma', \; \sigma'' - \Sigma'' = \delta\Sigma'', \; \sigma''' - \Sigma''' = \delta\Sigma'''$$

seront les erreurs cherchées.

Lalande, pour avoir égard à l'inflexion (art. 357), a diminué de $3'',\frac{1}{2}$ le demi-diamètre apparent de la Lune; ainsi, en admettant les résultats ci-dessus, et les valeurs tirées du tableau précédent, on a

$$\delta\Sigma' = -13'',5, \; \delta\Sigma'' = -13'',4, \; \delta\Sigma''' = -6'',9.$$

359. Pour déterminer les erreurs des Tables lunaires, et celle qui affecte la différence supposée des méridiens, on procédera ainsi qu'il suit.

La formule (18) étant différenciée dans l'hypothèse posée à l'art. 354, on a d'abord

$$\delta\Sigma' \operatorname{tang} \Sigma' = \frac{\cos^2 \Sigma'}{K^2}\Big[\sin(T-E)\cos\left(\frac{T+E}{2}\right)\cos T.\delta T + \sin(V-F)\cos\left(\frac{V+F}{2}\right)\cos V.\delta V\Big];$$

mais $\qquad T = t\cos\lambda, \; \delta T = \delta t\cos\lambda;$

de plus on a, à très peu près,

$$\cos T = \cos t, \text{ et } \delta V = \delta u = \delta(\lambda - \Lambda) = \delta\lambda;$$

donc

$$(a)\; \delta\Sigma' = \frac{\sin(T-E)\cos\left(\frac{T+E}{2}\right)}{K \operatorname{tang}\Sigma'} \times\left[\cos\lambda\cos t.\delta t + \frac{\sin(V-F)\cos\left(\frac{V+F}{2}\right)\cos V.\delta V}{\sin(T-E)\cos\left(\frac{T+E}{2}\right)}\right]\frac{\cos^2\Sigma'}{K};$$

ou bien, à cause de $\cos\theta = \frac{\sin(T-E)\cos\left(\frac{T+E}{2}\right)}{K \tang \Sigma'}$, on a plus simplement

$$(b) \quad \delta\Sigma' = (\cos\theta \cos\lambda \cos t.\delta t + \sin\theta \cos V.\delta V)\,\frac{\cos^2\Sigma'}{K}.$$

Par l'examen des formules ($a$) et ($b$) l'on voit que cos θ est négatif, si sin ($T - E$) est négatif; et que sin θ a le même signe que sin($V - F$).

Dans ces deux formules différentielles, $\delta t$ et $\delta V$ représentent en général les erreurs totales en longitude et en latitude, provenant tant des Tables lunaires que de l'inexactitude de la différence des méridiens employée pour calculer le lieu de la Lune; en sorte que $\delta\Sigma'$ est l'effet de ces erreurs sur la distance apparente.

Soient $M$ le mouvement horaire de la Lune en longitude, et $m$ son mouvement horaire en latitude. On avait, au 16 avril 1749 et d'après les anciennes tables,

$$M = 1988'',5, \quad m = 115'',46;$$

d'où

$$\log \frac{m}{M} = 8{,}763906.$$

Pour introduire le rapport $\frac{m}{M}$ dans la formule ($b$), nommons $\delta T$ l'erreur commise sur la différence supposée des méridiens, $\delta l$ et $\delta\lambda$ les erreurs en longitude et en latitude des Tables lunaires; la formule dont il s'agit, et qui est de la forme

$$(c) \quad \delta\Sigma' = p\delta t + q\delta V,$$

deviendra pour l'immersion à Berlin, et en exprimant $\delta T$ en secondes de tems,

$$(d) \quad \delta\Sigma'' = p'\delta l + q'\delta\lambda + \left(p' + q'\,\frac{m}{M}\right)\frac{\delta T.M}{3600};$$

pour l'émersion dans le même lieu, on a pareillement

$$(e) \quad \delta\Sigma''' = p''\delta l + q''\delta\lambda + \left(p'' + q''\,\frac{m}{M}\right)\frac{\delta T.M}{3600}.$$

En effet, puisque, par hypothèse, l'on s'est trompé de $\delta T$ sur la différence des méridiens, et que le mouvement horaire de la Lune est $M$ en longitude, il s'ensuit que $\frac{M\delta T}{3600}$ est l'erreur que cette hypothèse occasionne sur la longitude calculée de la Lune. De même, puisque $m$ est le mouvement horaire en latitude, l'erreur, sur cette latitude, est représentée par $\frac{m\delta T}{3600}$; donc

$$\delta t = \delta l + \frac{M\delta T}{3600}, \quad \delta V = \delta\lambda + \frac{m\delta T}{3600}.$$

Cela posé, si on calcule, par les logarithmes à 5 décimales, les coefficiens des formules $(c)$, $(d)$, $(e)$, on trouvera successivement

$$\begin{array}{lrl}
(c') & 13'',5 = & 0,96763\delta l + 0,25605\delta\lambda, \\
(d') & 13'',4 = & 0,86276\delta l + 0,50860\delta\lambda + 0,49287\delta T, \\
(e') & 6'',9 = & -0,85188\delta l + 0,52736\delta\lambda - 0,45363\delta T,
\end{array}$$

à cause de

$$\begin{array}{lll}
\text{l.tang}\,\theta = 9,42165, & \text{l.tang}\,\theta' = 9,76956, & \text{l.tang}\,\theta'' = 9,70984-; \\
\text{l.sin}\,\theta = 9,40701-, & \text{l.sin}\,\theta' = 9,70503-, & \text{l.sin}\,\theta'' = 9,72063-;
\end{array}$$

équations qu'il s'agit de résoudre par les voies ordinaires.

D'abord on en tire ces trois valeurs,

$$\begin{array}{lrl}
(\text{I}) & \delta l = & 13'',952 - 0,26461\delta\lambda, \\
(\text{II}) & \delta l = & 15'',531 - 0,58951\delta\lambda - 0,57127\delta T, \\
(\text{III}) & \delta l = & -8'',0997 + 0,61905\delta\lambda - 0,53250\delta T;
\end{array}$$

puis, en les combinant deux à deux, on a

$$\begin{array}{lrl}
(\text{II})\,(\text{I}) & 0 = & 1'',579 - 0,32490\delta\lambda - 0,57127\delta T; \\
(\text{III})\,(\text{I}) & 0 = & -22,0517 + 0,88366\delta\lambda - 0,53250\delta T,
\end{array}$$

et par suite

$$\begin{array}{ll}
(\text{IV}) & \delta\lambda = 4'',8599 - 1,7583\delta T, \\
(\text{V}) & \delta\lambda = 24'',955 + 0,60260\delta T;
\end{array}$$

d'où l'on tire

$$\begin{array}{ll}
(\text{V})\,(\text{IV}) & 0 = 20'',0951 + 2,3609\delta T, \\
& \delta T = \frac{-20,0951}{2,3609} = -8'',51;
\end{array}$$

de là $\quad \delta\lambda = 24'',955 - 5'',131 = 19'',82;$

enfin $\quad \delta l = 13'',952 - 5'',25 = 8'',7.$

Il résulte de ce calcul, que les Tables de la Lune, dont Lalande a fait usage, donnaient à l'époque de l'occultation une latitude trop faible de 19",82, et une longitude trop petite de 8",7. Cagnoli, qui a calculé le même exemple par ses formules, a trouvé 17",7 pour la correction de la latitude, et 8",3 pour celle de la longitude (voyez sa *Trigonométrie*).

Nous avons supposé originairement, que la longitude de la Lune était trop petite par suite de l'erreur commise sur la différence des méridiens, et qu'il fallait en conséquence l'augmenter de la quantité $\frac{M\delta T}{3600}$; mais dans le cas particulier ci-dessus, on a $\delta T = -8'',5$; la longitude de la Lune est donc trop grande au contraire; il faut donc la diminuer de $\frac{M}{3600}.8'',5 = 4'',7$, ou de 4",26 selon Cagnoli. Or, en augmentant de 8",5 la différence des méridiens 44'4", c'est-à-dire en la portant à 44'12",5, on comptera 8",5 de tems de moins à Paris au moment du phénomène, puisque Berlin est à l'orient; et pour lors le tems se trouvant moindre, la longitude de la Lune, calculée par les tables, sera nécessairement plus petite.

On voit donc que le problème des occultations des étoiles, qu'on n'avait pas encore résolu d'une manière tout-à-fait analytique, est susceptible de l'être avec assez de simplicité. Il y aurait encore bien des choses à dire sur cette matière, mais ce serait sortir des limites dans lesquelles nous devons nous renfermer. Ceux qui voudront connaître le moyen de déterminer les longitudes terrestres par les distances de la Lune au soleil ou aux étoiles, le trouveront expliqué dans l'Ouvrage de Borda, qui a pour titre : *Description et usage du cercle de réflexion*, etc.; ainsi que dans l'*Astronomie* de M. Delambre, tome III, chapitre XXXVI.

# LIVRE SIXIÈME.

## QUESTIONS DE HAUTE GÉODÉSIE.

## CHAPITRE PREMIER.

### *Analyse des triangles sphéroïdiques.*

360. Lorsqu'on réfléchit sur le principe de la méthode employée dans le chapitre XV du livre III, on reconnaît bientôt qu'il repose sur une considération dont l'exactitude n'est pas rigoureuse. En effet, par rapport au sphéroïde elliptique de révolution, la ligne tracée sur sa surface, par les opérations géodésiques, ou celle que l'on considère comme la route d'un rayon de lumière qui va d'un point à un autre, est une ligne de plus courte distance et à double courbure, à moins qu'elle ne coïncide avec le méridien ou l'équateur (art. 160). Les deux élémens extrêmes de cette ligne ne sont donc pas en général dans le même plan. Cependant, nous avons supposé jusqu'à présent que la perpendiculaire à la méridienne, ou qu'une ligne géodésique quelconque était située toute entière dans le plan vertical passant par ses deux extrémités. A la vérité, l'erreur provenant de cette hypothèse est presque nulle dans la pratique, les côtés des triangles qui forment un réseau eussent-ils deux degrés d'amplitude; mais, pour détruire le doute que l'on pourrait former à cet égard, M. Legendre a donné, dans les Mémoires de l'Institut pour l'année 1806, une analyse des triangles tracés sur la surface d'un sphéroïde. Les principaux résultats auxquels ses savantes recherches l'ont conduit, sont, que dans tous les cas où le réseau trigonométrique s'étend sur une surface quelconque, mais peu différente de celle d'une sphère, son théorème, relatif aux triangles sphériques très petits, a lieu (art. 100); et que les formules $(a')$, $(b')$, $(c')$ des art. 192 et suiv. qui donnent les positions géographiques des sommets des triangles, sont suffisamment exactes. Comme nous nous sommes proposé de traiter aussi les

questions de haute Géodésie, nous allons commencer par exposer les principes de la résolution des triangles sphéroïdiques.

*Equations de la ligne la plus courte sur l'ellipsoïde de révolution.*

361. Soient $P$ le pôle de la Terre (fig. 28), $s$ l'arc $M'M''$ de plus courte distance, $H'$, $H''$ les latitudes vraies des points $M'$, $M''$; $\lambda'$, $\lambda''$ les latitudes réduites de ces mêmes points, $H$ la latitude vraie du point $A$ où le méridien $PA$ est perpendiculaire à la ligne géodésique $M'M''$, et $\lambda$ sa latitude réduite; $V'$, $V''$ les angles azimutaux $PM'A$, $PM''A$; enfin $\varphi'$ et $\varphi''$ les longitudes des points $M'$, $M''$, comptées du méridien $PA$. Il s'agit de trouver des relations entre ces diverses quantités, dans l'hypothèse que la Terre est un ellipsoïde de révolution, et quelle que soit d'ailleurs la grandeur de la ligne géodésique $s$, par rapport aux arcs elliptiques $PM'$, $PM''$.

Si $u = 0$ est l'équation d'une surface courbe quelconque, l'une de celles de la ligne la plus courte sur cette surface sera, d'après l'art. 165,

$$\left(\frac{du}{dx}\right) ddy - \left(\frac{du}{dy}\right) ddx = 0 \qquad (1).$$

Or, l'équation d'un solide de révolution, quelle que soit d'ailleurs la nature de la courbe génératrice, est

$$x^2 + y^2 + f(z) = u = 0,$$

$f$ étant le signe d'une fonction quelconque, et l'axe des $z$ étant celui de rotation; ainsi les valeurs des coefficiens aux différentielles partielles sont

$$\left(\frac{du}{dx}\right) = 2x, \quad \left(\frac{du}{dy}\right) = 2y;$$

l'équation (1) devient donc

$$xddy - yddx = 0,$$

et, en intégrant, l'on a

$$xdy - ydx = cds.$$

D'ailleurs si l'on fait $CT$ ou $z = t$, $TM'' = q$, le triangle rectangle $Cpm$, dans lequel $Cp = x$, $pm = y$ et $Cm = q$, donnera évidemment

$$x = q \cos\varphi'', \; y = q \sin\varphi'';$$

par conséquent, en différenciant, l'on obtiendra

$$\left.\begin{array}{l} dx = dq\cos\varphi'' - q\sin\varphi''.d\varphi'' \\ dy = dq\sin\varphi'' + q\cos\varphi''.d\varphi'' \end{array}\right\} \quad (2),$$

et l'on aura, par une combinaison de ces quatre équations,

$$xdy - ydx = q^2d\varphi''.$$

Concluons de là, que

$$q^2d\varphi'' = cds.$$

D'un autre côté, le triangle élémentaire $a'm'M''$, rectangle en $m'$, donne

$$\sin PM''A \text{ ou } \sin V'' = \frac{a'm'}{ds},$$

et les deux arcs semblables $F'G' = d\varphi''$ et $a'm'$ étant proportionnels à leurs rayons respectifs $CF'$ et $q - dq$, l'on a

$$a'm' = qd\varphi'',$$

en prenant toutefois $CF' = 1$, et négligeant le terme du second ordre $-dqd\varphi''$; donc

$$\sin V'' = \frac{qd\varphi''}{ds}, \text{ et } q\sin V'' = c;$$

ainsi la propriété de la ligne la plus courte est de rendre $q\sin V''$ constant.

Remarquons en outre, que l'on peut prendre pour méridien fixe ou pour plan des $xz$, celui qui est perpendiculaire à la ligne géodésique $M'M'' = s$. Soit donc $PA$ ce méridien; alors au point $A$, l'azimut $V'' = 100^g$, et la constante $c$ est égale à $AI$, valeur initiale de $q$.

De plus, l'équation différentielle d'un arc $M'M''$ étant

$$ds = \sqrt{dx^2 + dy^2 + dz^2},$$

elle devient, à cause des valeurs ci-dessus de $dx$ et $dy$, et faisant attention que $z = t$,

$$ds^2 = dq^2 + q^2d\varphi''^2 + dt^2.$$

Substituant ici pour $ds$ sa valeur $\frac{q^2d\varphi''}{c}$, ensuite éliminant $d\varphi''$, on a

$$\left.\begin{array}{r}q^2(q^2-c^2)\,d\varphi''^2 = c^2(dt^2+dq^2)\\(q^2-c^2)\,ds^2 = q^2(dt^2+dq^2)\end{array}\right\}\quad(3).$$

Avant d'intégrer ces équations, il faut en éliminer l'une des variables $t$, $q$ à l'aide de l'équation du méridien mobile $PM''F$, qui est

$$a^2t^2+b^2q^2=a^2b^2.$$

Mais, pour parvenir aux résultats les plus simples, introduisons une nouvelle variable $\lambda''$, telle que l'on ait l'abscisse

$$t=b\sin\lambda'',$$

auquel cas $\lambda''$ sera l'angle que forme avec l'équateur, le rayon $b$ du cercle inscrit au méridien mobile $PM''$, et dont la variable $t$ est l'abscisse d'un de ses points. Cette valeur étant introduite dans l'équation de ce méridien, on a l'ordonnée

$$q=a\cos\lambda''.$$

Il résulte de là que la constante $c$, qui a pour valeur $q\sin V''$, devient

$$c=a\sin V''\cos\lambda''.$$

A un autre point $M'$ de la plus courte distance, pour laquelle $\lambda''$ se change en $\lambda'$, et $V''$ en $V'$, on aurait de même

$$c=a\sin V'\cos\lambda'.$$

Enfin au point $A$ où l'azimut de $AM'$ est supposé de $100^g$, on aurait, en désignant par $\lambda$ ce que devient $\lambda'$,

$$c=a\cos\lambda;$$

il résulte donc de ces trois valeurs, la relation

$$\cos\lambda=\sin V'\cos\lambda'=\sin V''\cos\lambda''\quad(4).$$

Ainsi *les sinus des angles azimutaux, aux extrémités d'une ligne géodésique, sont entre eux réciproquement comme les ordonnées de ces points.*

Maintenant si l'on substitue dans les formules (3), pour $t$, $q$ et $c$ leurs valeurs respectives $b\sin\lambda''$, $a\cos\lambda''$ et $a\cos\lambda$, et que pour l'uniformité de la notation, l'on écrive $ds''$ au lieu de $ds$; on aura, parce que $\varphi''$ augmente quand $\lambda''$ diminue,

$$\left.\begin{aligned} d\varphi'' &= -\frac{d\lambda'' \cos\lambda}{a\cos\lambda''}\sqrt{\frac{a^2\sin^2\lambda'' + b^2\cos^2\lambda''}{\cos^2\lambda'' - \cos^2\lambda}} \\ ds'' &= -d\lambda''\cos\lambda''\sqrt{\frac{a^2\sin^2\lambda'' + b^2\cos^2\lambda''}{\cos^2\lambda'' - \cos^2\lambda}} \end{aligned}\right\} \quad (b');$$

ce sont les équations différentielles de l'arc perpendiculaire $AM''$. Il est évident qu'on a de même, pour celles de l'arc $AM'$,

$$\left.\begin{aligned} d\varphi' &= -\frac{d\lambda' \cos\lambda}{a\cos\lambda'}\sqrt{\frac{a^2\sin^2\lambda' + b^2\cos^2\lambda'}{\cos^2\lambda' - \cos^2\lambda}} \\ ds' &= -d\lambda'\cos\lambda'\sqrt{\frac{a^2\sin^2\lambda' + b^2\cos^2\lambda'}{\cos^2\lambda' - \cos^2\lambda}} \end{aligned}\right\} \quad (b'').$$

Il est remarquable que la variable $\lambda''$ se déduit immédiatement de la latitude $H''$ du point $M''$; car, à cause de $TM'' = a\cos\lambda''$ et de $CT = b\sin\lambda''$, on a, pour la sous-normale $TO$ de ce point,

$$TO = \frac{a^2}{b^2}.b\sin\lambda'' = \frac{a^2}{b}.\sin\lambda'',$$

et de là

$$\frac{TO}{TM''}, \text{ ou } \operatorname{tang} H'' = \frac{a}{b}\operatorname{tang}\lambda'';$$

donc réciproquement

$$\operatorname{tang}\lambda'' = \frac{b}{a}\operatorname{tang} H'';$$

c'est aussi ce qu'on a trouvé d'une autre manière à l'art. 170.

M. Legendre appelle $\lambda''$ la *latitude réduite* du point $M''$, parce que sur le sphéroïde aplati, elle est en général moindre que la latitude vraie $H''$. Mais à cause du peu de différence de ces quantités, dans le cas du sphéroïde terrestre, il est commode et exact dans la pratique, d'évaluer $H'' - \lambda''$ à l'aide de la série

$$H'' - \lambda'' = \left(\frac{a-b}{a+b}\right)\sin 2H'' - \frac{1}{2}\left(\frac{a-b}{a+b}\right)^2\sin 4H'' + \frac{1}{3}\left(\frac{a-b}{a+b}\right)^3\sin 6H'' - \ldots$$

ou de celle-ci :

$$H'' - \lambda'' = \left(\frac{a-b}{a+b}\right)\sin 2\lambda'' + \frac{1}{2}\left(\frac{a-b}{a+b}\right)^2\sin 4\lambda'' + \frac{1}{3}\left(\frac{a-b}{a+b}\right)^3\sin 6\lambda'' + \ldots$$

selon que $H''$ ou $\lambda''$ est connue.

Il est évident que l'on aura aussi entre $H'$ et $\lambda'$, la relation

$$\operatorname{tang} \lambda' = \frac{b}{a} \operatorname{tang} H',$$

puisque, d'après la définition ci-dessus, $\lambda'$ est la latitude réduite du point $M'$ dont la latitude vraie est $H'$. Même observation pour le point $A$.

362. M. Legendre rend très facile l'intégration des formules $(b'')$, par l'introduction d'un angle subsidiaire et quelques transformations ingénieuses : toutefois elles se prêtent assez aisément à cette opération, en changeant sous les radicaux les cosinus en sinus, et y faisant, pour abréger, $\frac{a^2-b^2}{b^2} = \varepsilon$. En effet, on a d'abord

$$ds = -\frac{bd.\sin\lambda'}{(\sin^2\lambda - \sin^2\lambda')^{\frac{1}{2}}}.\sqrt{1+\varepsilon\sin^2\lambda'},$$

$$d\varphi = -\frac{b}{a}.\frac{\cos\lambda\cos\lambda'\,d\lambda'}{\cos^2\lambda'\,(\sin^2\lambda - \sin^2\lambda')^{\frac{1}{2}}}.\sqrt{1+\varepsilon\sin^2\lambda'},$$

puis développant le facteur $\sqrt{1+\varepsilon\sin^2\lambda'}$ jusqu'au terme de l'ordre $\varepsilon^2$ inclusivement, les premiers termes des valeurs de $ds$ et $d\varphi$ seront respectivement

$$-\frac{bd.\sin\lambda'}{(\sin^2\lambda - \sin^2\lambda')^{\frac{1}{2}}}, \text{ et } -\frac{b}{a}.\frac{\cos\lambda\cos\lambda'd\lambda'}{\cos^2\lambda'(\sin^2\lambda - \sin^2\lambda')^{\frac{1}{2}}},$$

ou bien

$$-b\,\frac{d.\frac{\sin\lambda'}{\sin\lambda}}{\left(1-\frac{\sin^2\lambda'}{\sin^2\lambda}\right)^{\frac{1}{2}}}, \text{ et } -\frac{b}{a}\,\frac{d.\frac{\operatorname{tang}\lambda'}{\operatorname{tang}\lambda}}{\left(1-\frac{\operatorname{tang}^2\lambda'}{\operatorname{tang}^2\lambda}\right)^{\frac{1}{2}}};$$

car, par les formules trigonométriques connues, l'on a

$$\sin^2\lambda - \sin^2\lambda' = (\operatorname{tang}^2\lambda - \operatorname{tang}^2\lambda')\cos^2\lambda\cos^2\lambda'.$$

Quant aux autres termes, ils seront de la forme

$$A\,\frac{u^m du}{(k^2-u^2)^{\frac{1}{2}}},$$

et l'on aura en général

$$\int\frac{u^m du.}{(k^2-u^2)^{\frac{1}{2}}} = -\frac{u^{m-1}\sqrt{k^2-u^2}}{m} + \frac{m-1}{m}\,k^2\int\frac{u^{m-2}du}{(k^2-u^2)^{\frac{1}{2}}};$$

si donc l'on intègre, il viendra, à cause de $\frac{b}{a} = 1 - \frac{1}{2}\varepsilon + \frac{3}{8}\varepsilon^2 \ldots\ldots$,

$$\frac{s}{b} = [1 + \tfrac{1}{4}\varepsilon \sin^2\lambda - \tfrac{3}{64}\varepsilon^2 \sin^4\lambda] \operatorname{arc}\left(\cos = \frac{\sin\lambda'}{\sin\lambda}\right)$$

$$+ [\tfrac{1}{4}\varepsilon \sin^2\lambda - \tfrac{3}{64}\varepsilon^2 \sin^4\lambda]\left[\frac{\sin\lambda'}{\sin\lambda}\left(1 - \frac{\sin^2\lambda'}{\sin^2\lambda}\right)^{\frac{1}{2}}\right]$$

$$- \tfrac{1}{32}\varepsilon^2 \sin^4\lambda \left[\frac{\sin^3\lambda'}{\sin^3\lambda}\left(1 - \frac{\sin^2\lambda'}{\sin^2\lambda}\right)^{\frac{1}{2}}\right],$$

$$\varphi = \operatorname{arc}\left(\cos = \frac{\operatorname{tang}\lambda'}{\operatorname{tang}\lambda}\right)$$

$$- [\tfrac{1}{2}\varepsilon - \tfrac{3}{8}\varepsilon^2 - \tfrac{1}{16}\varepsilon^2 \sin^2\lambda] \cos\lambda \left[\operatorname{arc}\left(\cos = \frac{\sin\lambda'}{\sin\lambda}\right)\right]$$

$$+ \tfrac{1}{16}\varepsilon^2 \sin^2\lambda \cos\lambda \left[\frac{\sin\lambda'}{\sin\lambda}\left(1 - \frac{\sin^2\lambda'}{\sin^2\lambda}\right)^{\frac{1}{2}}\right].$$

Il n'y a point de constantes à ajouter, parce qu'elles sont nulles en même tems que $s$ et $\varphi$; en effet $\lambda'$ se change alors en $\lambda$.

Maintenant soient

$$\sigma = \operatorname{arc}\left(\cos = \frac{\sin\lambda'}{\sin\lambda}\right), \text{ et } \omega = \operatorname{arc}\left(\cos = \frac{\operatorname{tang}\lambda'}{\operatorname{tang}\lambda}\right),$$

ou, ce qui revient au même,

$$\cos\sigma = \frac{\sin\lambda'}{\sin\lambda}, \quad \cos\omega = \frac{\operatorname{tang}\lambda'}{\operatorname{tang}\lambda};$$

on voit d'abord que ces deux relations appartiennent évidemment à un triangle sphérique rectangle dont les côtés de l'angle droit sont $(100^g - \lambda)$ et $\sigma$, et dont les angles opposés à ces mêmes côtés sont respectivement $V'$ et $\omega$. De plus, il est remarquable que $\sigma$ est précisément l'angle auxiliaire employé par M. Légendre; partant,

$$\operatorname{tang}\omega = \frac{\operatorname{tang}\sigma}{\cos\lambda}, \quad \frac{\sin\lambda'}{\sin\lambda}\left(1 - \frac{\sin^2\lambda'}{\sin^2\lambda}\right)^{\frac{1}{2}} = \tfrac{1}{2}\sin 2\sigma,$$

$$\frac{\sin^3\lambda'}{\sin^3\lambda}\left(1 - \frac{\sin^2\lambda'}{\sin^2\lambda}\right)^{\frac{1}{2}} = \cos^3\sigma \sin\sigma = \tfrac{1}{8}\sin 4\sigma + \tfrac{1}{4}\sin 2\sigma;$$

et par conséquent

$$\left.\begin{aligned} \frac{s}{b} = {} & (1 + \tfrac{1}{4}\varepsilon \sin^2\lambda - \tfrac{3}{64}\varepsilon^2 \sin^4\lambda)\,\sigma \\ & + (\tfrac{1}{8}\varepsilon \sin^2\lambda - \tfrac{1}{32}\varepsilon^2 \sin^4\lambda) \sin 2\sigma \\ & - \tfrac{1}{256}\varepsilon^2 \sin^4\lambda \sin 4\sigma \end{aligned}\right\} \quad (A),$$

$$\left.\begin{aligned}\varphi = \omega - [\tfrac{1}{2}\varepsilon - \tfrac{3}{8}\varepsilon^2 - \tfrac{1}{16}\varepsilon^2 \sin^2\lambda]\,\sigma \cos\lambda \\ + \tfrac{1}{32}\varepsilon^2 \sin^2\lambda \cos\lambda \sin 2\sigma\end{aligned}\right\} \quad (B).$$

Comme il est utile en outre d'avoir la valeur de $\sigma$ en fonction de $\frac{s}{b}$, je vais retourner la série (A), et employer à cet effet la formule de M. Laplace; savoir,

$$\left.\begin{aligned}f(u) = f(a) + \varphi(a) f'(a).\varepsilon + \frac{d.[\varphi^2(a) f'(a)]}{da}.\frac{\varepsilon^2}{2} \\ + \frac{d^2.[\varphi^3(a) f'(a)]}{da^2}.\frac{\varepsilon^3}{2.3} + \ldots\end{aligned}\right\} \quad (C);$$

dans laquelle $f'(a) = \frac{d.f(a)}{da}$, et qui a lieu lorsque

$$u = a + \varepsilon\varphi(u) \qquad (D),$$

$\varphi$ et $f$ désignant ici des fonctions quelconques.

Or, afin de donner à l'équation (A) la forme de celle (D), il convient de prendre la valeur de $\sigma$ et de la développer jusqu'aux termes en $\varepsilon^2$ inclusivement; de cette manière on trouve

$$\left.\begin{aligned}\sigma = \frac{s}{b} + \varepsilon\Big[ -\tfrac{1}{4}\tfrac{s}{b}\sin^2\lambda + \tfrac{7}{64}\varepsilon\tfrac{s}{b}\sin^4\lambda \\ - \tfrac{1}{8}\sin 2\sigma \sin^2\lambda + \tfrac{1}{16}\varepsilon \sin 2\sigma \sin^4\lambda \\ + \tfrac{1}{256}\varepsilon \sin 4\sigma \sin^4\lambda\Big]\end{aligned}\right\} \quad (D');$$

et l'on voit, en comparant ce résultat à (D), que l'on a $u = \sigma$, $a = \frac{s}{b}$, et

$$\begin{aligned}\varphi(u) = \varphi(\sigma) = -\tfrac{1}{4}\tfrac{s}{b}\sin^2\lambda + \tfrac{7}{64}\varepsilon\tfrac{s}{b}\sin^4\lambda - \tfrac{1}{8}\sin 2\sigma \sin^2\lambda \\ + \tfrac{1}{16}\varepsilon \sin 2\sigma \sin^4\lambda + \tfrac{1}{256}\varepsilon \sin 4\sigma \sin^4\lambda;\end{aligned}$$

de plus comme ici

$$f(u) = \sigma, \quad f(a) = \frac{s}{b}, \text{ l'on a } \frac{d.f(a)}{da} = f'(a) = 1,$$

par suite

$$\begin{aligned}\varphi(a) = \varphi\left(\tfrac{s}{b}\right) = -\tfrac{1}{4}\tfrac{s}{b}\sin^2\lambda + \tfrac{7}{64}\varepsilon\tfrac{s}{b}\sin^4\lambda - \tfrac{1}{8}\sin 2\left(\tfrac{s}{b}\right)\sin^2\lambda \\ + \tfrac{1}{16}\varepsilon \sin 2\left(\tfrac{s}{b}\right)\sin^4\lambda + \tfrac{1}{256}\varepsilon \sin 4\left(\tfrac{s}{b}\right)\sin^4\lambda,\end{aligned}$$

$$d.\frac{[\varphi^2(a)f'(a)]}{da} = d.\left[\tfrac{1}{16}\tfrac{s}{b}\sin 2\left(\tfrac{s}{b}\right)\sin^4\lambda + \tfrac{1}{64}\sin^2 2\left(\tfrac{s}{b}\right)\sin^4\lambda\right].\frac{1}{da}$$
$$= \tfrac{1}{8}\tfrac{s}{b}\cos 2\left(\tfrac{s}{b}\right)\sin^4\lambda + \tfrac{1}{32}\sin 4\left(\tfrac{s}{b}\right)\sin^4\lambda \ (*);$$

donc la série (C) se change en cette autre

$$\left.\begin{aligned} \sigma = \tfrac{s}{b}&\left(1 - \tfrac{1}{4}\varepsilon\sin^2\lambda + \tfrac{7}{64}\varepsilon^2\sin^4\lambda\right)\\ &- \sin 2\left(\tfrac{s}{b}\right)\left[\tfrac{1}{8}\varepsilon\sin^2\lambda - \tfrac{1}{16}\varepsilon^2\sin^4\lambda\right]\\ &+ \tfrac{s}{b}\cos 2\left(\tfrac{s}{b}\right)\left(\tfrac{1}{16}\varepsilon^2\sin^4\lambda\right)\\ &+ \tfrac{5}{256}\varepsilon^2\sin 4\left(\tfrac{s}{b}\right)\sin^4\lambda \end{aligned}\right\} \quad \text{(E)};$$

ce qu'il fallait trouver. On parviendrait aussi à cette série par une méthode tout-à-fait élémentaire, celle des coefficiens indéterminés; mais le calcul serait un peu plus long. Il faudrait, dans ce cas, supposer

$$\sigma = \tfrac{s}{b} + P\varepsilon + Q\varepsilon^2 + \ldots . \qquad \text{(F)},$$

et tirer de là

$$\sin 2\sigma = \sin 2\left(\tfrac{s}{b}\right) + 2P\varepsilon.\cos 2\left(\tfrac{s}{b}\right),$$
$$\sin 4\sigma = \sin 4\left(\tfrac{s}{b}\right);$$

car en substituant ces valeurs dans la série (D′) ordonnée par rapport à $\varepsilon$, puis la comparant terme à terme avec la précédente (F), on aurait autant d'équations de condition qu'il y a de coefficiens à déterminer.

Les résultats (A), (B), (E) sont les mêmes que ceux auxquels M. Legendre est arrivé par une autre voie. Pour en déduire plusieurs conséquences utiles, occupons-nous d'abord de la recherche des formules sur lesquelles est fondée la résolution des triangles sphé-

(*) Ce résultat ne renferme point le quarré du premier terme de $\varphi(a)$, parce que la différentielle est réellement prise par rapport à $\sigma$; en effet, si après avoir élevé $\varphi(u)$ à la seconde puissance et multiplié par $f'(a) = 1$, on différencie relativement à $\sigma$, il faudra ensuite faire $\sigma = \frac{s}{b}$, ce qui revient à rejeter le terme supprimé.

roïdiques formés par deux méridiens et une perpendiculaire à l'un d'eux, et qui peuvent servir à vérifier si les observations de latitude, de longitude et d'azimut faites en différens points de cette perpendiculaire s'accordent avec l'hypothèse formée sur la figure de la Terre.

### *De la résolution des triangles sphéroïdiques rectangles.*

363. Soient, comme ci-dessus, $2a$, $2b$ le grand et le petit axe de l'ellipse du méridien, et $\epsilon = \frac{a^2 - b^2}{b^2}$; soient en outre $s$ un arc de plus courte distance perpendiculaire à ce méridien; $H$, $H'$ les latitudes de ses extrémités $M$, $M'$; $\varphi$ la différence en longitude de ces mêmes points; et supposons l'arc $s$ perpendiculaire au méridien qui passe par le point $M$. Enfin soient $\lambda$, $\lambda'$ les *latitudes réduites* de $M$ et de $M'$; on aura, d'après les propriétés de la plus courte distance sur la surface du sphéroïde de révolution, et quelle que soit la longueur de cette ligne,

(1) $\quad \text{tang}\,\lambda = \frac{b}{a}\,\text{tang}\,H,$ $\qquad$ (2) $\quad \text{tang}\,\lambda' = \frac{b}{a}\,\text{tang}\,H',$

(3) $\quad \cos\sigma = \frac{\sin\lambda'}{\sin\lambda},$ $\qquad$ (4) $\quad \cos\omega = \frac{\text{tang}\,\lambda'}{\text{tang}\,\lambda},$

(5) $\quad \text{tang}\,\omega = \frac{\text{tang}\,\sigma}{\cos\lambda};$

$$\left.\begin{aligned}\sigma = {} & \frac{s}{b}\left(1 - \tfrac{1}{4}\,\epsilon \sin^2\lambda + \tfrac{7}{64}\,\epsilon^2 \sin^4\lambda\right) \\ & - \sin 2\left(\frac{s}{b}\right)\left(\tfrac{1}{8}\,\epsilon\sin^2\lambda - \tfrac{1}{16}\,\epsilon^2\sin^4\lambda\right) \\ & + \frac{s}{b}\cos 2\left(\frac{s}{b}\right)\left(\tfrac{1}{16}\,\epsilon^2\sin^4\lambda\right) \\ & + \tfrac{5}{256}\,\epsilon^2 \sin 4\left(\frac{s}{b}\right)\sin^4\lambda\ldots.\end{aligned}\right\} \quad (A);$$

$$\left.\begin{aligned}\varphi = \omega & - \left(\tfrac{1}{2}\,\epsilon - \tfrac{3}{8}\,\epsilon^2 - \tfrac{1}{16}\,\epsilon^2\sin^2\lambda\right)\sigma\cos\lambda \\ & + \tfrac{1}{32}\,\epsilon^2\sin^2\lambda\cos\lambda\sin 2\sigma\ldots.\end{aligned}\right\} \quad (B);$$

on aura en outre

$$\sin V' = \frac{\cos\lambda}{\cos\lambda'} \qquad (C);$$

$V'$ étant l'angle que l'arc $s$ fait avec le méridien qui passe par son extrémité $M'$.

Cela posé, passons aux questions suivantes :

I. Étant données la latitude $H$ du pied de la perpendiculaire $s$, et cette perpendiculaire elle-même, déterminer la latitude $H'$ de son sommet $M'$, ainsi que la différence en longitude $\varphi$ des deux points $M$, $M'$.

*Solution.* La quantité $\varepsilon = 2\alpha + 3\alpha^2$, ($\alpha = \frac{a-b}{a}$ étant l'aplatissement du sphéroïde) pouvant, vu sa petitesse dans le cas de la nature, être considérée comme du premier ordre, il sera permis de ne développer les fonctions que jusqu'aux termes qui ne contiendront cette quantité qu'à la première puissance; mais nous ferons voir comment on pourrait aisément tenir compte des termes du second ordre, et même de ceux des ordres supérieurs, si la chose était nécessaire. Cela posé, on déterminera la latitude réduite $\lambda$ par le moyen de la relation (1); ensuite on prendra le cosinus de chaque membre de l'équation (A), en rejetant les termes qui dépendent de $\varepsilon^2$ et des plus hautes puissances de $\varepsilon$; alors on aura

$$\cos\sigma = \cos\left(\frac{s}{b}\right) + \tfrac{1}{4}\varepsilon\frac{s}{b}\sin\left(\frac{s}{b}\right)\sin^2\lambda.\left[1 + \tfrac{1}{2}\sin 2\left(\frac{s}{b}\right)\right];$$

mais à cause de la relation (3) ou de $\sin\lambda' = \sin\lambda\cos\sigma$, il s'ensuit que

$$\sin\lambda' = \sin\lambda\cos\left(\frac{s}{b}\right) + \tfrac{1}{4}\varepsilon\frac{s}{b}\sin\left(\frac{s}{b}\right)\sin^3\lambda.\left[1 + \tfrac{1}{2}\sin 2\left(\frac{s}{b}\right)\right].$$

Maintenant, soit $\psi'$ ce que devient $\lambda'$ lorsque $\varepsilon = 0$; on aura dans ce cas, $\sin\psi' = \sin\lambda\cos\left(\frac{s}{b}\right)$, et par conséquent

$$\sin\lambda' = \sin\psi' + \tfrac{1}{4}\varepsilon\frac{s}{b}\sin\left(\frac{s}{b}\right)\sin^3\lambda.\left[1 + \tfrac{1}{2}\sin 2\left(\frac{s}{b}\right)\right];$$

ou, pour plus de facilité pour le calcul numérique,

$$\lambda' = \psi' + \tfrac{1}{4}\varepsilon r''\frac{s}{b}\left[1 + \tfrac{1}{2}\sin 2\left(\frac{s}{b}\right)\right]\sin\left(\frac{s}{b}\right)\frac{\sin^3\lambda}{\cos\psi'};$$

$r'' = \frac{1}{\sin 1''}$ désignant le nombre de secondes contenues dans un arc égal au rayon.

On introduira la valeur de $\lambda'$ dans la relation (2), afin d'avoir la latitude vraie $H'$; et pour déterminer $\varphi$ on passera par les formules (3), (4) et (B), qui sont

$$\cos\sigma = \frac{\sin\lambda'}{\sin\lambda}, \qquad \cos\omega = \frac{\tang\lambda'}{\tang\lambda}, \qquad \varphi = \omega - \tfrac{1}{2}\varepsilon\sigma\cos\lambda.$$

Dans cette solution, l'on n'a eu égard qu'aux termes du premier ordre; pour connaître l'influence des termes en $\epsilon^2$, il n'y aura qu'à déterminer $\sigma$ par la formule entière (A), ensuite tirer la valeur de $\lambda'$ de la relation (3), et calculer $\varphi$ en passant par les formules (4) et (B), en conservant dans cette dernière les termes du deuxième ordre. Ce procédé, comme l'on voit, consiste à faire une application directe des formules fondamentales.

II. Étant données la longueur $s$ d'un arc perpendiculaire à un méridien, et la différence en longitude $\varphi$ des extrémités de cet arc, trouver les latitudes de ces mêmes extrémités.

*Solution.* Prenant la tangente de chacun des membres des formules (A) et (B), on aura, en développant en série et rejetant les termes en $\epsilon^2$,

$$\operatorname{tang}\sigma = \frac{\operatorname{tang}\left(\frac{s}{b}\right) - \left[\frac{1}{4}\epsilon\sin^2\lambda + \frac{1}{8}\epsilon\sin^2\lambda\sin 2\left(\frac{s}{b}\right)\right]\frac{s}{b}}{1 + \frac{s}{b}\left[\frac{1}{4}\epsilon\sin^2\lambda + \frac{1}{8}\epsilon\sin^2\lambda\sin 2\left(\frac{s}{b}\right)\right]\operatorname{tang}\left(\frac{s}{b}\right)}$$

$$= \operatorname{tang}\left(\frac{s}{b}\right) - \left[1 + \operatorname{tang}^2\left(\frac{s}{b}\right)\right]\left[\frac{1}{4}\epsilon\sin^2\lambda + \frac{1}{8}\epsilon\sin^2\lambda\sin 2\left(\frac{s}{b}\right)\right]\frac{s}{b}.$$

Substituant cette valeur dans la relation (5), il viendra

$$\operatorname{tang}\omega = \frac{\operatorname{tang}\left(\frac{s}{b}\right) - \left(\frac{s}{b}\right)\operatorname{séc}^2\left(\frac{s}{b}\right)\cdot\left[\frac{1}{4}\epsilon\sin^2\lambda + \frac{1}{8}\epsilon\sin^2\lambda\sin 2\left(\frac{s}{b}\right)\right]}{\cos\lambda};$$

mais en vertu de la formule (B), dans laquelle on peut changer $\sigma$ en $\frac{s}{b}$, puisque l'on borne l'approximation aux termes en $\epsilon$, on aura

$$\operatorname{tang}\omega = \frac{\operatorname{tang}\varphi + \frac{1}{2}\epsilon\frac{s}{b}\cos\lambda}{1 - \frac{1}{2}\epsilon\frac{s}{b}\operatorname{tang}\varphi\cos\lambda} = \operatorname{tang}\varphi + \frac{1}{2}\epsilon\frac{s}{b}\cos\lambda\operatorname{séc}^2\varphi.$$

Égalant ces deux valeurs de $\operatorname{tang}\omega$, et mettant pour $\sin^2\lambda$ sa valeur $1 - \cos^2\lambda$, on obtiendra

$$\frac{1}{2}\epsilon\frac{s}{b}\left\{\operatorname{séc}^2\varphi - \frac{1}{2}\operatorname{séc}^2\left(\frac{s}{b}\right)\left[1 + \frac{1}{2}\sin 2\left(\frac{s}{b}\right)\right]\right\}\cos^2\lambda + \operatorname{tang}\varphi\cos\lambda$$

$$= \operatorname{tang}\left(\frac{s}{b}\right) - \frac{1}{4}\epsilon\left(\frac{s}{b}\right)\operatorname{séc}^2\left(\frac{s}{b}\right)\left[1 + \frac{1}{2}\sin 2\left(\frac{s}{b}\right)\right].$$

Au lieu de résoudre cette équation du second degré pour avoir la valeur de $\cos\lambda$, il est beaucoup plus simple d'employer à cet effet la méthode des approximations successives. Soit donc $\psi$ la valeur de $\lambda$, lorsque $\epsilon = 0$; on aura

$$\cos\psi = \tang\left(\frac{s}{b}\right)\cot\varphi;$$

et par suite

$$\cos\lambda = \cos\psi - \tfrac{1}{4}\epsilon\frac{s}{b}\left[1 + \tfrac{1}{2}\sin 2\left(\frac{s}{b}\right)\right]\frac{\sin^2\psi\cot\varphi}{\cos^2\left(\frac{s}{b}\right)} - \epsilon\left(\frac{s}{b}\right)\frac{\cos^2\psi}{\sin 2\varphi};$$

enfin

$$\lambda = \psi + \tfrac{1}{4}\epsilon r''\frac{s}{b}\left[1 + \tfrac{1}{2}\sin 2\left(\frac{s}{b}\right)\right]\frac{\sin\psi\cot\varphi}{\cos^2\left(\frac{s}{b}\right)} + \epsilon r''\frac{s}{b}\frac{\cot\psi\cos\psi}{\sin 2\varphi}.$$

Cette valeur de $\lambda$, qui ne dépend nullement de la petitesse de l'arc $s$, est exacte, aux quantités près du second ordre, et est bien suffisante dans la pratique. Cependant si l'on voulait avoir égard aux termes en $\epsilon^2$, comme dans la solution précédente, il n'y aurait qu'à déterminer $\sigma$ et $\omega$ par les formules entières (A) et (B), en y introduisant la valeur de $\lambda$ que l'on vient de trouver par une première approximation; ensuite calculer une seconde valeur de cette latitude réduite au moyen de la relation $\cos\lambda = \frac{\tang\sigma}{\tang\omega}$, dans laquelle les angles $\sigma$ et $\omega$ seront alors connus et exacts, aux quantités près du troisième ordre.

Cette méthode des approximations successives, très commode dans cette circonstance, pourrait s'étendre aussi loin qu'on voudrait, en prolongeant les séries (A) et (B); mais cela est inutile, puisque pour le sphéroïde terrestre, $\epsilon$ diffère peu de $\frac{1}{150^e}$.

Maintenant, pour avoir la latitude réduite $\lambda'$ du sommet de la perpendiculaire, on calculera les formules (A) et (3); et des latitudes réduites on passera aux latitudes vraies, à l'aide des relations (1) et (2), ou des séries qui en dérivent.

III. Étant donnés la longueur $s$ d'un arc perpendiculaire à un méridien et l'azimut $V'$ de cette ligne sur l'horizon de son sommet, trouver, tant les latitudes des extrémités de cet arc, que la différence en longitude.

*Solution.* Si l'on fait attention que $\cos^2\sigma = \frac{\sin^2\lambda'}{\sin^2\lambda} = \frac{\sin^2 V' - \cos^2\lambda}{\sin^2 V'\sin^2\lambda}$, ainsi qu'il résulte de la combinaison des relations (3) et (C), et si l'on prend les cosinus des deux membres de la formule (A), il viendra, après avoir égalé les deux valeurs de $\cos^2\sigma$,

$$\sin^2\lambda - \cos^2 V' = \cos^2\left(\frac{s}{b}\right)\sin^2\lambda \sin^2 V'$$
$$+\tfrac{1}{2}\epsilon\frac{s}{b}\sin\left(\frac{s}{b}\right)\cos\left(\frac{s}{b}\right)\sin^4\lambda\left[1+\tfrac{1}{2}\sin 2\left(\frac{s}{b}\right)\right]\sin^2 V'.$$

Soit, comme ci-dessus, $\psi$ la valeur de $\lambda$ correspondante à $\epsilon=0$; on aura $\sin^2\psi = \dfrac{\cos^2 V'}{1-\cos^2\left(\frac{s}{b}\right)\sin^2 V'}$, et par conséquent

$$\tang \psi = \frac{\cot V'}{\sin\left(\frac{s}{b}\right)};$$

par suite

$$\sin^2\lambda = \sin^2\psi + \frac{1}{2}\frac{s}{b}\,\frac{\sin\left(\frac{s}{b}\right)\cos\left(\frac{s}{b}\right)\sin^4\psi}{1-\cos^2\left(\frac{s}{b}\right)\sin^2 V'}\left[1+\tfrac{1}{2}\sin 2\left(\frac{s}{b}\right)\right]\sin^2 V'.$$

Multipliant et divisant par $\cos^2 V'$ le terme en $\epsilon$ de cette équation, et simplifiant, on aura, après avoir extrait de part et d'autre la racine quarrée,

$$\sin\lambda = \sin\psi + \tfrac{1}{8}\epsilon\frac{s}{b}\sin 2\left(\frac{s}{b}\right)\sin^5\psi\left[1+\tfrac{1}{2}\sin 2\left(\frac{s}{b}\right)\right]\tang^2 V';$$

de là

$$\lambda = \psi + \tfrac{1}{8}\epsilon r''\frac{s}{b}\sin 2\left(\frac{s}{b}\right)\tang\psi\sin^4\psi\left[1+\tfrac{1}{2}\sin 2\left(\frac{s}{b}\right)\right]\tang^2 V',$$

ou, à cause de $\sin\left(\frac{s}{b}\right)\tang\psi = \cot V'$, on aura plus simplement

$$\lambda = \psi + \tfrac{1}{4}\epsilon r''\frac{s}{b}\cos\left(\frac{s}{b}\right)\sin^4\psi\left[1+\tfrac{1}{2}\sin 2\left(\frac{s}{b}\right)\right]\tang V'.$$

Telle est l'expression très approchée de la latitude réduite du point *M*. On en aurait une plus exacte, en tenant compte des termes du second ordre, et cela en les conservant dans la série (A), ainsi que dans le développement de $\cos\sigma$. Autrement l'on calculerait $\sigma$, comme il est dit dans la solution du problème précédent, puis l'on déduirait $\sin\lambda$ de l'équation rigoureuse $\cos^2\sigma = \dfrac{\sin^2\lambda - \cos^2 V'}{\sin^2\lambda\sin^2 V'}$, ou plutôt de celle-ci : $\tang\lambda = \dfrac{\cot V'}{\sin\sigma}$, qui en dérive.

Quant à la relation (3), elle fournira, après avoir calculé $\sigma$ par la série (A), la latitude réduite $\lambda'$, qui sera de même exacte, aux quantités près du troisième ordre, si l'on fait usage de la seconde valeur de $\lambda$. Enfin la relation (5) fera connaître $\omega$; et l'angle $\varphi$, qui est la différence en longitude cherchée, se déduira de la série (B).

IV. Étant données la perpendiculaire $s$ et la latitude $H'$ de son sommet, trouver l'azimut $V'$ de cette ligne sur l'horizon du même point, et la latitude de son pied.

*Solution.* On a d'abord la latitude réduite $\lambda'$ au moyen de la relation (2), puis en vertu de la série (A) l'on trouve, en négligeant les termes du second ordre,

$$\cos\sigma = \cos\left(\frac{s}{b}\right) + \frac{1}{4}\varepsilon\frac{s}{b}\sin\left(\frac{s}{b}\right)\sin^2\lambda\left[1 + \frac{1}{2}\sin\left(\frac{s}{b}\right)\right].$$

Égalant cette valeur à celle (3), on a, pour équation résultante,

$$\sin\lambda = \frac{\sin\lambda'}{\cos\left(\frac{s}{b}\right)} - \frac{1}{4}\varepsilon\frac{s}{b}\sin\left(\frac{s}{b}\right)\frac{\sin^3\lambda}{\cos\left(\frac{s}{b}\right)}\left[1 + \frac{1}{2}\sin 2\left(\frac{s}{b}\right)\right];$$

or, en désignant par $\psi$ la première valeur approchée de $\lambda$, c'est-à-dire celle correspondante à $\varepsilon = 0$, auquel cas

$$\sin\psi = \frac{\sin\lambda'}{\cos\left(\frac{s}{b}\right)},$$

on aura plus exactement

$$\sin\lambda = \sin\psi - \frac{1}{4}\varepsilon\frac{s}{b}\operatorname{tang}\left(\frac{s}{b}\right)\sin^3\psi\left[1 + \frac{1}{2}\sin 2\left(\frac{s}{b}\right)\right];$$

et par conséquent

$$\lambda = \psi - \frac{1}{4}\varepsilon r''\frac{s}{b}\operatorname{tang}\left(\frac{s}{b}\right)\sin^2\psi\left[1 + \frac{1}{2}\sin 2\left(\frac{s}{b}\right)\right]\operatorname{tang}\psi.$$

Maintenant, veut-on une valeur de $\lambda$ dépendante des termes en $\varepsilon^2$? on calculera, au moyen de la précédente, la valeur de $\sigma$ donnée par la série (A); ensuite on aura, par la relation (3), la valeur de $\sin\lambda$ avec le degré de précision que l'on désire. Les deux latitudes réduites trouvées, on obtiendra l'azimut $V'$ par la formule (C).

V. Étant donnés l'azimut $V'$ de la perpendiculaire et la différence en longitude $\varphi$ de ses extrémités, trouver les latitudes de ces points et la longueur de cette perpendiculaire.

*Solution.* Les équations dont dépend la solution de ce problème sont (3), (4), (B), (C). Multipliant (3) et (C) l'une par l'autre, et ayant égard à celle (4), on aura

$$\cos\sigma = \frac{\cos\omega}{\sin V'}.$$

Prenant le cosinus de la valeur de $\omega$ tirée de l'équation (B), la précédente deviendra

$$\cos\sigma = \frac{\cos\varphi}{\sin V'} - \tfrac{1}{2}\epsilon\sigma\,\frac{\cos\lambda\sin\varphi}{\sin V'};$$

mais on a trouvé (problème III) que $\cos^2\sigma = \frac{\sin^2 V' - \cos^2\lambda}{\sin^2 V'\sin^2\lambda}$; ainsi $\cos\lambda = \frac{\sin V'\sin\sigma}{\sqrt{1-\cos^2\sigma\sin^2 V'}}$; d'ailleurs on a $\cos\varphi = \sin V'\cos\sigma$, aux quantités près du premier ordre; donc

$$\cos\sigma = \frac{\cos\varphi}{\sin V'} - \tfrac{1}{2}\epsilon\sigma\,\frac{\sin\sigma\sin\varphi}{\sqrt{1-\cos^2\varphi}} = \frac{\cos\varphi}{\sin V'} - \tfrac{1}{2}\epsilon\sigma\sin\sigma.$$

Soit $\rho$ la valeur de $\sigma$ lorsque $\epsilon = 0$; on aura $\cos\rho = \frac{\cos\varphi}{\sin V'}$, et à très peu près

$$\cos\sigma = \cos\rho - \tfrac{1}{2}\epsilon\rho\sin\rho;$$

par suite,

$$\sigma = \rho\left(1 + \tfrac{1}{2}\epsilon\right).$$

De là et à cause de $\cos\omega = \cos\sigma\sin V'$, la valeur précédente de $\cos\lambda$ deviendra

$$\cos\lambda = \frac{\sin V'\sin\sigma}{\sin\omega};$$

ainsi la latitude réduite $\lambda$ sera connue. On aura ensuite $\lambda'$ au moyen de la relation (3); enfin la perpendiculaire $s$ sera donnée par la série fondamentale

$$s = \frac{b\sigma}{r''}\left(1 + \tfrac{1}{4}\epsilon\sin^2\lambda\right) + \tfrac{1}{8}b\epsilon\sin^2\lambda\sin 2\sigma\ldots,$$

qui est le renversement de celle (A).

Pour avoir égard aux termes du second ordre, on introduira les valeurs ci-dessus de $\sigma$ et de $\lambda$ dans la formule (B), afin d'avoir $\omega$ à ce degré de précision; puis à cause de $\cos\sigma = \frac{\cos\omega}{\sin V'}$, on aura une seconde valeur de $\sigma$ qui sera plus exacte que la première. Du reste, les secondes valeurs approchées de $\lambda$ et $\lambda'$ s'obtiendront comme ci-dessus.

Dans la recherche de la figure de la Terre, c'est toujours l'arc $s$ que l'on mesure, ainsi la solution actuelle sera rarement utile; il en est de même de la suivante.

**VI.** La latitude $H'$ et la différence de longitude $\varphi$ étant données, trouver la latitude $H$ et l'arc $s$.

*Solution.* La relation (4) donne $\tang \lambda = \frac{\tang \lambda'}{\cos \omega}$, et de la série (B) on tire

$$\omega = \varphi + \tfrac{1}{2} \varepsilon\sigma \cos \lambda;$$

par conséquent

$$\tang \lambda = \frac{\tang \lambda'}{\cos(\varphi + \frac{1}{2}\varepsilon\sigma \cos \lambda)}.$$

Reste à développer le second membre de cette formule suivant les puissances ascendantes de $\varepsilon$; mais puisque nous bornons l'approximation aux quantités du premier ordre inclusivement, nous aurons simplement

$$\tang \lambda = \frac{\tang \lambda'}{\cos \varphi}(1 + \tfrac{1}{2}\varepsilon\sigma \cos \lambda \tang \varphi).$$

Désignons, comme à l'ordinaire, par $\psi$ la valeur de $\lambda$ correspondante à $\varepsilon = 0$; nous aurons

$$\tang \psi = \frac{\tang \lambda'}{\cos \varphi},$$

et partant,

$$\tang \lambda = \tang \psi + \tfrac{1}{2}\varepsilon\sigma \tang \psi \cos \lambda \tang \varphi;$$

mais $\lambda$ étant égal à $\psi$, aux quantités près du premier ordre, il s'ensuit qu'on peut écrire

$$\tang \lambda = \tang \psi + \tfrac{1}{2}\varepsilon\sigma \tang \psi \cos \psi \tang \varphi.$$

De plus, à cause de $\tang \lambda - \tang \psi = \frac{\sin(\lambda - \psi)}{\cos \lambda \cos \psi}$, et de la petitesse de $\lambda - \psi$, on a sensiblement

$$\tang \lambda - \tang \psi = \frac{\lambda - \psi}{\cos^2 \psi},$$

et par conséquent, pour la latitude réduite de l'origine de l'arc $s$,

$$\lambda = \psi + \tfrac{1}{2}\varepsilon\sigma \sin \psi \cos^2 \psi \tang \varphi.$$

Pour apprécier l'influence des termes du second ordre sur cette valeur, il faudrait les conserver dans l'expression de $\omega$, et développer la valeur de $\tang \lambda = \frac{\tang \lambda'}{\cos \omega}$, jusqu'aux termes de cet ordre inclusivement; ensuite éliminer $\lambda$ de ce développement, au moyen de sa valeur approchée ci-dessus; et du reste, procéder comme on vient de le dire, pour obtenir définitivement $\lambda$. Mais il est à remarquer que l'inconnue $\sigma$ entrant dans l'expression de cette latitude réduite, il est nécessaire de la déterminer préalablement.

Pour cet effet, l'on prendra le sinus de chaque membre de l'équation

$$\omega = \varphi + \tfrac{1}{2}\,\epsilon\sigma \cos \lambda,$$

en se bornant aux termes de l'ordre $\epsilon$; de cette manière on aura

$$\sin \omega = \sin \varphi + \tfrac{1}{2}\,\epsilon\sigma \cos \lambda \cos \varphi:$$

divisant cette nouvelle équation par celle (4), et ayant égard aux relations (5) et (3), on trouvera

$$\sin \sigma = \sin \varphi \cos \lambda' + \tfrac{1}{2}\,\epsilon\sigma \cos \lambda \cos \lambda' \cos \varphi.$$

Soit $\rho$ la valeur de $\sigma$ lorsque $\epsilon = 0$; on aura alors

$$\sin \rho = \sin \varphi \cos \lambda',$$

et

$$\sin \sigma = \sin \rho + \tfrac{1}{2}\,\epsilon\rho \cos \lambda \cos \lambda' \cos \varphi;$$

mais à cause de $\lambda = \psi$, aux quantités près du premier ordre, on peut écrire

$$\sin \sigma = \sin \rho + \tfrac{1}{2}\,\epsilon\rho \cos \psi \cos \lambda' \cos \varphi,$$

et par suite

$$\sigma = \rho + \tfrac{1}{2}\,\epsilon\rho\,\frac{\cos \psi}{\cos \rho} \cos \lambda' \cos \varphi.$$

Il est évident qu'on aura ensuite $s$ par la série

$$s = \frac{b\sigma}{r''}\left(1 + \tfrac{1}{4}\,\epsilon \sin^2 \lambda\right) + \tfrac{1}{8}\,\epsilon b \sin^2 \lambda \sin 2\sigma \ldots,$$

déjà employée dans la solution du problème précédent.

Ayant trouvé de la sorte $\sigma$ et $\lambda$, on pourra s'en servir pour calculer rigoureusement la valeur de $\omega$ fournie par la série entière (B); alors la relation (4) donnera la latitude réduite $\lambda$ exacte, aux quantités près du troisième ordre; et à l'aide de cette valeur, on aura $\frac{s}{b}$ au même degré de précision, en faisant usage de la série (A) renversée, et représentée dans l'article précédent par (E). Ce procédé est plus simple que celui qu'on a indiqué ci-dessus.

364. La ligne la plus courte menée perpendiculairement au méridien, affecte une figure qu'il est aisé de se représenter d'après cette solution; car lorsque $\sigma = 90^\circ$, on a

$$\lambda' = 0, \quad H' = 0, \quad \omega = 90^\circ,$$

et $$\varphi = 90^\circ.[1 - (\tfrac{1}{2}\varepsilon - \tfrac{3}{8}\varepsilon^2)\cos\lambda + \tfrac{1}{16}\varepsilon^2\sin^2\lambda\cos\lambda].$$

Le point de cette ligne, qui correspond à la valeur de $\sigma = 90^\circ$, est donc situé sur l'équateur; mais sa longitude est moindre que celle qu'il aurait sur la sphère, d'une quantité à peu près proportionnelle à l'aplatissement $\alpha = \frac{1}{2}\varepsilon - \frac{3}{8}\varepsilon^2 + \ldots$

Dans la même hypothèse, la longueur de l'arc $s$ est égale à un quart d'ellipse, dont la valeur développée est

$$s = b\,(1 + \tfrac{1}{4}\varepsilon\sin^2\lambda - \tfrac{3}{64}\varepsilon^2\sin^4\lambda)90^\circ.$$

Lorsqu'ensuite $\sigma = 180^\circ$, on a

$$\lambda' = -\lambda, \quad H' = -H \text{ et } \omega = 180^\circ;$$

ainsi les valeurs de $\varphi$ et de $\rho$ deviennent doubles de ce qu'elles étaient en faisant $\sigma = 90^\circ$; tandis que l'azimut $V'$ est de $90^\circ$, comme au point $A$ (fig. 28). Donc, la ligne géodésique, après avoir traversé l'équateur, atteint le parallèle qui a la même latitude que le point $A$, où elle est de nouveau perpendiculaire à la méridienne. Si l'on prolonge encore cette ligne, elle passera semblablement du second hémisphère dans le premier, et parviendra au même parallèle d'où elle était partie; mais dans un point différent, puisque la longitude de ce point, au lieu d'être de $360^\circ$, sera

$$360^\circ\,[1 - (\tfrac{1}{2}\varepsilon - \tfrac{3}{8}\varepsilon^2)\cos\lambda + \tfrac{1}{16}\varepsilon^2\sin^2\lambda\cos\lambda].$$

Il résulte de là, que quel que soit le nombre de pareilles révolutions, la perpendiculaire dont il s'agit formera une sorte de spirale comprise entre les deux parallèles situés de part et d'autre de l'équateur, à la même latitude. Toutes les spires de cette courbe seront égales entre elles, et la longueur de chaque quart de spire, comprise entre un parallèle et l'équateur, sera égale à celle du quart d'ellipse, ayant pour demi-axes $b$ et $b\sqrt{1+\epsilon \sin^2 \lambda}$.

Ces propriétés, que nous venons de démontrer d'après M. Legendre, ont également lieu pour une ligne géodésique menée d'un point quelconque à un autre de l'ellipsoïde; car une telle ligne fait toujours partie d'une perpendiculaire à une méridienne (*voyez* le Mémoire cité de ce savant géomètre).

*Du triangle formé par deux méridiens, et la ligne la plus courte qui en joint deux points quelconques.*

365. Considérons maintenant deux triangles sphériques $pm'a$, $pm''a$ (fig. 28 et 29) correspondans aux triangles sphéroïdiques $PM'A$, $PM''A$; et supposons que les azimuts $V'$, $V''$ soient les mêmes de part et d'autre, mais que les latitudes des points $a$, $m'$, $m''$ soient $\lambda$, $\lambda'$, $\lambda''$. Enfin, représentons respectivement par $\sigma'$, $\sigma''$, $\xi$ les arcs $am'$, $am''$, $m'm''$; par $\omega'$, $\omega''$ les angles $m'pa$, $m''pa$; on aura, par la propriété des triangles sphériques rectangles, ou en vertu de l'art. 362, les relations suivantes :

| | | |
|---|---|---|
| I | $\cos \lambda = \cos \lambda' \sin V'$, | $\sin \sigma' = \sin \omega' \cos \lambda'$, |
| II | $\cos \sigma' = \frac{\sin \lambda'}{\sin \lambda}$, | $\cos \omega' = \cos \sigma' \sin V'$, |
| III | $\tang \omega' = \frac{\tang \sigma'}{\cos \lambda}$, | $\sin \sigma' \sin \lambda = \cos V' \cos \lambda'$. |

Celles qui composent le premier système donneront la position du point $A$, lorsque le point $M'$ sera donné. On a en outre, par rapport au point $M''$,

| | |
|---|---|
| IV | $\sin \lambda'' = \sin \lambda \cos \sigma''$, |
| V | $\tang \omega'' = \frac{\tang \sigma''}{\cos \lambda}$, |
| VI | $\cos \lambda'' \sin V'' = \cos \lambda' \sin V'$; |

enfin la proportion des quatre sinus donne

$$(K) \qquad \sin(\omega'' - \omega') = \frac{\sin(\sigma'' - \sigma') \sin V'}{\cos \lambda''}.$$

On pourra donc, à l'aide des relations (IV, V, VI), déterminer trois des quatre variables $H''$, $\sigma''$, $\omega''$, $V''$, quand l'une d'elles sera connue.

De là et des formules $(A)$, $(B)$ art. 362, on tire généralement deux autres équations relatives au triangle sphéroïdique obliquangle $PM'M''$ dans lequel $M'M'' = s$, et la différence en longitude $M'PM'' = \varphi$, savoir :

$$\text{VII} \quad \frac{s}{b} = (\sigma'' - \sigma')\left(1 + \tfrac{1}{4}\varepsilon \sin^2\lambda - \tfrac{3}{64}\varepsilon^2 \sin^4\lambda\right) + (\sin 2\sigma'' - \sin 2\sigma')\left(\tfrac{1}{8}\varepsilon \sin^2\lambda - \tfrac{1}{32}\varepsilon^2 \sin^4\lambda\right) - (\sin 4\sigma'' - \sin 4\sigma')\left(\tfrac{1}{256}\varepsilon^2 \sin^4\lambda\right),$$

$$\text{VIII} \quad \varphi = \omega'' - \omega' - (\sigma'' - \sigma')\left(\tfrac{1}{2}\varepsilon - \tfrac{3}{8}\varepsilon^2\right)\cos\lambda + \left(\sigma'' - \sigma' + \tfrac{1}{2}\sin 2\sigma'' - \tfrac{1}{2}\sin 2\sigma'\right).\left(\tfrac{1}{16}\varepsilon^2 \sin^2\lambda \cos\lambda\right).$$

Toute la théorie des triangles sphéroïdiques est renfermée dans les équations précédentes ; mais il est des cas qui présentent d'assez grandes difficultés d'analyse pour combiner ces équations de manière à en déduire les valeurs de certaines inconnues. Le problème le plus simple, après celui que résolvent directement les équations fondamentales, c'est lorsqu'il s'agit de déterminer les élémens $H''$, $V''$, au moyen des autres élémens connus $H'$ et $V'$ et de la longueur $s$ de la ligne la plus courte $M'M''$. En effet, les relations I, II, III feront d'abord connaître $\lambda$, $\sigma'$ et $\omega'$; puis de la formule VII on tirera, par l'un des procédés expliqués à l'art. 362, la valeur suivante :

$$\text{IX} \quad \sigma'' = \sigma' + \frac{s}{b}\left(1 - \tfrac{1}{4}\varepsilon \sin^2\lambda + \tfrac{7}{64}\varepsilon^2 \sin^4\lambda\right) - \sin\frac{s}{b}\cos\left(2\sigma' + \frac{s}{b}\right)\left(\tfrac{1}{4}\varepsilon\sin^2\lambda - \tfrac{1}{8}\varepsilon^2\sin^4\lambda\right) + \frac{s}{b}\cos\left(2\sigma' + 2\frac{s}{b}\right)\left(\frac{\varepsilon^2\sin^4\lambda}{16}\right) + \sin\frac{s}{b}\cos\left(2\sigma' + \frac{s}{b}\right)\cos\left(2\sigma' + 2\frac{s}{b}\right)\left(\frac{\varepsilon^2\sin^4\lambda}{16}\right) + \sin 2\frac{s}{b}\cos\left(4\sigma' + 2\frac{s}{b}\right)\left(\frac{\varepsilon^2\sin^4\lambda}{128}\right);$$

ensuite on obtiendra $\lambda''$, $\omega''$ et $V''$ par les équations IV, V, VI, et enfin $\varphi$ par l'équation VIII.

Il est remarquable que toutes ces équations sont exactes quelle que soit la grandeur de la ligne géodésique $s$ ou de l'arc $\frac{s}{b}$. Celles que Dionis-du-Séjour a publiées pour le même objet, dans le IIe volume de son *Traité analytique des mouvemens des Corps célestes*, sont représentées par les précédentes I, II, IV, VI, (K), et par les séries VII, VIII, IX, dans lesquelles on supprimerait les termes en $\varepsilon^2$.

Les séries précédentes ont lieu quelle que soit la grandeur de la ligne géodésique $s$; et leur convergence ne dépend que de la petitesse de $\epsilon$. Pour le sphéroïde terrestre, cette quantité diffère peu de $\frac{1}{150}$; on peut donc négliger presque toujours les termes en $\epsilon^2$; mais lorsque la ligne géodésique est très petite ou de l'ordre $\epsilon$, ainsi que cela a lieu dans la pratique des opérations géodésiques, il est plus commode de développer d'une manière particulière les formules relatives au triangle $PM'M''$, dans lequel $M'M''$ est très petit par rapport aux deux autres. Ce développement fera l'objet des articles suivans.

366. Par ce qui précède, on a

$$\left.\begin{aligned} \sin\lambda'' &= \sin\lambda\cos(\sigma'+\xi) \\ \sin\lambda' &= \sin\lambda\cos\sigma' \\ \sin\lambda\sin\sigma' &= \cos V'\cos\lambda' \end{aligned}\right\}.$$

Ces relations sont d'un merveilleux secours pour la solution du problème qu'il s'agit de résoudre maintenant. D'abord si dans les équations $(b')$ de l'art. 361, qui font voir que $\lambda''$ est compris entre $+\lambda$ et $-\lambda$, on fait, par cette raison,

$$\sin\lambda'' = \sin\lambda\cos\sigma'',$$

d'où il suit que $\sigma'' = \sigma' + \xi$; elles deviendront, par la substitution de cette valeur, et en faisant de plus $a^2 = b^2(1+\epsilon)$,

$$\left.\begin{aligned} d\varphi &= \frac{b\cos\lambda . d\sigma''\sqrt{1+\epsilon\sin^2\lambda\cos^2\sigma''}}{a(1-\sin^2\lambda\cos^2\sigma'')} \\ ds &= bd\sigma''\sqrt{1+\epsilon\sin^2\lambda\cos^2\sigma''} \end{aligned}\right\} \quad (c');$$

mais puisque $\sigma'' = \sigma' + \xi$, on a, en regardant $\sigma'$ comme constant,

$$d\sigma'' = d\xi;$$

de plus, si l'on fait $\frac{s}{b} = U$, on aura

$$\frac{ds}{b} = dU;$$

et $U$ pourra être considérée comme une quantité très petite du même ordre que $\epsilon$; partant

$$dU = d\xi\sqrt{1+\epsilon\sin^2\lambda\cos^2(\sigma'+\xi)}.$$

Or, pour n'admettre dans la valeur de $U$ que des termes du troisième ordre, il suffira de prendre

$$\begin{aligned}\cos(\sigma' + \xi) &= \cos\sigma' - \xi\sin\sigma',\\ \cos^2(\sigma' + \xi) &= \cos^2\sigma' - 2\xi\sin\sigma'\cos\sigma,\\ \cos^4(\sigma' + \xi) &= \cos^4\sigma';\end{aligned}$$

et comme le développement de l'équation précédente est

$$dU = d\xi\,[1 + \tfrac{1}{2}\varepsilon\sin^2\lambda\cos^2(\sigma' + \xi) - \tfrac{1}{8}\varepsilon^2\sin^4\lambda\cos^4(\sigma' + \xi)]$$

on a, en intégrant entre les limites $m'$ et $m''$, et remarquant que la constante est nulle, vu que $U$ et $\xi$ s'évanouissent en même tems,

$$U = \xi(1 + \tfrac{1}{2}\varepsilon\sin^2\lambda\cos^2\sigma' - \tfrac{1}{8}\varepsilon^2\sin^4\lambda\cos^4\sigma') - \tfrac{1}{2}\xi^2(\varepsilon\sin^2\lambda\cos\sigma'\sin\sigma');$$

ensuite, si l'on a égard aux deux dernières relations (5), il vient

$$U = \xi(1 + \tfrac{1}{2}\varepsilon\sin^2\lambda' - \tfrac{1}{8}\varepsilon^2\sin^4\lambda') - \tfrac{1}{2}\xi^2\varepsilon\cos V'\sin\lambda'\cos\lambda',$$

et réciproquement, par le retour des séries,

$$\xi = U(1 - \tfrac{1}{2}\varepsilon\sin^2\lambda' + \tfrac{3}{8}\varepsilon^2\sin^4\lambda') + \tfrac{1}{2}U^2\varepsilon\cos V'\sin\lambda'\cos\lambda' \quad (i');$$

d'où

$$\xi^2 = U^2(1 - \varepsilon\sin^2\lambda'), \quad \xi^3 = U^3.$$

Actuellement, il s'agit d'obtenir le développement de la latitude $\lambda''$ en fonction de $\lambda'$ et des puissances de l'arc $\xi$, sur une sphère dont le rayon est $b$ : or, à cet égard, le théorème de Maclaurin donne

$$\lambda'' = \lambda' + \left(\frac{d\lambda''}{d\xi}\right)\xi + \frac{1}{2}\left(\frac{d^2\lambda''}{d\xi^2}\right)\xi^2 + \frac{1}{2\cdot 3}\left(\frac{d^3\lambda''}{d\xi^3}\right)\xi^3 + \ldots\ldots$$

Les valeurs des coefficiens différentiels des différens ordres étant rapportées au point où $\xi = 0$, on a (art. 195), en se bornant aux termes de l'ordre $\xi^3$, et comptant les azimuts $V'$, $V''$ du nord à l'est,

$$\lambda'' = \lambda' - \xi\cos V' - \tfrac{1}{2}\xi^2\sin^2 V'\operatorname{tang}\lambda' + \tfrac{1}{2}\xi^3\sin^2 V'\cos V'(\tfrac{1}{3} + \operatorname{tang}^2\lambda');$$

puis mettant dans cette équation, pour $\xi$ sa valeur précédente, l'on a, à l'égard du sphéroïde,

$$\begin{aligned}\lambda'' = \lambda' &- U\cos V'(1 - \tfrac{1}{2}\varepsilon\sin^2\lambda' + \tfrac{3}{8}\varepsilon^2\sin^4\lambda')\\ &- \tfrac{1}{2}U^2\sin^2 V'\operatorname{tang}\lambda'(1 - \varepsilon\sin^2\lambda')\\ &- \tfrac{1}{2}\varepsilon U^2\cos^2 V'\sin\lambda'\cos\lambda'\\ &+ \tfrac{1}{2}U^3\sin^2 V'\cos V'(\tfrac{1}{3} + \operatorname{tang}^2\lambda')\ldots(l').\end{aligned}$$

L'azimut $V''$ se détermine avec la même facilité; car suivant la notation actuelle, on a

$$V'' = V' + \left(\frac{dV''}{d\xi}\right)\xi + \frac{1}{2}\left(\frac{d^2V''}{d\xi^2}\right)\xi^2 + \frac{1}{2.3}\left(\frac{d^3V''}{d\xi^3}\right)\xi^3 + \ldots;$$

et par l'article cité,

$$\begin{aligned} V'' = V' &- \xi \sin V' \operatorname{tang} \lambda' \\ &+ \xi^2 \sin V' \cos V' \left(\tfrac{1}{2} + \operatorname{tang}^2 \lambda'\right) \\ &- \xi^3 \sin V' \cos^2 V' \operatorname{tang} \lambda' \left(1 + \tfrac{4}{3} \operatorname{tang}^2 \lambda'\right) \\ &+ \xi^3 \sin V' \operatorname{tang} \lambda' \left(\tfrac{1}{6} + \tfrac{1}{3} \operatorname{tang}^2 \lambda'\right); \end{aligned}$$

puis éliminant $\xi$, il vient, après quelques transformations faciles à effectuer,

$$\begin{aligned} V'' = V' &- U \sin V' \operatorname{tang} \lambda' \left(1 - \tfrac{1}{2} \varepsilon \sin^2 \lambda' + \tfrac{3}{8} \varepsilon^2 \sin^4 \lambda'\right) \\ &+ U^2 \sin V' \cos V' \left(\tfrac{1}{2} + \operatorname{tang}^2 \lambda' - \varepsilon \operatorname{tang}^2 \lambda'\right) \\ &+ U^3 \sin^3 V' \operatorname{tang} \lambda' \left(\tfrac{1}{6} + \tfrac{1}{3} \operatorname{tang}^2 \lambda'\right) \\ &- U^3 \sin V' \cos^2 V' \operatorname{tang} \lambda' \left(\tfrac{5}{6} + \operatorname{tang}^2 \lambda'\right) \ldots\ldots (m'). \end{aligned}$$

Quant à la différence en longitude $\varphi = \varphi'' - \varphi'$, elle ne peut être calculée aussi aisément : voici comment l'on parvient à son expression.

Pour décomposer en deux parties, s'il est possible, le second membre de la première équation $(c')$, soit fait

$$d\varphi = \frac{d\sigma'' \cos \lambda}{1 - \sin^2 \lambda \cos^2 \sigma''} + \frac{C d\sigma'' \cos \lambda}{a\,(1 - \sin^2 \lambda \cos^2 \sigma'')};$$

$C$ étant un coefficient qu'il s'agit de déterminer; et soient égalées entre elles les deux valeurs de $d\varphi$, on trouvera sur-le-champ

$$C = -(a-b)\sqrt{1 + \varepsilon \sin^2 \lambda \cos^2 \sigma''};$$

ainsi le deuxième terme de la valeur hypothétique de $d\varphi$ prend la forme suivante,

$$-d\sigma'' \cos \lambda \left[\frac{a - b\sqrt{1 + \varepsilon \sin^2 \lambda \cos^2 \sigma''}}{a\,(1 - \sin^2 \lambda \cos^2 \sigma'')}\right].$$

et en multipliant haut et bas par $a + b\sqrt{1 + \varepsilon \sin^2 \lambda \cos^2 \sigma''}$, puis se rappelant que $a^2 - b^2 = b^2\varepsilon$, on a

$$-\frac{b^2\varepsilon \cos \lambda}{a} \cdot \frac{d\sigma''}{a + b\sqrt{(1 + \varepsilon \sin^2 \lambda \cos^2 \sigma'')}};$$

donc la valeur de $d\varphi$ devient

$$d\varphi = \frac{d\sigma'' \cos\lambda}{1-\sin^2\lambda\cos^2\sigma''} - \frac{b^2\iota\cos\lambda}{a}\cdot\frac{d\sigma''}{a+b\sqrt{(1+\iota\sin^2\lambda\cos^2\sigma'')}}.$$

Enfin prenant l'angle $\omega''$, d'après la formule

$$\text{tang}\,\omega'' = \frac{\text{tang}\,\sigma''}{\cos\lambda},$$

donnée par la propriété du triangle sphérique rectangle $pm''a$, et faisant attention qu'à cause de $d\omega'' = \frac{d.\text{tang}^2\omega''}{1+\text{tang}^2\omega''}$, d'où..........
$d\omega'' = \frac{d\sigma''\cos\lambda}{1-\sin^2\lambda\cos^2\sigma''}$, on a

$$d\varphi = d\omega'' - \frac{b^2\iota\cos\lambda}{a}\cdot\frac{d\sigma''}{a+b\sqrt{(1+\iota\sin^2\lambda\cos^2\sigma'')}} \qquad (d').$$

Avant d'intégrer cette équation, il convient de lui faire encore subir une transformation, pour la composer des seules quantités relatives au triangle $M'PM''$ : or, on a, par ce qui précède,

$$a = b\sqrt{1+\iota},\ \cos\lambda = \sin V'\cos\lambda' \text{ et } \cos\sigma' = \frac{\sin\lambda'}{\sin\lambda};$$

donc

$$d\varphi = d\omega'' - \frac{d\xi.\iota\sin V'\cos\lambda'}{2(1+\iota-\frac{1}{4}\iota\cos^2\lambda')}$$
$$= d\omega'' - \tfrac{1}{2}d\xi.\varepsilon\sin V'\cos\lambda'(1-\varepsilon+\tfrac{1}{4}\varepsilon\cos^2\lambda'),$$

et intégrant entre les limites $m'$ et $m''$, il vient

$$\varphi''-\varphi' = \omega''-\omega'-\tfrac{1}{2}\varepsilon\xi\sin V'\cos\lambda'(1-\varepsilon+\tfrac{1}{4}\varepsilon\cos^2\lambda'),$$

$\omega''-\omega'$ étant la différence en longitude des méridiens $pm''$, $pm'$ sur une sphère du rayon $b$. Mais dans ce cas,

$$\omega'' = \omega' + \left(\frac{d\omega''}{d\xi}\right)\xi + \frac{1}{2}\left(\frac{d^2\omega''}{d\xi^2}\right)\xi^2 + \frac{1}{2.3}\left(\frac{d^3\omega''}{d\xi^3}\right)\xi^3 + \ldots..$$

Ainsi, déterminant la valeur des coefficiens différentiels (art. 195), on obtient, avec un peu d'attention,

$$\omega''-\omega' = \xi\frac{\sin V'}{\cos\lambda'} - \xi^2\frac{\sin V'\cos V'}{\cos\lambda'}.\text{tang}\,\lambda'$$
$$+\tfrac{1}{3}\xi^3\frac{\sin V'\cos^2 V'}{\cos\lambda'}(4\text{tang}^2\lambda'+1)$$
$$-\tfrac{1}{3}\xi^3\frac{\sin V'\,\text{tang}^2\lambda'}{\cos\lambda'};$$

et ensuite

$$\varphi'' - \varphi' = \xi \frac{\sin V'}{\cos \lambda'} - \xi^2 \frac{\sin V' \cos V'}{\cos \lambda'} . \tang \lambda'$$
$$- \tfrac{1}{2} \varepsilon \xi \sin V' \cos \lambda' (1 - \varepsilon + \tfrac{1}{4} \varepsilon \cos^2 \lambda')$$
$$+ \xi^3 \frac{\sin V' \cos^2 V'}{\cos \lambda'} (\tfrac{1}{3} + \tang^2 \lambda')$$
$$- \xi^3 \frac{\sin^3 V'}{\cos \lambda'} (\tfrac{1}{3} \tang^2 \lambda');$$

enfin si l'on exprime $\xi$ en fonction de $U$, on aura, toutes réductions faites,

$$(\varphi'' - \varphi') \cos \lambda' = U \sin V' (1 - \tfrac{1}{2} \varepsilon + \tfrac{3}{8} \varepsilon^2)$$
$$- U^2 \sin V' \cos V' \tang \lambda' (1 - \varepsilon + \tfrac{1}{2} \varepsilon \cos^2 \lambda')$$
$$+ U^3 \sin V' \cos^2 V' (\tfrac{1}{3} + \tang^2 \lambda')$$
$$- U^3 \sin^3 V' (\tfrac{1}{3} \tang^2 \lambda') \ldots\ldots (k').$$

Ce sont ces formules mêmes que M. Legendre a publiées dans son Mémoire sur les triangles sphéroïdiques : bien entendu qu'il faudra, dans toutes, faire $U = \frac{s}{b} r''$, $U^2 = \frac{s^2}{b^2} r''$, $U^3 = \frac{s^3}{b^3} r''$, afin d'avoir en secondes, les termes où ces quantités entrent comme facteurs. On juge, à leur inspection, de l'influence de l'excentricité de la Terre sur les quantités qui en dérivent, en y mettant pour $\varepsilon$ sa valeur $\frac{e^2}{1 - e^2}$ (art. 167); et elles mettent à même de pouvoir apprécier en outre le degré d'exactitude des formules $(a')$, $(b')$, $(c')$ des art. 192 et 193; enfin elles sont sous une forme telle, que l'on peut aisément résoudre le problème suivant :

367. *Étant données les latitudes de deux points et leur différence en longitude, trouver leur plus courte distance sur le sphéroïde de révolution, et les azimuts de cette ligne géodésique.*

Soient pour données, les latitudes vraies $H'$, $H''$ des points $M'$, $M''$, et $\Delta\varphi$ leur différence en longitude. On calculera d'abord les latitudes réduites $\lambda'$ et $\lambda''$ à l'aide des formules $\tang \lambda' = \frac{b}{a} \tang H'$ et $\tang \lambda'' = \frac{b}{a} \tang H''$, et faisant ensuite les quantités connues $\lambda'' - \lambda' = h$, $(\varphi'' - \varphi') \cos \lambda'$ ou $\Delta\varphi \cos \lambda' = k$, et les inconnues $U \cos V' = x$, $U \sin V' = y'$; les deux équations $(k')$, $(l')$ seront de la forme $k = Py' - Qx'y' + Rx'^2y' - Sy'^3 \quad (m),$

$h = px' + qy'^2 - rx'y'^2 + sx'^3 \quad (n);$

$P, p, Q, q \ldots$ étant des coefficiens connus. Il serait très pénible de déterminer rigoureusement $x'$ et $y'$ par l'un des procédés ordinaires d'élimination; mais puisqu'il suffit d'avoir une solution approchée jusqu'aux quantités du troisième ordre inclusivement, on l'obtiendra ainsi qu'il suit.

La valeur de $y'$ déduite de la première équation, dans laquelle on peut supprimer le très petit terme $-Sy'^3$, est

$$y' = \frac{k}{P - Qx' + Rx'^2} = \frac{k}{P}\left(1 + \frac{Q}{P}x' - \frac{R}{P}x'^2 + \frac{Q^2}{P^2}x'^2\right);$$

et de là $$y'^2 = \frac{k^2}{P^2}\left(1 + \frac{3Q^2}{P^2}x'^2 + \frac{2Q}{P}x' - \frac{2R}{P}x'^2\right);$$

substituant cette valeur de $y'^2$ dans l'équation $(n)$, on aura un résultat tout en $x'$ et $x'^2$, et qui sera, en s'arrêtant aux termes du troisième ordre,

$$h = px' + \frac{q}{P^2}k^2\left(1 + \frac{2Q}{P}x'\right) - \frac{rx'k^2}{P^2};$$

tirant la valeur de $x'$, il vient, pour une première approximation,

$$x' = \frac{h - \frac{qk^2}{P^2}}{p + \frac{2qQ}{P^3}k^2 - \frac{rk^2}{P^2}} = \frac{h - \frac{qk^2}{P^2}}{p}\left(1 - \frac{2qQ}{P^3}k^2 + \frac{rk^2}{P^2}\right),$$

et en élevant au quarré, on a

$$x'^2 = \frac{h^2}{p^2} - \frac{2hk^2q}{p^2P^2}.$$

Maintenant, si dans l'équation $(n)$ l'on introduit les valeurs de $x'^2$ et de $y'^2$, et que l'on s'arrête toujours aux termes du troisième ordre, on trouvera

$$h = px' + \frac{qk^2}{P^2} + 2qQk^2x' - rk^2x' + \frac{sh^3}{p^3} - 2shk^2q;$$

équation de laquelle on tirera, pour une seconde approximation,

$$x' = \frac{h}{p} - \frac{qk^2}{pP^2} - \frac{sh^3}{p^3} + 2shk^2q - (2qQ - r)\,k^2h;$$

mais

$P = (1 - \frac{1}{2}\varepsilon + \frac{3}{8}\varepsilon^2),$ $\quad p = 1 - \frac{1}{2}\varepsilon\sin^2\lambda' + \frac{3}{8}\varepsilon^2\sin^4\lambda',$

$Q = \text{tang}\,\lambda'(1 - \varepsilon + \frac{1}{2}\varepsilon^2\cos^2\lambda'),$ $\quad q = \frac{1}{2}\text{tang}\,\lambda'(1 - \varepsilon\sin^2\lambda'),$

$R = (\frac{1}{3} + \text{tang}^2\lambda'),$ $\quad r = \frac{1}{2}(\frac{1}{3} + \text{tang}^2\lambda'),$

$S = \frac{1}{3}\text{tang}^2\lambda',$ $\quad s = \frac{1}{2}\varepsilon\sin\lambda'\cos\lambda';$

donc $x'$ ou

$$(p)\qquad U\cos V' = h\left(1+\tfrac{1}{2}\varepsilon\sin^2\lambda' - \tfrac{1}{8}\varepsilon\sin^4\lambda'\right)$$
$$-\tfrac{1}{2}k^2\operatorname{tang}\lambda'\left(1+\tfrac{1}{2}\varepsilon+\tfrac{1}{2}\varepsilon^2\cos^2\lambda'\right)$$
$$-\tfrac{1}{2}h^2\varepsilon\sin\lambda'\cos\lambda' - \tfrac{1}{2}k^2h\left(\operatorname{tang}^2\lambda' - \tfrac{1}{3}\right);$$

par suite $y'$, ou

$$(q)\quad U\sin V' = k\left(1+\tfrac{1}{2}\varepsilon - \tfrac{1}{8}\varepsilon^2\right) + hk\operatorname{tang}\lambda'\left(1+\tfrac{1}{2}\varepsilon\right)$$
$$-\tfrac{1}{3}kh^2 - \tfrac{1}{6}k^3\operatorname{tang}^2\lambda'.$$

De là, il est aisé de déterminer l'azimut $V'$ et la ligne géodésique $M'M'' = bU$; car on a

$$\operatorname{tang} V' = \frac{y'}{x'},\quad \text{et } U^2 = x'^2 + y'^2.$$

Pour ce qui est de l'azimut $V''$, on l'obtiendra au moyen de la relation (4) de l'art. 361, qui donne

$$\sin V'' = \frac{\sin V'\cos\lambda'}{\cos\lambda''};$$

le problème est donc complètement résolu.

*Du triangle dont les côtés sont très petits par rapport aux dimensions du sphéroïde.*

368. Il reste une question importante à examiner pour compléter l'analyse précédente; c'est de savoir si les triangles sphéroïdiques, dont les côtés sont très petits à l'égard des dimensions du sphéroïde, peuvent être résolus par les mêmes règles que celles qui s'appliquent aux triangles sphériques, ou s'ils exigent une méthode toute particulière.

Soit $MM'M''$ (fig. 30) un triangle sphéroïdique dont les côtés sont supposés fort petits relativement aux axes de l'ellipsoïde de révolution. Désignons par $\lambda$, $\lambda'$, $\lambda''$ les latitudes réduites des points $M$, $M'$, $M''$; par $A'$, $A''$ les azimuts des côtés $MM'$, $MM''$ par rapport au méridien $PM$. Enfin, soit le côté $MM' = bU'$ et le côté $MM'' = bU''$; $b$ étant toujours le rayon du pôle.

Cela posé, il s'agit d'abord de déterminer la position des points $M'$, $M''$ d'après ces cinq données, savoir : $\lambda$, $bU'$, $bU''$, $A'$, $A''$.

Or, on a, en vertu des formules $(l')$, $(m')$, les deux valeurs

$$\begin{aligned}\lambda' = \lambda &- U' \sin A' \left(1 - \tfrac{1}{2}\varepsilon \sin^2\lambda + \tfrac{3}{8}\varepsilon^2 \sin^4\lambda\right)\\ &- \tfrac{1}{2} U'^2 \sin^2 A' \operatorname{tang}\lambda \left(1 - \varepsilon \sin^2\lambda\right)\\ &- \tfrac{1}{2}\varepsilon U'^2 \cos^2 A' \sin\lambda\cos\lambda\\ &+ \tfrac{1}{2} U'^3 \sin^2 A' \cos A' \left(\tfrac{1}{3} + \operatorname{tang}^2\lambda\right),\end{aligned}$$

$$\begin{aligned}\lambda'' = \lambda &- U'' \sin A'' \left(1 - \tfrac{1}{2}\varepsilon \sin^2\lambda + \tfrac{3}{8}\varepsilon^2 \sin^4\lambda\right)\\ &- \tfrac{1}{2} U''^2 \sin^2 A'' \operatorname{tang}\lambda \left(1 - \varepsilon \sin^2\lambda\right)\\ &- \tfrac{1}{2}\varepsilon U''^2 \cos^2 A'' \sin\lambda\cos\lambda\\ &+ \tfrac{1}{2} U''^3 \sin^2 A'' \cos A'' \left(\tfrac{1}{3} + \operatorname{tang}^2\lambda\right).\end{aligned}$$

D'un autre côté, la formule $(k')$ donnant la différence de longitude de deux points, tels que $M$, $M'$, on aura évidemment, en désignant par $\Delta\varphi$ la différence $M'PM''$,

$$\begin{aligned}\Delta\varphi \cos\lambda = &\left(U' \sin A' - U'' \sin A''\right)\left(1 - \tfrac{1}{2}\varepsilon + \tfrac{3}{8}\varepsilon^2\right)\\ &+ \left(U''^2 \sin A'' \cos A'' - U'^2 \sin A' \cos A'\right)\\ &\times \operatorname{tang}\lambda\left(1 - \varepsilon + \tfrac{1}{2}\varepsilon\cos^2\lambda\right)\\ &+ \left(U'^3 \sin A' \cos^2 A' - U''^3 \sin A'' \cos^2 A''\right).\left(\tfrac{1}{3} + \operatorname{tang}^2\lambda\right)\\ &+ \left(U''^3 \sin^3 A'' - U'^3 \sin^3 A'\right).\left(\tfrac{1}{3}\operatorname{tang}^2\lambda\right).\end{aligned}$$

Or, les trois quantités $\lambda'$, $\lambda''$ et $\Delta\varphi$ se trouvant maintenant déterminées, on aura, à l'aide des formules $(p)$, $(q)$ de l'article précédent, la longueur $bU$ du troisième côté $M'M''$ du triangle proposé.

369. Si l'on considère un triangle rectiligne $mm'm''$, dont les côtés seraient égaux à ceux du triangle sphéroïdique $MM'M''$, l'angle $M$ de celui-ci sera égal à $A' - A''$; et dans le triangle rectiligne, l'angle $m$ correspondant sera égal à $M - z$; $z$ étant une inconnue qu'il faut déterminer, et qui est nécessairement fort petite. Or, d'après la notation ci-dessus, on a

$$\cos(M - z) = \frac{U'^2 + U''^2 - U^2}{2U'U''};$$

ou bien, à cause de la petitesse de $z$, il vient, en développant et s'arrêtant aux quantités du second ordre,

$$z \sin M - \tfrac{1}{2} z^2 \cos M = \frac{U'^2 + U''^2 - 2U'U'' \cos M - U^2}{2U'U''};$$

équation dans laquelle il ne s'agit plus que de substituer pour $U^2$ sa valeur déduite des formules $(p)$, $(q)$ de l'art. 367. Mais le développement de cette valeur, poussé jusqu'aux quantités du quatrième ordre, étant fort long et exigeant beaucoup d'adresse analytique, nous nous bornerons à faire remarquer que l'on obtiendrait

$$U^2 = U'^2 + U''^2 - 2U'U'' \cos M - \tfrac{1}{3} U'^2 U''^2 \sin^2 M;$$

de là

$$z \sin M - \tfrac{1}{2} z^2 \cos M = \tfrac{1}{6} U'U'' \sin^2 M;$$

et ensuite

$$z = \tfrac{1}{6} U'U'' \sin M + \tfrac{1}{72} U'^2 U''^2 \sin M \cos M;$$

ou simplement

$$z = \tfrac{1}{6} U'U'' \sin M;$$

vu que le second terme $\frac{1}{72} U'^2 U''^2 \sin M \cos M$, qui est du quatrième ordre, supposerait que les termes du sixième ordre ont été conservés dans la valeur de $U^2$ (*voyez* le Mémoire de M. Legendre).

Il résulte de là, que la valeur de $z$ est égale au tiers de l'aire du triangle sphéroïdique, et qu'elle doit être exacte, aux quantités près du troisième ordre. Ainsi, les triangles de cette espèce, dont les côtés auraient pour amplitude un degré ou même plus, peuvent se calculer comme les petits triangles tracés sur la surface de la sphère. Ce principe est même applicable à tous les triangles géodésiques qui seraient formés sur une surface peu différente d'une sphère; car, comme l'observe M. Legendre, « on peut supposer » qu'une telle surface se confond sensiblement dans la portion oc- » cupée par le triangle que l'on considère, avec un sphéroïde ellip- » tique disposé de manière que les sections verticales de plus grande » et de moindre courbure, qui se coupent toujours à angles droits » dans un solide (art. 187), se confondent avec les sections sem- » blables et de rayons égaux dans l'autre solide. Alors le triangle » commun aux deux surfaces jouira de la même propriété que les » triangles sphériques. »

Nous pourrions suivre une méthode analogue à celle de l'art. 363, pour résoudre les différens cas des triangles sphéroïdiques quelconques, dont deux côtés seraient des arcs de méridiens; mais les solutions précédentes étant déjà plus que suffisantes dans la pratique, nous terminerons cette matière, sur laquelle il existe d'ailleurs un ouvrage complet, qui a pour titre : *Elementi di Trigonometria sferoïdica*, par M. Oriani.

## CHAPITRE II.

### *De la figure de la Terre, déduite de la comparaison des mesures géodésiques.*

370. Il est probable que les dimensions du globe terrestre ont été connues dans des tems fort anciens; cependant, la première mesure qui ait répandu quelques lumières sur la question de la figure de la Terre, est celle que Picard exécuta en France vers la fin du XVIIe siècle.

Si la Terre était parfaitement sphérique, tous les degrés des méridiens seraient égaux; mais quels que soient leurs rapports entre eux, il est évident que si à un point quelconque de la surface terrestre, on mesure la hauteur méridienne d'une étoile, et qu'après s'être avancé vers le pôle élevé, sur le méridien de la première station, l'on mesure encore la hauteur de la même étoile lors de sa culmination, l'arc parcouru sera d'un degré, en supposant que la différence des hauteurs méridiennes de l'étoile soit elle-même d'un degré. A la rigueur, l'angle formé par les verticales des deux stations, ou l'*amplitude* de l'arc intercepté, est égale à la différence des hauteurs méridiennes, moins l'angle sous lequel on verrait du centre de l'étoile, l'arc parcouru; mais nous avons dit (art. 23) que cet angle est insensible.

Afin de n'avoir aucun doute à cet égard, soit $AC$ la verticale (fig. 31) et $AH$ l'horizon de $A$ : soit pareillement $BC$ la verticale, et $BH'$ l'horizon de $B$. Cela posé, la hauteur méridienne de l'étoile $E$ sur l'horizon de $A$ sera représentée par l'angle $EAH = h$; la hauteur de cette étoile sur l'horizon de $B$ sera de même représentée par l'angle $EBH = h'$. Or, l'angle $C$ a pour mesure l'arc $AB$; et comme les angles $HAB$, $HBA$ sont égaux, et qu'ils ont chacun pour mesure $\frac{1}{2}$ arc $AB$, il s'ensuit que $HAB + HBA = C$. Donc les trois angles du triangle $EAB$ ou $2^q = E + h + (2^q - h') + C$, donc enfin $C = h' - h - E$.

371. Nous avons fait voir, dans les chapitres précédens, comment on détermine rigoureusement, par la Trigonométrie, la longueur

d'un arc de plus courte distance compris entre deux points de la surface terrestre, quelle que soit sa direction par rapport à une méridienne. Nous avons en outre exposé les méthodes des astronomes, pour observer avec précision tant les azimuts des extrémités de cet arc que son amplitude; ainsi, en divisant la longueur d'un arc par le nombre de degrés qu'il contient, le quotient exprime la valeur du degré moyen correspondant à la latitude moyenne. C'est de cette manière que l'on est parvenu à connaître la grandeur des degrés des méridiens sous différentes latitudes, et que l'on s'est convaincu de leur accroissement de l'équateur aux pôles.

Voici, par exemple, le tableau des principaux degrés mesurés, avec les latitudes de leurs milieux, exprimées suivant la division du cercle en 400 grades.

| LIEUX des observations. | LATITUDES moyennes. | LONGUEURS des grades en mètres. | NOMS des observateurs. |
|---|---|---|---|
| Le Pérou................ | 0ᵍ0000 | 99552ᵐ3 | Bouguer et Lacondamine |
| L'Inde.................. | 12,7778 *B* | 99542,7 | Lambton. |
| Le cap de Bonne-Espérance. | 37,0093 *A* | 100052,5 | Lacaille. |
| La Pensylvanie.......... | 43,5556 *B* | 99789,1 | Mason et Dixon |
| L'Italie................ | 47,7963 *B* | 99948,7 | Boscovich et Lemaire. |
| La France............... | 51,3327 *B* | 100017,9 | Delambre et Méchain. |
| L'Angleterre............ | 58,4074 *B* | 100100,7 | Mudge. |
| La Suède................ | 73,7037 *B* | 100322,7 | Melanderhielm et Svanberg. |

La Terre est donc, comme nous l'avons déjà supposé, aplatie vers les pôles et renflée vers l'équateur. La théorie vient aussi à l'appui de cette conséquence; car en supposant que notre globe, doué d'un mouvement rapide de rotation, ait été originairement une masse fluide, il a dû, par suite de ce mouvement et de la pesanteur, prendre la forme d'un ellipsoïde de révolution. En effet, Newton démontra le premier, que si la Terre était homogène, son aplatissement serait de $\frac{1}{230}$. Cependant, l'on voit, par la comparaison des divers degrés mesurés dans les deux hémisphères, que les méridiens sont différens entre eux, et n'ont pas exactement la forme elliptique.

372. Une des opérations les plus importantes de ce genre, est

celle qui a été exécutée par MM. Delambre et Méchain, depuis Dunkerque jusqu'à Mont-Jouy, continuée au sud par MM. Biot et Arago jusqu'à l'île de Formentera, et rattachée au nord à celle du major-général Roy, en Angleterre.

En voici les résultats, extraits de l'*Astronomie* de M. Delambre, tome III, page 566.

| | LATITUDES. | INTERVALLES | INTERVALLES en toises. | DEGRÉS. | LATITUDES moyennes. | Diminution par degré. |
|---|---|---|---|---|---|---|
| Greenwich.. | 51°28′40″00 | 0° 26′30″80 | 25241T9 | | | |
| Dunkerque. | 51. 2. 9,20 | 2. 11.39,83 | 124944,8 | 57082T63 | 49°56′29″30 | 5T25 |
| Panthéon . . | 48.50.49,37 | 2. 40. 6,83 | 152293,1 | 57069,31 | 47.30.45,91 | 32,40 |
| Évaux. . . . | 46.10.42,54 | 2. 57.48,24 | 168846,7 | 56977,80 | 44.41.48,37 | 12,91 |
| Carcassonne | 43.12.54,30 | 1. 51. 9,34 | 105499,0 | 56946,67 | 42.17.19,60 | — 2,00 |
| Mont-Jouy.. | 41.21.44,96 | 2. 41.48,85 | 153605,8 | 56999,84 | 40. 0.50,0 | |
| Formentera | 38.39.56,11 | | | | | |

On voit tout d'abord, par ce tableau, que les degrés n'ont pas entre eux les rapports qui conviennent à un méridien elliptique; les trois premiers donnent bien une diminution du nord au sud; mais le quatrième indique une augmentation ou une latitude trop faible à Mont-Jouy. Cette anomalie disparaît en s'arrêtant aux résultats moyens de toutes les observations : aussi M. Delambre, prenant le milieu entre les observations de latitude faites à Barcelonne et à Mont-Jouy, et pour Dunkerque, le milieu entre les deux étoiles, a formé un second tableau où l'on remarque une diminution dans tous les arcs; mais qui est encore trop irrégulière, puisqu'elle ne devrait être que de 10 toises environ par degré. Voici ce second tableau.

| | LATITUDES. | INTERVALLES | INTERVALLES en toises. | DEGRÉS. | LATITUDES moyennes. | Diminution par degré. |
|---|---|---|---|---|---|---|
| Greenwich.. | 51°28′40″00 | 0° 26′31″50 | 25241T9 | 57097T22 | 51°15′24″ | |
| Dunkerque. | 51. 2. 8,50 | 2. 11.19,13 | 124944,8 | 57087,70 | 49.56.29 | 7T23 |
| Panthéon . . | 48.50.49,37 | 2. 40. 6,83 | 152293,1 | 57069,31 | 47.30.46 | 8,41 |
| Évaux. . . . | 47.10.42,54 | 2. 57.48,24 | 168846,7 | 56977,80 | 44.41.48 | 32,40 |
| Carcassonne | 43.12.54,30 | 1. 51. 7,72 | 105499,0 | 56960,46 | 42.17.21 | 9,36 |
| Mont-Jouy. | 41.21.46,58 | 2. 41.50,47 | 153605,8 | 55946,89 | 40. 0.52 | 5,03 |
| Formentera | 38.39.56,11 | | | | | |

373. Si les quatre arcs consécutifs du méridien, mesurés en France, appartenaient réellement à un ellipsoïde de révolution; que l'on substituât leurs valeurs dans la formule suivante,

$$(a) \qquad A = g''(H' - H) - \tfrac{3}{2}\alpha g'' \tfrac{200}{\pi} \sin(H' - H)\cos(H' + H),$$

qui dérive de celle de l'art. 178, et dans laquelle $g'' = \frac{Q}{100}$ désigne le grade moyen, $\alpha$ l'aplatissement; on aurait, entre ces deux inconnues, quatre équations qui étant combinées deux à deux, donneraient exactement les mêmes valeurs pour $g''$ et $\alpha$, en supposant toutefois que les erreurs d'observation fussent insensibles; mais, comme il n'en est pas ainsi, on cherche à déterminer l'ellipse qui satisfait le mieux aux arcs mesurés. Il existe, pour cet effet, une méthode très élégante que M. Legendre a appelée *Méthode des moindres quarrés*, et qu'il a publiée pour la première fois dans un Mémoire sur la *Détermination des orbites des Comètes*. Elle jouit de l'avantage de diminuer autant que possible l'influence des erreurs commises dans la mesure des arcs entiers, ou dans une série quelconque d'observations, en rendant *minimum* la somme des quarrés de ces erreurs. L'illustre auteur de la *Mécanique céleste* a, depuis, confirmé l'exactitude de cette méthode par sa savante Théorie des probabilités.

Si, par exemple, on a le système d'équations

$$\begin{aligned} E &= a + bx + cy + fz + \ldots\ldots, \\ E' &= a' + b'x + c'y + f'z + \ldots\ldots, \\ &\ldots\ldots\ldots\ldots\ldots\ldots\ldots\ldots \end{aligned}$$

dans lesquelles $abc$, $a'b'c'$... sont des coefficiens connus, et $xyz$... sont des inconnues qu'il faut déterminer par la condition que les valeurs de $E$, $E'$..... se réduisent à une quantité ou nulle, ou très petite; on aura, pour la somme des quarrés des erreurs,

$$\begin{aligned} E^2 + E'^2 + E''^2 \ldots = {} & (a^2 + a'^2 + a''^2 \ldots) + (b^2 + b'^2 + b''^2 \ldots)\, x^2 \\ & + (c^2 + c'^2 + c''^2 \ldots) y^2 + (f^2 + f'^2 + f''^2 \ldots) z^2 \ldots \\ & + 2(ab + a'b' + a''b'' \ldots) x + 2(ac + a'c' + a''c'' \ldots) y \\ & + 2(af + a'f' + a''f'' \ldots) z \ldots \\ & + 2(bc + b'c' + b''c'' \ldots) xy + 2(bf + b'f' + b''f'' \ldots) xz \\ & + 2(cf + c'f' + c''f'' \ldots) yz \ldots \end{aligned}$$

Or, le *minimum* de cette expression, pris d'abord par rapport à $x$

seul, sera (*Calcul différentiel* de M. Lacroix, n° 133)

$$0 = \Sigma ab + x\Sigma b^2 + y\Sigma bc + z\Sigma bf + \text{etc.};$$

en représentant, pour abréger, par $\Sigma ab$ la somme des produits semblables $ab + a'b' + \ldots$, par $\Sigma b^2$ la somme des quarrés $b^2 + b'^2 + \ldots$, et ainsi de suite.

Le *minimum*, pris en faisant varier $y$, sera de même

$$0 = \Sigma ac + x\Sigma bc + y\Sigma c^2 + z\Sigma fc + \text{etc.}\ldots;$$

puis, en faisant varier $z$, on aura

$$0 = \Sigma af + x\Sigma bf + y\Sigma cf + z\Sigma f^2 + \text{etc.}\ldots$$

Il suit de là que, *pour former l'équation du* minimum *par rapport à l'une des inconnues, il faut multiplier tous les termes de chaque équation proposée par le coefficient de l'inconnue dans cette équation, pris avec son signe, et égaler à zéro la somme de tous ces produits.*

Par cette méthode, qui non-seulement est exacte, générale et directe, mais encore d'une application facile, on obtient autant d'équations du *minimum* qu'il y a d'inconnues, et il ne s'agit ensuite que de résoudre ces équations du premier degré, par les voies ordinaires. Elle consiste en quelque sorte à prendre le centre de gravité des observations que l'on compare, pour trouver des valeurs les plus avantageuses. On pourrait aussi employer la méthode des *Équations de condition,* imaginée par Mayer, et dont les astronomes font encore usage dans certains cas; parce que, quoiqu'elle soit moins sûre que la précédente, elle exige moins de calculs numériques (voyez l'*Astronomie physique,* tome II, page 191).

374. Pour donner une application du principe des moindres quarrés, nous emploierons les élémens suivans, qui sont ceux auxquels s'arrêta la Commission des poids et mesures.

| LIEUX des observations. | LATITUDES en grades. | ARCS COMPRIS exprimés en modules. | $H - H'$ | $H + H'$ |
|---|---|---|---|---|
| Dunkerque.. | 56g706944 | *DP* 62472,59 | 2g432330 | 110g981558 |
| Panthéon.... | 54,274614 | *PE* 76145,74 | 2,965200 | 105,584028 |
| Évaux...... | 51,309414 | *EC* 84424,55 | 3,292624 | 99,326204 |
| Carcassonne. | 48,016790 | *CM* 52749,48 | 2,058509 | 93,975071 |
| Mont-Jouy.. | 45,958281 | | | |

Le 50ᵉ grade étant d'environ 25650 modules, égaux chacun à deux toises (art. 145), on peut faire $\frac{1}{g''} = \frac{1+\beta}{25650}$, $\beta$ étant une très petite fraction; et pour lors l'équation ($a$) renversée, savoir,

$$H - H' = \frac{A}{g''} + \frac{3}{2}\,\alpha\,\frac{200}{\pi}\,\sin(H - H')\cos(H + H'),$$

deviendra

$$H - H' = \frac{A}{25650} + \beta.\frac{A}{25650} + \alpha.\frac{300}{\pi}\,\sin(H - H')\cos(H + H').$$

Maintenant, appelant $E$, $E'$... les corrections additives aux latitudes de Dunkerque, du Panthéon, etc... on aura $H + E - H' - E'$, au lieu de $H - H'$, etc., et alors, en unités de grade,

$$\begin{aligned}
E - E' &= \phantom{-}0{,}003252 + (2{,}435)\,\beta - (0{,}626)\,\alpha,\\
E' - E'' &= \phantom{-}0{,}003443 + (2{,}969)\,\beta - (0{,}389)\,\alpha,\\
E'' - E''' &= -0{,}001219 + (3{,}291)\,\beta + (0{,}052)\,\alpha,\\
E''' - E^{\text{iv}} &= -0{,}001999 + (2{,}056)\,\beta + (0{,}292)\,\alpha.
\end{aligned}$$

Afin de pouvoir considérer ces erreurs séparément, on regardera comme une nouvelle inconnue l'erreur $E''$, par exemple, et l'on aura

$$\begin{aligned}
E &= E'' + 0{,}006695 + (5{,}404)\,\beta - (1{,}016)\,\alpha,\\
E' &= E'' + 0{,}003443 + (2{,}969)\,\beta - (0{,}389)\,\alpha,\\
E'' &= E'',\\
E''' &= E'' + 0{,}001219 - (3{,}291)\,\beta - (0{,}052)\,\alpha,\\
E^{\text{iv}} &= E'' + 0{,}003218 - (5{,}348)\,\beta - (0{,}344)\,\alpha.
\end{aligned}$$

Appliquant le principe des *moindres quarrés*, énoncé précédemment, et exprimant d'abord la condition du *minimum*, par rapport à l'inconnue $E''$, dont tous les coefficiens sont 1; on aura, par l'addition de toutes ces équations,

$$0 = 5E'' + 0{,}014575 - (0{,}266)\,\beta - (1{,}801)\,\alpha;$$

donc

$$E'' = -\,0{,}002915 + (0{,}053)\,\beta + (0{,}360)\,\alpha.$$

La substitution de cette valeur dans les cinq équations ci-dessus, conduit à

$$\left.\begin{aligned}
E &= \phantom{-}0,003780 + (5,457)\,\beta - (0,655)\,\alpha \\
E' &= \phantom{-}0,000528 + (3,022)\,\beta - (0,029)\,\alpha \\
E'' &= -0,002915 + (0,053)\,\beta + (0,360)\,\alpha \\
E''' &= -0,001696 - (3,238)\,\beta + (0,308)\,\alpha \\
E^{\text{IV}} &= \phantom{-}0,000303 - (5,295)\,\beta + (0,016)\,\alpha
\end{aligned}\right\} \quad (b).$$

On exprimera la condition du *minimum* par rapport à $\beta$, en multipliant chacune de ces équations par le coefficient de $\beta$ dans ces mêmes équations, pris avec son signe, et en égalant à zéro la somme de tous ces produits. Si l'on opère de la même manière par rapport à $\alpha$, l'on aura les deux relations

$$\begin{aligned}
0 &= \phantom{-}0,025957 + (77,438)\,\beta - (4,729)\,\alpha, \\
0 &= -0,004060 - (\ 4,729)\,\beta + (0,655)\,\alpha;
\end{aligned}$$

d'où l'on tire

$$\alpha = 0,00675, \quad \beta = 0,0000773;$$

donc l'aplatissement le plus probable, résultant de l'ensemble des observations, est

$$\alpha = \frac{1}{148},$$

et le 50e grade

$$g'' = \frac{25650}{1+\beta} = 25648,02.$$

Enfin, substituant dans les équations ($b$) les valeurs de $\alpha$ et $\beta$, on aura, pour les erreurs exprimées en secondes décimales,

$$E = -2^{\text{s}},19,\ E' = 5^{\text{s}},65,\ E'' = -4^{\text{s}},79,\ E''' = 1^{\text{s}},34,\ E^{\text{IV}} = 0^{\text{s}},05;$$

de là, en secondes sexagésimales,

$$E = -0'',73,\ E' = 1'',83,\ E'' = -1'',55,\ E''' = 0'',42,\ E^{\text{IV}} = 0'',02.$$

L'aplatissement déterminé de la sorte, est beaucoup plus grand que celui qui résulte des phénomènes de la précession et de la nutation, et qu'on trouve de $\frac{1}{304}$, en le déduisant de deux inégalités du mouvement lunaire, l'une en latitude, l'autre en longitude. On sait d'ailleurs, par la comparaison des arcs mesurés en France et à l'équateur, qu'il est seulement de $\frac{1}{309}$ (art. 180); résultat bien peu différent du précédent. Ainsi l'aplatissement $\frac{1}{148}$ que fournissent les seules mesures de France, appartiendrait à une ellipse qui ne peut convenir à la figure générale du globe, et qui supposerait dans les observations des latitudes de Paris et d'Évaux des erreurs beaucoup plus fortes que celles qui sont probables. De telles anomalies dans les latitudes ne pouvant donc être entièrement attribuées aux observations, l'on est porté à croire qu'elles tiennent à des attractions locales qui agissent irrégulièrement sur le fil-à-plomb, et écartent la figure de la Terre de celle d'un ellipsoïde de révolution.

Si, dans les équations ($b$), l'on fait $\alpha = \frac{1}{230}$, suivant Newton, et que l'on cherche, comme on vient de l'enseigner, l'équation du *minimum*, on obtiendra une résultante qui fournira une nouvelle valeur de $\beta$; et pour lors le 50e grade, qui est une fonction de cette valeur, s'accordera suffisamment avec la détermination adoptée (art. 177); mais il résultera de là, que les valeurs de $E, E', E''$ s'écarteront davantage des limites probables des erreurs des observations, dans l'hypothèse du *minimum* absolu. (Consultez à cet égard, le Mémoire cité de M. Legendre, et la *Mécanique céleste*, tome II, page 140.)

375. M. Delambre préfère la méthode qui donne les moindres erreurs de latitude, moitié positives, moitié négatives; celle qu'il emploie pour cet effet n'est pas directe, mais elle est trop simple pour la passer sous silence. Ce célèbre astronome prend la formule

$$(H' - H) = A\,\frac{\pi}{2^{Q}}\left[1 + \tfrac{3}{2}\,\alpha \cos^{\frac{1}{3}}(H' - H)\cos(H' + H)\right],$$

qu'on déduit aisément de celle de l'art. 178, en y négligeant les puissances supérieures de l'aplatissement, et transformant le terme en $\alpha$ par le procédé de l'art. 184; puis il détermine, d'après l'arc mesuré, la différence $H' - H$ des latitudes pour différentes hypothèses d'aplatissement, et par conséquent l'erreur des observations. En considérant, par exemple, la latitude de Paris comme la plus exacte, et appliquant la formule ci-dessus aux arcs du méridien compris entre le Panthéon et les lieux rapportés dans les tableaux précédens, il a reconnu que, pour l'aplatissement $\alpha = \frac{1}{175}$, la somme des erreurs se réduit presque à rien, tandis qu'aucune d'elles ne passe $3''\frac{1}{3}$ de la division sexagésimale. L'aplatissement $\frac{1}{200}$ satisfait encore assez bien à la condition, au lieu que $\frac{1}{227}$ donne la somme des erreurs $= + 13'',96$ (*Abrégé d'Astronomie*, page 607). Tout fait donc présumer que $\frac{1}{180}$ est à peu près l'aplatissement de l'ellipsoïde osculateur à la surface occupée par la France.

376. Jusqu'à présent l'on n'a guère déterminé avec succès l'ellipticité de la Terre, que par la comparaison des arcs de méridiens. Cependant les géomètres désirent depuis long-tems faire concourir à cette détermination les mesures d'arcs de parallèles. En effet, les deux lignes de courbure d'une surface quelconque étant perpendiculaires entre elles, la mesure d'un arc de parallèle est, théoriquement parlant, propre à faire connaître si la surface à laquelle elle appartient est ou n'est pas de révolution. Par les opérations géodésiques, on ne mesure pas directement cet arc; ce sont, comme pour la méridienne, les triangles établis le long de cette ligne qui servent à en déterminer la grandeur (art. 203) : il ne reste plus ensuite qu'à en évaluer l'amplitude par les signaux de feu, ou à l'aide d'excellens chronomètres, ou par tout autre moyen. Mais il paraît si difficile d'obtenir cette amplitude avec une extrême précision, qu'on a peu d'espoir d'acquérir par là, sur la véritable figure de la Terre, plus de lumières qu'on n'en possède maintenant. Néanmoins, l'on ne doit pas négliger de faire entrer en considération les mesures d'arcs de parallèles, ou de perpendiculaires à la méridienne, si les observations de longitude et d'azimut peuvent inspirer assez de confiance, et si les opérations géodésiques ont été faites avec tous les soins que leur importance exige. Il conviendra dans ce cas, de recourir aux formules et aux moyens que M. Laplace a proposés, et que nous ferons connaître dans le chapitre suivant.

La longueur d'un arc de parallèle compris entre les points extrêmes d'une chaîne de triangles, et son amplitude étant connues, on aura aisément la longueur du *degré moyen* de ce parallèle; car ce serait sans doute un hasard si les portions de cette ligne étaient rigoureusement proportionnelles à leurs degrés. Les irrégularités observées dans les arcs de méridiens donnent lieu de penser qu'il en existe aussi dans les arcs de parallèles. Cependant, si les différences entre les degrés d'un même parallèle sont très légères, et qu'elles puissent être uniquement attribuées aux erreurs des observations, l'on sera en droit de conclure que, dans le lieu où l'on a opéré, la surface de la Terre est réellement de révolution. Dans la supposition contraire, le parallèle mesuré sera une courbe irrégulière, et la différence de longitude de ses extrémités ne sera pas rigoureusement son amplitude : on déterminera alors, par les méthodes connues et employées à l'égard des méridiens, l'ellipse qui y satisfait le mieux. Mais que pourra-t-on conclure de là ? que la Terre, dans le lieu des observations, a sensiblement la forme d'un ellipsoïde.

377. Au lieu d'évaluer un arc de parallèle, on peut calculer la longueur de la ligne géodésique perpendiculaire au méridien principal, et déterminer ensuite son amplitude par l'observation et le calcul; car on a vu, à l'art. 188, que, de la combinaison du degré de l'arc perpendiculaire à un méridien, et du degré de ce méridien à la même latitude, l'on déduit facilement l'aplatissement de la Terre supposée de forme elliptique, et plus exactement que par la comparaison de deux degrés rapprochés du méridien. La méthode de calcul à employer, pour déterminer la longueur dont il s'agit, a été exposée au chapitre XI du livre III. Quant à l'amplitude cherchée, il est visible qu'elle est égale à l'angle que forment entre elles les normales des extrémités de la ligne géodésique calculée. Or, par les observations de latitude et de longitude, on connaîtra tant les angles que ces normales font avec le rayon du pôle de la Terre, que celui des deux méridiens extrêmes; il ne s'agira donc plus que de calculer le troisième côté d'un triangle sphérique dont on connaîtra deux côtés et l'angle compris.

Soient, par exemple, $H$, $H'$ les latitudes des extrémités de l'arc perpendiculaire mesuré, et $P$ leur différence en longitude; on aura, par la propriété du triangle sphérique, et en désignant en outre par $U$ l'amplitude de l'arc dont il s'agit,

$$\sin^2 \tfrac{1}{2} U = \sin^2 \tfrac{1}{2} (H - H') + \cos H \cos H' \sin^2 \tfrac{1}{2} P;$$

ainsi, en divisant par cette amplitude la longueur de l'arc perpendiculaire mesuré, on aurait la longueur du degré moyen. Mais il est plus exact de faire usage de la valeur du premier degré perpendiculaire, dans la recherche de l'aplatissement (art. 188); degré qui coïncide sensiblement avec la portion correspondante de la section verticale ayant même direction.

Mais comment évaluer en général l'amplitude $U$ d'un arc $P'$ perpendiculaire au méridien $AP$ (fig. 32), et résultant de la section faite sur le sphéroïde de révolution, par un plan passant par la normale $AN$? c'est ce que l'on va faire voir.

Par les extrémités $A$, $B$ de l'arc $P'$, concevons les normales $AN$, $BN'$ à la surface terrestre, l'oblique $BN$, et la droite $bN$ parallèle à $BN'$. D'après cela, si, dans le plan $ABN$ et par le point $B$, l'on mène l'horizontale $BH$ et la perpendiculaire $BR$ à cette horizontale, l'angle $BRA$ sera l'amplitude de $P'$. Or, cet angle qu'il s'agit de connaître, est sensiblement égal à celui des deux normales $AN$, $BN$ qui mesure l'amplitude de la plus courte distance $AB$. On s'assurera de ce fait ainsi qu'il suit.

D'abord si, par le point $R'$ pris sur la normale $BN'$, et sur la perpendiculaire $RR'$ au plan $NBA$, l'on mène respectivement à $AN$ et $BR$ les parallèles $R'A'$, $R'B'$, l'angle $B'R'A' = BRA$ sera l'amplitude de la section $AB = P'$. Ensuite si l'on appelle $\psi$ l'angle $NBN'$ formé par la normale $BN'$ et l'oblique $BN$, angle qu'on trouvera de 8",6 environ dans l'hypothèse de l'art. 188; il est visible que l'angle $RBR' = \psi'$, et dont le plan est perpendiculaire à $NBA$, sera, à très peu près, égal à $\psi \sin V$; $V$ étant l'azimut de $AB$ sur l'horizon de $B$, et calculé sur la Terre supposée sphérique. Ainsi, pour passer de l'amplitude calculée $BR'A'$ à l'angle $B'R'A'$ ou $BRA$, il ne s'agit que de faire usage de la formule pour réduire un angle à l'horizon (art. 96). Soient donc $BR'A' = O$, et $BRA = O'$; on aura, à cause de $B'R'B = \psi' = \psi \sin V$, et d'après l'article cité,

$$O' - O \doteq \left(\frac{\psi'}{2}\right)^2 \operatorname{tang} \tfrac{1}{2} O \sin 1'' - \left(\frac{\psi'}{2}\right)^2 \cot \tfrac{1}{2} O \sin 1'';$$

quantité tout-à-fait insensible, et, dans tous les cas, bien plus petite que l'erreur qui affecte l'angle $O$, et qui résulte de celles des observations de latitude et de longitude. On peut donc toujours prendre pour amplitude de l'arc de section $AB = P'$, l'angle $bNA$ des deux normales des points extrêmes.

# CHAPITRE III.

## *Continuation de la recherche de la figure de la Terre, d'après les mesures géodésiques et la théorie de M. Laplace.*

378. Si l'on pouvait satisfaire aux équations de condition qu'expriment les formules relatives à la ligne la plus courte tracée sur une surface engendrée par la révolution d'une ellipse autour de son petit axe (art. 362), il s'ensuivrait que la figure de la Terre serait conforme à cette hypothèse; mais jusqu'à présent il n'est aucune opération géodésique, considérée en elle-même, qui ne donne une ellipticité différente. Toutefois, si la surface terrestre, abstraction faite de ses aspérités, est irrégulière, elle s'écarte peu de celle d'une sphère. Il est donc important d'examiner les propriétés d'une ligne géodésique étendue sur un tel sphéroïde.

Clairaut paraît être le premier qui se soit occupé de cette question délicate; mais l'illustre auteur de la *Mécanique céleste* a donné sur ce sujet important, une analyse beaucoup plus complète et plus savante, et au moyen de laquelle on peut non-seulement décider, d'après des mesures géodésiques prises dans le sens du méridien et suivant des directions perpendiculaires à cette ligne, si la Terre est ou n'est pas un ellipsoïde de révolution, mais encore déterminer autant d'ellipsoïdes osculateurs qu'on a formé de perpendiculaires à la méridienne, et sur lesquels les positions géographiques des objets peu éloignés des points de contact seraient sensiblement les mêmes que sur le globe terrestre. C'est cette analyse que nous allons faire connaître, en suivant, pour arriver aux formules qui en dépendent, la voie qui nous paraîtra se rapprocher le plus de la méthode adoptée dans cet Ouvrage.

### *Méthode pour déterminer la courbe du méridien terrestre.*

379. Si la Terre est réellement un sphéroïde irrégulier, le méridien terrestre est une courbe à double courbure, qui, cependant, doit d'autant moins différer de la courbe produite par l'intersection du

plan du méridien céleste et la surface de la Terre, que cette surface s'approche plus de celle de l'ellipsoïde (art. 160).

Pour déterminer cette courbe, soit $u = 0$ l'équation de la surface de la Terre; $u$ étant une fonction des trois coordonnées orthogonales $x$, $y$, $z$, en sorte que $u = f(x, y, z)$; $f$ dénotant le signe d'une fonction.

D'abord on sait, d'après l'art. 160, que le méridien terrestre est la courbe qui est déterminée par le système des droites menées, par tous les points du méridien céleste, perpendiculairement à la surface du sphéroïde, et que chacune de ces droites ou normales peut être censée parallèle au plan de ce dernier méridien. Soient donc $x, y, z$ les coordonnées du pied d'une de ces normales, et $x', y', z'$ les coordonnées courantes; les équations de cette ligne seront,

$$(x' - x) + p(z' - z) = 0,$$
$$(y' - y) + q(z' - z) = 0;$$

puisque l'équation différentielle de la surface du sphéroïde est $dz = pdx + qdy$. Maintenant si

$$z = ax + by + d$$

est l'équation du méridien céleste relatif au zénit du point $x, y, z$, on aura, dans la supposition que ce plan et la normale sont parallèles, la relation suivante :

$$ap + bq + 1 = 0 \quad (1);$$

mais $u = 0$ étant l'équation du sphéroïde, on a nécessairement (art. 165)

$$p = -\left(\frac{du}{dx}\right)\left(\frac{dz}{du}\right), \quad q = -\left(\frac{du}{dy}\right)\left(\frac{dz}{du}\right);$$

et pour lors la relation (1) prend cette forme,

$$-a\left(\frac{du}{dx}\right)\left(\frac{dz}{du}\right) - b\left(\frac{du}{dy}\right)\left(\frac{dz}{du}\right) + 1 = 0,$$

ou

$$\left(\frac{du}{dz}\right) - a\left(\frac{du}{dx}\right) - b\left(\frac{du}{dy}\right) = 0 \quad (2).$$

« Pour avoir les constantes $a$ et $b$, on supposera connues les
» coordonnées du pied de la verticale parallèle à l'axe de rotation
» de la Terre, et celles d'un lieu donné de sa surface. En substituant
» successivement ces coordonnées dans l'équation précédente, on
» aura deux équations, au moyen desquelles on déterminera $a$ et $b$.
» L'équation précédente, combinée avec celle de la surface $u = 0$,
» donnera la courbe du méridien terrestre qui passe par le lieu
» donné. »

Si la Terre était un ellipsoïde quelconque, $u$ serait une fonction rationnelle et entière du second degré en $xyz$; c'est-à-dire que l'on aurait en général

$$\left.\begin{array}{l} Ax^2 + By^2 + Cz^2 \\ + A'x + B'y + C'z \\ + A''xy + B''xz + C''yz \\ + D \end{array}\right\} = u.$$

L'équation (2), dans laquelle $\left(\frac{du}{dz}\right)$, $\left(\frac{du}{dx}\right)$, $\left(\frac{du}{dy}\right)$ sont des différentielles partielles de $u$, appartiendrait alors à un plan dont l'intersection avec la surface de la Terre formerait le méridien terrestre; mais dans le cas général, ce méridien, comme nous l'avons dit, est une courbe à double courbure, et diffère de la ligne déterminée par les mesures géodésiques.

Nous n'expliquerons pas comment on peut tracer cette ligne sur la Terre, parce que l'opération qu'il s'agit de faire à ce sujet est suffisamment indiquée dans les art. 159 et suiv.; mais nous rappellerons que les lignes tracées par les opérations géodésiques ont la propriété d'être les plus courtes que l'on puisse mener sur la surface du sphéroïde : leur premier côté, dont la direction peut être supposée quelconque, est tangent à la surface de la Terre; leur second côté est le prolongement de cette tangente, plié suivant la verticale; leur troisième côté est de même le prolongement du second côté, plié suivant la verticale, et ainsi de suite.

« Voyons maintenant quelles lumières peuvent donner sur la
» figure de la Terre, les mesures géodésiques faites, soit dans le
» sens des méridiens, soit dans le sens perpendiculaire aux méridiens.
» On peut toujours concevoir un ellipsoïde, tangent à chaque point
» de la surface terrestre, et sur lequel les mesures géodésiques, les

» longitudes et les latitudes, à partir du point de contingence, dans » une petite étendue, seraient les mêmes qu'à cette surface. Si la » surface entière était celle d'un ellipsoïde, l'ellipsoïde tangent serait » partout le même; mais si, comme on a lieu de le croire, la figure » des méridiens n'est pas elliptique, alors l'ellipsoïde tangent varie » d'un pays à l'autre, et ne peut être déterminé que par des mesures » géodésiques faites dans des sens différens. Il serait très intéressant » de connaître ainsi les ellipsoïdes osculateurs d'un grand nombre » de lieux sur la Terre. »

*Équations de la plus courte distance sur la surface de la Terre.*

380. « Soit $u = x^2 + y^2 + z^2 - 1 - 2\alpha u' = 0$, l'équation de la » surface du sphéroïde que nous supposerons différer très peu d'une » sphère dont le rayon est l'unité, en sorte que $\alpha$ est un très petit » coefficient dont nous négligerons le quarré. $u'$ peut toujours être » considéré comme fonction des deux seules variables $x$ et $y$; car » en le supposant fonction de $x$, $y$, $z$, on peut en éliminer $z$, au » moyen de l'équation $z = \sqrt{1 - x^2 - y^2}$ », que l'on obtient dans l'hypothèse que la Terre est une sphère. Cela posé, si l'on différencie successivement, par rapport à $xyz$, l'équation précédente en $u$, on en tirera

$$\left(\frac{du}{dx}\right) = 2x - 2\alpha\left(\frac{du'}{dx}\right) = 0,$$
$$\left(\frac{du}{dy}\right) = 2y - 2\alpha\left(\frac{du'}{dy}\right) = 0,$$
$$\left(\frac{du}{dz}\right) = 2z;$$

substituant ces valeurs dans les équations

$$\left(\frac{du}{dx}\right) ddy - \left(\frac{du}{dy}\right) ddx = 0,$$
$$\left(\frac{du}{dx}\right) ddz - \left(\frac{du}{dz}\right) ddx = 0,$$
$$\left(\frac{du}{dy}\right) ddz - \left(\frac{du}{dz}\right) ddy = 0,$$

qui sont celles de la ligne la plus courte sur la surface de la Terre (art. 165), on aura

$$\left.\begin{aligned} xd^2y - yd^2x &= \alpha\left(\frac{du'}{dx}\right)d^2y - \alpha\left(\frac{du'}{dy}\right)d^2x \\ xd^2z - zd^2x &= \alpha\left(\frac{du'}{dx}\right)d^2z \\ yd^2z - zd^2y &= \alpha\left(\frac{du'}{dy}\right)d^2z \end{aligned}\right\} \quad (O);$$

nous désignerons, comme à l'ordinaire, cette ligne sous le nom de *ligne géodésique.*

« Nommons $r$ le rayon mené du centre de la Terre à sa surface » (fig. 33); $\theta$ l'angle que ce rayon fait avec l'axe de rotation que nous » supposerons être celui des $z$, et $\varphi$ l'angle que le plan formé par cet » axe et par $r$ fait avec le plan des $xz$; on aura

$$x = r\sin\theta\cos\varphi,\quad y = r\sin\theta\sin\varphi,\quad z = r\cos\theta \qquad \text{(A)};$$

différenciant les deux premières par rapport à $r$ et $\varphi$, puis formant les produits $xdy, ydx$, on obtiendra

$$xdy - ydx = r^2\sin^2\theta d\varphi\,(\sin^2\varphi + \cos^2\varphi) = r^2\sin^2\theta d\varphi \qquad (1).$$

Différenciant la première et la troisième équation (A), en considérant seulement $x$, $z$, $r$ et $\theta$ comme variables, et formant les produits $xdz$, $zdx$, il viendra

$$xdz - zdx = -r^2\cos\varphi d\theta\,(\sin^2\theta + \cos^2\theta) = -r^2\cos\varphi d\theta \qquad (2).$$

Différenciant pareillement la deuxième et la troisième équation (A), en prenant $y$, $z$, $r$ et $\theta$ pour variables, on aura

$$ydz - zdy = -r^2\sin\varphi d\theta\,(\sin^2\theta + \cos^2\theta) = -r^2\sin\varphi d\theta \qquad (3).$$

Enfin, multipliant les équations (2) et (3), respectivement par $\cos\varphi$ et $\sin\varphi$, on aura, en les ajoutant,

$$\left.\begin{aligned}(xdz - zdx)\cos\varphi + (ydz - zdy)\sin\varphi &= -r^2d\theta(\cos^2\varphi + \sin^2\varphi) \\ &= -r^2d\theta\end{aligned}\right\} \quad (4).$$

Maintenant si l'on fait tout varier dans les équations (A), on aura

$$\begin{aligned} dx &= dr\sin\theta\cos\varphi + r\cos\theta\cos\varphi d\theta - r\sin\theta\sin\varphi d\varphi, \\ dy &= dr\sin\theta\sin\varphi + r\sin\theta\cos\varphi d\varphi + r\cos\theta\sin\varphi d\varphi, \\ dz &= dr\cos\theta - r\sin\theta d\theta. \end{aligned}$$

Quarrant toutes ces équations, ajoutant et réduisant au moyen des équations $\sin^2\varphi + \cos^2\varphi = 1$, $\sin^2\theta + \cos^2\theta = 1$, on obtiendra, à cause de $ds^2 = dx^2 + dy^2 + dz^2$,

$$ds^2 = dr^2 + r^2 \sin^2\theta d\varphi^2 + r^2 d\theta^2 \qquad (5).$$

« En considérant ensuite $u'$ comme fonction de $x$ et de $y$, et » désignant par $h$ la latitude du point $M'$ (fig. 33), on peut supposer » dans cette fonction, $r = 1$ et $h = 100^\circ - \theta$, ce qui donne, au lieu » des équations (A),

$$x = \cos h \cos\varphi, \quad y = \cos h \sin\varphi \qquad \text{(B)};$$

et puisque $u'$ est fonction de $x, y$, il l'est aussi de $h$ et $\varphi$; on a donc

$$u' = f(x, y), \quad u' = f(h, \varphi);$$

différenciant ces équations, il vient

$$du' = \left(\frac{du'}{dx}\right) dx + \left(\frac{du'}{dy}\right) dy,$$
$$du' = \left(\frac{du'}{dh}\right) dh + \left(\frac{du'}{d\varphi}\right) d\varphi;$$

donc

$$\left(\frac{du'}{dx}\right) dx + \left(\frac{du'}{dy}\right) dy = \left(\frac{du'}{dh}\right) dh + \left(\frac{du'}{d\varphi}\right) d\varphi:$$

« mais on a, en vertu des équations (B),

$$x^2 + y^2 = \cos^2 h, \quad \frac{y}{x} = \operatorname{tang}\varphi,$$

» d'où l'on tire par la différentiation,

$$dh = -\frac{(xdx + ydy)}{\sin h \cos h}, \quad d\varphi = \frac{xdy - ydx}{x^2}.\cos^2\varphi.$$

» En substituant ces valeurs dans l'équation différentielle précédente » en $u'$, et comparant séparément les coefficiens de $dx$ et de $dy$, on » aura

$$\left(\frac{du'}{dx}\right) = -\frac{\cos\varphi}{\sin h}\left(\frac{du'}{dh}\right) - \frac{\sin\varphi}{\cos h}\left(\frac{du'}{d\varphi}\right),$$
$$\left(\frac{du'}{dy}\right) = -\frac{\sin\varphi}{\sin h}\left(\frac{du'}{dh}\right) + \frac{\cos\varphi}{\cos h}\left(\frac{du'}{d\varphi}\right);$$

soustrayant la seconde de la première, après avoir multiplié l'une et l'autre respectivement par $ddy$, $ddx$, on aura, en faisant attention que les relations (B) donnent $\cos\varphi = \frac{x}{\cos h}$, $\sin\varphi = \frac{y}{\cos h}$,

$$\left.\begin{aligned}\left(\frac{du'}{dx}\right) ddy - \left(\frac{du'}{dy}\right) ddx = &-\frac{\left(\frac{du'}{dh}\right)}{\sin h \cos h}(xddy - yddx)\\ &-\frac{\left(\frac{du'}{d\varphi}\right)}{\cos^2 h}(xddx + yddy)\end{aligned}\right\} \quad \text{(C).}$$

Or, en négligeant dans les équations (O) les quantités de l'ordre $\alpha$, on a

$$xddy - yddx = 0.$$

De plus, les deux équations $xddz - zddx = 0$, $yddz - zddy = 0$ étant multipliées respectivement par $zx$, $zy$ et ensuite ajoutées entre elles, donnent

$$zddz = z^2 \frac{(xddx + yddy)}{x^2 + y^2}.$$

D'un autre côté l'équation $x^2 + y^2 + z^2 = 1$ fournit, en la différenciant deux fois de suite et en regardant $dx$, $dy$, $dz$ comme variables,

$$xddx + yddy + zddz + (dx^2 + dy^2 + dz^2) = 0,$$

ou à cause de $ds^2 = dx^2 + dy^2 + dz^2$,

$$xd^2x + yd^2y + zd^2z + ds^2 = 0.$$

Substituant ici pour $zd^2z$ sa valeur précédente, on aura

$$xd^2x + yd^2y + \frac{z^2(xd^2x + yd^2y)}{x^2 + y^2} + ds^2 = 0;$$

ou bien

$$(xd^2x + yd^2y)(x^2 + y^2 + z^2) = -ds^2(x^2 + y^2)$$

ou encore

$$xd^2x + yd^2y = -ds^2 \cos^2 h.$$

Partant, l'équation (C) se réduit à

$$\left(\frac{du'}{dx}\right) ddy - \left(\frac{du'}{dy}\right) ddx = \left(\frac{du'}{d\varphi}\right) ds^2.$$

La première des équations (O) donnera ainsi en l'intégrant

$$\int(xddy - yddx) = \int \alpha \left(\frac{du'}{d\varphi}\right) ds^2 = \int d.(xdy - ydx)$$
$$= (xdy - ydx) + \text{const.},$$

c'est-à-dire, à cause de l'équation précédente (1),

$$r^2 d\varphi \sin^2 \theta = cds + \alpha ds \int ds \left(\frac{du'}{d\varphi}\right) \qquad (p);$$

$c$ étant une constante arbitraire.

La seconde des équations (O) donne évidemment

$$d.(xdz - zdx) = \alpha \left(\frac{du'}{dx}\right) ddz:$$

si nous reprenons celle obtenue plus haut,

$$zddz = \frac{z^2 (xddx + yddy)}{x^2 + y^2},$$

on aura sur-le-champ, en réduisant et en y substituant pour $x^2 + y^2$, et $xddx + yddy$ leurs valeurs trouvées précédemment,

$$ddz = \frac{z(xddx + yddy)}{x^2 + y^2} = - zds^2;$$

mais à cause de $x^2 + y^2 + z^2 = 1$, on a

$$z = \sqrt{1 - (x^2 + y^2)} = \sqrt{1 - \cos^2 h} = \sin h;$$

donc

$$ddz = - \sin h ds^2;$$

partant

$$d.(xdz - zdx) = - \alpha ds^2 \left(\frac{du'}{dx}\right) \sin h;$$

on a pareillement

$$d.(ydz - zdy) = - \alpha ds^2 \left(\frac{du'}{dy}\right) \sin h.$$

L'équation (4) deviendra, en vertu de ces valeurs intégrées,

$$r^2 d\theta = c' ds \sin \varphi + c'' ds \cos \varphi$$
$$+ \alpha ds \cos \varphi \int ds \left(\frac{du'}{dx}\right) \sin h$$
$$+ \alpha ds \sin \varphi \int ds \left(\frac{du'}{dy}\right) \sin h;$$

et substituant pour $\left(\frac{du'}{dx}\right)$, $\left(\frac{du'}{dy}\right)$ leurs valeurs précédentes, on aura

$$r^2 d\theta = c'ds.\sin\varphi + c''ds.\cos\varphi$$

$$-\alpha ds\cos\varphi\int ds\left\{\left(\frac{du'}{dh}\right)\cos\varphi + \left(\frac{du'}{d\varphi}\right)\sin\varphi\operatorname{tang}h\right\}$$
$$-\alpha ds\sin\varphi\int ds\left\{\left(\frac{du'}{dh}\right)\sin\varphi - \left(\frac{du'}{d\varphi}\right)\cos\varphi\operatorname{tang}h\right\} \quad (q).$$

*Recherche de l'expression de l'arc du méridien terrestre.*

381. « Considérons d'abord le cas dans lequel le premier côté de » la ligne géodésique est parallèle au plan correspondant du méri- » dien céleste. Dans ce cas, $d\varphi$ est de l'ordre $\alpha$, ainsi que $dr$; on a » donc, en négligeant les quantités de l'ordre $\alpha^2$ dans l'équation (5), » $ds = -rd\theta$, l'arc $s$ étant supposé croître de l'équateur aux pôles. » $\psi$ exprimant la latitude, il est facile de voir (et j'ai d'ailleurs démontré, dans le cinquième n° du Mémorial du Dépôt général de la Guerre, page 176), que l'on a $\theta = 100^g - h - \left(\frac{dr}{dh}\right)$, ce qui donne par la différentiation,

$$d\theta = -dh - d.\left(\frac{dr}{dh}\right).$$

D'ailleurs, à cause de $x^2+y^2+z^2-1-2\alpha u'=0$, on a $r^2-1-2\alpha u'=0$, et par conséquent $dr = \alpha\,\frac{du'}{r}$, ou simplement $dr = \alpha du'$, puisque $r = 1$ à très peu près. D'un autre côté, puisque

$$r = \sqrt{2\alpha u'+1} = (2\alpha u'+1)^{\frac{1}{2}} = (1+2\alpha u')^{\frac{1}{2}} = 1+\alpha u',$$

on aura en substituant dans $ds = -rd\theta$ pour $d\theta$ et $r$ leurs valeurs précédentes,

$$ds = rdh\left[\left(1+\alpha\left(\frac{d^2u'}{dh^2}\right)\right]\right. = (1+\alpha u')\,dh\left[1+\alpha\left(\frac{d^2u'}{dh^2}\right)\right]$$
$$= dh\left[1+\alpha u'+\alpha\left(\frac{d^2u'}{dh^2}\right)\right],$$

en négligeant toutefois les quantités de l'ordre $\alpha^2$.

Pour intégrer cette équation, soit $\left\{1+\alpha u'+\alpha\left(\frac{d^2u'}{dh^2}\right)\right\} = X$; on aura $s = \int Xdh$. Or, on sait, par la méthode générale des intégrales approchées (*Calcul intégral* de M. Lacroix), que

$$Y_1 - Y = Y' \frac{(a_1 - a)}{1} + Y'' \frac{(a_1 - a)^2}{1.2} + \ldots$$
$$= X(a_1 - a) + \frac{dX}{dx} \frac{(a_1 - a)^2}{1.2} + \ldots$$

Par conséquent, entre les limites $h$ et $h_1$ qui représentent les latitudes des deux extrémités de l'arc $s$, on aura

$$s = \left[1 + \alpha u'_1 + \alpha\left(\frac{d^2u'}{dh^2}\right)\right]\varepsilon + \frac{\alpha\varepsilon^2}{1.2}\left[\left(\frac{du'_1}{dh}\right) + \left(\frac{d^3u'_1}{dh^3}\right)\right] + \ldots$$
$$= \varepsilon + \alpha\varepsilon\left[u'_1 + \left(\frac{d^2u'_1}{dh^2}\right)\right] + \frac{\alpha\varepsilon^2}{1.2}\left[\left(\frac{du'_1}{dh}\right) + \left(\frac{d^3u'_1}{dh^3}\right)\right] + \ldots;$$

$\varepsilon$ désignant $h - h_1$, c'est-à-dire la différence en latitude des deux points extrêmes de l'arc $s$, et $u'_1$ étant ici la valeur de $u'$ à l'origine de $s$.

### *Examen de l'écart du méridien terrestre, du plan d'un même méridien céleste.*

382. « Lorsque la Terre est un solide de révolution, la ligne » géodésique est toujours dans le plan d'un même méridien; elle » s'en écarte si les parallèles ne sont pas des cercles; l'observation » de cet écart peut donc nous éclairer sur ce point important de la » théorie de la Terre. Reprenons l'équation $(p)$ et observons que » dans le cas présent $d\varphi$ et la constante $c$ de cette équation sont de » l'ordre $\alpha$, et que l'on peut y supposer $r=1$, $ds=dh$ et $\theta=100^g-h$; » on aura ainsi

$$d\varphi \cos^2 h = cdh + \alpha dh \int dh \left(\frac{du'}{d\varphi}\right) \qquad (p').$$

» Maintenant, si l'on nomme $P$ l'angle que fait le plan du méridien » céleste avec celui des $xz$, d'où l'on compte l'origine de l'angle $\varphi$; » on aura visiblement $\frac{dy'}{dx'} = \text{tang}\, P$ (fig. 34), $x'y'z'$ étant les coor- » données de ce méridien, dont on a vu ci-dessus que l'équation » différentielle est

$$dz' = adx' + bdy':$$

en la comparant à la précédente, qui peut se mettre sous la forme

$$0 = dy' - \text{tang}\, Pdx',$$

on voit que $a$ et $b$ sont infinis. En effet, dans celle-ci la différentielle $dz'$ est censée n'avoir disparu que parce que son coefficient $=0$; on peut donc écrire

$$0 \times dz' = dy' - \text{tang}\, P dx',$$

ou bien

$$dz' = -\frac{\text{tang} P}{0} dx' + \frac{1}{0} dy';$$

on a donc

$$a = -\frac{\text{tang} P}{0}, \text{ et } b = \frac{1}{0}.$$

Divisant ces deux dernières équations l'une par l'autre, on obtient

$$-\frac{a}{b} = \text{tang}\, P;$$

et puisque $a$ et $b$ sont infinis, l'équation (2) de l'art. 379, se réduit à

$$a\left(\frac{du}{dx}\right) + b\left(\frac{du}{dy}\right) = 0, \text{ ou bien à } \frac{a}{b}\left(\frac{du}{dx}\right) + \left(\frac{du}{dy}\right) = 0;$$

donc

$$\left(\frac{du}{dx}\right) \text{tang}\, P - \left(\frac{du}{dy}\right) = 0.$$

Éliminant les coefficiens différentiels dont nous avons trouvé la valeur, on tirera

$$0 = x\, \text{tang}\, P - y - \alpha\left(\frac{du'}{dx}\right) \text{tang}\, P + \alpha\left(\frac{du'}{dy}\right).$$

On peut supposer $P = \varphi$ dans les termes multipliés par $\alpha$; de plus, $\frac{y}{x} = \text{tang}\, \varphi$; on a donc, en divisant par $x$, l'équation précédente,

$$\text{tang}\varphi - \text{tang} P = \frac{\alpha\left(\frac{du'}{dy}\right) - \alpha\left(\frac{du'}{dx}\right) \text{tang} P}{\cos h \cos \varphi} = \frac{\alpha\left(\frac{du'}{dy}\right) \cos\varphi - \alpha\left(\frac{du'}{dx}\right) \sin\varphi}{\cos h \cos\varphi \cos\varphi};$$

substituant pour $\left(\frac{du'}{dx}\right)\left(\frac{du'}{dy}\right)$, leurs valeurs (art. 380), on aura, après la réduction qui se présente naturellement,

$$\text{tang}\, \varphi - \text{tang}\, P = \frac{\alpha\left(\frac{du'}{d\varphi}\right)(\cos^2\varphi + \sin^2\varphi)}{\cos^2 h \cos^2\varphi} = \frac{\alpha\left(\frac{du'}{d\varphi}\right)}{\cos^2 h \cos^2 \varphi},$$

ou bien

$$\cos h \cos \varphi\, (\operatorname{tang} \varphi - \operatorname{tang} P) = \frac{\alpha \left(\frac{du'}{d\varphi}\right)}{\cos h \, \cos \varphi} \qquad \text{(D)};$$

mais par les formules trigonométriques connues,

$$\operatorname{tang} \varphi - \operatorname{tang} P = \frac{\sin (\varphi - P)}{\cos \varphi \cos P} = \frac{\sin (\varphi - P)}{\cos \varphi \cos \varphi};$$

à cause de $\cos P = \cos \varphi$, à très peu près ; donc l'équation (D) deviendra, réduction faite,

$$\sin (\varphi - P) = \frac{\alpha \left(\frac{du'}{d\varphi}\right)}{\cos^2 h}, \text{ ou } \varphi - P = \frac{\alpha \left(\frac{du'}{d\varphi}\right)}{\cos^2 h},$$

puisque $\varphi - P$ est un très petit arc.

Il est facile de voir, en considérant les arcs $PM$, $PM'$ (fig. 34) comme des portions de circonférence, que l'on a $MM' = (\varphi - P) \cos h$; c'est la distance de l'origine de la courbe au plan du méridien céleste ; et comme le premier côté de la ligne géodésique est supposé parallèle au plan de ce méridien, les différentielles de l'angle $P$ et de la distance dont on vient de parler, doivent être nulles à cette origine : on a donc à ce point

$$d.(\varphi - P) \cos h = d\varphi \cos h - (\varphi - P) \sin h dh = 0 \qquad \text{(E)};$$

d'où l'on tire

$$\frac{d\varphi}{dh} = (\varphi - P) \operatorname{tang} h;$$

et en éliminant $\varphi - P$, à l'aide de sa valeur précédente, on a

$$\frac{d\varphi}{dh} = (\varphi - P) \operatorname{tang} h = \frac{\alpha \left(\frac{du'}{d\varphi}\right) \operatorname{tang} h}{\cos^2 h}.$$

D'un autre côté, l'équation ($p'$) donne

$$\frac{d\varphi}{dh} = \frac{c}{\cos^2 h} + \frac{\alpha \int dh \left(\frac{du'}{d\varphi}\right)}{\cos^2 h};$$

donc

$$\frac{\alpha \left(\frac{du'}{d\varphi}\right) \operatorname{tang} h}{\cos^2 h} = \frac{c}{\cos^2 h} + \frac{\alpha \int dh \left(\frac{du'}{d\varphi}\right)}{\cos^2 h};$$

donc, à cause que $u'_{1}$ et $h_{1}$ se rapportent à l'origine de l'arc $s$,

$$c = \alpha\left(\frac{du'_{1}}{d\varphi}\right)\text{tang}\,h_{1};$$

et enfin

$$\frac{d\varphi}{dh} = \frac{\alpha\left(\frac{du_{1}}{d\varphi}\right)\text{tang}\,h_{1}}{\cos^2 h} + \frac{\alpha\int dh\left(\frac{du'}{d\varphi}\right)}{\cos^2 h} \qquad (F).$$

Il est visible qu'à l'extrémité $q$ de l'arc mesuré, le côté $mq$ de la courbe fait avec le plan du méridien céleste $mn$, un angle $nmq$ à très peu près égal à $\frac{nq}{mn}$, puisque l'on peut prendre l'arc pour la tangente, dans le cas actuel; on a donc

$$\frac{nq}{mn} = \frac{d.(\varphi - P)\cos h}{dh};$$

$P$ étant supposé constant dans la différentiation; en désignant donc cet angle par $\varpi$, on aura, en vertu de l'équation (E),

$$\varpi = \frac{d\varphi}{dh}\cos h - (\varphi - P)\sin h;$$

si l'on remplace $\frac{d\varphi}{dh}$ par sa valeur, et que l'on élimine $\varphi - P$, on aura

$$\varpi = \frac{\alpha\left(\frac{du'_{1}}{d\varphi}\right)\text{tang}\,h_{1}}{\cos h} + \frac{\alpha\int dh\left(\frac{du'}{d\varphi}\right)}{\cos h} - \frac{\alpha\left(\frac{du'}{d\varphi}\right)\text{tang}\,h}{\cos h}$$

$$= \frac{\alpha}{\cos h}\left\{\left(\frac{du'_{1}}{d\varphi}\right)\text{tang}\,h_{1} - \left(\frac{du'}{d\varphi}\right)\text{tang}\,h + \int dh.\left(\frac{du'}{d\varphi}\right)\right\},$$

» l'intégrale étant prise depuis l'origine de l'arc mesuré jusqu'à son » extrémité. »

Pour intégrer le dernier terme de cette équation, soit $h = h_{1} + \epsilon$, ou bien $h_{1} = h - \epsilon = h - dh$, et soit en outre $u'_{1}$ ce que devient $u'$ lorsque $h$ se change en $h_{1}$; on aura d'abord par la méthode des intégrales approchées, et en négligeant les puissances de $\epsilon$,

$$\int dh\left(\frac{du'}{d\varphi}\right) = \left(\frac{du'}{d\varphi}\right)\epsilon + \ldots,$$

partant

$$\varpi = \frac{\alpha}{\cos h}\left\{\left(\frac{du'_{1}}{d\varphi}\right)\text{tang}\,(h - \epsilon) - \left(\frac{du'}{d\varphi}\right)\text{tang}\,h + \left(\frac{du'}{d\varphi}\right)\epsilon\right\}$$

$$= \frac{\alpha}{\cos h}\left\{\left(\frac{du'_{1}}{d\varphi}\right)\frac{(\text{tang}\,h - \epsilon)}{1 + \epsilon\,\text{tang}\,h} - \left(\frac{du'}{d\varphi}\right)\text{tang}\,h + \left(\frac{du'}{d\varphi}\right)\epsilon\right\};$$

réduisant tous les termes au même dénominateur, et développant $\frac{du'_1}{d\varphi}$ qui donne $\left(\frac{du'}{d\varphi}\right)+\left(\frac{d^2u'}{d\varphi dh}\right)dh+\ldots$, puisque $u'$ est fonction de $h$, on aura

$$\varpi=-\frac{\alpha\tang h}{\cos\varphi(1+\varepsilon\tang h)}\left\{\left(\frac{du'}{d\varphi}\right)\tang h.\varepsilon+\left(\frac{d^2u'}{d\varphi dh}\right)dh\right\}$$
$$=-\frac{\alpha\tang h}{\cos\varphi}\left\{\left(\frac{du'}{d\varphi}\right)\tang h.\varepsilon+\left(\frac{d^2u'}{d\varphi dh}\right)\varepsilon\right\}(1+\varepsilon\tang h)^{-1};$$

ou simplement

$$\varpi=-\frac{\alpha\varepsilon\tang h}{\cos\varphi}\left\{\left(\frac{du'}{d\varphi}\right).\tang h+\left(\frac{d^2u'}{d\varphi dh}\right)\right\};$$

« les valeurs de $h$, $\left(\frac{du'}{d\varphi}\right)$ et $\left(\frac{d^2u'}{d\varphi dh}\right)$ devant se rapporter ici, pour plus » d'exactitude, au milieu de l'arc mesuré. L'angle $\varpi$ doit être supposé » positif, lorsqu'il s'écarte du méridien, dans le sens des accroisse- » mens de $\varphi$. »

*Expression de la différence en longitude, des deux méridiens célestes passant par les extrémités d'un arc du méridien terrestre.*

383. « Pour avoir la différence en longitude, des deux méridiens » correspondans aux extrémités de l'arc, nous observerons que » $u'_1$, $P_1$, $h_1$, $\varphi_1$ étant les valeurs de $u'$, $P$, $h$ et $\varphi$ à la première » extrémité, on a, en vertu de ce qui précède,

$$\varphi_1-P_1=\frac{\alpha\left(\frac{du'_1}{d\varphi}\right)}{\cos^2 h_1},\quad \varphi-P=\frac{\alpha\left(\frac{du'}{d\varphi}\right)}{\cos^2 h}\qquad (G).$$

Mais à très peu près $\frac{d\varphi}{dh}=\frac{\alpha\left(\frac{du'_1}{d\varphi}\right)\tang h_1}{\cos^2 h_1}$; $c=\alpha\left(\frac{du'_1}{d\varphi}\right)\tang h_1$, ainsi qu'on l'a vu ci-dessus; et comme on peut faire $d\varphi=\varphi-\varphi_1$, $dh=h-h_1=\varepsilon$, on a

$$\varphi-\varphi_1=\frac{c.\varepsilon}{\cos^2 h_1};$$

par conséquent si l'on soustrait l'une de l'autre les équations (G), on aura

$$P - P_1 - (\varphi - \varphi_1) = \frac{\alpha\left(\frac{du'_1}{d\varphi}\right)}{\cos^2 h_1} - \frac{\alpha\left(\frac{du'}{d\varphi}\right)}{\cos^2 h};$$

et si l'on élimine $(\varphi - \varphi_1)$, on obtiendra

$$P - P_1 = \frac{\alpha\left(\frac{du'_1}{d\varphi}\right)}{\cos^2 h_1} - \frac{\alpha\left(\frac{du'}{d\varphi}\right)}{\cos^2 h} - \frac{\alpha\varepsilon\left(\frac{du'_1}{d\varphi}\right)\tang h_1}{\cos^2 h_1}$$

$$= -\frac{\alpha\varepsilon\left(\frac{du'_1}{d\varphi}\right)\tang h_1}{\cos^2 h_1} - \frac{\alpha}{\cos^2 h_1}\left\{\left(\frac{du'_1}{d\varphi}\right) - \left(\frac{du'}{d\varphi}\right)\right\},$$

à cause que $\cos h = \cos h_1$ à fort peu près.

Mais

$$\left(\frac{du'_1}{d\varphi}\right) - \left(\frac{du'}{d\varphi}\right) = \left(\frac{ddu'_1}{d\varphi dh}\right) dh = \left(\frac{ddu'_1}{d\varphi dh}\right)\varepsilon;$$

donc

$$P - P_1 = -\frac{\alpha\varepsilon}{\cos^2 h_1}\left\{\left(\frac{du'_1}{d\varphi}\right)\tang h_1 + \left(\frac{ddu'_1}{d\varphi dh}\right)\right\}.$$

Enfin, multipliant ces deux membres par $\sin h_1$, et faisant attention à la valeur de $\varpi$, on aura

$$(P - P_1).\sin h_1 = \varpi.$$

« Ainsi l'on peut, par l'observation seule, indépendamment de la » connaissance de la figure de la Terre, déterminer la différence en » longitude, des méridiens correspondans aux extrémités de l'arc » mesuré; et si la valeur de l'angle $\varpi$ est telle qu'on ne puisse pas » l'attribuer aux erreurs des observations, on sera sûr que la Terre » n'est pas un sphéroïde de révolution. »

### *Considérations relatives à la perpendiculaire à la méridienne; différence en latitude des deux extrémités de cet arc.*

384. « Considérons maintenant le cas où le côté de la ligne » géodésique est perpendiculaire au plan correspondant du méri- » dien céleste. Si l'on prend ce plan pour celui des $xz$; le cosinus » de l'angle formé par ce côté sur ce plan sera $\frac{\sqrt{dx^2 + dz^2}}{ds}$ » : pour le démontrer, soit $mm'$ (fig. 35) le premier côté de la ligne géodésique perpendiculaire au plan du méridien $PE$; le second côté $m'm'' = ds$

formera sur ce plan, l'angle dont il vient d'être parlé; car si l'on abaisse sur le plan $P'E'$ parallèle à $PE$, une perpendiculaire $m''p$ qui sera par conséquent une horizontale, l'angle $pm'm''$ sera évidemment celui que $ds$ fera avec $P'E'$ ou $PE$. Cela posé, si par le point $m'$ l'on mène la petite horizontale $dx$, et par le point $p$ la verticale $dz$, on aura, par la propriété du triangle rectangle, $pm' = \sqrt{dx^2 + dz^2}$, et le triangle rectangle $m'pm''$ donnera, en désignant le rayon des tables par 1,

$$ds : 1 :: pm' = \sqrt{dx^2 + dz^2} : \cos pm'm'' = \frac{\sqrt{dx^2 + dz^2}}{ds};$$

mais ce cosinus est nul à l'origine $m$, puisque $mm'$ est perpendiculaire au plan $PE$; donc $dx = 0$, $dz = 0$, et l'on voit en outre que $dy = ds$, ou que $\frac{dy}{ds} = 1$.

Il suit de là et des équations (A), que

$$d.r \sin\theta \cos\varphi = 0, \quad d.r \cos\theta = 0;$$

différenciant ces équations en faisant tout varier, et éliminant $dr$ entre les deux résultats, on obtiendra

$$rd\theta = r \sin\theta \cos\theta \tang \varphi d\varphi;$$

mais l'équation (5) ci-dessus donne à très peu près, $ds = rd\varphi \sin\theta$; donc si l'on divise la précédente par celle-ci, on aura

$$\frac{d\theta}{ds} = \frac{\tang\varphi \cos\theta}{r}.$$

« La constante $c''$ de l'équation ($q$), est égale à la valeur de » $xdz - zdx$ à l'origine; mais nous venons de voir qu'à ce point, » $dx = 0$, $dz = 0$; donc cette constante est nulle, et l'équation ($q$) » donne à l'origine

$$\frac{d\theta}{ds} = \frac{c'}{r^2} \sin\varphi;$$

égalant cette valeur à la précédente, on obtient, à cause de $\tang \varphi = \sin \varphi$, du moins à très peu près,

$$c' = r_1 \cos\theta_1 = r_1 \sin h_1,$$

» les quantités $r_1$ et $\theta_1$ étant relatives à l'origine. Partant, si l'on

» considère qu'à cette origine, l'angle $\varphi$ est ce que nous avons » nommé précédemment $\varphi_1 - P_1$, et dont nous avons trouvé la

» valeur égale à $\frac{\alpha\left(\frac{du'_1}{d\varphi}\right)}{\cos^2 h_1}$, on aura à ce point

$$\frac{d\theta_1}{ds} = \alpha\left(\frac{du'_1}{d\varphi}\right)\frac{\sin h_1}{\cos^2 h_1},$$

en faisant toutefois $r_1 = 1$.

Voyons, d'après ces considérations, ce que devient l'équation ($q$); d'abord, puisque $c'' = 0$ et que $\varphi$ est de l'ordre $\alpha$, on a $\sin\varphi = \varphi$, $\cos\varphi = 1$, et alors l'équation ($q$) se réduira, en rejetant les quantités de l'ordre $\alpha^2$, à

$$r^2 d\theta = c'ds.\varphi - \alpha ds\int ds\left(\frac{du'}{dh}\right).$$

Différenciant par rapport à $\varphi$, divisant tout par $ds$ et remettant pour $c'$ sa valeur précédente, on aura

$$\frac{dd\theta_1}{ds^2} = \frac{\cos\theta_1}{r_1}\,\frac{d\varphi_1}{ds} - \alpha\left(\frac{du'_1}{dh}\right) \qquad \text{(H)};$$

mais l'équation (5) donnant assez exactement $ds = r_1 d\varphi_1 \sin\theta_1$, on a à l'origine

$$\frac{d\varphi_1}{ds} = \frac{1}{r_1\sin\theta_1}.$$

D'un autre côté, de l'équation de la surface du sphéroïde on tire

$$1 + \alpha u'_1 = (x^2 + y^2 + z^2)^{\frac{1}{2}} = r_1;$$

et comme en outre

$$\theta = 100^g - h - \left(\frac{dr}{dh}\right), \text{ et que } dr = \alpha du',$$

on a

$$\theta_1 = 100^g - h_1 - \alpha\left(\frac{du'_1}{dh}\right);$$

partant, l'équat. (H) deviendra, à cause de $\cos\theta_1 = \sin\left\{h_1 + \alpha\left(\frac{du'_1}{dh}\right)\right\}$ et de $\sin\theta_1 = \cos\left\{h_1 + \alpha\left(\frac{du'_1}{dh}\right)\right\}$, et en éliminant $r_1$ et $\frac{d\varphi_1}{ds}$,

$$\frac{dd\theta_1}{ds^2} = \frac{\sin\left\{h_1 + \alpha\left(\frac{du'_1}{dh}\right)\right\}}{(1+\alpha u'_1)} \cdot \frac{1}{(1+\alpha u'_1)\cos\left\{h_1 + \alpha\left(\frac{du'_1}{dh}\right)\right\}} - \alpha\left(\frac{du'_1}{dh}\right)$$

$$= \text{tang}\left\{h_1 + \alpha\left(\frac{du'_1}{dh}\right)\right\}(1+\alpha u'_1)^{-2} - \alpha\left(\frac{du'_1}{dh}\right)$$

$$= \frac{\text{tang}\, h_1 + \alpha\left(\frac{du'_1}{dh}\right)}{1 - \text{tang}\, h_1\, \alpha\left(\frac{du'_1}{dh}\right)}\{1 - 2\alpha u'_1\} - \alpha\left(\frac{du'_1}{dh}\right)$$

$$= \left\{\text{tang}\, h_1 + \alpha\left(\frac{du'_1}{dh}\right)\right\}(1-2\alpha u'_1)\left\{1 - \text{tang}\, h_1\, \alpha\left(\frac{du'_1}{dh}\right)\right\}^{-1} - \alpha\left(\frac{du'_1}{dh}\right).$$

Enfin, développant et rejetant les termes en $\alpha^2$, on aura, après la réduction,

$$\frac{dd\theta_1}{ds^2} = (1 - 2\alpha u'_1)\,\text{tang}\, h_1 + \alpha\left(\frac{du'_1}{dh}\right)\text{tang}^2\, h_1 \qquad \text{(I)}.$$

L'équation $\frac{d\varphi_1}{ds} = \frac{1}{r_1 \sin\theta_1}$ devient, par les mêmes substitutions, et par un procédé analogue,

$$\frac{d\varphi_1}{ds} = \frac{1}{(1+\alpha u'_1)\cos\left[h_1 + \alpha\left(\frac{du'_1}{dh}\right)\right]} = \frac{1 - \alpha u'_1}{\cos h_1\left[1 - \alpha\left(\frac{du'_1}{dh}\right)\text{tang}\, h_1\right]}$$

$$= \frac{1}{\cos h_1}\left\{1 - \alpha u'_1 + \alpha\left(\frac{du'_1}{dh}\right)\text{tang}\, h_1\right\} \qquad \text{(K)}.$$

D'un autre côté, l'équation ($p$) donne à l'origine

$$\frac{d\varphi_1}{ds} = \frac{c}{r_1^2 \sin^2\theta_1},$$

et la précédente

$$\frac{d\varphi_1}{ds} = \frac{1}{r_1 \cos h_1};$$

donc

$$\frac{c}{r_1^2 \sin^2\theta_1} = \frac{1}{r_1 \cos h_1};$$

et comme aussi, à très peu près, $\sin\theta_1 = \cos h_1$, on aura

$$c = r_1 \sin\theta_1.$$

Cette même équation ($p$) étant différenciée, en regardant $ds$ comme constant, le terme $cds$ disparaîtra; et si on élimine du résultat,

$\frac{d\varphi_1}{ds} = \frac{1}{r_1 \sin \theta_1}$, $dr = \alpha du'$, etc....., on aura

$$\frac{dd\varphi_1}{ds^2} = -\frac{2\alpha \frac{du'_1}{ds}}{r_1^2 \sin \theta_1} - 2\frac{\cos \theta_1 \frac{d\theta_1}{ds}}{r_1 \sin^2 \theta_1} + \frac{\alpha\left(\frac{du'_1}{d\varphi_1}\right)}{\cos^2 h_1}.$$

Mais, à très peu près, $\sin \theta_1 = \cos h_1$ et $r_1 = 1 - \alpha u'_1$; ainsi

$$\frac{dd\varphi_1}{ds^2} = -\frac{2\alpha\left(\frac{du'}{d\varphi_1}\right)}{\cos^2 h_1} - \frac{2\alpha \sin^2 h_1 \left(\frac{du'_1}{d\varphi_1}\right)}{\cos^4 h_1} + \frac{\alpha\left(\frac{du'_1}{d\varphi_1}\right)}{\cos^2 h_1}$$
$$= -\alpha\left(\frac{du'_1}{d\varphi_1}\right) \cdot \left(\frac{2 - \cos^2 h_1}{\cos^4 h_1}\right).$$

L'équation $\theta = 100^g - h - \alpha\left(\frac{du'}{dh}\right)$ donne $h = 100^\circ - \theta - \alpha\left(\frac{du'}{dh_1}\right)$; si donc on développe $h$ suivant les puissances ascendantes de $s$, c'est-à-dire de l'accroissement de l'arc perpendiculaire au méridien, on aura, par le théorème de Maclaurin,

$$h = h_1 + \frac{dh_1}{ds} s + \frac{d^2 h_1}{1.2.ds^2} s^2 + \ldots..$$
$$= h_1 - \frac{d\theta_1}{ds} s - \alpha\left(\frac{ddu'_1}{dhds}\right) s - \frac{1}{2}\frac{dd\theta_1}{ds^2} s^2;$$

en ne conservant parmi les termes de l'ordre $s^2$, que ceux qui sont indépendans de $\alpha$.

D'ailleurs, à cause de $ds = r_1 \sin \theta_1 d\varphi$, de $\sin \theta_1 = \cos h_1$ et de $r_1 = 1$ à peu près, on aura

$$\frac{1}{ds} = \frac{1}{d\varphi \cos h_1};$$

et partant,

$$h - h_1 = -s\frac{d\theta_1}{ds} - \frac{1}{2}s^2 \frac{dd\theta_1}{ds^2} - \frac{\alpha s}{\cos h_1} \cdot \left(\frac{ddu'_1}{dhd\varphi}\right).$$

Mais nous avons vu que $\frac{d\theta_1}{ds} = \alpha\left(\frac{du'_1}{d\varphi}\right)\frac{\tang h_1}{\cos h_1}$, et en vertu de l'équation (I) on a, pour la valeur approchée de $\frac{dd\theta_1}{ds^2}$, $\frac{dd\theta_1}{ds^2} = \tang h_1$.

Donc l'équation ci-dessus deviendra

$$h - h_1 = -\frac{\alpha s}{\cos h_1}\left\{\left(\frac{du'_1}{d\varphi}\right)\tang h_1 + \left(\frac{ddu'_1}{d\varphi dh}\right)\right\} - \frac{1}{2}s^2 \tang h_1.$$

« La différence des latitudes aux deux extrémités de l'arc mesuré
» fera donc connaître la fonction

$$-\frac{\alpha s}{\cos h_{\mathrm{i}}}\left\{\left(\frac{du'_{\mathrm{i}}}{d\varphi}\right).\operatorname{tang} h_{\mathrm{i}}+\left(\frac{ddu'_{\mathrm{i}}}{d\varphi dh}\right)\right\};$$

» il est remarquable que pour le même arc mesuré dans le sens du
» méridien, cette fonction est, par ce qui précède, égale à $\frac{\varpi}{\operatorname{tang} h_{\mathrm{i}}}$;
» elle pourra être ainsi déterminée de ces deux manières, et l'on
» pourra juger si ces valeurs trouvées, soit de la différence des lati-
» tudes, soit de l'angle azimutal $\varpi$, sont dues aux erreurs des
» observations, ou à l'excentricité des parallèles terrestres. »

*Expression de la différence en longitude, des deux extrémités de l'arc terrestre perpendiculaire au méridien.*

385. $\varphi$ étant évidemment fonction de l'arc mesuré dans le sens du méridien, et $\varphi$ étant ce que devient $\varphi_{\mathrm{i}}$, lorsque cet arc reçoit un accroissement $s$, on aura, comme ci-dessus, et en ne conservant que la première puissance de $s$,

$$\varphi-\varphi_{\mathrm{i}}=\frac{sd\varphi_{\mathrm{i}}}{ds}=\frac{s}{r_{\mathrm{i}}\sin\theta_{\mathrm{i}}}=\frac{s}{\cos h_{\mathrm{i}}}\left\{1-\alpha u'_{\mathrm{i}}+\alpha\left(\frac{du'_{\mathrm{i}}}{dh}\right)\operatorname{tang} h_{\mathrm{i}}\right\}:$$

« $\varphi-\varphi_{\mathrm{i}}$ n'est pas la différence en longitude des deux extrémités
» de l'arc $s$; cette différence est égale à $P-P_{\mathrm{i}}$; or, on a, par ce
» qui précède (art. 383),

$$\varphi-P=\frac{\alpha\left(\frac{du'}{d\varphi}\right)}{\cos^2 h}\ \text{et}\ \varphi_{\mathrm{i}}-P_{\mathrm{i}}=\frac{\alpha\left(\frac{du'_{\mathrm{i}}}{d\varphi}\right)}{\cos^2 h_{\mathrm{i}}};$$

donc, à cause que $h=h_{\mathrm{i}}$ à peu de chose près,

$$(\varphi-P)-(\varphi_{\mathrm{i}}-P_{\mathrm{i}})=\frac{\alpha\left\{\left(\frac{du'}{d\varphi}\right)-\left(\frac{du'_{\mathrm{i}}}{d\varphi}\right)\right\}}{\cos^2 h_{\mathrm{i}}};$$

mais $\left(\frac{du'}{d\varphi}\right)$ étant ce que devient $\left(\frac{du'_{\mathrm{i}}}{d\varphi}\right)$, lorsque l'arc en question reçoit un accroissement $s$, on a, par le théorème connu,

$$\left(\frac{du'}{d\varphi}\right)-\left(\frac{du'_{\mathrm{i}}}{d\varphi}\right)=s\left(\frac{d^2u'_{\mathrm{i}}}{d\varphi ds}\right)+\ldots,$$

partant

$$\varphi - P - (\varphi - P_1) = \frac{\alpha . s \left(\frac{ddu'_1}{d\varphi ds}\right)}{\cos^2 h_1}.$$

D'un autre côté, puisque $s\,\frac{d\varphi_1}{ds} = \frac{s}{\cos h_1}$, on a $\frac{s}{ds} = \frac{s}{d\varphi_1 \cos h_1}$, et par conséquent

$$\varphi - P - (\varphi_1 - P_1) = \frac{\alpha\left(\frac{ddu'_1}{d\varphi^2}\right).s}{\cos^3 h_1};$$

enfin

$$\left.\begin{aligned} P - P_1 &= (\varphi - \varphi_1) - \frac{\alpha\left(\frac{d^2u'_1}{d\varphi^2}\right).s}{\cos^3 h_1} \\ &= \frac{s}{\cos h_1}\left\{1 - \alpha u'_1 + \alpha\left(\frac{du'_1}{dh}\right)\operatorname{tang} h_1 - \frac{\alpha\left(\frac{ddu'_1}{d\varphi^2}\right)}{\cos^2 h_1}\right\} \end{aligned}\right\} \quad \text{(L)}.$$

« Pour plus d'exactitude, il faut ajouter à cette valeur de $P - P_1$
» le terme dépendant de $s^3$ et indépendant de $\alpha$, que l'on obtient
» dans l'hypothèse de la Terre sphérique; ce terme est égal à
» $-\frac{1}{3}\,s^3\,\frac{\operatorname{tang}^2 h_1}{\cos h_1}$ (art. 196); ainsi l'on a, en parties du rayon,

$$P - P_1 = \frac{s}{\cos h_1}\left\{1 - \alpha u'_1 + \alpha\left(\frac{du'_1}{dh}\right).\operatorname{tang} h_1 - \frac{\alpha\left(\frac{ddu'_1}{d\varphi^2}\right)}{\cos^2 h_1} - \tfrac{1}{3}s^2 \operatorname{tang}^2 h_1\right\}.$$

### *Détermination de l'angle azimutal à l'extrémité de l'arc perpendiculaire au méridien.*

386. » Il nous reste à déterminer l'angle azimutal à l'extrémité
» de l'arc $s$. Pour cela, nommons $x'y'z'$ les coordonnées du point
» $m'$ (fig. 56) rapporté au méridien $APX'$ de la dernière ex-
» trémité », et $xyz$ les coordonnées de ce même point, rapportées au méridien $APX$. Le cosinus de l'angle azimutal $pm'm$, d'après ce qu'il a été dit ci-dessus, est égal à $\frac{\sqrt{dx'^2 + dz^2}}{ds}$; et puisque $xyz$ sont les coordonnées de la première extrémité de l'arc par rapport au plan $APX$, on aura d'une part, à cause que le premier côté de $s$ est supposé perpendiculaire à ce dernier plan,

$$\frac{dx_1}{ds} = 0, \quad \frac{dz_1}{ds} = 0, \quad \frac{dy_1}{ds} = 1;$$

de là, en ne conservant que la première puissance de $s$,

$$\frac{dx}{ds} = s \cdot \frac{ddx_1}{ds^2}, \quad \frac{dz}{ds} = s \cdot \frac{ddz_1}{ds^2};$$

et de l'autre part on aura, en rapportant les coordonnées aux nouveaux axes,

$$x' = x \cdot \cos(P - P_1) + y \cdot \sin(P - P_1),$$
$$y' = y \cos(P - P_1) - x \sin(P - P_1).$$

Ainsi, $P - P_1$ étant, par ce qui précède, de l'ordre $\alpha$, la différentielle de la première des équations précédentes donnera

$$dx' = dx + dy(P - P_1);$$

divisant tout par $ds$, et faisant attention que pour le point que l'on considère $y$ se change en $y_1$, on aura

$$\frac{dx'}{ds} = \frac{dx}{ds} + (P - P_1)\frac{dy_1}{ds},$$

et par conséquent

$$\frac{dx'}{ds} = s \cdot \frac{ddx_1}{ds^2} + (P - P_1)\frac{dy_1}{ds} \qquad \text{(M)}.$$

Maintenant on a $x = r \sin\theta . \cos\varphi$. Différenciant en faisant tout varier, et observant que $\varphi$ est un très petit angle, on trouve

$$dx = dr \sin\theta . \cos\varphi + r \cos\theta \cos\varphi d\theta - r \sin\theta \sin\varphi d\varphi$$
$$= dr \sin\theta \qquad + r\cos\theta d\theta \qquad + r \sin\theta . \varphi d\varphi.$$

Passant à la différentielle seconde, et regardant $d\varphi$ comme constant, on obtient, en négligeant les termes de l'ordre $\alpha^2$,

$$ddx = ddr \sin\theta + r\cos\theta dd\theta - r\sin\theta d\varphi^2.$$

D'un autre côté, $r = 1 + \alpha u'$; donc $ddr = \alpha ddu'$; donc enfin, en divisant l'équation précédente par $ds^2$, on a, pour la première extrémité de l'arc $s$,

$$\frac{ddx_1}{ds^2} = \alpha\frac{ddu'_1}{ds^2}\sin\theta_1 + r_1\cos\theta_1\frac{dd\theta_1}{ds^2} - r_1\sin\theta_1\frac{d\varphi_1^2}{ds^2};$$

ensuite, à cause de $u = f(\varphi, \theta)$, il est clair que

$$du = \left(\frac{du}{d\varphi}\right)d\varphi + \left(\frac{du}{d\theta}\right)d\theta.$$

Différenciant une seconde fois et rejetant les termes de l'ordre $\alpha^2$, on aura, en prenant $d\varphi$ pour constant,

$$ddu = \left(\frac{ddu}{d\varphi^2}\right) d\varphi^2 + \left(\frac{du}{d\theta}\right) dd\theta;$$

donc à l'origine de $s$ on aura, en multipliant par $\frac{\alpha}{ds^2}$, et en se rappelant que $d\theta$ et $dh$ sont de signes contraires,

$$\alpha\,\frac{ddu'_1}{ds^2} = \alpha\left(\frac{ddu'_1}{d\varphi^2}\right)\cdot\frac{d\varphi_1^2}{ds^2} - \alpha\left(\frac{du'_1}{dh}\right)\frac{dd\theta_1}{ds^2};$$

mais, d'après ce que nous avons déjà vu,

$$\frac{d\varphi_1^2}{ds^2} = \frac{1}{r_1^2 \sin^2\theta_1} = \frac{1}{\cos^2 h_1} \text{ et } \frac{dd\theta_1}{ds^2} = \operatorname{tang} h_1;$$

partant,

$$\alpha\,\frac{ddu'_1}{ds^2} = \alpha\,\frac{\left(\frac{ddu'_1}{d\varphi^2}\right)}{\cos^2 h_1} - \alpha\left(\frac{du'_1}{dh_1}\right)\operatorname{tang} h_1.$$

De plus, $ds = r_1 \sin\theta_1 d\varphi_1$; on aura donc, en substituant pour $r_1$, $\theta_1$, $\frac{d\theta_1}{ds}$ et $\frac{d\theta_1}{ds^2}$ leurs valeurs précédentes,

$$\begin{aligned}\frac{ddx_1}{ds^2} = &\left\{\frac{\alpha\left(\frac{ddu'_1}{d\varphi^2}\right)}{\cos^2 h_1} - \alpha\left(\frac{du'_1}{dh}\right)\operatorname{tang} h_1\right\}\cos\left\{h_1 + \alpha\left(\frac{du'_1}{dh}\right)\right\}\\ &+ (1+\alpha u'_1)\left\{(1-2\alpha u'_1)\operatorname{tang} h_1 + \alpha\left(\frac{du'_1}{dh}\right)\operatorname{tang}^2 h_1\right\}\\ &\times \sin\left\{h_1 + \alpha\left(\frac{du'_1}{dh}\right)\right\} - (1+\alpha u'_1)\cos\left\{h_1 + \alpha\left(\frac{du'_1}{dh}\right)\right\}\\ &\times \frac{1}{\cos^2 h_1}\left\{1 - \alpha u'_1 + \alpha\left(\frac{du'_1}{dh}\right)\operatorname{tang} h_1\right\}^2;\end{aligned}$$

négligeant dans le développement les termes de l'ordre $\alpha^2$ et réduisant, on trouve, avec un peu d'attention,

$$\begin{aligned}\frac{ddx'}{ds^2} = &(1-\alpha u'_1)\frac{\sin^2 h_1}{\cos h_1} + \alpha\left(\frac{du'_1}{dh}\right)\operatorname{tang}^2 h_1 \sin h_1\\ &- \frac{1}{\cos h_1}\left\{1 - \alpha u'_1 + \alpha\left(\frac{du'_1}{dh}\right)\operatorname{tang} h_1\right\}.\end{aligned}$$

On a aussi

$$z = r\cos\theta;$$

par conséquent, pour la différentielle seconde,

$$d^2z = d^2r\cos\theta - dr\sin\theta.d\theta - dr\sin\theta.d\theta - r\cos\theta d\theta^2 - r\sin\theta d^2\theta,$$

ou simplement, en supprimant les termes en $\alpha^2$,

$$d^2z = d^2r\cos\theta - r\sin\theta d^2\theta;$$

mais $ddr = \alpha ddu'$; donc

$$\frac{d^2z_1}{ds^2} = \alpha.\frac{ddu'_1}{ds^2}\cos\theta - r_1\sin\theta.\frac{dd\theta_1}{ds^2}.$$

Faisant ici les substitutions indiquées précédemment et procédant de la même manière, on aura

$$\frac{ddz_1}{ds^2} = -(1-\alpha u'_1)\sin h_1 - \alpha\left(\frac{du'_1}{dh}\right)\text{tang}^2 h_1\cos h_1 + \alpha\left(\frac{du'_1}{d\varphi^2}\right)\frac{\sin h_1}{\cos^2 h_1}.$$

Maintenant, si l'on fait attention que $\frac{dy_1}{ds} = 1$, et que $P - P_1$ est donné par l'équation (L), celle (M) deviendra, en substituant aussi pour $\frac{ddx'}{ds^2}$ sa valeur précédente,

$$\frac{dx'}{ds} = s(1-\alpha u'_1)\frac{\sin^2 h_1}{\cos h_1} + \alpha s\left(\frac{du'_1}{dh}\right)\text{tang}^2 h_1\sin h_1 - \alpha s\left(\frac{ddu'_1}{d\varphi^2}\right)\frac{\sin^2 h_1}{\cos^3 h_1};$$

on trouvera de même, à cause de $\frac{dz}{ds} = s.\frac{ddz_1}{ds^2}$,

$$\frac{dz}{ds} = -s(1-\alpha u'_1).\sin h_1 - \alpha s\left(\frac{du'_1}{dh}\right)\text{tang}^2 h_1\cos h_1 + \alpha s\left(\frac{ddu'_1}{d\varphi^2}\right)\frac{\sin h_1}{\cos^2 h_1}.$$

Il suit de là que le cosinus de l'angle azimutal à l'extrémité de l'arc sera

$$\frac{\sqrt{dx'^2 + dz^2}}{ds} = s\,\text{tang}\,h_1\left[1 - \alpha u'_1 + \alpha\left(\frac{du'_1}{dh}\right)\text{tang}\,h_1 - \frac{\alpha\left(\frac{ddu'_1}{d\varphi^2}\right)}{\cos^2 h_1}\right].$$

« Ce cosinus étant fort petit, il peut être pris pour le complément » de l'angle azimutal, qui, par conséquent, est égal à

$$100^g - s.\text{tang}\,h_1\left[1 - \alpha u'_1 + \alpha\left(\frac{du'_1}{dh}\right).\text{tang}\,h_1 - \frac{\alpha\left(\frac{ddu'_1}{d\varphi^2}\right)}{\cos^2 h_1}\right].$$

» Il faut, pour plus d'exactitude, ajouter à cet angle la partie

» dépendante de $s^3$ et indépendante de $\alpha$, que l'on obtient dans » l'hypothèse de la Terre sphérique; cette partie est égale à... » $\frac{1}{3} s^3 (\frac{1}{2} + \text{tang}^2 h_1).\text{tang}\, h_1$ (art. 196). » Ainsi l'angle azimutal à l'extrémité de l'arc $s$ est égal à

$$100^g - s\,\text{tang}\, h_1 \left[ 1 - \alpha u'_1 + \alpha \left(\frac{du'_1}{dh}\right).\text{tang}\, h_1 - \frac{\alpha \left(\frac{ddu'_1}{d\varphi^2}\right)}{\cos^2 h_1} - \tfrac{1}{3}s^2(\tfrac{1}{2} + \text{tang}^2 h_1) \right].$$

### *Recherche de l'expression du rayon osculateur d'une ligne géodésique quelconque.*

387. « Le rayon osculateur de la ligne géodésique formant un » angle quelconque avec le plan du méridien, est égal à

$$R = \frac{ds^2}{\sqrt{(ddx)^2 + (ddy)^2 + (ddz)^2}},$$

» $ds$ étant constant (*Théorie des courbes à double courbure*, par » M. Lacroix, *Calcul différentiel*, tome I, ou la *Correspondance* » *sur l'École Polytechnique*, tome III, p. 36). L'équation du » sphéroïde $x^2 + y^2 + z^2 = 1 + 2\alpha u'$, donne

$$xddx + yddy + zddz = - ds^2 + \alpha ddu';$$

» si l'on ajoute le quarré de cette équation aux quarrés des équa- » tions ($O$), on aura, en négligeant, comme à l'ordinaire, les termes » de l'ordre $\alpha^2$,

$$(x^2 + y^2 + z^2).\{(ddx)^2 + (ddy)^2 + (ddz)^2\} = ds^4 - 2\alpha ds^2.ddu';$$

or, à cause de $x^2 + y^2 + z^2 = 1 + 2\alpha u'$, l'équation précédente peut être mise sous la forme

$$\frac{1 + 2\alpha u'}{1 - 2\alpha \frac{ddu'}{ds^2}} = \frac{s^4}{(ddx)^2 + (ddy)^2 + (ddz)^2} = R^2;$$

tirant la racine quarrée, on aura

$$(1 + 2\alpha u')^{\frac{1}{2}} \left(1 - 2\alpha \frac{ddu'}{ds^2}\right)^{-\frac{1}{2}} = R;$$

et enfin

$$R = 1 + \alpha u' + \alpha \frac{ddu'}{ds^2}.$$

Dans le sens du méridien on a, comme on l'a déjà observé, $ds = dh$, ainsi

$$\alpha . \frac{ddu'}{ds^2} = \alpha . \left(\frac{ddu'}{dh^2}\right);$$

et partant,

$$R = 1 + \alpha u' + \alpha \left(\frac{ddu'}{dh^2}\right).$$

Dans le sens perpendiculaire au méridien on a, par ce qui précède,

$$\alpha \frac{ddu'_1}{ds^2} = \frac{\alpha . \left(\frac{ddu'_1}{d\varphi^2}\right)}{\cos^2 h_1} - \alpha \left(\frac{du'_1}{dh}\right) \text{tang } h_1;$$

partant,

$$R = 1 + \alpha u'_1 - \alpha \left(\frac{du'_1}{dh}\right) \text{tang } h_1 + \frac{\alpha \left(\frac{ddu'_1}{d\varphi^2}\right)}{\cos^2 h_1}.$$

Nous croyons convenable de faire remarquer en passant, que l'on obtiendrait tout d'abord la différence des méridiens et l'angle azimutal aux extrémités d'une ligne perpendiculaire au méridien, ainsi que l'expression d'un arc du méridien en fonction de son amplitude, en introduisant dans les formules $(b'')$, $(c'')$ de l'art. 196, et dans la première de l'art. 184, cette dernière valeur du rayon de courbure développée jusqu'aux termes en $\alpha$ seulement.

« Si dans l'expression précédente de $P - P_1$ l'on fait $\frac{s'}{\rho} = s$, elle
» prend cette forme très simple, relative à une sphère du rayon $\rho$,
» en faisant d'ailleurs $\alpha = 0$,

$$P - P_1 = \frac{s'}{\rho \cos h_1} \left\{1 - \frac{1}{3} \frac{s'^2}{\rho^2} \text{tang}^2 . h_1\right\};$$

et l'expression de l'angle azimutal devient (art. 196)

$$100^g - \frac{s'}{\rho} \text{tang } h. \left\{1 - \frac{1}{2} \frac{s'^2}{\rho^2} \left(\frac{1}{3} + \text{tang}^2 . h_1\right)\right\}.$$

Maintenant si l'on se rappelle que $u' = f(\varphi, h)$, on aura

$$du' = \left(\frac{du'}{d\varphi}\right) d\varphi + \left(\frac{du'}{dh}\right) dh;$$

passant à la différentielle seconde, en faisant tout varier, il viendra

$$ddu' = d.\left(\frac{du'}{d\varphi}\right) d\varphi + \left(\frac{du'}{d\varphi}\right) dd\varphi + d.\left(\frac{du'}{dh}\right) dh + \left(\frac{du'}{dh}\right) ddh$$
$$= \left(\frac{du'}{d\varphi}\right) dd\varphi + \left(\frac{du'}{dh}\right) ddh + \left(\frac{ddu'}{d\varphi^2}\right) d\varphi^2 + \left(\frac{ddu'}{dh^2}\right) dh^2$$
$$+ 2\left(\frac{ddu'}{d\varphi dh}\right) d\varphi dh,$$

et divisant tout par $ds^2$, on aura

$$\frac{ddu'}{ds^2} = \left(\frac{du'}{d\varphi}\right)\frac{dd\varphi}{ds^2} + \left(\frac{du'}{dh}\right)\frac{ddh}{ds^2} + \left(\frac{ddu'}{d\varphi^2}\right)\frac{d\varphi^2}{ds^2} + 2\left(\frac{ddu'}{d\varphi dh}\right)\frac{d\varphi}{ds}\cdot\frac{dh}{ds}$$
$$+ \left(\frac{ddu'}{dh^2}\right)\cdot\frac{dh^2}{ds^2}.$$

« Nommons $A$ l'angle que le premier côté de la ligne géodésique » forme avec le plan correspondant du méridien céleste; on aura, » dans l'hypothèse de la Terre sphérique, ces équations différen- » tielles

$$\frac{d\varphi_1}{ds} = \frac{\sin A}{\cos h_1}, \quad \frac{dd\varphi_1}{ds^2} = \frac{2\sin A \cos A}{\cos h_1}.\text{tang}\, h_1,$$
$$\frac{dh_1}{ds} = \cos A, \quad \frac{ddh_1}{ds^2} = -\sin^2 A.\text{tang}\, h_1;$$

démontrées à l'art. 195.

De là, la valeur précédente de $\frac{ddu'}{ds^2}$ devient

$$\frac{ddu'_1}{ds^2} = 2.\frac{\sin A.\cos A}{\cos h_1}\left\{\left(\frac{du'_1}{d\varphi}\right).\text{tang}\, h_1 + \left(\frac{ddu'_1}{d\varphi dh}\right)\right\} - \sin^2 A.\text{tang}\, h_1\left(\frac{du'_1}{dh}\right)$$
$$+ \left(\frac{ddu'_1}{d\varphi^2}\right)\cdot\frac{\sin^2 A}{\cos^2 h_1} + \left(\frac{ddu'_1}{dh^2}\right).\cos^2 A;$$

» le rayon osculateur $R$ dans le sens de cette ligne géodésique, est » donc

$$R = 1 + \alpha u'_1 + \alpha\frac{ddu'_1}{ds^2} = 1 + \alpha u'_1 + 2\alpha\,\frac{\sin A.\cos A}{\cos h_1}$$
$$\times\left\{\left(\frac{du'_1}{d\varphi}\right).\text{tang}\, h_1 + \left(\frac{ddu'_1}{d\varphi.dh}\right)\right\} - \alpha\,\sin^2 A.\text{tang}\, h_1\left(\frac{du'_1}{dh}\right)$$
$$+ \alpha\left(\frac{ddu'_1}{d\varphi^2}\right)\cdot\frac{\sin^2.A}{\cos^2 h_1} + \alpha\left(\frac{ddu'_1}{dh^2}\right).\cos^2 A.$$

» Soit, pour abréger,

$$K = 1 + \alpha u'_1 - \tfrac{1}{2}\,\alpha\,\text{tang}\, h_1\left(\frac{du'_1}{dh}\right) + \frac{1}{2}\,\frac{\alpha.\left(\frac{ddu'_1}{d\varphi^2}\right)}{\cos^2 h_1} + \tfrac{1}{2}\,\alpha\left(\frac{ddu'_1}{dh^2}\right);$$
$$A = \frac{\alpha}{\cos h_1}\left\{\left(\frac{du'_1}{d\varphi}\right).\text{tang}\, h_1 + \left(\frac{ddu'_1}{d\varphi dh}\right)\right\},$$
$$B = \frac{\alpha}{2}.\text{tang}\, h_1\left(\frac{du'_1}{dh}\right) - \frac{\alpha}{2}\,\frac{\left(\frac{ddu'_1}{d\varphi^2}\right)}{\cos^2 h_1} + \frac{\alpha}{2}\left(\frac{ddu'_1}{dh^2}\right);$$

» on aura

$$R = K + M.\sin 2A + N.\cos 2A.$$

» Les observations des angles azimutaux, et de la différence des » latitudes aux extrémités de deux lignes géodésiques mesurées, » l'une dans le sens du méridien, l'autre dans le sens perpendiculaire » au méridien, feront connaître, par ce qui précède, les valeurs » de $M$, $N$ et $K$; car les observations donnent les rayons oscula- » teurs dans ces deux sens. Soient $R'$ et $R''$ ces rayons; on aura

$$K = \frac{R' + R''}{2}, \quad N = \frac{R' - R''}{2},$$

» et la valeur de $M$ sera déterminée, soit par l'azimut de l'extrémité » de l'arc mesuré dans le sens du méridien, soit par la différence en » latitude, des deux extrémités de l'arc mesuré dans le sens per- » pendiculaire au méridien. On aura ainsi le rayon osculateur de la » ligne géodésique, dont le premier côté forme un angle quelconque » avec le plan du méridien. »

Si l'on nomme $2E$ un angle dont la tangente $= \frac{M}{N}$, on aura $R = K + M \sin 2A + N.\cos 2A = K + N(\tang 2E \sin 2A + \cos 2A)$, mais $\tang 2E = \frac{\sin 2E}{\cos 2E}$; donc

$$R = K + \frac{N}{\cos 2E}(\sin 2E \sin 2A + \cos 2E \cos 2A)$$
$$= K + \frac{N}{\cos 2E} \cos (2A - 2E).$$

D'un autre côté, puisque $\tang 2E = \frac{M}{N}$ par hypothèse, on a $\frac{\sin 2E}{\cos 2E} = \frac{M}{N}$, et $\frac{1 - \cos^2 2E}{\cos^2 2E} = \frac{M^2}{N^2}$, d'où $\frac{1}{\cos^2 2E} = \frac{M^2 + N^2}{N^2}$, et ensuite $\cos 2E = \frac{N}{\sqrt{M^2 + N^2}}$; ainsi donc

$$R = K + \cos (2A - 2E) \sqrt{M^2 + N^2} \qquad (m).$$

Le plus grand rayon osculateur $r'$ répond à $A = E$, puisque l'on a

$$r' = K + \sqrt{M^2 + N^2}.$$

Le plus petit rayon osculateur $r$ répond à $A = 100^g + E$, puisque l'on a

$$r = K - \sqrt{M^2 + N^2};$$

par conséquent

$$\frac{r' - r}{2} = \sqrt{M^2 + N^2}, \quad \frac{r' + r}{2} = K.$$

Ces valeurs étant introduites dans l'équation $(m)$ précédente, on aura

$$R = \frac{r + r'}{2} + \frac{r' - r}{2} \cos 2(A - E);$$

et puisque $\cos 2(A - E) = \cos^2 (A - E) - \sin^2 (A - E) = 2\cos^2 (A - E) - 1$, il s'ensuit que

$$R = r + (r' - r) \cos^2.(A - E);$$

$A - E$ étant l'angle que la ligne géodésique, correspondante à $R$, forme avec celle qui correspond à $r'$.

*Détermination du rayon de l'ellipsoïde osculateur.*

388. « Nous avons déjà observé qu'à chaque point de la surface » de la Terre, on peut concevoir un ellipsoïde osculateur sur lequel » les degrés, dans tous les sens, sont sensiblement les mêmes dans » une petite étendue autour du point d'osculation. Exprimons le » rayon de cet ellipsoïde par la fonction

$$1 - \alpha \sin^2 h.\{1 + \mu.\cos 2(\varphi + \epsilon)\};$$

» les longitudes $\varphi$ étant comptées d'un méridien donné », et soit

$$-\sin^2 h\{1 + \mu\cos 2(\varphi + \epsilon)\} = u' = -(\tfrac{1}{2} - \tfrac{1}{2}\cos 2h)\{1 + \mu\cos 2(\varphi + \epsilon)\},$$

on aura

$$\begin{aligned}\left(\frac{du'}{dh}\right) &= -2\sin h \cos h \{1 + \mu \cos 2(\varphi + \epsilon)\} \\ &= -\sin 2h \{1 + \mu \cos 2(\varphi + \epsilon)\}, \\ \left(\frac{ddu'}{dh^2}\right) &= -2\cos 2h \{1 + \mu \cos 2(\varphi + \epsilon)\}, \\ \left(\frac{dddu'}{dh^3}\right) &= 4\sin 2h \{1 + \mu \cos 2(\varphi + \epsilon)\};\end{aligned}$$

et par conséquent

$$u' + \left(\frac{d^2u'}{dh^2}\right) = -\tfrac{1}{2}(1+3\cos 2h)\{1+\mu\cos 2(\varphi+\mathfrak{C})\},$$

$$\left(\frac{du'}{dh}\right) + \left(\frac{d^3u'}{dh^3}\right) = 3\sin 2h\{1+\mu\cos 2(\varphi+\mathfrak{C})\};$$

donc l'expression de l'arc mesuré dans le sens du méridien, sera (art. 381)

$$\varepsilon - \frac{\alpha\varepsilon}{2}\{1+\mu\cos 2(\varphi+\mathfrak{C})\}.\{1+3\cos 2h - 3\varepsilon.\sin 2h\}.$$

« Si l'arc mesuré est considérable, et si l'on a observé, comme » en France, la latitude de quelques points intermédiaires entre les » extrêmes, on aura par ces mesures, et la grandeur du rayon pris » pour unité, et la valeur de $\alpha.\{1+\mu\cos 2(\varphi+\mathfrak{C})\}$. » On a de plus en différenciant la valeur de $u'$, d'abord par rapport à $\varphi$, ensuite par rapport à $h$,

$$\left(\frac{du'}{d\varphi}\right) = 2\sin^2 h\cos h.\mu\sin 2(\varphi+\mathfrak{C}) \qquad (n),$$

$$\left(\frac{ddu'}{d\varphi dh}\right) = 4\sin h\cos h.\mu\sin 2(\varphi+\mathfrak{C}) = 2\sin 2h.\mu\sin 2(\varphi+\mathfrak{C});$$

ainsi, la dernière valeur de $\varpi$ (art. 382) deviendra

$$\varpi = -2\alpha\varepsilon\mu\,\text{tang}^2.h\frac{(\sin^2 h+2\cos^2 h)}{\cos h}\sin 2(\varphi+\mathfrak{C})$$

$$= 2\alpha\varepsilon\mu.\frac{\text{tang}^2.h}{\cos h}(1+\cos^2.h).\sin 2(\varphi+\mathfrak{C}).$$

L'observation des angles azimutaux aux deux extrémités de l'arc, fera donc connaître $\alpha\mu.\sin 2(\varphi+\mathfrak{C})$; et si l'on différencie l'équation ($n$), on aura

$$\left(\frac{ddu'}{d\varphi^2}\right) = 4\mu\sin^2.h\cos 2(\varphi+\mathfrak{C}),$$

et par conséquent

$$\frac{\alpha\left(\frac{ddu'}{d\varphi^2}\right)}{\cos^2 h} = 4\alpha\mu\,\text{tang}^2 h\cos 2(\varphi+\mathfrak{C});$$

or, puisque le rayon osculateur, dans le sens de la perpendiculaire à la méridienne, est

$$R = 1 + \alpha u' - \alpha\left(\frac{du'}{dh}\right)\text{tang}\,h + \frac{\alpha\left(\frac{ddu'}{d\varphi^2}\right)}{\cos^2 h},$$

on aura, en éliminant les coefficiens différentiels, et pour le degré dans le sens perpendiculaire au méridien,

$$R = 1^{\circ} + 1^{\circ}.\alpha\sin^2 h\{1 + \mu\cos 2(\varphi + \epsilon)\} + 4^{\circ}.\alpha\mu\tan^2 h\cos 2(\varphi + \epsilon).$$

« La mesure de ce degré donnera donc la valeur de $\alpha\mu\cos(\varphi+\epsilon)$; » ainsi l'ellipsoïde osculateur sera déterminé par ces diverses me- » sures : il serait nécessaire, pour un aussi grand arc, d'avoir égard » au quarré de $\epsilon$ dans l'expression de l'angle $\varpi$, sur-tout si, comme on » l'a observé en France, l'angle azimutal ne varie pas proportionnelle- » ment à l'arc mesuré ; il faudrait même alors ajouter à l'expression » précédente du rayon de l'ellipsoïde, un terme de la forme.... » $\alpha k\sin h.\cos h.\sin(\varphi+\epsilon')$, pour avoir l'expression la plus géné- » rale de ce rayon. »

389. Maintenant, pour déterminer l'ellipsoïde osculateur en partant des mesures de la Terre, il conviendrait, comme à l'art. 177, de comparer à la figure elliptique les degrés mesurés des méridiens, et l'on verrait que cette comparaison donne, pour la figure des méridiens, des ellipses différentes qui s'éloignent trop des observations pour pouvoir être admises; d'où l'on doit conclure que la Terre n'a point la forme régulière que l'on serait d'abord tenté de lui attribuer. Cependant, avant de renoncer entièrement à la figure elliptique, il importe de déterminer celle dans laquelle le plus grand écart des degrés mesurés est plus petit que dans toute autre figure de même espèce. M. Laplace donne deux méthodes pour atteindre ce but : elles sont exposées au livre III, page 138 de la *Mécanique céleste*. On peut aussi employer à cet effet la méthode des moindres quarrés (art. 373). C'est dans l'Ouvrage même de ce grand géomètre que l'on prendra une entière connaissance de la théorie actuelle qu'il a envisagée sous le point de vue le plus général.

### *Formules pour corriger la mesure d'une perpendiculaire à la méridienne, et la différence en longitude de ses points extrêmes.*

390. Lorsqu'un réseau trigonométrique, destiné à faire connaître la longueur d'un grand arc, est compris entre deux bases mesurées auxquelles il est lié, on déduit de l'une de ces bases la longueur de l'autre. Si la longueur ainsi calculée ne diffère que très peu de la

mesure directe, il y a tout lieu de croire que le réseau et l'arc sont exacts, à fort peu près. On fait disparaître ensuite la petite différence entre le calcul et l'observation, en modifiant arbitrairement les angles des triangles dont la mesure est presque toujours un peu moins sûre que celle des bases.

Pour éviter, dans ce cas, de s'appuyer sur des considérations vagues et incertaines, l'illustre auteur de la *Théorie analytique des Probabilités* vient de prescrire des règles sûres, au moyen desquelles on corrige de la manière la plus avantageuse, non-seulement l'arc mesuré perpendiculairement à la méridienne, mais encore la différence en longitude de ses extrémités. Voici en quoi elles consistent.

Concevons, sur une sphère, un arc de grand cercle $AA'A''\ldots$ (fig. 37) coupé en $A'$, $A''$,... par les côtés de la chaîne des triangles $ACC'$, $CC'C''\ldots$; désignons par $A$ l'angle $CAA'$, par $A^{(1)}$ l'angle $C'A'A''$, par $A^{(2)}$ l'angle $C''A''A'''$, etc., et soit $C$ l'angle $ACC'$, $C^{(1)}$ l'angle $CC'C''$, $C^{(2)}$ l'angle $C'C''C'''$, etc.; on aura (art. 149)

$$A+A^{(1)}+C-e=2^{\text{q}}+t;$$

$e$ étant l'erreur de l'angle observé $C$; $t$ désignant l'excès sphérique du triangle $ACA'$.

Dans les triangles sphériques $A'C'A''$, $A''C''A'''$,..... on aura pareillement

$$\begin{aligned}
A^{(1)}+A^{(2)}+C^{(1)}-e^{(1)}&=2^{\text{q}}+t^{(1)},\\
A^{(2)}+A^{(3)}+C^{(2)}-e^{(2)}&=2^{\text{q}}+t^{(2)},\\
A^{(3)}+A^{(4)}+C^{(3)}-e^{(3)}&=2^{\text{q}}+t^{(3)},\\
&\ldots\ldots\ldots\\
A^{(2i-1)}+A^{(2i)}+C^{(2i-1)}-e^{(2i-1)}&=2^{\text{q}}+t^{(2i-1)};
\end{aligned}$$

d'où l'on tire facilement

$$\begin{aligned}
A^{(2i)}=A+C-C^{(1)}+C^{(2)}-C^{(3)}\ldots\ldots+C^{(2i-2)}-C^{(2i-1)}\\
-e+e^{(1)}-e^{(2)}+e^{(3)}\ldots\ldots-e^{(2i-2)}+e^{(2i-1)}\\
-t+t^{(1)}-t^{(2)}+t^{(3)}\ldots\ldots-t^{(2i-2)}+t^{(2i-1)}.
\end{aligned}$$

Introduisant cette valeur dans la dernière ci-dessus et réduisant, il vient

$$\begin{aligned}
A^{(2i-1)}=2^{\text{q}}-A-C+C^{(1)}-C^{(2)}+C^{(3)}\ldots\ldots-C^{(2i-2)}\\
+e-e^{(1)}+e^{(2)}-e^{(3)}\ldots\ldots+e^{(2i-2)}\\
+t-t^{(1)}+t^{(2)}-t^{(3)}\ldots\ldots+t^{(2i-2)};
\end{aligned}$$

en supposant donc $A$ déterminé par l'une des méthodes du chap. VI, livre V, et bien connu, l'erreur de l'angle $A^{(n)}$ est

$$e^{(n-1)} - e^{(n-2)} + e^{(n-3)} \ldots \pm e \qquad (1);$$

le signe supérieur ayant lieu si $n$ est impair, et le signe inférieur si $n$ est pair. Les valeurs de $t$, $t^{(1)}$, $t^{(2)}$ sont toujours fort petites, et sont susceptibles d'être déterminées avec précision. En désignant par $T$ l'excès des trois angles observés sur deux angles droits; par $f, g$ les erreurs des angles $AC'C$, $CAC'$, du premier triangle; on aura

$$e + f + g = T,$$

quantité donnée par l'observation de ces angles (art. 149).

M. Laplace cherche ensuite la probabilité que l'erreur (1) est contenue dans des limites données, et il trouve que la valeur la plus probable de $e$ est celle qui rend nulle la quantité $e - \frac{1}{3}T$; d'où il suit qu'il faut corriger, comme on le fait communément, les trois angles de chaque triangle, du tiers de l'excès $T$ de leur somme observée, sur deux angles droits plus l'excès sphérique.

Faisant

$$e - \tfrac{1}{3}T = \bar{e}, \quad f - \tfrac{1}{3}T = \bar{f};$$

diminuant l'angle $C$, de $\frac{1}{3}T$, c'est-à-dire employant les angles corrigés de chaque triangle; enfin nommant $\bar{C}$, $\bar{C}^{(1)}$,....... ce que deviennent, par ces corrections, les angles $C$, $C^{(1)}$.......; on aura visiblement

$$\begin{aligned} A^{(2i)} = A &+ \bar{C} - \bar{C}^{(1)} + \bar{C}^{(2)} - \text{etc.} \\ &- \bar{e} + \bar{e}^{(1)} - \bar{e}^{(2)} + \text{etc.} \\ &- t + \bar{t}^{(1)} + \bar{t}^{(2)} - \text{etc.}, \end{aligned}$$

$$\begin{aligned} A^{(2i-1)} = 2^{\circ} - A &- \bar{C} + \bar{C}^{(1)} - \text{etc.} \\ &+ \bar{e} - \bar{e}^{(1)} + \text{etc.} \\ &+ t - t^{(1)} + \text{etc.}; \end{aligned}$$

et l'erreur de l'angle $A^{(n)}$ sera

$$\bar{e}^{(n-1)} - \bar{e}^{(n-2)} \ldots \pm \bar{e} \qquad (2).$$

M. Laplace fait remarquer qu'il y a de l'avantage à observer les trois angles de chaque triangle, et à les corriger comme on vient de le dire; cet avantage consiste en ce que la probabilité de la seconde erreur (2) est moindre que la première (1). Cet illustre géomètre prescrit en outre de ne rejeter aucune des observations géodésiques qu'on admettrait si elles étaient isolées, dans le cas où quelques-unes s'éloigneraient un peu des autres, afin de pouvoir leur appliquer avec succès les formules de probabilité.

391. Si l'arc $AA'A''\ldots$ est perpendiculaire au méridien $Ax$; que $\varphi$ soit l'angle mesuré par ce méridien et par celui du point extrême $A^{(n)}$, et que $V$ soit le plus petit des angles que ce dernier méridien fait avec l'arc $AA^{(n)}$; on aura

$$\sin\varphi = \frac{\cos V}{\sin h};$$

$h$ étant la latitude du point $A$. Si donc $\delta\varphi$ et $\delta V$ expriment les erreurs des angles $\varphi$ et $V$, on aura, en différenciant,

$$\delta\varphi = \frac{-\delta V \sin V}{\sin h \cos\varphi}.$$

Si l'on a mesuré avec une grande exactitude l'angle que le dernier côté de la chaîne des triangles forme en $A^{(n)}$ avec la méridienne de ce point, on aura

$$\delta V = \pm\, \delta.A^{(n)};$$

$\delta.A^{(n)}$ étant l'erreur de $A^{(n)}$.

Abaissons maintenant des sommets $C$, $C'$, $C''\ldots$ des perpendiculaires $CI$, $C'I'$, $C''I''\ldots$ sur l'arc $AA'A''\ldots$; on aura à très peu près

$$AI = AC\cos A,\quad II' = CC'\cos A^{(1)},$$

et généralement

$$I^{(i)}I^{(i+1)} = C^{(i)}C^{(i+1)}\cos A^{(i+1)}.$$

En supposant donc que $\delta$ soit la caractéristique des erreurs, on aura, après avoir divisé par cette dernière équation, son expression différentielle,

$$\frac{\delta\, I^{(i)}I^{(i+1)}}{I^{(i)}I^{(i+1)}} = \frac{\delta.C^{(i)}C^{(i+1)}}{C^{(i)}C^{(i+1)}} - \delta A^{(i+1)}.\text{tang}\, A^{(i+1)}.$$

On a, par ce qui précède,

$$\delta A^{(i+1)} = \bar{e}^{(i)} - \bar{e}^{(i-1)} + \bar{e}^{(i-2)} \ldots \pm \bar{e};$$

et le $(i+1)^{ième}$ triangle donne

$$C^{(i)}C^{(i+1)} = \frac{C^{(i)}C^{(i-1)} \sin C^{(i+1)}C^{(i-1)}C^{(i)}}{\sin C^{(i-1)}C^{(i+1)}C^{(i)}};$$

par conséquent

$$\frac{\delta . C^{(i)}C^{(i+1)}}{C^{(i)}C^{(i+1)}} = \frac{\delta . C^{(i)}C^{(i-1)}}{C^{(i)}C^{(i-1)}} + \delta . C^{(i+1)}C^{(i-1)}C^{(i)} . \cot C^{(i+1)}C^{(i-1)}C^{(i)}$$
$$- \delta . C^{(i-1)}C^{(i+1)}C^{(i)} . \cot C^{(i-1)}C^{(i+1)}C^{(i)}.$$

« Mais $\bar{e}^{(i)}$ est, par ce qui précède, l'erreur de l'angle $C^{(i)}$ ou
» $C^{(i-1)}C^{(i)}C^{(i+1)}$, corrigé en en retranchant le tiers de l'excès de la
» somme des trois angles observés du triangle sur deux angles droits.
» Soit $\bar{f}^{(i)}$ l'erreur de l'angle $C^{(i-1)}C^{(i+1)}C^{(i)}$ ainsi corrigé; $-(\bar{e}^{(i)}+\bar{f}^{(i)})$
» sera l'erreur du troisième angle $C^{(i+1)}C^{(i-1)}C^{(i)}$. On aura donc

$$\frac{\delta . C^{(i)}C^{(i+1)}}{C^{(i)}C^{(i+1)}} = \frac{\delta . C^{(i)}C^{(i-1)}}{C^{(i)}C^{(i-1)}} - (\bar{e}^{(i)} + \bar{f}^{(i)}) . \cot C^{(i+1)}C^{(i-1)}C^{(i)}$$
$$- \bar{f}^{(i)} . \cot C^{(i-1)}C^{(i+1)}C^{(i)};$$

» ce qui donne, en observant que dans le premier triangle, le côté
» $C^{(-1)}C$ est $AC$ que je suppose mesuré exactement,

$$\frac{\delta . C^{(i)}C^{(i+1)}}{C^{(i)}C^{(i+1)}} = -\Sigma \left\{ \begin{array}{l} (\bar{e}^{(i)} + \bar{f}^{(i)}) . \cot C^{(i+1)}C^{(i-1)}C^{(i)} \\ \quad + \bar{f}^{(i)} . \cot C^{(i-1)}C^{(i+1)}C^{(i)} \end{array} \right\};$$

» le signe $\Sigma$ servant à exprimer la somme de toutes les quantités
» qu'il renferme depuis $i = 0$ jusqu'à $i$ inclusivement. On aura donc
» ainsi la valeur de $\delta . I^{(i)}I^{(i+1)}$. En réunissant toutes ces valeurs,
» on aura, pour l'erreur entière de leur somme ou de la ligne me-
» surée, une expression de cette forme,

$$p\bar{e} + q\bar{f} + p^{(1)}\bar{e}^{(1)} + q^{(1)}\bar{f}^{(1)} + \text{etc.} \qquad (o).$$

M. Laplace découvre la loi de probabilité des valeurs simultanées de $\bar{e}$ et $\bar{f}$, et trouve les limites entre lesquelles est comprise la fonction $(o)$.

392. On a vu, à l'art. 387, que le rayon osculateur de la ligne

géodésique au point $A$ de départ, se déduit de l'arc mesuré, et qu'en désignant par $1+\alpha u'$ le rayon mené du centre de gravité de la Terre à sa surface, le rayon osculateur dans le sens de l'arc $AA'A''\ldots$ perpendiculaire au méridien de $A$, est

$$R=1+\alpha u'-\alpha\left(\frac{du'}{dh}\right)\text{tang}\,h+\frac{\alpha\left(\frac{ddu'}{d\varphi^2}\right)}{\cos^2 h};$$

de plus, si l'on nomme $s$ la longueur de l'arc mesuré $AA^{(n)}$, on aura, à fort peu près (art. 387),

$$R=\frac{s}{\varphi\cos h}(1-\tfrac{1}{3}s^2\,\text{tang}^2 h);$$

ce qui donne, en différenciant et s'arrêtant aux quantités du second ordre,

$$\delta R=\frac{\delta s}{\varphi\cos h}-\frac{s\delta\varphi}{\varphi^2\cos h};$$

enfin on a, par ce qui précède,

$$\delta s=p\bar{e}+q\bar{f}+\text{etc.},$$
$$\delta\varphi=\frac{\mp\delta A^{(n)}}{\sin h}=\frac{\pm(\bar{e}-\bar{e}^{(1)}+\bar{e}^{(2)}-\text{etc.})}{\sin h};$$

le signe inférieur ayant lieu si $n$ est pair, et le signe supérieur si $n$ est impair.

« Supposons que, pour vérifier les opérations, on mesure vers » l'extrémité $A^{(n)}$ de l'arc $AA'A''\ldots$ une seconde base. L'expres- » sion de l'erreur de cette base, conclue de la chaîne des triangles » et de la base mesurée au point $A$, sera, par ce qui précède, de » la forme

$$l.\bar{e}+m.\bar{f}+l^{(1)}.\bar{e}^{(1)}+m^{(1)}.\bar{f}^{(1)}+\text{etc.}\qquad(p);$$

cette expression sera d'ailleurs connue par la mesure directe de la seconde base. M. Laplace trouve, en la désignant par $\lambda$, que l'on a

$$\bar{e}=\frac{(l-\frac{1}{2}m).\lambda}{F},\qquad \bar{f}=\frac{(m-\frac{1}{2}l).\lambda}{F},$$
$$\bar{e}^{(1)}=(l^{(1)}-\tfrac{1}{2}m^{(1)}).\frac{\lambda}{F},\quad \bar{f}^{(1)}=\frac{(m^{(1)}-\frac{1}{2}l^{(1)}).\lambda}{F},$$
etc.;
$$F=l^2-ml+m^2+l^{(1)2}-m^{(1)}.l^{(1)}+m^{(1)2}+\text{etc.}$$

Alors en substituant ces valeurs dans la fonction $(o)$, on aura la correction résultante de la mesure de la seconde base, en l'affectant d'un signe contraire. De cette manière, le *poids* du résultat se trouve augmenté; c'est-à-dire que la probabilité de ses erreurs étant rendue plus rapidement décroissante, ces mêmes erreurs deviennent moins probables par la multiplicité des bases.

La mesure d'une seconde base sert aussi à corriger la différence en longitude des points extrêmes, ou l'angle $\mathcal{A}^{(n)}$. Il suffit de substituer à la fonction $(o)$ celle-ci :

$$\pm\left(\bar{e} - \bar{e}^{(1)} + \bar{e}^{(2)} - \text{etc.}\right),$$

qui exprime l'erreur de $\mathcal{A}^{(n)}$; le signe supérieur devant être pris si $n$ est impair, et l'inférieur si $n$ est pair. Alors on a

$$p = \pm 1, \quad q = 0, \quad p^{(1)} = \mp 1, \quad q^{(1)} = 0, \quad \text{etc.};$$

et la correction additive à faire à l'angle $\mathcal{A}^{(n)}$, est

$$\frac{\mp \lambda.\left(l - l^{(1)} + l^{(2)} - \text{etc.} - \frac{1}{2} m + \frac{1}{2} m^{(1)} - \text{etc.}\right)}{l^2 - ml + m^2 + l^{(1)2} - m^{(1)} l^{(1)} + m^{(1)2} + \text{etc.}}.$$

Par ce moyen, l'erreur qui peut encore affecter l'angle $\mathcal{A}^{(n)}$ ainsi corrigé, se trouve renfermée dans d'étroites limites. M. Laplace observe que si l'on diminue autant qu'il est possible le nombre des triangles qui doivent mesurer une ligne géodésique, et que l'on apporte une grande précision à la mesure des angles, deux avantages que procure l'emploi du cercle répétiteur et des réverbères, la méthode ci-dessus, appliquée à la mesure d'une perpendiculaire à la méridienne, sera une des meilleures dont on puisse faire usage pour avoir la différence en longitude des points extrêmes de cette ligne.

Les considérations analytiques sur lesquelles ces préceptes sont fondés étant beaucoup trop relevées pour cet Ouvrage, nous renverrons au *deuxième Supplément à la Théorie analytique des Probabilités,* qui est entièrement consacré à l'application de cette théorie aux opérations géodésiques.

# CHAPITRE IV.

## *Détermination de la figure de la Terre, par les observations du pendule.*

### *Théorie du pendule simple oscillant dans le vide.*

393. Si l'on attache un corps, une sphère de métal, par exemple, à l'extrémité inférieure d'un fil ou d'une verge mobile autour d'un point fixe placé à l'autre extrémité, et qu'on l'écarte un peu de sa situation verticale, il fera, étant ensuite abandonné à l'action de la pesanteur, de petites oscillations qui seront à très peu près *isochrones* ou de la même durée, malgré la différence d'amplitude des arcs décrits. Les oscillations, c'est-à-dire les allées et les venues alternatives du pendule, se nomment aussi *vibrations :* elles se perpétueraient, sans la résistance que l'air oppose au mouvement du corps oscillant, et sans celle que le pendule éprouve au *point de suspension.* On nomme ainsi le point autour duquel le mouvement a lieu.

La durée des oscillations dépend de la grandeur et de la figure du corps suspendu, de la masse et de la longueur de la verge, ainsi que de la densité du milieu dans lequel se fait l'expérience. Il ne sera question, pour le moment, que du *pendule simple* oscillant dans le vide ; c'est celui dont la masse de la verge est supposée nulle relativement à celle du corps considéré comme un point infiniment dense. Nous ferons voir ensuite comment on détermine la longueur de ce pendule idéal, dont les oscillations se feraient dans le même tems que celles du *pendule composé,* et qui aurait par conséquent pour longueur la distance du point de suspension au centre d'oscillation, c'est-à-dire au lieu où l'on conçoit réunie toute la masse du corps en mouvement.

On sait, par ce qui précède, que les mesures géodésiques, combinées avec les observations célestes, font connaître l'ellipticité de la Terre. Nous nous proposons maintenant de faire voir qu'elle se déduit aussi avec beaucoup d'exactitude des longueurs observées du pendule à secondes; car d'après la loi de la pesanteur, l'accroissement de ce pendule, en allant de l'équateur au pôle est proportionnel au quarré du sinus de la latitude, et sa valeur dépend de celle de l'ellipticité du sphéroïde terrestre.

Richer remarqua le premier cet accroissement de la longueur du pendule, dans le voyage qu'il fit en Amérique, en 1672; il trouva que son horloge, réglée à Paris sur le tems moyen, retardait chaque jour, à Cayenne, d'une quantité sensible. Environ soixante ans après lui, Bouguer fit des expériences du même genre au Petit-Goave dans l'île Saint-Domingue, à Quito sur le mont Pichincha, et dans d'autres lieux de la Terre; et il s'assura par ce moyen que l'intensité de la pesanteur, l'un des phénomènes les plus singuliers du système du monde, décroît en outre dans le sens de la verticale, en s'éloignant du niveau des mers.

394. Pour examiner de la manière la plus simple les circonstances du mouvement du pendule, dont les excursions sont censées faites dans un plan vertical, nous partirons de ces principes connus, savoir :

1°. Que lorsqu'un corps descend, par la seule action de la pesanteur, le long d'une courbe, il a en chaque point la même vitesse que s'il était tombé librement depuis le niveau du point de départ jusqu'à celui d'arrivée, quelle que soit la courbe décrite;

2°. Que l'équation du mouvement d'un point matériel assujéti à parcourir une courbe est $\frac{d^2s}{dt^2}=\varphi$, ou $\frac{dv}{dt}=\varphi$; $\varphi$ étant la force continue estimée dans le sens de la tangente à cette courbe, $s$ l'arc décrit au bout du tems $t$, et $v=\frac{ds}{dt}$ la vitesse acquise (*Mécanique* de M. Francœur, n° 164).

Cela posé, soit $g$ la force accélératrice de la pesanteur qui anime le point matériel $M$ (fig. 38) suspendu à l'extrémité du fil $CM$ supposé sans pesanteur et inextensible; $C$ le point de suspension; $AP=x$ l'abscisse verticale, et $PM=y$ l'ordonnée du centre d'oscillation $AC=a$ la longueur du pendule; $AD=b$ la flèche de l'arc $BAB'$; $B$ le point de départ du mobile; $s$ l'arc $AM$ dans lequel il se meut; enfin $v$ la vitesse qu'il a acquise au point $M$ après le tems écoulé $t$.

La vitesse $v$ étant due à la hauteur $DP$, on a, à cause de.... $DP=b-x$,

$$v=\frac{ds}{dt}=\sqrt{2g(b-x)}.$$

Mais l'arc $s$ décroissant à mesure que le tems $t$ augmente, on doit écrire

$$dt = \frac{-ds}{\sqrt{2g(b-x)}}.$$

Il faut exprimer $ds$ en fonction de $dx$, afin de pouvoir intégrer cette équation; ce qui est facile, car le quarré de l'élément de l'arc $s$ ayant pour expression

$$ds^2 = dx^2 + dy^2, \quad \text{d'où} \quad ds = dx\sqrt{1+\left(\frac{dy}{dx}\right)^2},$$

et l'équation de la trajectoire $AMB$ étant

$$x^2 + y^2 - 2ax = 0,$$

on trouve de suite, par la différentiation, que

$$ds = \frac{adx}{y} = \frac{adx}{\sqrt{2ax - x^2}};$$

et de là

$$dt = \frac{-adx}{\sqrt{2g(bx-x^2)(2a-x)}}.$$

Multipliant et divisant respectivement par $2a$ les facteurs sous le radical, puis indiquant l'intégration, on a

$$t = \tfrac{1}{2}\sqrt{\frac{a}{g}}\cdot\int\left\{\frac{-dx}{\sqrt{bx-x^2}}\cdot\frac{1}{\sqrt{\left(1-\frac{x}{2a}\right)}}\right\}.$$

Le développement du facteur $\frac{1}{\sqrt{1-\frac{x}{2a}}} = \left(1-\frac{x}{2a}\right)^{-\frac{1}{2}}$ par la formule du binome conduisant à une série convergente, l'expression de $t$ se change en celle-ci :

$$t = \tfrac{1}{2}\sqrt{\frac{a}{g}}\cdot\int\frac{-dx}{\sqrt{(bx-x^2)}}\left[1+\frac{1}{2}\cdot\frac{x}{2a}+\frac{1.3}{2.4}\cdot\frac{x^2}{4a^2}+\ldots\right];$$

et pour lors l'intégration est réduite à celle des termes de la forme $\frac{-x^m dx}{\sqrt{(bx-x^2)}}$ : on l'effectuera au moyen de la formule connue

$$\int\frac{-x^m dx}{\sqrt{(bx-x^2)}} = \frac{x^{m-1}}{m}\sqrt{(bx-x^2)} + \tfrac{1}{2}b.\frac{2m-1}{m}\int\frac{-x^{m-1}dx}{\sqrt{(bx-x^2)}};$$

mais comme on doit ici intégrer entre les limites $x=0$, $x=b$, afin d'obtenir le tems de la demi-oscillation, son premier terme devient nul par l'une de ses suppositions. Si donc on fait successivement $m=1$, $m=2$, $m=3\ldots$, on aura

$$\int\frac{-xdx}{\sqrt{(bx-x^2)}}=\frac{b}{2}\int\frac{-dx}{\sqrt{(bx-x^2)}}=\frac{b}{2}.A$$
$$\int\frac{-x^2dx}{\sqrt{(bx-x^2)}}=\frac{3b}{4}\int\frac{-xdx}{\sqrt{(bx-x^2)}}=\frac{3b^2}{2.4}.A$$
$$\int\frac{-x^3dx}{\sqrt{(bx-x^2)}}=\frac{5b}{6}\int\frac{-x^2dx}{\sqrt{(bx-x^2)}}=\frac{3.5.b^3}{2.4.6}.A;$$

ainsi de suite.

D'un autre côté, à cause de $\int\frac{-dx}{\sqrt{(bx-x^2)}}=\int\frac{-2dx}{\sqrt{b^2-(2x-b)^2}}=$ arc $\left(\cos=\frac{2x-b}{b}\right)$, on obtient, en substituant ces valeurs,

$$t=\tfrac{1}{2}\sqrt{\left(\frac{a}{g}\right)}.\left\{1+\left(\frac{1}{2}\right)^2.\frac{b}{2a}+\left(\frac{1.3}{2.4}\right)^2.\frac{b^2}{2^2.a^2}+\ldots\right\}\text{ arc }\left(\cos=\frac{2x-b}{b}\right).$$

A la limite $x=b$ on a $t=0$; mais à celle $x=0$, il vient ... arc $\left(\cos=\frac{2x-b}{b}\right)=\pi$, ou $3\pi$, $5\pi$, $7\pi\ldots$; $\pi$ étant la demi-circonférence pour le rayon $=1$. Donc en désignant par $T$ la valeur de $t$ résultant de l'intégrale définie, on a

$$T=\tfrac{1}{2}\pi\sqrt{\left(\frac{a}{g}\right)}.\left\{1+\left(\frac{1}{2}\right)^2.\frac{b}{2a}+\left(\frac{1.3}{2.4}\right)^2.\frac{b^2}{2^2.a^2}+\left(\frac{1.3.5}{2.4.6}\right)^2.\frac{b^3}{2^3.a^3}+\ldots\right\}\quad(1);$$

c'est le tems que le mobile met à descendre du point $B$ de départ au point $A$ le plus bas où la vitesse, en vertu du premier principe énoncé précédemment, est $\sqrt{2gb}$. Arrivé à ce point, le mobile ne pouvant ni s'arrêter, ni rétrograder, puisqu'il n'y rencontre aucun obstacle, continuera à se mouvoir dans le même sens, et fera la demi-oscillation ascendante parfaitement égale à la première; ce qui est manifeste, car lorsque $v=0$ on a $x=b$. Après cela il descendra, par le seul effet de la pesanteur, pour faire une seconde oscillation, et ainsi de suite; en sorte que la durée de chaque oscillation sera $=2T$ (*).

(*) La valeur de $T$ donnée par l'équation (1) se déduit d'une formule plus générale, obtenue par M. Laplace (*Mécanique céleste*, tome I, n° 11). Cet illustre géomètre y considère le cas des oscillations coniques (*voyez* aussi à ce sujet la *Mécanique* de Francœur); mais dans les expériences du pendule on dispose l'appareil de manière que les oscillations soient circulaires.

La flèche $b$ de l'arc $2\theta$ décrit par le pendule étant le sinus verse de l'amplitude de cet arc, on a $b = 1 - \cos\theta = 2\sin^2 \frac{1}{2}\theta$; mais l'amplitude $\theta$ étant très petite, on a, à fort peu près, $2\sin^2 \frac{1}{2}\theta = \frac{1}{2}\sin^2\theta$; de là

$$T = \tfrac{1}{2}\pi\sqrt{\left(\frac{a}{g}\right)}\cdot\left\{1 + \frac{\sin^2\theta}{16} + \ldots\right\},$$

ou désignant maintenant par $t$ la durée d'une demi-oscillation dans un arc infiniment petit, on aura

$$t = \tfrac{1}{2}\pi\sqrt{\frac{a}{g}} \text{ et } T = t\left(1 + \frac{\sin^2\theta}{16} + \ldots\right);$$

puisqu'en supposant $b$ assez petit pour pouvoir négliger les termes de la série précédente, où cette quantité entre comme facteur, on a, pour l'oscillation entière,

$$2t = \pi\sqrt{\frac{a}{g}} \qquad (2).$$

Il s'ensuit que, *quelle que soit l'amplitude de l'arc* BAB', *pourvu cependant qu'elle soit très petite, le tems de l'oscillation entière sera le même.*

Il résulte encore de cette hypothèse, que pour un autre pendule $a'$ oscillant dans un autre lieu où la gravité est $g'$, on a

$$2t' = \pi\sqrt{\frac{a'}{g'}} \qquad (3).$$

Donc lorsque les tems des oscillations respectives de deux pendules sont *synchrones* ou égaux,

$$\sqrt{\frac{a}{g}} = \sqrt{\frac{a'}{g'}}, \text{ ou } a : a' :: g : g';$$

c'est-à-dire que *les longueurs de deux pendules battant les secondes, par exemple, sont entre elles comme les forces accélératrices de la pesanteur.*

Si l'on supposait au contraire un pendule invariable, ou les longueurs des pendules égales, on aurait

$$\frac{2t}{2t'} = \frac{\sqrt{g'}}{\sqrt{g}};$$

ainsi, *les tems seraient réciproques aux racines quarrées des forces accélératrices.*

Dans le même lieu on a $g = g'$, et alors les équations (2) et (3) donnent, pour deux pendules de différentes longueurs,

$$\frac{2t}{2t'} = \frac{\sqrt{a}}{\sqrt{a'}};$$

c'est-à-dire que *les durées des oscillations sont entre elles comme les racines quarrées des longueurs des pendules.*

De l'équation (1) l'on tire, en désignant $2t$ par $\tau$, et en supposant $b$ extrêmement petit,

$$g = \frac{\pi^2 a}{\tau^2};$$

telle est la valeur de la pesanteur $g$, qui, comme l'on sait, représente le double de l'espace qu'un corps, tombant dans le vide, parcourrait dans la première seconde de sa chute. Elle se détermine avec la plus grande exactitude, par les observations du pendule, comme nous le ferons voir par la suite. Nous remarquerons seulement pour le moment, que si un pendule simple d'une longueur $a$ fesait $N$ oscillations dans T secondes, on aurait d'abord $\tau = \frac{T}{N}$, et ensuite

$$g = \frac{\pi^2 a N^2}{T^2}, \text{ de même } g' = \frac{\pi^2 a' N'^2}{T'^2};$$

$\pi$ exprimant la demi-circonférence d'un cercle dont le rayon $= 1$. Lorsque $a = a'$, et $T = T'$, on a

$$\frac{g}{g'} = \frac{N^2}{N'^2};$$

donc *les quarrés des nombres d'oscillations, faites en même tems par deux pendules de même longueur, sont comme les forces accélératrices.*

Lorsque deux pendules de différentes longueurs oscillent dans un même lieu et dans le même tems, on a $g = g'$, $T = T'$; partant

$$a' = \frac{aN^2}{N'^2}:$$

or, en supposant que $a'$ soit la longueur du pendule simple qui bat les secondes, et que $a$ diffère très peu de $a'$, on a, en faisant $N = N' + n$,

$$a' = a + \frac{2an}{N'} + \frac{an^2}{N'^2}.$$

Les deux derniers termes de cette expression sont donc la correction à faire au pendule observé, pour le réduire au pendule à secondes.

On conçoit maintenant que les observations du pendule doivent faire connaître la figure de la Terre, puisqu'il existe une relation entre la pesanteur et la longueur du pendule qui bat les secondes, et que l'intensité de la pesanteur dépend de la grandeur du rayon terrestre. Le tome second de la *Mécanique céleste* contient, sur cette matière, des développemens importans que ne comporte pas cet Ouvrage.

### *Mouvement du pendule dans un milieu résistant.*

395. Puisqu'un corps plongé dans un fluide perd une partie de son poids égale au poids du volume du fluide qu'il déplace, il est clair que le pendule qui oscille dans l'air, fait moins de vibrations que s'il était mis en mouvement dans le vide, toutes choses égales d'ailleurs. Si donc un pendule battait successivement la seconde dans différens milieux, sa longueur augmenterait à mesure que la densité des milieux diminuerait, par la raison que cette diminution de densité produirait une augmentation dans la pesanteur du pendule. Un autre fait digne de remarque, c'est que, *quelle que soit la résistance du milieu, les oscillations du pendule se font toujours dans le même tems :* cette résistance diminue seulement l'amplitude de l'oscillation et finit par l'anéantir. Bouguer est le premier qui ait énoncé ce théorème, dans son excellent Ouvrage sur la *Figure de la Terre*, page 341. Borda s'était proposé d'en donner une démonstration; mais son Mémoire sur la *Théorie du pendule* n'ayant pas été publié, M. Poisson a repris le même sujet, et l'a traité de manière à ne laisser rien à désirer. Voici sa démonstration, à quelques observations et développemens de calculs près.

Soit $g_1$ (fig. 59) la gravité relative au milieu où se font les oscillations, et, comme précédemment $AP = x$, $AM = s$, $AB = K$, $CM = CA = a$, et prenons pour unité la masse du pendule réunie à son centre d'oscillation; $g_1 \frac{dx}{ds}$ sera la gravité décomposée suivant la tangente à la courbe.

Supposons la résistance du milieu proportionnelle au quarré de la vitesse, comme on le fait le plus généralement, et représentons-la par $m\frac{ds^2}{dt^2}$, $m$ étant un coefficient constant donné par l'expérience, et qui dépend de la densité du milieu et de la figure du corps oscillant. L'équation du mouvement du centre d'oscillation sera, pendant la première demi-oscillation,

$$\frac{d^2s}{dt^2} = -g_1\frac{dx}{ds} + m\frac{ds^2}{dt^2} \quad (1);$$

en observant que la composante $g_1\frac{dx}{ds}$ de la gravité tend à diminuer l'arc $s$ tandis que la résistance du milieu tend à l'augmenter, puisqu'elle s'exerce toujours en sens contraire du mouvement, qui se fait ici de $M$ vers $A$. On a en outre

$$x = a\left(1 - \cos\frac{s}{a}\right);$$

et par conséquent

$$\frac{dx}{ds} = \sin\frac{s}{a} = \frac{s}{a} - \frac{1}{2.3}\frac{s^3}{a^3} + \ldots$$

En négligeant d'abord les puissances de $s$ et de $\frac{ds}{dt}$ supérieures à la première, l'équation (1) devient

$$\frac{d^2s}{dt^2} = -\frac{g_1}{a}.s;$$

et intégrant par la méthode du n° 274 (*Calcul intégral élémentaire* de M. Lacroix), on a

$$\frac{ds}{dt} = -\sqrt{C - \frac{g_1}{a}s^2}, \text{ et } t = \int\frac{-ds}{\sqrt{C - \frac{g_1}{a}s^2}} + C',$$

en mettant le signe — devant le radical, parce que $t$ augmentant, $s$ diminue. Les constantes arbitraires se déterminent par la condition qu'on ait en même tems $t = 0$, $s = K$, $\frac{ds}{dt} = 0$; $K$ étant l'amplitude de la première demi-oscillation supposée très petite, et $\frac{ds}{dt} = 0$ la vitesse au point de départ. On trouvera d'abord

$$\frac{ds}{dt} = 0 = \sqrt{C - \frac{g_1}{a}K^2}, \text{ d'où } C = \frac{g_1}{a}K^2;$$

et par conséquent

$$t = \int \frac{-ds}{\sqrt{\left(\frac{g_1}{a}\right)} \cdot \sqrt{K^2 - s^2}} + C'.$$

D'ailleurs, à cause de

$$\int \frac{-ds}{\sqrt{K^2 - s^2}} = \int \frac{-\frac{ds}{K}}{\sqrt{1 - \frac{s^2}{K^2}}} = \text{arc}\left(\cos = \frac{s}{K}\right),$$

il vient

$$t = \frac{1}{\sqrt{\frac{g_1}{a}}} . \text{arc}\left(\cos = \frac{s}{K}\right) + C'.$$

On détermine ensuite la constante $C'$, en faisant dans cette dernière équation $t = 0$, $s = K$, et alors on a $C' = 0$; donc

$$t = \frac{1}{\sqrt{\frac{g_1}{a}}} \left\{ \text{arc}\left(\cos = \frac{s}{K}\right) \right\};$$

donc enfin

$$s = K \cos . t \sqrt{\frac{g_1}{a}}.$$

Pour avoir une valeur plus exacte de $s$, soit

$$s = K \cos . t \sqrt{\frac{g_1}{a}} + s';$$

en substituant cette valeur dans l'équation (1), puis négligeant les puissances de $K$ supérieures à la seconde, ainsi que les produits $Ks'$, $K \frac{ds'}{dt}$, on aura, pour déterminer la correction $s'$, l'équation

$$\frac{d^2 s'}{dt^2} = -\frac{g_1}{a} s' + K^2 \frac{g_1}{a} . m \left(\sin . t \sqrt{\frac{g_1}{a}}\right)^2$$
$$= -\frac{g_1}{a} s' + K^2 \frac{g_1}{a} . m \left(\frac{1}{2} - \frac{1}{2} \cos . 2t \sqrt{\frac{g_1}{a}}\right).$$

Cette équation, qu'il s'agit d'intégrer, ayant la forme de celle-ci :

$$\frac{d^2 y}{dx^2} + A^2 y = R,$$

de laquelle on tire

$$y = p \cos . Ax + q \sin . Ax + \frac{\sin . Ax \int R dx \cos . Ax - \cos . Ax \int R dx \sin . Ax}{A}$$

(*Calcul intégr. élém.* de M. Lacroix, n° 282), on trouvera avec un peu d'attention et en faisant

$$x = t,\quad y = s',\quad A = \sqrt{\tfrac{g_1}{a}},\quad R = K^2\tfrac{g_1}{a}.m\left(\tfrac{1}{2} - \tfrac{1}{2}\cos.2t\sqrt{\tfrac{g_1}{a}}\right),$$
$$u = t\sqrt{\tfrac{g_1}{a}},$$

que l'intégrale cherchée est

$$s' = p\cos u + q\sin u + \frac{K^2m}{2}(1 + \tfrac{1}{3}\cos.2u).$$

Les constantes $p$ et $q$ se déterminent de manière qu'on ait à-la-fois $t = 0$, $s' = 0$, $\frac{ds'}{dt} = 0$; or, dans ce cas, on a $u = 0$, et l'équation précédente donne

$$p = -\frac{K^2m}{2}\cdot\frac{4}{3};$$

ensuite, si on la différencie par rapport à $s'$ et $u$, pour obtenir le rapport $\frac{ds'}{du}$, ou $\frac{ds'}{dt} = 0$, on trouvera, après avoir fait $u = 0$, que la constante $q$ est nulle. On a donc

$$s' = \frac{K^2m}{2}\left(1 - \tfrac{4}{3}\cos.t\sqrt{\tfrac{g_1}{a}} + \tfrac{1}{3}\cos.2t\sqrt{\tfrac{g_1}{a}}\right);$$

et enfin

$$s = K\cos.t\sqrt{\tfrac{g_1}{a}} + \frac{K^2m}{2}\left(1 - \tfrac{4}{3}\cos.t\sqrt{\tfrac{g_1}{a}} + \tfrac{1}{3}\cos.2t\sqrt{\tfrac{g_1}{a}}\right).$$

Ainsi, en supposant $K$ assez petit pour qu'on en puisse négliger la troisième puissance, cette formule représentera la valeur de $s$ pendant toute la durée de la première demi-oscillation.

Si l'on désigne par $T$ le tems de cette demi-oscillation, on aura, pour le déterminer, l'équation $s = 0$, ou

$$\cos.T\sqrt{\tfrac{g_1}{a}} + \frac{Km}{2}\left(1 - \tfrac{4}{3}\cos.T\sqrt{\tfrac{g_1}{a}} + \tfrac{1}{3}\cos.2T\sqrt{\tfrac{g_1}{a}}\right) = 0;$$

en négligeant le terme multiplié par $K$, on tirerait de cette équation, $T\sqrt{\frac{g_1}{a}} = \frac{\pi}{2}$, $\pi$ étant la demi-circonférence pour le rayon $= 1$; faisant donc $T\sqrt{\frac{g_1}{a}} = \frac{\pi}{2} + t'$, et négligeant les puissances de $t'$ supérieures à la première, on aura

$$\cos . T\sqrt{\frac{g_1}{a}} = \cos\frac{\pi}{2} - t' \sin\frac{\pi}{2} = -t',$$

$$\cos . 2T\sqrt{\frac{g_1}{a}} = \cos\pi - t' \sin\pi = -1;$$

substituant ces valeurs dans l'équation précédente, et négligeant le produit $t'K$, on obtiendra $t' = \frac{Km}{3}$; partant

$$T\sqrt{\frac{g_1}{a}} = \frac{\pi}{2} + \frac{Km}{3}, \text{ ou } T = \left(\frac{\pi}{2} + \frac{Km}{3}\right)\sqrt{\frac{a}{g_1}};$$

ainsi le tems de la première demi-oscillation est augmenté par l'effet de la résistance du milieu.

Pour avoir la vitesse au point le plus bas, différencions la valeur trouvée pour $s$, et substituons dans $\frac{ds}{dt}$ la valeur de $T$; nous aurons, en appelant $V$ cette vitesse et en rejetant les puissances de $K$ supérieures à la seconde, $V = -K\left(1 - \frac{2mK}{3}\right)\sqrt{\frac{g_1}{a}}$; ou bien en faisant abstraction du signe qui indique seulement le sens du mouvement,

$$V = K\left(1 - \frac{2mK}{3}\right)\sqrt{\frac{g_1}{a}};$$

il suit de là que la vitesse acquise au point le plus bas est diminuée par la résistance du milieu.

Déterminons maintenant le tems de la seconde demi-oscillation. $A$ est alors le point de départ où la vitesse est égale à celle acquise pendant la première demi-oscillation.

Faisant ici $AP' = x$, $AM' = s$, $CM' = CA = a$, l'équation du mouvement pendant la seconde demi-oscillation sera

$$\frac{d^2s}{dt^2} = -g_1 \frac{dx}{ds} - m\frac{ds^2}{dt^2};$$

parce que, dans cette circonstance, la composante $g_1 \frac{dx}{ds}$ de la pesanteur et la résistance du milieu sont deux forces tendantes à diminuer l'arc $s$, compté du point $A$ le plus bas, qui est maintenant le point de départ. En faisant deux approximations successives, comme dans le calcul précédent, on a d'abord

$$\frac{d^2s}{dt^2} = -\frac{g_1}{a}s;$$

et en intégrant,

$$s = K\left(1 - \frac{2mK}{3}\right).\sin.t\sqrt{\frac{g_1}{a}};$$

les deux constantes arbitraires étant déterminées par la condition qu'au point de départ $A$ on ait $t=0$, $s=0$, $\frac{ds}{dt} = V = K\left(1 - \frac{2mK}{3}\right)\sqrt{\frac{g_1}{a}}$. Ensuite, posant $s = K\left(1 - \frac{2mK}{3}\right)\sin.t\sqrt{\frac{g_1}{a}} + s'$, on trouve

$$s' = -\frac{mK^2}{2}\left(1 - \tfrac{4}{3}\cos.t\sqrt{\frac{g_1}{a}} - \tfrac{1}{3}\cos.2t\sqrt{\frac{g_1}{a}}\right);$$

donc, en ne conservant que les premières et secondes puissances de $K$,

$$s = K\left(1 - \frac{2mK}{3}\right)\sin.t\sqrt{\frac{g_1}{a}} - \frac{mK^2}{2}\left(1 - \tfrac{4}{3}\cos.t\sqrt{\frac{g_1}{a}} - \tfrac{1}{3}\cos.2t\sqrt{\frac{g_1}{a}}\right).$$

Telle est la formule qui représente par approximation la valeur de $s$, pendant la durée de la seconde demi-oscillation.

Le mobile s'élevant jusqu'à ce qu'on ait $\frac{ds}{dt} = 0$, si l'on désigne par $T'$ le tems de la seconde demi-oscillation, on aura, pour le déterminer, l'équation $\frac{ds}{dt} = 0$, ou

$$\left(1 - \frac{2mK}{3}\right)\cos.T'\sqrt{\frac{g_1}{a}} - \frac{mK}{3}\left(\sin.T'\sqrt{\frac{g_1}{a}} + \sin.2T'\sqrt{\frac{g_1}{a}}\right) = 0.$$

Faisant $T'\sqrt{\frac{g_1}{a}} = \frac{\pi}{2} + t'$, et omettant les puissances de $t'$ supérieures à la première, ainsi que le produit $t'K$, il vient $t' = -\frac{mK}{3}$, et de là

$$T'\sqrt{\frac{g_1}{a}} = \frac{\pi}{2} - \frac{mK}{3}, \quad \text{ou} \quad T' = \left(\frac{\pi}{2} - \frac{mK}{3}\right)\sqrt{\frac{a}{g_1}}.$$

Donc le tems de la demi-oscillation ascendante est diminué par l'effet de la résistance du milieu, de la même quantité que celui de l'oscillation descendante est augmenté. D'où il résulte ce théorème, que *le tems de l'oscillation entière est le même que si le mouvement avait lieu dans le vide.*

Pour déterminer l'amplitude $K'$ de la seconde demi-oscillation, il faudra faire $t = T'$ dans la valeur de $s$ relative à cette demi-oscillation; alors en ne conservant que les deux premières puissances de $K$, on trouvera

$$K' = K - \frac{4mK^2}{3}.$$

De même, si $K''$, $K'''$, etc., représentent les amplitudes de la troisième, quatrième, etc. demi-oscillation, on aura

$$K'' = K', \quad K''' = K'' - \frac{4mK''^2}{3}, K^{\text{iv}} = K''', \text{ etc.};$$

ce qui fait voir que ces amplitudes diminuent successivement et avec d'autant plus de rapidité, que le coefficient $m$ de la résistance est plus grand.

Bouguer a remarqué le premier que les amplitudes des arcs décrits par un pendule oscillant dans l'air, décroissent à très peu près en progression géométrique, quand le nombre des oscillations croît en progression arithmétique. Cette propriété se déduit aisément de la théorie précédente; car on a d'abord

$$\begin{aligned}
K' &= K\left(1 - \frac{4mK}{3}\right),\\
K'' &= K',\\
K''' &= K''\left(1 - \frac{4mK'}{3}\right) = K\left(1 - \frac{4mK}{3}\right)\left(1 - \frac{4mK'}{3}\right),\\
K^{\text{iv}} &= K''',\\
K^{\text{v}} &= K^{\text{iv}}\left(1 - \frac{4mK'''}{3}\right) = K\left(1 - \frac{4mK}{3}\right)\left(1 - \frac{4mK'}{3}\right)\left(1 - \frac{4mK'''}{3}\right),\\
&\dots\dots\dots\dots\dots\dots\dots\dots\dots\dots\dots\dots
\end{aligned}$$

Mais lorsque le pendule est composé d'un fil extrêmement fin et que la boule qui y est suspendue est très pesante, le terme $\frac{4mK}{3}$, dû à la résistance de l'air, est très petit, et les amplitudes décroissent avec beaucoup de lenteur; on peut donc supposer dans les valeurs précédentes, que ce terme est constant pendant un court intervalle de tems. Alors si l'on désigne par $q$ le facteur $1 - \frac{4mK}{3}$, on aura sensiblement

$$\begin{aligned}
K' &= qK, & K'' &= K',\\
K''' &= q^2K, & K^{\text{iv}} &= K''',\\
K^{\text{v}} &= q^3K, & K^{\text{vi}} &= K^{\text{v}},\\
&\dots\dots\dots\dots\dots\dots
\end{aligned}$$

ce qui vient à l'appui de la remarque ci-dessus.

M. Poisson considère en outre le cas où la fonction qui exprime la résistance renfermerait un terme proportionnel à la simple vitesse et représenté par $n\frac{ds}{dt}$. « Il est, dit ce savant géomètre, facile de » s'assurer que le tems de l'oscillation entière resterait encore le » même que dans le vide, pourvu toutefois que la résistance du » milieu fût une force très petite par rapport au poids de la lentille, » et que l'on négligeât, dans le calcul, le quarré de $n$ et le produit » de $n$ et de $m$. En effet, l'équation du mouvement serait alors

$$\frac{d^2s}{dt^2} = -g_1\frac{dx}{ds} - n\frac{ds}{dt} \pm m\frac{ds^2}{dt^2};$$

» en prenant le signe + pour la première demi-oscillation, et le » signe — pour la seconde, et en observant que le terme $-n\frac{ds}{dt}$ change de signe de lui-même, à cause du facteur $\frac{ds}{dt}$, en passant » d'une demi-oscillation à l'autre. Or, si l'on fait $s = s_1 e^{-\frac{nt}{2}}$, que l'on mette à la place de $\frac{dx}{ds}$ sa valeur approchée $\frac{s}{a}$, et qu'après les » substitutions faites on supprime les termes multipliés par $n^2$ » ou par $mn$, l'équation précédente deviendra

$$e^{-\frac{nt}{2}}\frac{d^2s_1}{dt^2} = -\frac{g_1}{a}s_1e^{-\frac{nt}{2}} \pm me^{-nt}\frac{ds_1^2}{dt^2}.$$

» Divisant tous les termes par $e^{-\frac{nt}{2}}$, et remplaçant le facteur $me^{-\frac{nt}{2}}$ » par $m$, ce qui est permis, puisque le tems $t$ ne saurait devenir très » grand pendant la durée d'une seule demi-oscillation, on aura

$$\frac{d^2s_1}{dt^2} = -\frac{g_1}{a}s_1 \pm m\frac{ds_1^2}{dt^2};$$

» équation d'où l'on tirera sans peine les mêmes conséquences que » ci-dessus, relativement à la durée de chacune des deux demi- » oscillations.

» Quelle que soit la loi de la résistance, la supposition que cette » résistance est une force très petite relativement au poids de la » lentille, est conforme à ce qui a lieu dans la pratique où la densité » du milieu est très petite, et où l'on a soin de prendre, pour former

» la lentille, une matière très dense; mais on doit observer que
» cette supposition n'est plus nécessaire, quand la résistance est
» proportionnelle au quarré de la vitesse; en sorte qu'alors cette
» résistance peut être une force comparable au poids de la lentille.
» Il suffit, dans ce cas, que l'amplitude de l'oscillation soit très petite,
» pour que le tems de cette oscillation ne soit point altéré par la
» résistance; car dans le calcul que nous venons de faire, l'approxi-
» mation n'a point eu lieu par rapport au coefficient $m$, mais bien
» par rapport aux puissances de $K$. »

Comme il importe, dans la pratique, de connaître la valeur de $g_1$, soit $M$ la masse du corps oscillant, $g$ sa pesanteur dans le vide, $p_1$ son poids dans le milieu où se fait l'expérience, $p$ son poids dans le vide; on aura

$$p = gM, \quad p_1 = g_1 M; \quad \text{donc} \quad g_1 = \frac{p_1 g}{p};$$

c'est cette dernière valeur qu'il faudrait substituer dans toutes les formules précédentes.

### *Mouvement du pendule dans la supposition d'un fil extensible.*

396. Jusqu'à présent, le fil à l'extrémité duquel est suspendue la masse oscillante, a été supposé inextensible; et en effet, cette hypothèse peut être admise dans la pratique, sans qu'il en résulte aucune erreur sensible, sur-tout lorsque le pendule n'est mis en mouvement que quelque tems après avoir été suspendu. Cependant, comme dans les expériences délicates, on ne doit faire abstraction d'aucune des circonstances physiques qui sont de nature à influer sur les résultats ou les conséquences qu'on en veut déduire, M. Poisson, après avoir considéré le cas où le pendule oscille dans un milieu résistant, a examiné celui de l'extensibilité du fil, et son élégante analyse l'a conduit au résultat même que Borda a énoncé dans son Mémoire sur les expériences du pendule (*Base du Système métrique,* tome III, page 354). Voici de quelle manière M. Poisson traite la question actuelle.

Soient, à un instant quelconque, $\theta$ l'angle formé par le fil et la verticale; $r$ la longueur variable du pendule, ou la distance du centre d'oscillation au point de suspension; $t$ le tems écoulé depuis une époque déterminée; $g$ la gravité. Soient aussi $x$ et $y$ les coordonnées horizontale et verticale du centre d'oscillation, rapportées au point de suspension comme origine; en sorte qu'on ait

$$x = r\sin\theta,\quad y = r\cos\theta \qquad (a).$$

L'élasticité du fil est une force qu'on peut regarder comme appliquée au centre d'oscillation, qui est dirigée suivant la longueur du fil, et qui ne peut être qu'une fonction de cette longueur : ainsi, en la désignant généralement par $\varphi r$, les composantes horizontale et verticale de cette force seront $\varphi r.\sin\theta$ et $\varphi r.\cos\theta$.

Cela posé, si l'on considère les oscillations du pendule comme ayant toujours lieu dans un plan vertical, mais sans que la masse oscillante ait le moindre mouvement de rotation sur elle-même, et qu'on prenne l'élément $dt$ constant; les équations du mouvement du centre d'oscillation, relativement aux axes $x, y$ seront, en faisant attention que l'élasticité et la gravité agissent en sens contraires,

$$\frac{d^2x}{dt^2} + \varphi r.\sin\theta = 0,\quad \frac{d^2y}{dt^2} + \varphi r.\cos\theta - g = 0,$$

desquelles on tire, à cause des équations $(a)$,

$$\frac{yd^2x - xd^2y}{dt^2} + gx = 0 \qquad (b),$$

et

$$\frac{xd^2x + yd^2y}{dt^2} + r.\varphi r - gy = 0 \qquad (c).$$

Pour éliminer de ces deux dernières équations les coordonnées $x$ et $y$, on remarquera qu'à cause des relations $(a)$, l'on a

$$dx = rd\theta\cos\theta + dr\sin\theta,\quad dy = -rd\theta\sin\theta + dr\cos\theta \qquad (d);$$

et par suite

$$xdy - ydx = r^2d\theta;$$

par conséquent

$$d.(xdy - ydx) = xd^2y - yd^2x = d.r^2d\theta.$$

D'ailleurs, à cause de $r^2 = x^2 + y^2$, il vient, en différenciant deux fois de suite,

$$dr^2 + rd^2r = xd^2x + yd^2y + dx^2 + dy^2;$$

et, comme des relations $(d)$ l'on tire

$$dx^2 + dy^2 = dr^2 + r^2d\theta^2,$$

il s'ensuit que

$$xd^2x + yd^2y = rd^2r - r^2d\theta^2;$$

partant, les équations ($b$) et ($c$) se changent en celles-ci:

$$\frac{d.r^2d\theta}{dt^2} + gr.\sin\theta = o \qquad (1),$$

$$\frac{d^2r}{dt^2} - r.\frac{d\theta^2}{dt^2} + \varphi r - g.\cos\theta = o \qquad (2).$$

Il est à remarquer que l'équation (1) se déduirait aussi du principe des aires, et celle (2) de cette considération, savoir, que la force accélératrice, dans le sens de la longueur du fil, a pour composantes, la force centrifuge $r.\frac{d\theta^2}{dt^2}$, la force élastique $\varphi r$, et la gravité décomposée suivant cette longueur.

La forme de la fonction $\varphi r$ est inconnue; mais, comme $r$ varie peu pendant le mouvement, si l'on appelle $a$ sa valeur à un instant déterminé, et que l'on fasse généralement $r = a - u$, $u$ sera une très petite quantité dont on pourra négliger les puissances supérieures à la première; alors on aura

$$\varphi r = A - Bu;$$

$A$ et $B$ étant deux constantes données par l'observation. Pour les déterminer, soit $b$ la longueur du fil avant qu'il ait subi aucune extension; supposons qu'après l'avoir ainsi mesuré, on le suspende verticalement, et qu'on attache la lentille à son extrémité inférieure; soit $\alpha$ l'extension du fil, due au poids de ce corps, et prenons $a$ pour sa longueur totale dans cette position, de sorte qu'on ait $a = b + \alpha$. Il faudra donc que la force $\varphi r$ soit nulle pour $r = b$, et égale à la gravité $g$ pour $r = a$. Ainsi, l'on aura $\varphi b = \varphi\,(a - \alpha) = A - B\alpha = o$, et $\varphi\alpha = A = g$; d'où l'on tire $A = g$, $B = \frac{g}{\alpha}$, et par conséquent

$$\varphi r = g - \frac{g}{\alpha}.u.$$

Cela posé, les équations (1) et (2) deviennent, en divisant la première par $r^2$, substituant $a - u$ à la place de $r$, et négligeant le quarré de $u^2$ et le produit $udu$,

$$\frac{d^2\theta}{dt^2}+\frac{g}{a}.\sin\theta+\frac{gu}{a^2}\sin\theta-\frac{2}{a}.\frac{du}{dt}.\frac{d\theta}{dt}=0 \qquad (3),$$

$$\frac{d^2u}{dt^2}+\frac{g}{a}.u-g(1-\cos\theta)+(a-u).\frac{d\theta^2}{dt^2}=0 \qquad (4).$$

Ces équations n'étant pas susceptibles d'être intégrées rigoureusement par les moyens connus, M. Poisson les traite par la méthode des approximations successives déjà employée à l'art. 395.

D'abord, à cause de la petitesse de l'angle $\theta$ et de celle de la quantité $u$, l'équation (3) peut être réduite à celle-ci :

$$\frac{d^2\theta}{dt^2}+\frac{g}{a}.\theta=0;$$

ou plutôt, pour comprendre dans une première approximation tous les termes qui dépendent de la première puissance de $\theta$, soit au lieu de $\frac{g}{a}.\theta$ un terme $n^2\theta$, $n^2$ étant un coefficient constant très peu différent de $\frac{g}{a}$, et que l'on déterminera bientôt; on aura

$$\frac{d^2\theta}{dt^2}+n^2.\theta=0;$$

et en intégrant, comme il a été enseigné à l'art. 395, il viendra

$$\theta=h.\cos(nt+k);$$

$h$ et $k$ étant deux constantes arbitraires. En laissant ces constantes indéterminées, on observera seulement que $h$ est un très petit angle, d'après la supposition qui a été faite.

Si l'on substitue cette valeur de $\theta$ dans l'équation (4), et qu'on néglige la quatrième puissance de $h$ et le produit $h^2u$, on aura

$$\frac{d^2u}{dt^2}+\frac{g}{a}.u-\frac{h^2g}{2}.\cos^2(nt+k)+h^2an^2\sin^2.(nt+k)=0.$$

Mais le dernier terme de cette équation ayant $h^2$ pour facteur, on peut, sans erreur sensible, y mettre $\frac{g}{a}$ au lieu de $n^2$; ainsi, toutes transformations faites,

$$\frac{d^2u}{dt^2}+\frac{g}{a}.u+\frac{h^2g}{4}-\frac{3h^2g}{4}.\cos.2(nt+k)=0,$$

d'où l'on tire en intégrant, et négligeant le quarré de $\alpha$,

$$u=h'.\cos.\left[t\sqrt{\left(\frac{g}{a}\right)}+k'\right]-\frac{h^2a}{4}+\frac{3h^2a}{4}.\cos.2(nt+k).$$

Quant à l'équation (3), elle devient, en négligeant la cinquième puissance de $\theta$ et le produit $u\theta^3$,

$$\frac{d^2\theta}{dt^2}+\frac{g}{a}\theta=\frac{g}{a}\cdot\frac{\theta^3}{2.3}-\frac{g}{a^2}.u\theta+\frac{2}{a}\cdot\frac{du}{dt}\cdot\frac{d\theta}{dt}.$$

Si l'on y met pour $\theta$ et $u$ leurs valeurs précédentes, et qu'on remplace $\frac{g}{a}$ par $n^2$ dans le produit $\frac{du}{dt}\cdot\frac{d\theta}{dt}$; ce qui ne peut occasionner aucune erreur sensible, on trouvera, après les développemens et les transformations convenables,

$$\begin{aligned}\frac{d^2\theta}{dt^2}+\frac{g}{a}.\theta=&\frac{h^2g}{8a}\cdot\left(1+\frac{11\alpha}{a}\right).h.\cos.(nt+k)\\&+\frac{h^3g}{24.a}\cdot\left(1-\frac{45\alpha}{a}\right).\cos 3(nt+k)\\&+\frac{hh'g}{a\sqrt{(a)}}\cdot\left(\frac{1}{\sqrt{(\alpha)}}-\frac{1}{2\sqrt{(a)}}\right).\cos\left[t\sqrt{\left(\frac{g}{a}\right)}-nt+k'-k\right]\\&-\frac{hh'g}{a\sqrt{(a)}}\cdot\left(\frac{1}{\sqrt{(\alpha)}}+\frac{1}{2\sqrt{(a)}}\right).\cos\left[t\sqrt{\left(\frac{g}{a}\right)}+nt+k'-k\right].\end{aligned}$$

Si dans le premier terme du second membre, qui a $h^2$ pour facteur, on met $\theta$ au lieu de sa valeur approchée $h.\cos(nt+k)$, il n'en résultera aucune erreur sensible, et l'on aura, en réunissant les deux termes en $\theta$,

$$\frac{g}{a}\left[1-\frac{h^2}{8}\left(1+\frac{11\alpha}{a}\right)\right]\theta=n^2.\theta;$$

on a donc

$$n^2=\frac{g}{a}\cdot\left[1-\frac{h^2}{8}\left(1+\frac{11\alpha}{a}\right)\right].$$

De là, l'équation précédente se change en la suivante,

$$\begin{aligned}\frac{d^2\theta}{dt^2}+n^2.\theta=&\frac{h^3g}{24a}\cdot\left(1-\frac{45\alpha}{a}\right)\cos.3(nt+k)\\&+\frac{hh'g}{a\sqrt{(a)}}\cdot\left(\frac{1}{\sqrt{(\alpha)}}-\frac{1}{2\sqrt{(a)}}\right).\cos.\left[t\sqrt{\left(\frac{g}{a}\right)}-nt+k'-k\right]\\&-\frac{hh'g}{a\sqrt{(a)}}\cdot\left(\frac{1}{\sqrt{(\alpha)}}+\frac{1}{2\sqrt{(a)}}\right).\cos.\left[t\sqrt{\left(\frac{g}{u}\right)}+nt+k'+k\right].\end{aligned}$$

Enfin intégrant et négligeant le produit $h'\alpha$ qui est du même ordre que $\alpha^2$, il vient

$$\begin{aligned}\theta=&h.\cos.(nt+k)-\frac{h^3g}{8.24a}\left(1-\frac{45\alpha}{a}\right)\cos.3(nt+k)\\&+\frac{hh'\sqrt{(\alpha)}}{a\sqrt{(a)}}\cdot\left\{\cos.\left[t\sqrt{\left(\frac{g}{a}\right)}+nt+k'-k\right]\right.\\&\left.-\cos\left[t\sqrt{\left(\frac{g}{a}\right)}-nt+k'-k\right]\right\}.\end{aligned}$$

Cette valeur de $\theta$ et celle de $u$ trouvée précédemment sont suffisamment approchées. La valeur de $u$ renferme la loi des oscillations qui ont lieu dans le sens de la longueur du fil; celle de $\theta$ contient la loi des oscillations du pendule de part et d'autre de la verticale. Cette dernière loi étant celle qu'il importe de connaître, M. Poisson examine avec soin la valeur de l'angle $\theta$; et il observe d'abord, que la partie de cette valeur qui est multipliée par $hh'\sqrt{(\alpha)}$ est la même chose que

$$-\frac{2hh'\sqrt{(\alpha)}}{a\sqrt{(a)}}.\sin.(nt+k).\sin\left[t\sqrt{\left(\frac{g}{a}\right)}+k'\right];$$

or, en négligeant le produit $hh'^2\alpha$, on a

$$h.\cos(nt+k)-\frac{2hh'\sqrt{(\alpha)}}{a\sqrt{(a)}}.\sin(nt+k).\sin\left[t\sqrt{\left(\frac{g}{a}\right)}+k'\right]$$
$$=h.\cos\left\{nt+k+\frac{2h'\sqrt{(\alpha)}}{a\sqrt{a}}.\sin\left[t\sqrt{\left(\frac{g}{a}\right)}+k'\right]\right\};$$

d'ailleurs, en négligeant le produit $h^3h'\sqrt{(\alpha)}$, on peut remplacer $h^3.\cos.3(nt+k)$, par

$$h^3.\cos.3\left\{nt+k+\frac{2h'\sqrt{(\alpha)}}{a\sqrt{(a)}}.\sin.\left[t\sqrt{\left(\frac{g}{a}\right)}+k'\right]\right\};$$

si donc l'on fait, pour abréger,

$$\frac{g}{192a}.\left(1-\frac{45\alpha}{a}\right)=A,$$
$$nt+k+\frac{2h'\sqrt{(\alpha)}}{a\sqrt{(a)}}.\sin.\left[t\sqrt{\left(\frac{g}{a}\right)}+k'\right]=\nu,$$

la valeur de $\theta$ prendra cette forme très simple

$$\theta=h.\cos\nu-Ah^3.\cos.3\nu.$$

L'angle $\theta$ atteindra son *maximum* quand on aura $\frac{d\theta}{dt}=0$, c'est-à-dire

$$\frac{d\nu}{dt}.(\sin.\nu-3Ah^2.\sin 3\nu)=0;$$

ou bien, en substituant pour $\frac{d\nu}{dt}$ sa valeur, et mettant $3\sin\nu-4\sin^3.\nu$ à la place de $\sin 3\nu$,

$$\left\{n+\frac{2h'\sqrt{(g)}}{a\sqrt{(a)}}.\cos\left[t\sqrt{\left(\frac{g}{a}\right)}+k'\right]\right\}$$
$$\times(1+9Ah^2-12Ah^2\sin^2\nu).\sin\nu=0.$$

Des trois facteurs dont se compose cette équation, le dernier est le seul qu'on puisse égaler à zéro, parce que $h'$ et $h^2$ sont supposés très petits; on aura donc $\sin \nu = 0$, d'où l'on tire $\nu = p\pi$, $p$ étant un nombre entier quelconque, et $\pi$ désignant la demi-circonférence d'un cercle dont le rayon est l'unité.

Si l'on introduit cette valeur dans celle de $\theta$ trouvée ci-dessus, on aura

$$\theta = \pm (h - 3Ah^3);$$

ce qui nous apprend que les plus grands écarts du pendule, de part et d'autre de la verticale, sont tous égaux entre eux. Ainsi, malgré l'extensibilité du fil, les oscillations sont égales comme dans le cas ordinaire d'un fil inextensible; mais il n'en est pas de même de la durée des oscillations, qui ne sont plus isochrones.

En effet, dit M. Poisson, si l'on compte le tems $t$ à partir du *maximum* de l'angle $\theta$, de sorte qu'on ait à la fois $t = 0$, et $\nu = 0$, et par conséquent

$$k + \frac{2h'\sqrt{(\alpha)}}{a\sqrt{(a)}} . \sin k' = 0,$$

le pendule aura fait une, deux, trois, etc., oscillations, quand l'angle $\nu$ sera devenu égal à $\pi$, $2\pi$, $3\pi$, etc.; et si l'on désigne en général par $P$ le tems qu'il emploie à faire un nombre $p$ d'oscillations, on aura

$$nP + k + \frac{2h'\sqrt{(\alpha)}}{a\sqrt{(a)}} . \sin \left[P . \sqrt{\left(\frac{g}{a}\right)} + k'\right] = p\pi;$$

ce qui donne, en mettant pour $k$ la valeur tirée de l'équation précédente, et négligeant le quarré de $h'\sqrt{(\alpha)}$,

$$P = \frac{p\pi}{n} - \frac{2h'\sqrt{(\alpha)}}{na\sqrt{(a)}} . \left\{\sin . \left[\frac{p\pi}{n} . \sqrt{\left(\frac{g}{a}\right)} + k'\right] - \sin k'\right\}.$$

Or, cette valeur de $P$ n'étant pas proportionnelle à $p$, à cause de $\sin . \left[\left(\frac{p\pi}{n} . \sqrt{\left(\frac{g}{a}\right)} + k'\right]$ qu'elle renferme, il s'ensuit que les durées des oscillations successives ne sont point égales entre elles. Cependant, l'on doit observer que cette inégalité n'a pas d'influence sensible sur la durée moyenne de ces oscillations, conclue du tems que le pendule emploie à en faire un grand nombre, ainsi que cela se pratique ordinairement.

Soit, pour le faire voir, $T$ cette durée moyenne; $T$ se déduira de $P$ en divisant $P$ par $p$; on aura donc

$$T=\frac{\pi}{n}-\frac{2h'\sqrt{(\alpha)}}{pn\sqrt{(a)}}\cdot\left\{\sin.\left[\frac{p\pi}{n}\cdot\sqrt{\left(\frac{g}{a}\right)}+k'\right]-\sin k'\right\};$$

ainsi il est clair que l'influence du terme variable sera d'autant moindre que le nombre $p$ sera plus grand. En supposant donc ce nombre très grand, on a sensiblement $T=\frac{\pi}{n}$, ou remplaçant $n$ par sa valeur précédente, et négligeant la quatrième puissance de $h$,

$$T=\pi.\sqrt{\left(\frac{g}{a}\right)}\left[1+\frac{h^2}{16}\left(1+\frac{11\alpha}{a}\right)\right].$$

Il résulte de la, 1°. qu'en faisant, dans cette équation, $T=1$, pour connaître la longueur $a$ du pendule qui fait ses oscillation moyennes dans l'unité de tems, on aura

$$a=\frac{g}{\pi^2}\left[1-\frac{h^2}{8}\left(1+\frac{11\alpha\pi^2}{g}\right)\right];$$

2°. Que si $a$ et $T$ sont donnés par l'expérience, on aura

$$g=\frac{a\pi^2}{T^2}\left[1+\frac{h^2}{8}\left(1+\frac{11\alpha}{a}\right)\right];$$

$h$ étant à très peu près la demi-amplitude de l'oscillation, et $g$ ayant la même signification que $g_1$ dans l'art. 395. Ainsi, le terme multiplié par $h^2$ est la correction des valeurs de $T$, $a$ et $g$, due à la grandeur de l'arc parcouru, et l'extensibilité du fil augmente cette correction dans le rapport de $1+\frac{11\alpha}{a}$ à l'unité.

Telle est, presque mot à mot, l'addition que M. Poisson a faite à son *Mémoire sur le Pendule,* imprimé dans le XV^e cahier du *Journal de l'École Polytechnique,* page 345. Ce savant géomètre est revenu depuis sur cette matière, et a traité le cas où la sphère qui termine le pendule composé prend un petit mouvement de rotation sur elle-même (voyez *la Connais. des Tems* de 1819, p. 332).

*Correction des amplitudes décrites par un pendule composé.*

397. Nous avons démontré à l'art. 394 que si $2T$ est la durée d'une oscillation observée, $2\theta$ l'amplitude correspondante, et que $2t$

soit la durée d'une oscillation infiniment petite, on a

$$T = t\left(1 + \frac{\sin^2\theta}{16}\right).$$

Soit $N'$ le nombre d'oscillations faites par le pendule dans l'arc $2\theta$ pendant un tems quelconque $T'$, et $N$ le nombre d'oscillations infiniment petites qu'il aurait faites dans le même tems; la durée d'une de ces oscillations sera dans le premier cas $\frac{T'}{N'} = T$, et dans le second cas $\frac{T'}{N} = t$; en sorte que la formule précédente se changera en celle-ci :

$$N = N'\left(1 + \frac{\sin^2\theta}{16}\right).$$

Si la durée totale de l'expérience était très courte, on pourrait, dans cette formule, mettre, au lieu de l'amplitude $\theta$, l'arc moyen $\frac{\theta + \theta_n}{2}$, c'est-à-dire la demi-somme des amplitudes de l'arc décrit au commencement et à la fin des observations; mais il est beaucoup plus exact de faire usage de la formule suivante due à Borda, savoir :

$$N = N'\left[1 + \frac{\sin\theta \sin(\theta - \theta_n)}{16\mu \log.\frac{\sin\theta}{\sin\theta_n}}\right],$$

$\mu$ étant le module 2,302585o9. La démonstration qu'en a donnée M. Biot dans son *Astronomie physiq.*, tome III, page 169, revient à ce qui suit.

$2\theta$ étant l'arc dans lequel le pendule oscille à l'origine du mouvement, $\theta$ sera l'angle qu'il décrit de part et d'autre de la verticale, abstraction faite du très petit terme dépendant de la résistance de l'air (art. 395). Pendant le tems qu'il emploie à décrire cet arc entier, il ferait un peu plus d'une oscillation infiniment petite; il en ferait $1 + \frac{\sin^2\theta}{16}$ (art. 394). Si donc le pendule continue d'osciller dans l'air, l'arc $\theta$ diminuera continuellement et deviendra $\theta_1$, $\theta_2$, $\theta_3$, ... $\theta_n$, et les nombres correspondans d'oscillations infiniment petites seront

$$1 + \frac{\sin^2\theta_1}{16},\ 1 + \frac{\sin^2\theta_2}{16},\ 1 + \frac{\sin^2\theta_3}{16}, \ldots\ 1 + \frac{\sin^2\theta_n}{16};$$

ainsi, après un nombre $N' = n$ d'oscillations finies écoulées depuis l'époque où l'écart du pendule était $\theta$, le nombre des oscillations infiniment petites correspondantes sera représenté par

$$n + \frac{\sin^2 \theta_1}{16} + \frac{\sin^2 \theta_2}{16} + \ldots\ldots \frac{\sin^2 \theta_n}{16}.$$

Il faut, pour sommer cette série, connaître la loi de décroissement des arcs $\theta_1$, $\theta_2$, $\theta_3$.... Or, on sait, par la théorie et l'expérience, que ces arcs décroissent sensiblement en progression par quotiens, quand le nombre d'oscillations croît en progression par différences; et comme ils sont fort petits, même à l'origine du mouvement, on a à très peu près (art. 395),

$$\sin \theta_n = q^n \sin \theta;$$

$q$ étant un coefficient constant pour le même pendule.

Cela posé, si on appelle $S$ la somme des termes de la série précédente, non compris le premier, on aura sans erreur sensible,

$$S = \frac{q \sin^2 \theta}{16} (1 + q + q^2 + \ldots q^{n-1});$$

et par conséquent, d'après la propriété des progressions géométriques,

$$S = q \left(\frac{1 - q^n}{1 - q}\right) \sin^2 \theta;$$

ou bien, en exprimant $S$ en fonction du premier terme $\sin \theta$, du dernier $\sin \theta_n$, et du nombre $n$ des termes,

$$S = \frac{\sin \theta (\sin \theta - \sin \theta_n)}{16 \left[\left(\frac{\sin \theta}{\sin \theta_n}\right)^{\frac{1}{n}} - 1\right]}.$$

Il résulte de la très grande densité de la boule métallique, que le pendule oscille pendant long-tems, et que par conséquent les amplitudes $\theta$ et $\theta_n$ diffèrent peu l'une de l'autre. Or, on a en général, dans le système des logarithmes ordinaires,

$$\left(\frac{\sin \theta}{\sin \theta_n}\right)^{\frac{1}{n}} = 10^{\frac{\log \left(\frac{\sin \theta}{\sin \theta_n}\right)}{n}};$$

et, en série,

$$\left(\frac{\sin \theta}{\sin \theta_n}\right)^{\frac{1}{n}} = 1 + \frac{\mu}{n} \log. \frac{\sin \theta}{\sin \theta_n} + \frac{\mu^2}{1.2n^2} \log^2. \frac{\sin \theta}{\sin \theta_n} + \text{etc.};$$

$\mu$ étant toujours le module 2,30258......; ainsi à fort peu près

$$\left(\frac{\sin\theta}{\sin\theta_n}\right)^{\frac{1}{n}} = 1 + \frac{\mu}{n}\log.\frac{\sin\theta}{\sin\theta_n};$$

et par suite

$$S = \frac{n\sin\theta\,(\sin\theta - \sin\theta_n)}{16\mu\log.\frac{\sin\theta}{\sin\theta_n}}.$$

La somme des oscillations infiniment petites correspondantes à $n$ oscillations finies du pendule observé sera donc

$$n\left[1 + \frac{\sin\theta\,(\sin\theta - \sin\theta_n)}{16\mu\log.\frac{\sin\theta}{\sin\theta_n}}\right];$$

mais vu la petitesse des arcs $\theta$, $\theta_n$ et leur peu de différence, on a sensiblement

$$n\left[1 + \frac{\sin\theta\sin(\theta - \theta_n)}{16\mu\log.\frac{\sin\theta}{\sin\theta_n}}\right] = n\left[1 + \frac{\sin(\theta + \theta_n)\sin(\theta - \theta_n)}{32\mu\log.\frac{\sin\theta}{\sin\theta_n}}\right];$$

telle est la formule qu'il fallait démontrer.

### *Propriété du centre d'oscillation.*

398. Il reste encore un point important à examiner pour compléter la théorie du pendule composé oscillant dans l'air; c'est de savoir si la position du centre d'oscillation est effectivement indépendante de la résistance du milieu, ainsi qu'on l'a implicitement supposé à l'art. 395, lorsqu'on a eu en vue la détermination de ce centre.

Pour résoudre cette question de Mécanique, il faut remarquer que la vitesse d'un corps qui se meut dans un fluide quelconque étant sans cesse diminuée par la résistance de ce fluide, cette résistance exerce nécessairement son action dans le sens directement opposé au mouvement du corps, et peut être considérée comme la résultante de toutes les résistances partielles dues aux molécules fluides situées dans la direction du mouvement des points de la surface choquée. Ainsi, toutes les molécules du corps sont bien animées de la force accélératrice de la pesanteur; mais sa surface antérieure est la seule qui reçoive le choc du milieu. Or, en vertu de la liaison du système, ces forces appliquées ne produisent pas tout leur effet; et d'après le principe de d'Alembert, si on calcule les forces qui ont lieu réellement, il doit y avoir équilibre entre celles-ci, prises en sens contraire, et les forces appliquées. De plus, à cause du point fixe de suspension, les conditions d'équilibre se réduisent à une seule; savoir, que la somme des momens des forces en équilibre, pris par rapport à ce point, soit égale à zéro.

Cela posé, la force appliquée à une molécule $dm$ quelconque du corps est $g_{,}dm$, et son moment est $pg_{,}dm$; $p$ étant la perpendiculaire abaissée du point fixe sur la verticale passant par cette molécule, et $g_{,}$ la gravité relative au milieu dans lequel le corps oscille. La force appliquée à un élément $d\varpi$ de la surface choquée, et agissant dans le sens du mouvement de cet élément, sera représentée par $Nr^2 \frac{d\theta^2}{dt^2} d\varpi$, et son moment le sera par $Nr^3 \frac{d\theta^2}{dt^2} d\varpi$; $r$ étant la distance au point fixe, et la résistance du milieu étant supposée proportionnelle au quarré de la vitesse de l'élément de la surface. En effet, la vitesse angulaire du corps est $\frac{d\theta}{dt}$, et la vitesse absolue de l'élément $d\varpi$ est $r\frac{d\theta}{dt}$. Maintenant puisque les momens provenans de la résistance du milieu sont, pendant la durée de la demi-oscillation descendante, de signe contraire à ceux de la pesanteur, et que tous ces momens sont de même signe pendant la durée de la demi-oscillation ascendante; la somme des momens des forces appliquées sera en général

$$\int pg_{,}dm \mp \int Nr^3 \frac{d\theta^2}{dt^2} d\varpi,$$

la première intégrale étant prise dans l'étendue du corps, et la seconde intégrale dans l'étendue de la surface choquée seulement. D'ailleurs, la somme des momens des forces qui ont effectivement lieu, et qui agissent dans le sens des tangentes aux cercles verticaux qu'elles font décrire, est

$$\int r^2 \frac{d^2\theta}{dt^2} dm;$$

l'intégrale étant prise dans toute l'étendue du corps. On a donc, pour l'équation d'équilibre entre les forces appliquées et ces dernières prises en sens contraire,

$$\int pg_{,}dm \mp \int Nr^3 \frac{d\theta^2}{dt^2} d\varpi - \int r^2 \frac{d^2\theta}{dt^2} dm = 0;$$

en prenant le signe supérieur lorsque le corps descend, et le signe inférieur lorsqu'il monte.

Mais par la théorie du centre de gravité, on a $\int pg_1 dm = g_1 \int pdm = g_1 PM$; $P$ étant la valeur de $p$ relative à ce centre, et $M$ la masse du corps; donc, à cause de $P = R \sin \theta$, l'équation précédente devient

$$Rg_1 M \sin \theta \mp \frac{d\theta^2}{dt^2} N_1 - \frac{d^2\theta}{dt^2} \int r^2 dm = 0 \qquad (1),$$

en désignant d'ailleurs, pour abréger, par $N_1$ l'intégrale $\int Nr^3 d\varpi = N\int r^3 d\varpi$. Quant au moment d'inertie $\int r^2 dm$, il est égal à $M(R^2 + k^2)$ (voy. la *Mécanique* de M. Francœur, n° 240, ou celle de M. Poisson).

Il résulte de là, que l'équation du mouvement d'un pendule simple d'une longueur $\lambda$, qui oscillerait dans le même lieu et en vertu de la même force accélératrice $g_1$, serait

$$\lambda g_1 M' \sin \theta \mp \frac{d\theta^2}{dt^2} . n - \frac{d^2\theta}{dt^2} . \lambda^2 M' = 0 \qquad (2);$$

($k$ étant $= 0$, puisque dans ce pendule le centre de gravité et celui d'oscillation se confondent). Ainsi, pour faire coïncider ces deux mouvemens, il suffit d'établir les deux équations de condition suivantes :

$$\frac{\lambda g_1 M'}{\lambda^2 M'} = \frac{Rg_1 M}{\int r^2 dm}, \quad \frac{N_1}{\int r^2 dm} = \frac{N}{\lambda^2 M'}.$$

La première équation $\frac{1}{\lambda} = \frac{RM}{\int r^2 dm}$, ou $\lambda = \frac{R^2 + k^2}{R}$, déterminant la longueur du pendule simple dont les oscillations seraient synchrones à celles du pendule composé $M$, il s'ensuit que cette longueur, c'est-à-dire la distance du centre d'oscillation au point de suspension, est indépendante de la résistance du milieu. Quant à la seconde équation $\frac{N_1}{M(R^2 + k^2)} = \frac{n}{\lambda^2 M'}$, elle fournit la valeur de $n$ en fonction de $N_1$; et comme la masse $M'$ du pendule simple reste indéterminée, on a, en la faisant égale à $M$,

$$\frac{n}{\lambda} = \frac{N_1}{R}, \text{ d'où } n = \frac{N_1 \lambda}{R}.$$

Pour une même oscillation, la valeur de $n$ sera constante; mais d'une oscillation à la suivante cette valeur changera, si les deux portions de surface choquées alternativement ne sont pas semblables;

ce qui résulte évidemment de ce que $N$, est une intégrale étendue à toute la partie de surface exposée au choc du fluide.

Si, pour plus de généralité, nous eussions supposé la résistance une fonction de la vitesse, représentée par $Nv^{\epsilon} + N'v^{\epsilon'} + \ldots$; $N, N'$ étant des coefficiens constans, et $\epsilon, \epsilon' \ldots$ des exposans positifs quelconques, cette nouvelle hypothèse n'aurait modifié en rien les conséquences précédentes, ainsi qu'il est aisé de s'en convaincre.

On trouve dans les *Œuvres* de Jean Bernoulli, tome IV, page 382, une solution analytique de cette question; mais Clairaut est le premier qui, au moyen du principe de la conservation des forces vives, ait découvert les propriétés ci-dessus (*Mémoires de l'Académie des Sciences*, année 1738).

### *Exposé des expériences et des réductions à faire pour déterminer la longueur du pendule à secondes.*

399. Après avoir donné tout ce qu'il importe le plus de connaître sur la théorie du pendule, il convient d'expliquer la manière de déterminer par l'expérience la longueur de cet instrument, lorsqu'on veut l'assujétir à faire ses oscillations dans l'unité de tems, et en déduire la loi de la variation de la pesanteur en différens points de la surface du globe terrestre.

Le pendule d'expérience dont Bouguer fit usage en Amérique, était un petit poids de cuivre, formé de deux cônes tronqués opposés base à base et suspendu à l'extrémité inférieure d'un fil de pitte très mince, d'un mètre environ de longueur (*) : ce fil était saisi par une pince à son extrémité supérieure, mais de manière cependant qu'il y conservait toute sa souplesse. Maupertuis et les autres académiciens français qui mesurèrent les premiers un arc de méridien au cercle polaire, firent aussi de semblables expériences à Pello; mais ils se servirent de petits globes de différens métaux, traversés chacun par une verge de cuivre, qu'ils adaptaient ensuite à leur horloge. Vers la fin du siècle dernier, les expériences du pendule furent ré-

(*) La pitte ou espèce d'aloës, est une plante très commune en Amérique, et dont les fibres ont beaucoup de force et de flexibilité. Bouguer s'était assuré, en formant des hygromètres avec ces fibres, qu'elles se ressentent très peu de l'humidité de l'air, et par conséquent qu'elles conservent assez exactement leur longueur, quel que soit l'état de l'atmosphère.

pétées à Paris avec une précision jusqu'alors inconnue, et par des procédés en partie nouveaux, imaginés par Borda, l'un des membres de la Commission des poids et mesures. L'appareil de ce savant géomètre est des plus ingénieux et des plus simples : il consiste en une boule de platine du poids de 520 grammes environ, qu'on fait osciller à l'extrémité inférieure d'un fil métallique de 4 mètres de longueur, attaché à une suspension à couteau posant sur des plans d'une matière très dure. Quel que soit l'appareil qu'on emploie à cet effet, la longueur du pendule est, comme nous l'avons déjà dit, la distance du point de suspension au centre d'oscillation ; centre qu'il ne faut pas confondre avec le centre de gravité du système.

Afin de pouvoir bien comprendre toutes les réductions que nécessitent les expériences du pendule composé, faites avec l'appareil de Borda, nous observerons que cet appareil se compose de trois parties distinctes, qui sont le couteau, le fil et la boule. Le couteau, dont le tranchant posé sur un plan parfaitement horizontal, est traversé en son milieu par une petite verge au bas de laquelle on attache, au moyen d'une vis de pression, l'extrémité supérieure du fil. La boule est mise en contact avec la partie concave d'une petite calotte de cuivre ayant même rayon que cette boule, et ces deux pièces adhèrent l'une à l'autre, tant par la pression de l'atmosphère, que par un léger enduit de suif. De cette manière, on a la faculté de suspendre la boule successivement par différens points de sa surface. Enfin, la calotte et la boule tiennent à l'extrémité inférieure du fil fixé au bouton de la calotte, au moyen d'une vis de pression (*voyez* le tom. III de la *Base du Système métrique décimal*).

Le fil métallique doit être d'égale épaisseur dans toute sa longueur, parfaitement homogène et aussi mince que possible, afin qu'en présentant moins de surface à l'air, il puisse osciller plus librement. Borda avait adopté un fil de fer ; mais M. Biot préfère un fil de cuivre, qui n'est pas, comme l'autre, susceptible d'être soumis à l'action du magnétisme terrestre, et qui ne fait pas craindre par conséquent qu'une nouvelle force s'ajoute à la gravité qu'on veut observer.

400. Avant de mettre définitivement le pendule en mouvement, lorsqu'il est suspendu à une muraille très solide, on fait en sorte que les oscillations du couteau pris séparément, aient la même durée que celle de l'appareil entier. Le petit poids, attaché à l'ex-

trémité supérieure de la verge du couteau, et qu'on peut faire glisser à volonté, en procure le moyen. Alors, le couteau ayant son centre de gravité extrêmement près de l'axe de rotation, il est permis d'en faire abstraction.

Après avoir placé une horloge derrière le pendule mis en mouvement, et renfermé le tout dans une cage vitrée, pour le mettre à l'abri des mouvemens de l'air, on compare les oscillations du pendule à celles de l'horloge dont on détermine rigoureusement la marche par les retours diurnes de plusieurs étoiles au même vertical : c'est à quoi l'on parvient, avec la plus grande facilité, en rendant parfaitement immobile une lunette dirigée sur une arête verticale de quelqu'édifice, et observant pendant plusieurs jours consécutifs les occultations des étoiles qui passent dans le champ de cette lunette.

Pour éviter l'ennui de compter les oscillations une à une, et les erreurs que ce moyen pourrait occasionner, on procède ainsi qu'il suit.

Lorsque le pendule et l'horloge sont en repos, on fixe, sur la lentille de celle-ci, un petit cercle de papier blanc, pour servir de signal. Le centre de ce cercle et le fil du pendule déterminent la position d'un plan vertical dans lequel on place à une distance de 8 à $10^{m}$ de l'appareil, une lunette terrestre, qu'on rend ensuite immobile quand le centre du signal est exactement derrière le fil du pendule. On place aussi quelquefois entre la lunette et le pendule un petit écran à fond noir, de manière que le bord vertical couvre la moitié de l'épaisseur du fil du pendule ; cet écran est destiné à éclipser le signal au moment où il passe à la verticale. Cela fait, on met le pendule et l'horloge en mouvement ; alors, si les oscillations sont synchrones, et que le fil et le signal passent en même tems à la verticale, ils ne se sépareront jamais, en supposant qu'ils marchent dans le même sens ; mais, comme ils ont toujours des vitesses différentes, ils ne tarderont pas à se séparer. Par exemple, le pendule allant plus vite que l'horloge, dépassera le signal de plus en plus, et finira par terminer son oscillation au moment où le signal passera à la verticale ou se cachera derrière l'écran, et, dans ce cas, il aura gagné une demi-oscillation sur l'horloge ; puis il arrivera, après un intervalle presque égal, que le fil du pendule et le signal de la lentille passeront en même tems à la verticale, mais en allant dans des directions opposées : pour lors le pendule aura gagné sur l'horloge une oscillation entière. Le mouvement continuant, le pendule finira par gagner encore une oscillation, à l'instant où il passera à la verticale, ou s'éclipsera derrière l'écran en même tems que le signal, mais, cette fois, en marchant dans le même sens que lui. La disparition simultanée du fil et du signal derrière l'écran, se nomme *coïncidence* ou *concours*. Ainsi, selon que le pendule va plus vite ou plus lentement que l'horloge, il gagne ou perd deux oscillations sur elle, dans l'intervalle de deux coïncidences consécutives.

401. Soit $N$ le nombre des oscillations faites par l'horloge entre deux coïncidences, ou le nombre de secondes écoulées; $N \pm 2$ sera le nombre des oscillations du pendule, dans le même tems, en supposant que l'horloge et le pendule soient à peu près d'accord, comme dans les courts appareils; et si l'on désigne par $T$ la révolution diurne, on saura combien le pendule d'expérience fera d'oscillations dans un jour, en faisant cette proportion

$$N : N \pm 2 :: T : T' = \frac{T(N \pm 2)}{N} = T \pm \frac{2T}{N}:$$

le terme $\pm \frac{2T}{N}$ sera d'autant plus petit que $N$ sera plus grand. Il est vrai qu'en rendant cet intervalle plus considérable, l'époque de la coïncidence est plus difficile à saisir : toutefois cet inconvénient est racheté par l'avantage que procure la petitesse de la correction $\pm \frac{2T}{N}$.

Dans l'appareil même dont Borda a fait usage, la durée de l'oscillation du pendule était de 2″, et la lentille de l'horloge faisait par conséquent, dans l'intervalle de deux coïncidences, deux fois le nombre d'oscillations du pendule plus deux. Ainsi, au lieu de la proportion précédente, on a celle-ci :

$$N : \frac{N-2}{2} :: T : T' = \frac{T}{2} - \frac{T}{N}.$$

Lorsqu'on a obtenu plusieurs valeurs de $T'$, par le moyen de plusieurs coïncidences, leur somme divisée par leur nombre est le résultat moyen auquel on s'arrête définitivement pour en conclure la longueur du pendule simple qui battrait les secondes dans le lieu des observations.

402. Comme il importe de tenir compte de l'amplitude de l'arc décrit par le pendule aux diverses époques de l'expérience, afin de pouvoir réduire les oscillations du pendule composé au cas de l'infiniment petit, on place devant le pendule une petite échelle horizontale divisée en parties égales, et dont on mesure la distance à l'axe de suspension. Les écarts du pendule de part et d'autre de la verticale, peuvent alors se mesurer assez exactement, et faire connaître l'amplitude de l'arc à un instant donné.

Cela posé, nommons $N'$ le nombre d'oscillations faites par le pendule dans un certain tems, et $N$ le nombre d'oscillations infiniment petites qu'il aurait faites dans le même tems; appelons en outre $\theta$ et $\theta'$ les amplitudes décrites au commencement et à la fin des observations; on aura (art. 397)

$$N = N'\left[1 + \frac{\sin\theta . \sin(\theta - \theta')}{16\mu \log\left(\frac{\theta}{\theta'}\right)}\right];$$

$\mu$ étant le module 2,30258509.

403. Une des opérations les plus délicates est de mesurer la longueur du pendule d'expérience, et de la réduire à ce qu'elle était aux époques des coïncidences. On conçoit d'abord, que l'on a dû observer à ces époques la hauteur du baromètre, et noter la température de l'appareil, au moyen de thermomètres placés dans l'intérieur de la cage où se trouve cet appareil : on conçoit en outre, qu'il faut être pourvu d'une mesure parfaitement étalonnée sur le mètre, afin de pouvoir déterminer la longueur absolue du pendule. Cette mesure, qui accompagne l'appareil de Borda, est une règle de platine à peu près pareille à celles dont nous avons donné la description (art. 145).

Après avoir mis le pendule en repos, on place au-dessous de la boule un petit plan d'acier bien horizontal, et on l'élève doucement jusqu'à ce qu'il touche la boule sans la soulever. Cela fait, on le fixe invariablement, et on ôte le pendule pour y substituer la règle dont on vient de parler. A l'extrémité inférieure de cette règle, est une languette mobile ou une échelle divisée en parties égales, que l'on fait descendre jusqu'à ce qu'elle soit en contact avec le plateau d'acier; de cette manière on a, en parties de la règle, la longueur totale du pendule composé, prise depuis le plan de suspension jusqu'au bas de la boule. On a soin, pendant cette opération, d'observer la température; enfin, on évalue la longueur du fil, celle de la verge comprise entre l'axe de suspension et le point où est attaché le fil, ainsi que le diamètre de la boule, et l'on pèse exactement cette boule et la calotte à laquelle elle adhère.

Quant au poids du fil, comme il est fort petit, on le déduit de celui d'une plus grande dimension; car, en supposant que le fil soit d'une homogénéité parfaite et de forme cylindrique, son poids est proportionnel à sa longueur.

404. Toutes ces mesures étant prises, il s'agit d'avoir la longueur du pendule, comptée depuis le plan de suspension jusqu'au centre d'oscillation du système. Nommons $M'$, $M''$, $M'''$ les masses de la boule, de la calotte et du fil, et désignons par $\rho'$, $\rho''$, $\rho'''$, $l'$, $l''$, $l'''$ les distances de l'axe de suspension aux centres de gravité et d'oscillation de ces trois parties de l'appareil; enfin, appelons $l_1$ la longueur du pendule simple synchrone au pendule composé; on aura (*Mécanique* de M. Francœur, n° 252)

$$l_1 = \frac{M'\rho'l' + M''\rho''l'' + M'''\rho'''l'''}{M'\rho' + M''\rho'' + M'''\rho'''};$$

ou bien, si l'on multiplie les deux termes de cette fraction par la pesanteur $g$, (art. 395), et qu'on nomme $P'$, $P''$, $P'''$ les poids de la ~~il viendra~~ boule, de la calotte et du fil,

$$l_1 = \frac{P'\rho'l' + P''\rho''l'' + P'''\rho'''l'''}{P'\rho' + P''\rho'' + P'''\rho'''}$$

$$= l' - \frac{\frac{P''\rho''}{P'\rho'}(l' - l'') + \frac{P'''\rho'''}{P'\rho'}(l' - l''')}{1 + \frac{P''\rho''}{P'\rho'} + \frac{P'''\rho'''}{P'\rho'}} = l' - Q;$$

le second terme de cette valeur est donc la correction due au poids de la calotte et du fil.

On sait, par la théorie du centre d'oscillation, que si $R$ est le rayon de la boule, $D$ la distance du centre de gravité de la calotte au centre de la boule, et $\lambda$ la longueur du fil, on a

$$l' = \rho' + \frac{2}{5}\frac{R^2}{\rho'}, \quad l'' = \rho'' - D, \quad l''' = \rho''' + \frac{\lambda^2}{12\rho'''}.$$

En effet, le fil étant extrêmement fin, peut être considéré comme une ligne pesante; et le centre de gravité de la calotte se trouvant à très peu près sur la surface de la sphère, coïncide sensiblement avec le centre d'oscillation de cette petite pièce. En substituant ces valeurs dans l'équation précédente, on obtiendrait précisément la formule employée par M. Biot, à la page 173 du tome III de son *Astronomie physique;* mais il est tout aussi simple de laisser cette équation sous la forme que nous lui avons donnée.

405. Représentons maintenant par $b$ la distance du plan de suspension au commencement du fil, par $\Lambda$ celle du même plan au bas de la boule, donnée par la règle; et considérons $\varpi, f, \varphi$ comme les dilatations du platine, de la règle qui a servi à mesurer le pendule, et du fil métallique, pour l'unité de longueur. On aura d'abord à très peu près, en conservant d'ailleurs la notation ci-dessus,

$$\text{longueur du fil, ou } \lambda = \Lambda - 2R - b.$$

Supposons ensuite que cette longueur observée à la température moyenne $x$ des coïncidences du pendule et de l'horloge, l'ait été à une température $x'$ plus haute lors du contact du plan d'acier avec la boule : alors, à cette seconde époque, la longueur dont il s'agit ayant été trouvée trop longue de la quantité $\lambda f(x'-x)$, il faut la diminuer de cette même quantité pour la ramener à l'état où elle se trouvait lors des coïncidences. Mais, comme l'observe M. Biot, la très petite différence qui existe entre $\lambda$ et $\Lambda$ permet de faire cette correction sur la longueur même $\Lambda$. De plus, comme la règle est supposée représenter des parties du mètre à la température de la glace fondante, et qu'elle a été mise en expérience à la température $x''$, elle a donné une longueur $\Lambda$ trop courte de la quantité $\Lambda\varphi x''$; on a donc, en faisant ces deux corrections de dilatation,

$$\left.\begin{array}{l}\text{distance du plan de suspension}\\ \quad\text{au bas de la boule,}\end{array}\right\}\text{ou } \Lambda' = \Lambda - \Lambda f(x'-x) + \Lambda\varphi x''.$$

D'un autre côté, le rayon de la boule, à la température zéro, étant $R$, a dû se trouver augmenté de $R\varpi x$ à la température moyenne des coïncidences; ainsi, la distance du plan de suspension au centre de la boule, ou

$$\rho' = \Lambda' - R(1+\varpi x);$$

on a d'ailleurs

$$\rho'' = \rho' - D, \quad \rho''' = \tfrac{1}{2}(\rho' + b - R), \quad \lambda = \rho' - b - R;$$

ces valeurs étant substituées dans celle de $Q$, trouvée précédemment, il vient

longueur du pendule dans l'air $l_1 = \Lambda' - R(1 + \varpi x) + \frac{2R^2}{5\rho'} - Q$.

406. Si l'on désigne par $p_1$ et $p$ le poids du pendule dans l'air et dans le vide, et dans la même circonstance par $g_1$ et $g$ la gravité, on aura $\frac{g_1}{g} = \frac{p_1}{p}$. Le rapport de $p$ à $p_1$ dépendant de la densité actuelle de l'air, il faut donc, pour le déterminer, avoir égard aux hauteurs du baromètre et du thermomètre. Si, par exemple, $\nu$ exprime à la température de $x$ degrés centésimaux, le volume d'air déplacé par le pendule, et que $\Delta$ soit la pesanteur spécifique de l'air, au terme de la glace fondante et à $0^m,76$ de hauteur barométrique, on aura (art. 248), pour la pesanteur spécifique $\Delta_1$ à la température moyenne $x$, et sous la pression $h$ de l'atmosphère,

$$\Delta_1 = \frac{\Delta . h}{0^m,76\,(1 + 0,00375x)\left(1 + \frac{x}{5550}\right)} = \frac{\Delta . h}{0^m,76\,(1 + mx)\,(1 + nx)};$$

et par suite, le poids de l'air déplacé, ou $\Pi = \Delta_1\nu$; donc le poids du pendule dans le vide est

$$p = p_1 + \Pi.$$

Maintenant, si l'on fait attention que $l_1$ et $l$ étant la longueur du pendule dans l'air et celle du pendule dans le vide, qui ferait ses oscillations dans le même tems, on a

$$l_1 = \frac{g_1 l}{g} = \frac{p_1 l}{p};$$

et que $p_1 = p - \Pi = p - \Delta_1\nu$, on aura

$$l = \frac{l_1 p}{p - \Delta_1\nu} = l_1\left(1 - \frac{\Delta_1\nu}{p}\right)^{-1} = l_1\left(1 + \frac{\nu . \Delta . h}{0^m,76\,p\,(1 + mx)(1 + nx)}\right).$$

Mais $\frac{\nu . \Delta}{p} = \frac{1}{15910}$; c'est le rapport du poids de l'air pris pour unité, à celui du platine, le thermomètre étant à zéro, et le baromètre marquant $0^m,76$; donc la longueur du pendule dans le vide, ou

$$l = l_1 + \frac{h l_1}{0^m,76\,(1 + mx)\,(1 + nx) . 15910}.$$

Dans cette dernière réduction, nous supposons que la masse du pendule est toute de platine, quoique le fil et la calotte soient réellement de matières différentes; mais il n'en résulte évidemment aucune erreur sensible.

407. Il reste encore deux corrections à opérer; la première sert à faire connaître la longueur du pendule à secondes, dans le lieu même des observations. Or, si $N$ désigne les oscillations dans un jour solaire moyen, et que le pendule, dont la longueur est supposée $l$, en fasse $N'$, en sorte que $N = N' + n$; on aura, en appelant $L$ la longueur du pendule à secondes,

$$L = l + \frac{2ln}{N'} + \frac{ln^2}{N'^2}.$$

La dernière réduction est celle au niveau de la mer; elle résulte de ce que le pendule à secondes est un peu plus long au bas des hautes montagnes qu'à leur sommet. En effet, l'intensité de la pesanteur augmentant à mesure qu'on s'approche du centre de la Terre, les oscillations d'un même pendule deviennent de plus en plus rapides; il faut donc alonger le pendule à secondes pour retarder ses oscillations. D'après cela, soit $z$ la hauteur du lieu de l'expérience au-dessus de la mer, la pesanteur au pied de la verticale sera, comme l'on sait, égale à $g\frac{(a+z)^2}{a^2} = g\left(1 + \frac{2z}{a}\right)$, $a$ désignant le rayon de la Terre; par conséquent $L'$ étant la longueur cherchée, on aura

$$L' = L\left(1 + \frac{2z}{a}\right) = L + \frac{2Lz}{a}.$$

En procédant de la sorte, on peut comparer entre elles les longueurs du pendule à secondes, observées en différens lieux, soit pour en déduire la loi de leurs variations, soit pour en conclure l'aplatissement du globe terrestre; et il est aisé de voir que l'on obtiendra une très grande précision dans la recherche de cette loi, si au lieu de mesurer chaque fois la longueur absolue du pendule, ce qui ne laisse pas d'être fort difficile, on fait partout usage du même appareil et des mêmes procédés; parce qu'il suffit alors de tenir compte de la variation qu'a éprouvée la longueur primitive du pendule prise pour unité dans un certain lieu, et pour un état donné de l'atmosphère.

408. Il semblait qu'après les travaux de Borda, et ceux des autres géomètres qui ont écrit sur la théorie du pendule composé, il ne restât plus rien à dire à ce sujet; mais M. Laplace a remarqué que l'appareil de Borda, considéré jusqu'à présent comme formant une masse dont toutes les parties sont liées entre elles d'une manière invariable, est cependant composé de trois parties distinctes, qui peuvent osciller les unes autour des autres. Il résulte toutefois de sa savante analyse (*Connaissance des Tems* de 1820) : « que la » mobilité respective des trois parties de l'appareil et la flexibilité » du fil n'ont aucune influence sensible sur la durée des retours du » centre de la boule à la verticale, et qu'ainsi l'on peut calculer cette » durée comme si le fil était inflexible et fixément attaché aux deux » autres parties de l'appareil; sur-tout si, pour mettre le pendule » en mouvement, on l'écarte un peu de la verticale, de manière » que le centre de la boule, le fil et le point de suspension soient » sur une même droite; enfin, si l'on rend le plus égales qu'il est » possible les durées des oscillations de l'appareil entier et du cou- » teau pris isolément. »

Cet illustre géomètre a en outre examiné un point très délicat; c'était de savoir s'il est nécessaire d'avoir égard à la forme du tranchant du couteau. Il est parvenu à ce résultat singulier, que la longueur du pendule, comptée du plan sur lequel le couteau s'appuie, doit être diminuée du rayon du cylindre que forme le tranchant. Cette correction est sur-tout sensible sur la longueur du pendule à secondes, déterminée par des oscillations d'un court appareil, tel que celui qui est destiné pour les voyages; puisque le tranchant du couteau, vu à la loupe, présente la forme d'un demi-cylindre dont le rayon surpasse un centième de millimètre.

M. Poisson arrive par une analyse très directe à ce résultat trouvé par M. Laplace; c'est ce qu'on va voir.

« Soient $t$ le tems, $g$ la gravité, $dm$ un élément quelconque de la » masse du pendule, $x$ et $y$ les coordonnées de cet élément, prises à » partir de l'axe du cylindre qui forme l'arête du couteau, et comptées » dans un plan perpendiculaire à cet axe; supposons la première » horizontale et la seconde verticale. Soient en outre $r$ le rayon du » cylindre et $u$ la distance variable de sa ligne de contact avec le » plan fixe, à un point choisi arbitrairement sur ce plan, de manière » que les coordonnées de l'élément $dm$, rapportées à ce point fixe

» comme origine, deviennent $x+u$ et $y-r$. Pour l'équilibre des » quantités de mouvement, perdues à chaque instant par tous les » élémens matériels du pendule, il faudra que la somme des momens » de ces forces, pris par rapport à la ligne de contact du couteau, » soit égale à zéro; ce qui donne l'équation

$$\int\left[(y-r)\left(\frac{d^2x}{dt^2}+\frac{d^2u}{dt^2}\right)-x\,\frac{d^2y}{dt^2}\right]dm+\int gx\,dm=0;$$

» dans laquelle les intégrales doivent s'étendre à la masse entière; » et réciproquement, cette équation suffira pour cet équilibre, si » l'on suppose, avec M. Laplace, que le couteau n'a pas la liberté » de glisser sur le plan fixe.

» Désignons maintenant par $M$ la masse entière du pendule; par $\rho$ » la distance de son centre de gravité à l'axe du cylindre qui forme » l'arête du couteau; par $\theta$, l'angle variable compris entre la perpen- » diculaire abaissée de ce centre sur cet axe, et le plan vertical » mené par le même axe; enfin, par $Mk^2$ le moment d'inertie du » pendule, rapporté à un axe mené par son centre de gravité, pa- » rallèlement à l'axe du couteau, et par conséquent par $Mk^2+M\rho^2$ » le moment d'inertie rapporté à l'axe du couteau; on aura, comme » dans la théorie ordinaire du pendule composé,

$$\int\left(y\,\frac{d^2x}{dt^2}-x\,\frac{d^2y}{dt^2}\right)dm=M(k^2+\rho^2)\,\frac{d^2\theta}{dt^2}$$

$$\int gx\,dm=Mg\rho\sin\theta.$$

» On aura aussi

$$\int\frac{d^2x}{dt^2}\,dm=M\rho\,\frac{d^2\sin\theta}{dt^2},$$

$$\int(y-r)\,\frac{d^2u}{dx^2}\,dm=M(\rho\cos\theta-r)\,\frac{d^2u}{dt^2};$$

» et l'équation précédente deviendra, en y supprimant le facteur $M$,

$$(k^2+\rho^2)\frac{d^2\theta}{dt^2}-r\rho\,\frac{d^2\sin\theta}{dt^2}+(\rho\cos\theta-r)\frac{d^2u}{dt^2}+g\rho\sin\theta=0.$$

» Or, dans l'hypothèse de M. Laplace, où le couteau ne fait que » rouler sur le plan fixe, il est aisé de voir que la variable $u$ est égale » à une constante arbitraire, diminuée de l'arc $r\theta$, d'où il résulte » $d^2u=-rd^2\theta$; par conséquent, si l'on considère le cas des petites » oscillations, et que l'on néglige le quarré de $r$ et les puissances » de $\theta$ supérieures à la première, notre équation se réduira, en

» divisant tous les termes par $g\rho$, à

$$\frac{k^2+\rho^2-2r\rho}{g\rho}\cdot\frac{d^2\theta}{dt^2}+\theta=0.$$

» L'équation du mouvement du pendule simple, qui a pour lon-
» gueur $l$, est

$$\frac{l}{g}\cdot\frac{d^2\theta}{dt^2}+\theta=0;$$

» pour que ce mouvement coïncide avec celui du pendule composé,
» il faut donc qu'on ait

$$l=\rho+\frac{k^2}{\rho}-2r \qquad (1).$$

» Désignons par $\lambda$, la distance du centre de gravité de ce pendule
» à la ligne de contact du couteau avec le plan fixe; nous aurons
» $\rho=\lambda-r$; négligeant toujours le quarré de $r$, et observant que,
» dans les expériences du pendule, la quantité $k^2$ est très petite, la
» valeur de $l$ deviendra à très peu près

$$l=\lambda+\frac{k^2}{\lambda}-r \qquad (2);$$

» d'où il résulte que, pour tenir compte de l'épaisseur du couteau,
» il faut d'abord calculer la valeur de $l$, en faisant abstraction de
» cette épaisseur, et en retrancher ensuite la grandeur du rayon $r$. »

Il est remarquable que cette conséquence, qui mérite d'être prise en considération dans l'appareil de Borda, se déduit aussi des résultats analytiques auxquels Euler est parvenu lui-même, dans un Mémoire sur le mouvement d'un pendule composé oscillant autour d'un axe cylindrique appuyé sur un plan horizontal (*voyez* le tome VI des *Nova Acta Petropolitanæ*, page 145).

409. On vient d'exécuter en Angleterre un nouvel appareil pour déterminer la longueur du pendule à secondes. Il est fondé sur cette propriété du pendule, découverte par Huyghens, savoir : que les axes de suspension et d'oscillation sont réciproques l'un à l'autre; c'est-à-dire que si l'on fait osciller un pendule composé, et qu'ensuite on prenne pour point de suspension le centre d'oscillation, les nouvelles oscillations seront de même durée que les premières, et la distance des deux points de suspension sera la longueur du pendule

simple correspondant à cette durée. Comme il est nécessaire, pour cette expérience, d'adapter un second couteau très près du centre d'oscillation du pendule dans la première suspension, M. Laplace a examiné l'influence que doivent avoir sur les résultats des observations les arêtes de ces deux couteaux. M. Poisson a remarqué qu'on arrivait aux conséquences mêmes de cet illustre géomètre, ainsi qu'il suit :

La longueur du pendule simple synchrone au pendule composé est, par ce qui précède,

$$l = \rho + \frac{k^2}{\rho} - 2r.$$

Supposons qu'elle soit relative à la première suspension. Si l'on désigne par $r'$ le rayon de l'arête cylindrique du second couteau, autour duquel on fasse ensuite osciller le pendule, la quantité $k^2$ ne changera pas ; mais la distance du centre de gravité à l'axe du second couteau, au lieu d'être $\rho$ comme ci-dessus, deviendra $\rho'$, et la longueur du pendule simple sera

$$l' = \rho' + \frac{k^2}{\rho'} - 2r'.$$

Si l'on parvient à établir le synchronisme, on aura $l = l'$, ou

$$\rho + \frac{k^2}{\rho} - 2r = \rho' + \frac{k^2}{\rho'} - 2r' ;$$

et si les deux rayons $r$, $r'$ sont égaux, cette équation deviendra

$$(\rho' - \rho)\left(1 - \frac{k^2}{\rho\rho'}\right) = 0 ;$$

d'où l'on tire

$$\rho = \rho', \text{ ou } \frac{k^2}{\rho\rho'} = 1.$$

La première solution est relative au cas où le centre de gravité divise en deux parties égales la plus courte distance des deux axes *synchrones ;* la seconde solution ayant lieu lorsque $\rho = \frac{k^2}{\rho'}$, et donnant

$$l = \rho + \rho' - 2r,$$

il s'ensuit que, si le centre de gravité est dans le plan de ces deux axes et situé entre eux, leur distance mutuelle sera $\rho + \rho'$, et la longueur du pendule simple, faisant ses oscillations dans le même tems que le pendule observé, sera la plus courte distance entre les surfaces des arêtes qui terminent les deux couteaux de suspension : c'est donc par rapport à ces surfaces qu'a lieu le théorème d'Huyghens, sur la réciprocité des axes de suspension et d'oscillation.

410. En nommant $r$ le rayon de ce demi-cylindre, et, comme précédemment, $D$ la distance du centre de gravité de la calotte qui recouvre la boule, au centre de cette boule dont le rayon est $R$, $\lambda$ la longueur du fil, $b$ la distance de l'extrémité supérieure du fil à l'axe du cylindre formant le tranchant du couteau; appelant de plus $\lambda'$ la distance de l'extrémité inférieure du fil au centre de la boule, $p$ le rapport de la masse de la calotte à la somme $M$ des masses de la boule et de la calotte, $i$ celui de la masse du fil à la même masse $M$; enfin $E$ la distance du centre de gravité de la masse $M$ au point de sa suspension par le fil; on aura, selon M. Laplace,

$$E = \lambda' - pD,$$

distance du plan de suspension au centre de la boule

$$F = \lambda + b + \lambda',$$

et longueur du pendule simple, faisant ses oscillations dans le même tems que l'appareil,

$$l = F - r - pD + \frac{\frac{2}{5}\cdot(1-p)R^2 + pD^2}{F - r - pD} - \frac{i}{6}\cdot\left(2F - r - \lambda - 3pD - \frac{2}{5}R\right).$$

Borda suppose $D = R = \lambda'$; et dans les termes multipliés par $i$ la différence qui peut exister entre ces trois quantités est insensible; alors $\lambda = F - b - R$. M. Laplace, prenant avec lui pour unité la deux cent-millième partie d'une grande règle qui lui servait de module (art. 403), observe que dans son appareil on a, en supposant $r = 0$,

$$b = 1968,\ F = 203015{,}17,\ R = 937,\ p = 0{,}0038015,\ i = 0{,}0013861;$$

et il trouve en conséquence, par la formule précédente,

$$l = 202965{,}855;$$

ce qui ne diffère que d'une quantité insensible, de la valeur 202965,82 que Borda a obtenue par sa formule, ainsi qu'on le verra dans l'article suivant.

*Calcul numérique d'une expérience du pendule, faite avec l'appareil de Borda.*

411. Quoique nous venions d'expliquer en détail et d'une manière générale toutes les réductions à faire à la longueur observée du pendule, pour en déduire celle du pendule à secondes, nous pensons qu'un exemple numérique répandra encore plus de clarté sur cette opération délicate. Nous allons en conséquence rapporter la première expérience faite par Borda lui-même, à l'Observatoire de Paris, et décrite au tome III de la *Base du Système métrique décimal*, pages 349 et suivantes.

Nous avons déjà dit que le pendule d'expérience avait 4 mètres de longueur; ainsi, il ne faisait qu'une oscillation en deux secondes. Il résultait de là cet avantage, que cette longueur étant quadruple de celle du pendule simple, l'erreur qu'on pouvait commettre sur la mesure avait quatre fois moins d'influence sur les résultats.

Le pendule, mis en oscillation à 7ʰ45′32″ du matin, paraissait se cacher derrière l'écran un peu avant le centre du signal marqué par l'intersection de deux droites qui faisaient des angles de 45° avec l'horizon, quand la lentille de l'horloge était en repos; et à 7ʰ46′8″, le centre de ce signal devançait un peu le pendule. On a estimé que le premier concours avait eu lieu à 7ʰ45′56″; mais ordinairement, on prend pour époque du véritable concours le milieu des tems du commencement et de la fin d'une coïncidence. En procédant de la sorte, et observant à chaque concours l'arc décrit par le pendule de part et d'autre de la verticale, on a eu

| NOMBRES des concours. | HEURES des concours. | INTERVALLES entre les concours. | ARCS décrits. |
|---|---|---|---|
| 1ᵉʳ........ | 7ʰ45′56″ | | 64′ |
| | | 73′ 14″ | |
| 2ᵉ........ | 8.59.10 | | 32 |
| | | 73.30 | |
| 3ᵉ........ | 10.12.40 | | 19 |
| | | 73.49 | |
| 4ᵉ........ | 11.26.29 | | 11½ |
| | | 72.34 | |
| 5ᵉ........ | 12.39. 3 | | 7 |

Deux thermomètres décimaux, placés dans la cage qui renfermait le pendule et l'horloge, l'un à la hauteur de la boule, l'autre auprès de la suspension, étaient observés après chaque concours. Les températures se sont trouvées ainsi qu'il suit :

| | Thermomètre inférieur. | Thermomètre supérieur. |
|---|---|---|
| 1er concours..... | 15°2 | ............. 16°5, |
| 2e ............ | 15,4 | ............. 16,0, |
| 3e ............ | 15,4 | ............. 16,9, |
| 4e ............ | 15,4 | ............. 16,8, |
| 5e ............ | 15,6 | ............. 17,0. |

Borda attribue l'excès de la température dans la partie élevée de la cage, à ce que les parties chaudes de l'air renfermé dans cette cage s'élevaient toujours vers la surface supérieure.

La distance, depuis le point de suspension jusqu'au plan mis au-dessous de la boule, a été mesurée avec une règle de platine; l'extrémité de la languette portant sur le plan, son vernier marquait 3952,3 parties (chaque partie étant un 200 millième de la distance comprise depuis le zéro du vernier jusqu'à la partie supérieure de la règle (art. 403), et par conséquent la longueur mesurée... $A = 203952{,}3$ parties.

Le thermomètre métallique marquait au même instant 181,5 parties, et le baromètre était à 28po 2lig,8.

On a trouvé ensuite,

| | | | |
|---|---|---|---|
| Longueur de la verge du couteau à laquelle le fil est soutenu, comptée du point de suspension.... | $b =$ | 1968 | parties. |
| Rayon de la boule.................... | $R =$ | 937 | |
| Poids de la boule.................... | $P' =$ | 9911 | grains. |
| Poids de la calotte.................... | $P'' =$ | 37,82 | |
| Poids du fil........................ | $P''' =$ | 13,79. | |

Enfin, la marche de l'horloge à laquelle le pendule a été comparé, a été déterminée par six observations de passages d'étoiles, faites deux jours de suite. Cette horloge s'est trouvée avancer de 13",4 par jour sur les fixes.

Pour conclure de cette expérience la longueur du pendule qui bat les secondes, il faut d'abord calculer le nombre d'oscillations qu'aurait fait le pendule dans un jour solaire moyen, en lui supposant toujours le même mouvement que pendant l'expérience. Or, l'intervalle entre le premier et le deuxième concours ayant été de $4394'' = N$, et la lentille de l'horloge ayant fait deux fois le nombre d'oscillations du pendule plus deux (art. 400, ce pendule a nécessairement fait $\frac{4394 - 2}{2} = 2196$.

D'un autre côté, comme l'horloge avançait de 13'',4 sur les fixes, elle faisait 86413,4 oscillations dans un jour sidéral. Mais le jour moyen, exprimé en heures sidérales, est de $24^h 3' 56'',6$ (art. 14); ajoutant donc 3' 56'',6 ou 236'',6 à 86413,4, on aura, pour le nombre des oscillations faites par l'horloge dans un jour moyen, $T = 86650$.

Maintenant, employant la formule $T' = \frac{T}{2} - \frac{T}{N}$ démontrée à l'art. 401, et dans laquelle $T$ et $N$ ont les valeurs précédentes, on trouvera, pour le nombre d'oscillations du pendule dans un jour solaire moyen, $T' = 43305,28$.

Par un calcul pareil, le nombre d'oscillations du pendule, conclu
du second intervalle, est de...................... 43305,35
du troisième intervalle, de...................... 43305,44
du quatrième intervalle, de...................... 43305,14.

C'est d'après cette méthode de calcul, et en ayant égard à la formule de correction des amplitudes donnée à l'art. 402, qu'on a formé le tableau suivant :

| INTERVALLE entre les concours. | NOMBRE d'oscillations en un jour, conclu de l'expérience. | CORRECTIONS pour l'amplitude des arcs | NOMBRES corrigés. |
|---|---|---|---|
| 73' 14'' | 43305,28 | 0,51 | 43305,79 |
| 73.30 | 43305,35 | 0,14 | 43305,49 |
| 73.49 | 43305,44 | 0,05 | 43305,49 |
| 72.34 | 43305,14 | 0,02 | 43305,16 |
| | | Terme moyen..... | 43305,48 |

*Détermination de la longueur du pendule à secondes.*

| | |
|---|---|
| Distance depuis le point de suspension jusqu'au-dessous de la boule............... | A = 203952,3 parties. |
| Ajoutant $\frac{3}{10}$ de parties pour l'alongement que prenait la règle étant suspendue à la place du pendule.............................. | 0,3 |
| on a......... | 203952,6. |
| La température moyenne de la cage était de | 16$^g$12 |
| mais lors de la mesure du pendule, les thermomètres marquaient.................. | 16,30 |
| Excès......... | 0,18. |
| Pour 1$^g$, le fil s'alongeait de 2,33 parties, et proportionnellement pour 0$^g$,18, on a.... | 0,43 |
| à ôter de.............................. | 203952,60 |
| reste pour la longueur réduite à la température moyenne....................... | A' = 203952,17 |
| ôtant le rayon de la boule............... | 937,00 |
| on a, distance au centre de la boule....... | $\rho'$ = 203015,17 |
| Mais la distance de ce centre à celui d'oscillation, ou.......................... | $\frac{2}{5}\frac{R^2}{\rho'}$ = + 1,73 |
| donc la longueur du pendule............. | $l'$ = 203016,90 |
| Faisant la correction due à la pesanteur du fil et à celle de la calotte, par la formule de l'art. 404, on a...................... | $-Q$ = − 51,08 |
| de là, longueur du pendule dans l'air..... | $l_1$ = 202965,82. |

Il s'agit de réduire ensuite cette longueur à être celle du pendule à secondes de tems moyen, par la première formule de l'art. 407, ou ce qui est de même d'après ce principe, que les longueurs des pendules sont en raison inverse des quarrés des nombres d'oscillations qu'ils font dans le même tems. On aura donc cette proportion :

$$(86400'')^2 : (43305'',48)^2 :: 202965,82 : l_{(s)},$$

d'où

$$l_{(s)} = 50989,55 \text{ parties};$$

c'est la longueur du pendule à secondes de tems moyen oscillant dans l'air.

Pour réduire cette longueur à ce qu'elle serait si le pendule oscillait dans le vide, Borda a pris le rapport de 1 à 17044 pour celui des pesanteurs spécifiques de l'air et de la boule de platine; le thermomètre de Réaumur étant à $16^{\circ}\frac{3}{4} = 21$ degrés centigrades, et le baromètre à 28 pouces; mais pendant l'expérience du pendule, le baromètre marquait $28^{po}2^{lig},8$ et le thermomètre décimal $16^{g}$. Il suit de là, qu'en faisant dans la formule de l'art. 406 les changemens convenables, d'après ces données, la réduction au vide est de .................... 3,10 parties.
ajoutant à cette réduction.............. $l_{(1)} = 50989,55$
on a, longueur du pendule à secondes dans le vide ................................ $L = 50992,65$.

Cette longueur a besoin de subir encore une correction pour la rapporter à un terme fixe de température, et pouvoir par conséquent connaître la longueur absolue du pendule à secondes. Borda a observé qu'à la température de la glace fondante, le thermomètre métallique de la règle employée pour mesurer le pendule, marquait 151 parties, et que cette règle s'alongeait d'un 216000$^{e}$ pour une partie de plus du même thermomètre. Or, pendant l'expérience du pendule, le thermomètre marquait 181,5 parties; il y a donc un excès de température correspondant à 30,5 parties, et par conséquent l'alongement de la règle, à partir du terme de la glace fondante, est de.................... $\frac{30,5}{216000} \times 50992,6 = 7,15$ parties;
quantité dont le pendule a paru trop court pendant l'expérience; donc, longueur du pendule entièrement corrigée

$$= 50992,65 + 7,15 = 50999,80 \text{ parties.}$$

La moyenne de vingt résultats s'est trouvée de 50999,60 parties, et les écarts autour de cette moyenne ne vont pas à 0,5 parties; d'où l'on peut présumer que la véritable longueur du pendule à secondes diffère extrêmement peu de 50999,60 parties de la règle prise à la température de la glace fondante, chaque partie étant, comme nous l'avons déjà dit, un 200 millième de cette règle. Toutefois il faudrait diminuer cette longueur, du rayon de l'arête cylindrique du couteau de suspension (art. 409), et la réduire au niveau de la mer par la seconde formule de l'art. 407, afin de la rendre comparable à d'autres mesures de pendules, observées en différens lieux et réduites au même niveau.

Mais la longueur précédente étant purement relative, il faut enfin connaître son rapport avec la toise du Pérou ou avec le mètre. Par exemple, Borda a trouvé que le rapport de la règle ci-dessus à celle n° 1, employée à la mesure des bases de l'arc terrestre, est tel que les 50999,60 parties de la première, qui expriment la longueur du pendule à secondes, sont égales à 50998,83 parties de la règle n° 1; d'où il est facile de conclure que la longueur du pendule $= 0,2549919$ de cette seconde règle, supposée à la température de la glace fondante. Ce savant géomètre s'est assuré en outre que la toise du Pérou, prise à la température de 13° de Réaumur, est à la longueur de la règle n° 1 soumise à la température de la glace fondante :: 100015,15 : 200000. Partant,

$$\text{longueur du pendule à secondes de tems moyen} = \frac{200000}{100015,15} \times 0,2549919 = 440,5593 \text{ lignes.}$$

On trouvera un autre exemple de calcul très détaillé dans l'*Astronomie physique* de M. Biot, tome III, page 179, et relatif à l'appareil dont il s'est servi.

412. Les expériences que M. Kater a faites dernièrement à Londres, pour déterminer la longueur du pendule à secondes, l'ont été avec l'appareil à double suspension, dont nous avons parlé à l'art. 409. Cet appareil consistait principalement en une règle de cuivre, à laquelle on avait adapté, vers une des extrémités et au-dessus du premier couteau, un gros poids de forme cylindrique; en un second poids rectangulaire beaucoup plus petit, placé à quelque distance au-dessous du second couteau; enfin, en un troisième petit poids curseur, destiné à établir le synchronisme dans les deux situations du pendule. Le détail de ces belles expériences se trouve inséré dans les *Transactions philosophiques* de 1818.

413. Les expériences de Borda, faites à l'Observatoire de Paris, ont donné pour la longueur du pendule simple

$$a = 0^{m},99384, \qquad \log a = 9,9973204,$$

en prenant pour unité de tems la seconde sexagésimale ou la 86400e partie du jour moyen. Dans la nouvelle division du tems, où la seconde est la 100000e partie du jour moyen, on a

$$a = 0^m,741904, \quad \log a = 9,8703478.$$

Pour connaître ensuite l'intensité $g$ de la pesanteur dans le lieu même de l'expérience, mais dans le vide, on emploiera la formule

$$1'' = \pi\sqrt{\frac{a}{g}};$$

ainsi à Paris l'on a, par rapport à l'ancienne division du tems,

$$g = 9^m,8089, \quad \log g = 9,9916202;$$

et, par rapport à la nouvelle,

$$g = 7^m,3223, \quad \log g = 0,8646476.$$

*Application de la théorie précédente à la recherche de l'aplatissement de la Terre.*

414. C'est par des expériences précises et des considérations analytiques semblables aux précédentes, que plusieurs savans ont déterminé les longueurs du pendule à secondes, en différens lieux de la Terre. Voici les rapports de ces longueurs, tels qu'on les trouve dans la *Mécanique céleste*, tome II, n° 42 : la longueur du pendule observée à Paris, par Bouguer, étant prise pour unité.

| LIEUX des observations. | LATITUDES. | LONGUEURS DU PENDULE à secondes centésimales de tems moyen. | NOMS des observateurs. |
|---|---|---|---|
| Équateur | $0^g$00 | 0,99669 | Bouguer. |
| Porto-Bello | 10,61 | 0,99689 | Bouguer. |
| Pondichéry | 13,25 | 0,99710 | Le Gentil. |
| Jamaïque | 20,00 | 0,99745 | Campell. |
| Petit-Goave | 20,50 | 0,99728 | Bouguer. |
| Cap de Bonne-Espérance | 37,69 | 0,99877 | La Caille. |
| Toulouse | 48,44 | 0,99950 | Darquier. |
| Vienne, en Autriche | 53,57 | 0,99987 | Liesganig. |
| Paris | 54,26 | 1,00000 | Bouguer. |
| Gotha | 56,63 | 1,00006 | Zach. |
| Londres | 57,22 | 1,00018 | ..... |
| Arengsberg | 64,72 | 1,00074 | Grisschow. |
| Pétersbourg | 66,60 | 1,00101 | Mallet. |
| Laponie | 74,22 | 1,00137 | Académiciens. |
| Ponoi | 74,53 | 1,00148 | Mallet. |

Toutes ces mesures, qui sont réduites au vide et à la même température, peuvent être considérées comme ayant été prises au niveau des mers; les neuf premières ont été trouvées par la méthode même que Bouguer a employée au Pérou. Toutes les autres ont été conclues de la comparaison des oscillations d'un pendule invariable. Quand bien même il y aurait quelqu'incertitude sur toutes, l'uniformité de la méthode, comme l'observe l'auteur de la *Mécanique céleste*, doit donner, avec assez de précision, la loi de leurs variations, l'un des principaux objets à connaître.

Afin de déterminer l'ellipse la plus probable, qui, d'après l'ensemble de toutes ces mesures, représente la génératrice du sphéroïde terrestre, nous ferons usage de la méthode des moindres quarrés, déjà employée à l'art. 373; et nous partirons de ce principe, savoir: que *la longueur du pendule croît depuis l'équateur jusqu'au pôle, proportionnellement au quarré du sinus de la latitude;* c'est en effet ce que l'on démontre par la théorie de l'attraction, lorsqu'on suppose la Terre un ellipsoïde de révolution.

Cela posé, si l'on désigne par $z$ la longueur du pendule à l'équateur et par $y$ sa variation jusqu'au pôle, sa longueur, sous la latitude $H$, sera généralement représentée par $z + y \sin^2 H$; si de plus, $x^{(1)}$, $x^{(2)}$, $x^{(3)}$,... expriment les erreurs des observations, c'est-à-dire les différences entre les longueurs observées et celles qui résultent de l'expression analytique $z + y \sin^2 H$; enfin, si l'on met dans cette expression, pour $\sin^2 H$ les valeurs relatives aux différens lieux désignés dans le tableau précédent, on aura les équations de condition suivantes :

$$
\begin{aligned}
0{,}99669 - z - y.0{,}000000 &= x^{(1)},\\
0{,}99689 - z - y.0{,}027519 &= x^{(2)},\\
0{,}99710 - z - y.0{,}042696 &= x^{(3)},\\
0{,}99745 - z - y.0{,}095491 &= x^{(4)},\\
0{,}99728 - z - y.0{,}100158 &= x^{(5)},\\
0{,}99877 - z - y.0{,}311419 &= x^{(6)},\\
0{,}99950 - z - y.0{,}475505 &= x^{(7)},\\
0{,}99987 - z - y.0{,}555960 &= x^{(8)},\\
1{,}00000 - z - y.0{,}566716 &= x^{(9)},\\
1{,}00006 - z - y.0{,}603392 &= x^{(10)},\\
1{,}00018 - z - y.0{,}612441 &= x^{(11)},\\
1{,}00074 - z - y.0{,}723067 &= x^{(12)},
\end{aligned}
$$

$$1{,}00101 - z - y.0{,}749092 = x^{(13)},$$
$$1{,}00137 - z - y.0{,}844785 = x^{(14)},$$
$$1{,}00148 - z - y.0{,}848295 = x^{(15)}.$$

L'équation du *minimum*, par rapport à $z$, s'obtiendra de suite en égalant à zéro la somme de toutes ces équations; ainsi l'on aura

$$14{,}988390 - z.15 - y.6{,}556536 = 0 \quad (1).$$

Multipliant ensuite chacune de ces mêmes équations par le coefficient de $y$ qu'elle renferme, il viendra

$$0{,}02743342 - z.0{,}027519 - y.0{,}0007573,$$
$$0{,}04257218 - z.0{,}042696 - y.0{,}0018229,$$
$$0{,}09524750 - z.0{,}095491 - y.0{,}0091185,$$
$$0{,}09988557 - z.0{,}100158 - y.0{,}0100316,$$
$$0{,}31103595 - z.0{,}311419 - y.0{,}0969824,$$
$$0{,}47526725 - z.0{,}475505 - y.0{,}2261050,$$
$$0{,}55588772 - z.0{,}555960 - y.0{,}3090915,$$
$$0{,}56671600 - z.0{,}566716 - y.0{,}3211670,$$
$$0{,}60342820 - z.0{,}603392 - y.0{,}3640819,$$
$$0{,}6125124 - z.0{,}612441 - y.0{,}3750840,$$
$$0{,}72360207 - z.0{,}723067 - y.0{,}5228259,$$
$$0{,}74984858 - z.0{,}749092 - y.0{,}5611388,$$
$$0{,}84594236 - z.0{,}844785 - y.0{,}7136617,$$
$$0{,}84955048 - z.0{,}848295 - y.0{,}7196044.$$

Et additionnant tous ces produits, on aura, pour l'équation du *minimum* par rapport à $y$,

$$6{,}55896852 - z.6{,}556536 - y.4{,}2314731 = 0 \quad (2).$$

Combinant celle-ci avec la précédente (1), pour avoir les valeurs de $y$ et $z$, on trouvera

$$y = 0{,}00549745, \quad z = 0{,}99682305.$$

Il est démontré au n° 34 de la *Mécanique céleste*, tome II, que l'aplatissement de la Terre est égal à $\frac{5}{4}$ du rapport de la force centrifuge à la pesanteur, moins l'excès $y$ de la longueur du pendule au pôle sur sa longueur $z$ à l'équateur, divisé par cette dernière longueur. Or, le rapport dont il s'agit étant $\frac{1}{289}$, il s'ensuit que l'aplatissement $\alpha$

cherché est, en prenant le demi-petit axe de la Terre pour unité,

$$\alpha = 0,00865 - \frac{y}{z} = 0,003135 = \frac{1}{318,96}.$$

M. Mathieu, qui est parvenu à ce résultat, dans la *Connaissance des Tems* de 1816, a fait en outre usage d'une méthode que M. Laplace a donnée (*Mécanique céleste*, tome II, page 128 et suivantes), pour déterminer la figure elliptique dans laquelle le plus grand écart des pendules mesurés est moindre que dans toute autre figure de même espèce. Par la méthode des moindres quarrés, on trouve, en mettant dans les quinze équations de condition ci-dessus, pour $y$ et $z$, leurs valeurs précédentes, ce système d'erreurs,

| | | |
|---|---|---|
| Équateur | $x^{(1)}$ | $= -\ 0^m000098$, |
| Porto-Bello | $x^{(2)}$ | $= -\ 0,000063$, |
| Pondichéry | $x^{(3)}$ | $= +\ 0,000031$, |
| Jamaïque | $x^{(4)}$ | $= +\ 0,000076$, |
| Petit-Goave | $x^{(5)}$ | $= -\ 0,000069$, |
| Cap de Bonne-Espérance | $x^{(6)}$ | $= +\ 0,000174$, |
| Toulouse | $x^{(7)}$ | $= +\ 0,000047$, |
| Vienne | $x^{(8)}$ | $= -\ 0,000007$, |
| Paris | $x^{(9)}$ | $= +\ 0,000046$, |
| Gotha | $x^{(10)}$ | $= -\ 0,000060$, |
| Londres | $x^{(11)}$ | $= -\ 0,000008$, |
| Arengsberg | $x^{(12)}$ | $= -\ 0,000043$, |
| Pétersbourg | $x^{(13)}$ | $= +\ 0,000053$, |
| Laponie | $x^{(14)}$ | $= -\ 0,000073$, |
| Ponoi | $x^{(15)}$ | $= -\ 0,000004$. |

Ces écarts, entre la théorie et les mesures du pendule décimal, sont, ainsi que l'observe M. Mathieu, tous renfermés dans les limites des erreurs des observations. L'expression de la longueur du pendule à secondes décimales sera alors fort exactement

$$0,996823 + 0,00549745 \sin^2 H \qquad (e).$$

Si l'on multipliait cette expression par la longueur absolue du pendule à l'équateur, on aurait sa longueur absolue dans tout autre lieu dont la latitude $= H$; mais les expériences que Borda a faites à l'Observatoire de Paris, et qui ont été confirmées par celles de plusieurs membres du Bureau des Longitudes, étant plus exactes qu'aucune de celles rapportées dans le tableau précédent, il convient de les employer de préférence. Si donc $l'$ désigne la longueur absolue du pendule à l'équateur, et $l$ sa longueur absolue à la latitude $H$ de Paris, on aura

$$l = l'\,(0{,}996823 + 0{,}00549745 \sin^2 H),$$

d'où l'on tire

$$l' = \frac{l}{0{,}996823 + 0{,}00549745 \sin^2 H}.$$

Mais suivant Borda, $l = 0^m{,}741904$, et l'on sait que $H = 48°50'14''$; par conséquent

$$l' = \frac{0^m{,}741904}{0{,}99993885} = 0^m{,}7419494.$$

En multipliant l'expression ($e$) par ce facteur, on aura, pour la longueur absolue du pendule décimal dans un lieu quelconque, et réduite au niveau des mers, c'est-à-dire du pendule simple faisant 100000 oscillations dans un jour solaire moyen,

$$0^m{,}7395752 + 0^m{,}004078730 \sin^2 H.$$

Dans un très beau mémoire sur la figure de la Terre (*Connaissance des Tems* de 1821), M. Laplace montre comment on rend parfaitement comparables entre elles les longueurs observées du pendule, et fait connaître quelques vérités géologiques très remarquables.

415. M. Mathieu a discuté avec beaucoup de soin les expériences du pendule, faites au commencement de ce siècle par les navigateurs espagnols, en différens points du globe; les conséquences qu'il tire, tant de celles-ci que des expériences précédentes, sont :

1°. Que l'aplatissement $\frac{1}{311,6}$ qu'il trouve pour l'hémisphère austral, est très voisin de celui qu'on attribue généralement à l'hémisphère boréal;

2°. Que si la différence assez petite qui existe entre les divers aplatissemens, déduits des observations du pendule, semble indiquer une inégalité entre les deux hémisphères terrestres, du moins est-il vrai que ces deux hémisphères ne diffèrent pas sensiblement l'un de l'autre. Voici quelques résultats extraits du Mémoire de cet astronome distingué, et sur lesquels cette remarque est fondée.

| NOMS des lieux. | LATITUDES. | HAUTEUR au-dessus du niveau de la mer. | LONGUEUR du pendule mesurée. | LONGUEUR du pendule au niveau de la mer. | NOMS des observateurs. |
|---|---|---|---|---|---|
| Formentera.. | 38° 39′ 56″ | 200m | 0m74120612 | 0,7412527 | Biot, Arago, Chaix. |
| Figeac...... | 44.36.45 | 220 | 0,74157308 | 0,7416243 | Biot, Mathieu. |
| Bordeaux.... | 44.50.25 | 0 | 0,74161515 | 0,7416151 | Biot, Mathieu. |
| Clermont.... | 45.46.48 | 406 | 0,74162111 | 0,7417157 | Biot, Mathieu. |
| Paris....... | 48.50.14 | 80 | 0,74191167 | 0,7419303 | Biot, Bouvard, Mathieu. |
| Dunkerque .. | 51. 2. 8 | 0 | 0,74208649 | 0,7420865 | Biot, Mathieu. |

Lorsqu'on applique à ces dernières expériences la méthode des moindres quarrés, on trouve que l'ellipse qui y satisfait le mieux a pour aplatissement $\frac{1}{298,2}$, ce qui s'écarte un peu du résultat précédent, et de l'aplatissement $\frac{1}{305}$ déduit de la théorie des inégalités de la Lune. Celui-ci paraît le plus probable de tous, parce qu'il est indépendant des irrégularités de la surface de la Terre; irrégularités, dit M. Laplace, qui disparaissent à la distance de la Lune, mais qui commencent à se faire sentir dans la mesure du pendule, et deviennent très sensibles dans la mesure des degrés.

Quant à l'expression générale de la longueur absolue du pendule, donnée par l'ensemble de ces expériences, elle est

$$0^m,7397021343 + 0^m,0039180769 \sin^2 H.$$

416. Les résultats que M. Mathieu a déduits des expériences faites dans les circonstances les plus propres à nous éclairer sur la véritable figure de la Terre, ou sur la variation de la pesanteur à sa surface, sont renfermés dans le tableau suivant :

| HÉMISPHÈRE. | NOMBRE des expériences. | APLATISS. | LONGUEUR ABSOLUE du pendule décimal. |
|---|---|---|---|
| Boréal. | 9 | $\frac{1}{303,2}$ | $0^m739574 + 0^m0041097 \sin^2 H$ |
| Austral. | 7 | $\frac{1}{311,6}$ | $0,739623 + 0,0040239 \sin^2 H$ |
| Boréal-austral. | 16 | $\frac{1}{303,3}$ | $0,739574 + 0,0041100 \sin^2 H$ |
| Boréal. | 15 | $\frac{1}{318,98}$ | $0,739575 + 0,0040787 \sin^2 H$ |
| Moyenne par toutes les expériences, | | | $0^m739586 + 0^m0040806 \sin^2 H$ |
| Par les 24 de l'hémisphère boréal, | | | $0,739575 + 0,0040942 \sin^2 H$ |

Les expériences de ce genre, que M. Biot a faites tout récemment aux îles Schetland, et celles que M. Frescinet doit effectuer sur différens points des deux hémisphères, pourront apporter de légers changemens aux résultats précédens; mais il est déjà certain que l'aplatissement général du globe, déterminé de la sorte, est renfermé dans des limites très resserrées, et que l'expression

$$0^{m},990787 + 0^{m},0053982 \sin^2 H$$

de la longueur du pendule à secondes sexagésimales, déduite de la discussion de toutes les observations connues jusqu'à présent, diffère extrêmement peu de la vérité.

Le pendule dans l'état de repos, donne exactement la direction de la pesanteur; cependant il s'écarte un peu de la ligne verticale dans le voisinage des hautes montagnes, par l'effet de leur attraction, ainsi que Bouguer l'a observé près du Chimboraço. Ce célèbre géomètre a donné aussi le moyen d'évaluer l'angle de déviation, et de conclure par suite le rapport de la force attractive des montagnes à celles de la Terre entière (*Figure de la Terre*, p. 364); mais les observations les plus exactes de ce genre, sont celles que Maskeline fit en Ecosse, l'année 1774. La longueur du pendule à secondes qui oscille dans un même lieu, étant invariable et pouvant être retrouvée dans tous les tems, plusieurs savans avaient proposé de prendre pour unité fondamentale de notre nouveau système des poids et mesures, la longueur du pendule simple, correspondante au 50° grade de latitude, et réduite au niveau des mers; néanmoins des raisons puissantes ont fait adopter le mètre. (*Voy.* le Discours préliminaire de la *Base du système métrique décimal*).

# CHAPITRE V.

## *Détermination des hauteurs, par les mesures barométriques.*

417. Tout le monde sait que la longueur de la colonne de mercure du baromètre dépend du poids de l'air, et qu'elle diminue à mesure qu'on s'élève dans l'atmosphère ; il existe donc une relation entre la hauteur du baromètre et celle parcourue dans le sens de la verticale. De toutes les formules données par plusieurs physiciens célèbres, pour déterminer les différences de niveau par les seules observations barométriques et thermométriques, il n'en est aucune qui procure, dans ses applications, autant d'exactitude que celle de M. Laplace; parce que cet illustre géomètre a su l'établir pour tous les lieux de la Terre et toutes les hauteurs au-dessus de la mer.

### *Description du baromètre, et circonstances les plus favorables aux observations.*

Le baromètre dont on se sert ordinairement en voyage est celui de Fortin. Il est composé d'un tube de verre enfermé en grande partie dans un tube de cuivre servant à le protéger. L'extrémité inférieure du tube de verre communique au mercure contenu dans une cuvette dont le fond, qui est mobile à volonté, se meut à l'aide d'une vis, lorsqu'on veut amener la surface du mercure à un niveau fixe, marqué par le zéro de l'échelle. Ce niveau se trouve précisément à l'extrémité d'une petite pointe d'ivoire attachée à l'enveloppe de la cuvette et disposée verticalement.

Un petit thermomètre à mercure, d'une très grande sensibilité, est enchâssé dans la monture du baromètre, et est destiné à faire connaître la température de la colonne barométrique. Un anneau *curseur* embrasse la monture et est muni d'un vernier, au moyen duquel on apprécie les dixièmes de millimètre, ou des plus petites divisions de l'échelle tracées sur le tube. L'anneau dont il s'agit entraîne en outre deux petits plans de cuivre parallèles entre eux, et dont les arêtes inférieures sont exactement perpendiculaires à l'axe du tube.

Le baromètre se suspend à un pied à trois branches, qui étant réunies lui servent d'étui. Lorsqu'il se trouve ainsi dans une situation verticale, on fait monter la surface du mercure contenu dans la cuvette, jusqu'à ce qu'elle soit parfaitement en contact avec la pointe d'ivoire; et c'est ce qui a lieu quand cette pointe et son image réfléchie paraissent en juxta-position.

Pour mesurer ensuite la hauteur de la colonne de mercure, on fait mouvoir le vernier jusqu'à ce que les arêtes des deux petits plans de mire dont nous avons parlé soient exactement tangentes à la convexité supérieure de cette colonne : alors le nombre marqué par l'index du vernier est la hauteur qu'on voulait connaître. Si l'on élevait le baromètre à $10^{m},5$ au-dessus de sa première position, la colonne de mercure diminuerait d'un millimètre environ; il est donc indispensable de faire usage d'un bon vernier, et de prendre beaucoup de précaution pour rendre les erreurs de lecture aussi petites qu'il est possible.

Le thermomètre du baromètre ne faisant connaître exactement que la température du mercure, on mesure celle de l'air avec un thermomètre *libre* ou sans monture, dont les divisions sont tracées sur le tube même. On l'attache à la hauteur de deux mètres environ, à un bâton fiché en terre, et incliné de manière que son ombre se projette sur le tube; par ce moyen, l'instrument est préservé de la chaleur directe des rayons du Soleil, et l'air circulant autour de lui l'amène bientôt à sa température.

Avant de remettre le baromètre dans son étui, on a soin de faire monter le mercure à peu de distance du sommet du tube, à l'aide de la vis du fond de la cuvette, afin d'éviter un trop grand choc de la part du mercure, qui, sans cela, se précipiterait avec rapidité dans cette partie vide, quand on renverserait le baromètre, et qui pourrait occasionner une rupture ou laisser introduire de l'air le long de la colonne.

Deluc avait adopté exclusivement les baromètres à tube recourbé ou à *siphon*. Dans ceux-ci, la hauteur du mercure est mesurée par la distance verticale du niveau inférieur au niveau supérieur de la colonne métallique. Quand l'échelle est fixe, le zéro est placé entre ces deux niveaux, et les divisions sont numérotées symétriquement et dans le même ordre de part et d'autre de ce point; d'où il suit évidemment que la hauteur de la colonne est égale à la somme des deux hauteurs partielles observées.

Le baromètre à siphon, modifié par M. Gay-Lussac, jouit de plusieurs avantages dont les naturalistes peuvent tirer un grand parti dans leurs voyages (*voyez* la description que M. Biot en a donnée dans son *Traité de Physique*, tome I, page 92).

Il est essentiel de faire des observations correspondantes et simultanées de quart d'heure en quart d'heure, lorsqu'on veut déterminer, avec toute l'exactitude que comportent les instrumens, la différence de niveau de deux stations; mais avant tout, il faut comparer les baromètres et les thermomètres dont on doit faire usage, et tenir note des petites différences qu'ils peuvent présenter, afin d'y avoir égard dans les calculs.

M. Ramond, qui a singulièrement contribué au perfectionnement de la méthode barométrique, par les nombreuses et utiles applications qu'il en a faites, indique le milieu du jour comme l'époque la plus favorable à l'observation, sur-tout si l'atmosphère est calme, et si le baromètre et le thermomètre, placés à l'ombre, à l'abri de toute cause accidentelle de chaleur, restent long-tems stationnaires.

On remarque toutefois dans les hauteurs du baromètre, observées constamment au même lieu, des irrégularités de deux espèces; les unes sont accidentelles et ne paraissent soumises à aucune loi fixe; les autres sont périodiques et régulières. M. Ramond a remarqué qu'en France les oscillations du baromètre ont alternativement une durée de 5 heures et de 7 heures. Par exemple, le matin, le baromètre monte de 4 heures à 9 heures; ensuite il descend jusque vers 4 heures du soir; puis il remonte pendant 5 heures, après quoi il redescend jusque vers 4 heures du matin. « Cette marche, dit M. Biot » (*Traité de Physique*), est souvent dérangée dans nos climats » d'Europe, où l'état de l'atmosphère est si variable; mais sous les » tropiques, où les causes qui agissent sur l'atmosphère sont plus » constantes, la période l'est aussi, et à un tel degré que, suivant » M. de Humboldt, l'on parviendrait presque à prédire l'heure à » chaque instant du jour et de la nuit, d'après la seule observation » de la hauteur du baromètre; et ce qui est extrêmement remar- » quable, comme l'a également constaté le même voyageur, c'est » qu'aucune circonstance atmosphérique, ni la pluie, ni le beau tems, » ni le vent, ni les tempêtes, n'altèrent la parfaite régularité de cette

» oscillation, qui se maintient la même en tout tems et dans toutes » les saisons. »

Après ces notions sur l'emploi des instrumens, démontrons la formule barométrique de l'auteur de la Mécanique céleste.

*Démonstration de la formule barométrique de M. Laplace.*

418. L'atmosphère peut être considérée comme composée de couches d'air infiniment minces qui décroissent de bas en haut par des nuances insensibles. Afin de découvrir plus aisément la loi de ce décroissement, nous supposerons la densité de l'air constante dans toute l'épaisseur d'une même couche.

Considérons une colonne verticale d'air à la température de la glace fondante, et une molécule d'une densité $= D$, située à une distance $a + z$ du centre de la Terre, $a$ étant la distance du même centre à la station inférieure de l'observateur. Nommons $g$ la pesanteur, et $p$ la pression de l'atmosphère dans le lieu de la molécule, exercée sur l'unité de surface. On aura, pour la condition de l'équilibre dans le baromètre, et à cause que $p$ diminue quand $z$ augmente,

$$dp = -gDdz.$$

En effet, le poids d'une substance est égal à sa masse multipliée par la gravité, et la masse est égale à la densité multipliée par le volume.

La pression $p$ varie proportionnellement à la densité $D$ de la molécule, multipliée par sa chaleur que nous désignerons par $l$, $l$ exprimant, dans l'hypothèse actuelle, la température de la glace; ainsi l'on a

$$p = KDl;$$

$K$ étant un coefficient constant donné par l'expérience.

Divisant ces deux équations l'une par l'autre, il vient

$$\frac{dp}{p} = -g\frac{dz}{Kl};$$

et intégrant, l'on a

$$\int g\frac{dz}{l} = -K\int\frac{dp}{p} + Q = -K\log.p + Q.$$

La constante $Q$ se détermine en faisant $z = 0$; et comme, à cette origine, la pression de l'atmosphère est $p'$, il s'ensuit que

$$Q = K \log . p';$$

partant,

$$\int g \frac{dz}{l} = K (\log . p' - \log . p) = K \log . \frac{p'}{p} \qquad (1).$$

L'intensité de la pesanteur étant réciproque au quarré des distances, si l'on désigne par $g'$ la pesanteur à la station inférieure, on aura, à fort peu près,

$$g = g' \frac{a^2}{(a+z)^2} = g' \left(1 - \frac{2z}{a}\right);$$

et si l'on fait $z' = z\left(1 - \frac{z}{a}\right)$, d'où $dz' = dz\left(1 - \frac{2z}{a}\right)$, le premier membre de l'équation (1) deviendra, en y substituant d'ailleurs pour $g$ sa valeur précédente,

$$\int g \frac{dz}{l} = \frac{g'}{l} . \int dz' = \frac{g'}{l} . z'.$$

De là, et prenant le logarithme tabulaire ou de Briggs,

$$z' = \frac{Kl}{g'M} \log \frac{p'}{p} \qquad (2);$$

$M = 0{,}4342945$ étant le module.

On voit, par cette formule, que $\frac{Kl}{g'M}$ est un coefficient constant répondant à la température de la glace. On peut lui donner une forme dépendante du rapport entre les densités de l'air et du mercure, qui ont lieu à l'origine des $z$, où la pesanteur est $g'$ et la densité de l'air $= D'$. En effet, on a, par ce qui précède,

$$p' = KD'l.$$

D'un autre côté, si à ce point $\Delta'$ exprime la densité du mercure au même degré de température et lorsque la hauteur du baromètre est $h^{(0)}$, l'équilibre entre la pression de l'air et le poids du mercure, rapporté à l'unité de surface, est

$$p' = g'\Delta' h^{(0)};$$

ainsi $l = \frac{g'\Delta' h^{(0)}}{KD'}$, et la formule (2) devient, en y mettant d'ailleurs pour $z'$ sa valeur $z\left(1-\frac{z}{a}\right)$,

$$z=\frac{h^{(o)}}{M}\cdot\frac{\Delta'}{D'}\log\frac{p'}{p}\cdot\left(1+\frac{z}{a}\right)=C\log\frac{p'}{p}\cdot\left(1+\frac{z}{a}\right)\qquad(a).$$

La colonne d'air comprise entre les deux baromètres vient d'être supposée à la température de la glace; mais quelle que soit la loi du décroissement de la chaleur dans l'atmosphère, il suffira, pour tenir compte du changement de température, de la considérer comme constante et égale à la température moyenne entre les deux extrêmes. Cela posé, puisque le volume d'une masse d'air déterminée s'accroît environ de $\frac{1}{250}$ par chaque degré du thermomètre centigrade (*), la valeur ci-dessus de $z$, pour convenir à la température moyenne $\frac{t+t'}{2}$, $t$ et $t'$ étant les températures de l'air aux stations supérieure et inférieure indiquées par les thermomètres libres, devra être multipliée par le facteur $1+\frac{1}{250}\cdot\frac{t+t'}{2}=1+\frac{2(t+t')}{1000}$. En effet, $z$ augmente dans le même rapport que la densité de l'air diminue; et comme, à masses égales, le rapport des densités est inverse de celui des volumes, on a $D'=D''\left(1+\frac{1}{250}\,\frac{t+t'}{2}\right)$; $D''$ étant la densité de l'air à la température moyenne dont il s'agit; donc

$$z=C\left(1+\frac{2(t+t')}{1000}\right)\log\frac{p'}{p}\cdot\left(1+\frac{z}{a}\right)\qquad(b).$$

A la même température et à la même force accélératrice de la pesanteur, les pressions $p$, $p'$ sont proportionnelles aux hauteurs correspondantes $h$, $h'$ des baromètres. On devrait donc écrire $\log\frac{h'}{h}$ à la place de $\log\frac{p'}{p}$; mais il faut avoir égard à la condensation du mercure qui a dû s'opérer dans la station la plus froide, et où la colonne de ce fluide métallique a dû paraître un peu plus courte que si on l'avait observée dans une station inférieure sous la même pression; il faut en outre faire entrer en considération la variation de la pesanteur dans le sens de la verticale. D'abord on sait que le

(*) Cet accroissement est plus exactement de 0,00375, lorsque l'air est parfaitement sec; mais M. Laplace observe que l'on tient compte, en partie, de l'état hygrométrique de l'air, en le portant à 0,004.

mercure se condense de $\frac{1}{5550}$ par chaque degré du thermomètre centigrade; ainsi, sa densité $\delta'$ correspondante à la température $T'$ observée à la station la plus base, devient $\delta'\left(1+\frac{T'-T}{5550}\right)$ à la température $T$ observée à la station la plus haute; on a donc

$$p'=\delta' g' h' \text{ et } p=\delta' gh\left(1+\frac{T'-T}{5550}\right)=\delta' gH.$$

On remarquera ensuite qu'à cause de $\frac{g'}{g}=\frac{(a+z)^2}{a^2}=\left(1+\frac{z}{a}\right)^2$, on a

$$\frac{p'}{p}=\frac{g'}{g}\frac{h'}{H}=\frac{h'}{H}\left(1+\frac{z}{a}\right)^2,$$

et

$$\log\frac{p'}{p}=\log\frac{h'}{H}+2\log\left(1+\frac{z}{a}\right);$$

mais $\log\left(1+\frac{z}{a}\right)=M\left\{\frac{z}{a}-\frac{z^2}{2a^2}+\ldots\right\}$; et puisque $\frac{z}{a}$ est une très petite fraction, on a à fort peu près, pour son logarithme tabulaire,

$$\log\left(1+\frac{z}{a}\right)=\frac{Mz}{a}=\frac{z}{a}.0,4342945;$$

par conséquent

$$\log\frac{p'}{p}=\log\frac{h'}{H}+\frac{z}{a}.868589,$$

et la formule $(b)$ devient

$$z=C\left(1+\frac{2(t+t')}{1000}\right)\left\{\left(1+\frac{z}{a}\right)\log\frac{h'}{H}+\frac{z}{a}.0,868589\right\} \qquad (c).$$

Il reste à faire connaître le changement que le coefficient $C=\frac{k^{(0)}}{M}\frac{\Delta'}{D'}$, supposé déterminé pour un lieu dont la hauteur au-dessus de la mer est $r$. On remarquera d'abord que, comme il est réciproque à la densité de l'air ou à la pesanteur, on a en désignant par $(C)$ ce qu'il devient au niveau de la mer, et par $(g)$ la gravité à ce niveau,

$$\frac{g'}{(g)}=\frac{(C)}{C}=\frac{a^2}{(a+r)^2}=\frac{1}{\left(1+\frac{r}{a}\right)^2};$$

d'où, à très peu près,

$$C=(C)\left(1+\frac{2r}{a}\right).$$

Mais le coefficient $(C)$ étant donné dans un lieu dont la latitude est $\psi$, il doit encore varier sous une autre latitude. Or, la pesanteur diminuant à mesure que l'on s'approche de l'équateur, et cette diminution étant indiquée par le raccourcissement du pendule à secondes, il est clair que la correction actuelle dépend de l'effet de cette cause. De plus, comme les longueurs du pendule à secondes sont proportionnelles aux pesanteurs, on a

$$\frac{(g)}{g''} = \frac{(\lambda)}{\lambda''};$$

$(\lambda)$ et $\lambda''$ étant les longueurs que doit avoir ce pendule au point de la Terre où les pesanteurs sont respectivement $(g)$ et $g''$. Mais en général

$$(\lambda) = 0^{m},739586 + 0^{m},0040806 \sin^2 \psi;$$

donc, si l'on veut ramener le coefficient à la latitude de 50°, et que $g''$ y exprime l'intensité de la pesanteur, on aura

$$\frac{\lambda''}{(\lambda)} = \frac{0,739586 + 0,0020403}{0,739586 + 0,0040806 \sin^2 \psi} = \frac{1}{1 - 0,002751 \cos 2\psi};$$

et de là

$$(g) = g''(1 - 0,0028 \cos 2\psi) = g''(1 - \beta \cos 2\psi).$$

Soit maintenant $C''$ ce que devient sous le parallèle du 50° grade, et au niveau des mers, le coefficient $(C)$; on aura évidemment

$$\frac{C''}{(C)} = \frac{(g)}{g''} = 1 - \beta \cos 2\psi, \text{ ou } (C) = C''(1 + \beta \cos 2\psi),$$

par suite

$$C = C''(1 + \beta \cos 2\psi)\left(1 + \frac{2r}{a}\right) = \frac{h^{(0)}}{M} \cdot \frac{\Delta}{D} \qquad (d);$$

enfin

$$z = C''(1 + \beta \cos 2\psi)\left(1 + \frac{2r}{a}\right)\left(1 + \frac{2(t+t')}{1000}\right)$$
$$\times \left\{\left(1 + \frac{z}{a}\right) \log \frac{h'}{H} + \frac{z}{a} \cdot 0,868589\right\} \qquad (e).$$

Deux méthodes conduisent à la valeur numérique du coefficient $C''$. La première consiste à niveler la hauteur comprise entre les deux stations, ou à la déterminer trigonométriquement par l'un des procédés exposés au chapitre XX du livre troisième, et à prendre pour inconnue dans l'équation $(d)$ ce même coefficient.

Cette méthode a été employée avec beaucoup de succès par M. Ramond, et il résulte d'un grand nombre d'observations barométriques de ce savant naturaliste, faites dans les tems les plus favorables et sur plusieurs montagnes des Pyrénées dont les hauteurs sont bien connues, que $C'' = 18336^{m}$. La seconde méthode, qui est plus directe, consiste à déduire ce dernier coefficient du rapport même des densités du mercure et de l'air. Or, suivant un résultat d'expériences très précises faites à Paris, par MM. Biot et Arago, le rapport $\frac{\Delta'}{D'} = 10463,0$, l'air parfaitement sec étant à zéro de température, et la pression de l'atmosphère étant équivalente à $0^{m},76$ (*Mémoires de la classe des Sciences mathématiques et physiques de l'Institut*, premier semestre de 1806, page 385). On a d'ailleurs $h^{(0)} = 0^{m},76$, $\psi = 54^{g},26358$, $r = 60^{m}$, $a = 6366198^{m}$; ainsi la substitution de ces valeurs, dans la relation ($d$), donne

$$C'' = \frac{0^{m},76 \times 10463\,(1 - \beta \cos 2\psi)\left(1 - \frac{120}{a}\right)}{0,4342945} = 18334^{m},11.$$

Les expériences immédiates qui conduisent à cette valeur, confirment donc le coefficient de M. Ramond, que l'on doit par conséquent regarder comme un résultat définitif.

Enfin l'on pourra supposer, sans erreur sensible, $r=0$, $a=6366198^{m}$, et employer pour valeur de $z$ dans le second membre de la formule($e$), celle que l'on obtient en faisant $z=0$ dans ce même membre. D'après toutes ces considérations, l'on aura, pour la différence de niveau des deux stations,

$$z = 18336^{m}\,(1 + 0,002751 \cos 2\psi)\left(1 + \frac{2(t+t')}{1000}\right) \times \left\{\log \frac{h'}{H} + z\left(\frac{\log \frac{h'}{H} + 0,868589}{6366198}\right)\right\} \quad (f).$$

Telle est la formule que M. Laplace a publiée dans le livre X de la *Mécanique céleste*. Quoique l'hypothèse que nous avons faite d'une température constante entre les deux stations ne soit pas rigoureusement exacte, l'on ne doit former aucun doute sur la précision dont il est possible d'approcher, lorsque les élémens variables de cette formule sont recueillis au milieu d'un air tranquille, et avec tous les soins qu'exige ce genre d'observations.

Pour en rendre l'application un peu plus simple, on fait abstraction de la variation de la pesanteur en latitude et dans le sens de la verticale; mais afin de nuire le moins possible à l'exactitude du résultat, on emploie, au lieu du coefficient constant 18336$^m$, le coefficient 18393$^m$, ainsi que M. Ramond l'a fait lui-même : de cette manière, on a simplement

$$z = 18393^m\left(1 + \frac{2(t+t')}{1000}\right).\log\left(\frac{h'}{h+h\left(\frac{T'-T}{5550}\right)}\right);$$

| | |
|---|---|
| $t$ étant la température de l'air dans la station supérieure;<br>$t'$ la température de l'air dans la station inférieure; | Thermomètres libres. |
| $T$ la température du mercure du baromètre dans la station supérieure;<br>$T'$ la température du mercure du baromètre dans la station inférieure; | Thermomètres des baromètres. |

$h$ la hauteur du baromètre dans la station supérieure; $h'$ la hauteur du baromètre dans la station inférieure.

On possède plusieurs tables qui facilitent singulièrement l'évaluation des termes de la formule rigoureuse que nous venons de démontrer : telles sont celles de MM. Biot, Lindenau et Oltmanns. Ces dernières sont extrêmement simples et commodes; on en peut voir l'usage dans l'*Annuaire* du Bureau des Longitudes. A défaut de ces Tables, on procédera ainsi qu'il suit.

### *Type du calcul de la formule barométrique.*

419. Parmi les nombreuses observations barométriques de M. de Humboldt, nous choisirons celles qui lui ont fait connaître la hauteur du Chimbaraço, au-dessus de la mer Pacifique.

| Lieux des stations. | Hauteur du barom. | Thermom. du barom. | Thermom. libre. | Latitude. |
|---|---|---|---|---|
| Sommet du Chimbaraço. | 167,2$^{lig}$ | + 10$^o$,0 | — 1$^o$,6 | 1°45′ |
| Niveau de la mer du Sud. | 337,7 | + 25,3 | + 25,3 | |

De là $T = +10°,0$ $t = -1°,6$
$T' = +25,3$ $t' = 25,3$
différence $T' - T = 15,3$ Somme $t + t' = 23,7$
$2(t+t') = 47,4$

baromètre inférieur $h' = 337'7$, log............ 2,5285311
baromètre supérieur $h = 167,2$, log 2,2232363
$5550 + (T' - T) = 5565,3$, log 3,7454886
compl. log 5550 (log. constant)... 6,2557070

2,2244319... 2,2244319

Différence des logarithmes... 0,3040992.

*Correction pour la température de l'air.*

Différence des logarithmes 0,3040992, log 9,4830152

$\frac{1000 + 2(t+t')}{1000} = \frac{1047,4}{1000} = 1,0474$, log 0,0201126

coefficient 18336 (log. constant) 4,2633046

Somme des logarithmes... 3,7664324.... 5840m,2.

*Correction pour la latitude.*

Somme des logarithmes.......... 3,76643
log. cos $3°30' = 2$ fois latitude.... 9,99919
log du nombre constant 0,002751.. 7,43949

1,20511...... +16,0

Hauteur approchée...... 5856m,2.

*Correction pour la diminution de la pesanteur dans le sens de la verticale.*

Hauteur approchée, log ................ 3,76760
différence des logarithmes.. 0,304099
nombre constant.......... 0,868589

1,172688 log 0,06918
compl. log 6366198 (log. constant) 3,19612
hauteur approchée, log........ 3,76763

0,80053

ci-dessus .......................... 0,80053
log. de la différence des logarith. à soustraire 9,48303
1,31750... + 20m8
hauteur approchée............ 5856,2
Hauteur absolue du Chimboraço 5877,0.

*Dernières remarques sur les mesures barométriques.*

420. Dans un Mémoire très intéressant sur les mesures barométriques, M. de Prony a donné une formule qui dispense de l'usage des logarithmes, et de laquelle il déduit cette conséquence digne d'attention : « qu'un baromètre ou deux baromètres comparables » peuvent indiquer des hauteurs de colonnes de mercure très fautives, qui pécheraient, par exemple, de deux ou trois millimètres » par excès ou par défaut, sans cesser pour cela d'être propres à la » mesure des différences de niveau qui n'excèdent pas 1000 mètres, » si l'on fait des observations contemporaines aux stations supérieure » et inférieure; et les comparaisons des mesures barométriques avec » les mesures effectives fournissent les corrections à faire aux formules, tout aussi bien que si les baromètres n'offraient aucune » anomalie, principalement lorsque les vices des baromètres ne » tiennent pas au défaut de vide dans les tubes (*Connaissance des* » *Tems* de 1816, page 312). »

Les corrections dont parle M. de Prony sont relatives au coefficient barométrique 18336, qui, selon l'opinion de quelques observateurs, devrait être modifié quand on applique la formule aux petites hauteurs. Il est certain néanmoins que cette formule et son coefficient procurent, dans ce cas même, des différences de niveau à peu près aussi exactes que celles qui se déduisent d'opérations trigonométriques; lorsque, pendant l'absence du Soleil et par un tems calme, on opère avec de bons baromètres placés sur des points isolés et élevés au-dessus des plaines, et qu'aucune cause ne trouble la régularité du décroissement de la densité des couches d'air.

Pour rendre les observations barométriques parfaitement comparables, il est nécessaire d'avoir égard à la dépression du mercure dans les tubes étroits; dépression qui résulte d'une cause physique que nous ne pouvons expliquer ici. Nous nous bornerons à dire qu'elle est due à l'action réciproque de l'eau et du mercure; car quelque soin que l'on mette pour dessécher l'intérieur d'un tube, par l'ébullition du mercure qu'il renferme, il reste presque toujours assez de parties aqueuses le long des parois du verre pour que l'action de cette substance soit insensible sur le mercure.

On doit à M. Laplace une formule pour corriger de l'effet capillaire les hauteurs du baromètre. Il résulte de sa savante théorie, que cet effet devient d'autant plus sensible dans les baromètres à cuvette, que le tube de ces baromètres est plus étroit, et que par conséquent la hauteur barométrique, qui doit être comptée depuis le niveau inférieur jusqu'au sommet du ménisque ou de la convexité terminale, est toujours moindre que la hauteur qui aurait lieu si le tube perdait sa propriété capillaire. Dans la première édition de cet Ouvrage, j'avais donné une table des dépressions du mercure, dressée d'après les expériences de Cavendish; mais voici celle que M. Laplace a calculée depuis, par une méthode fort exacte.

*Table des dépressions du mercure dans le baromètre, dues à sa capillarité.*

| Diamètre intérieur des tubes, en millimètres. | Dépressions, en millimètres. |
|---|---|
| 2 | 4,5599 |
| 3 | 2,9023 |
| 4 | 2,0388 |
| 5 | 1,5055 |
| 6 | 1,1482 |
| 7 | 0,8813 |
| 8 | 0,6851 |
| 9 | 0,5354 |
| 10 | 0,4201 |
| 11 | 0,3506 |
| 12 | 0,2602 |
| 13 | 0,2047 |
| 14 | 0,1597 |
| 15 | 0,1245 |
| 16 | 0,0970 |
| 17 | 0,0754 |
| 18 | 0,0586 |
| 19 | 0,0430 |
| 20 | 0,0352 |

Les nombres pris dans cette table s'ajoutent aux hauteurs observées.

En faisant des observations pendant long-tems dans un même lieu, on y obtient la hauteur moyenne du baromètre et la température moyenne de l'atmosphère, deux élémens propres à faire connaître la hauteur absolue de ce lieu, en partant de ce résultat de M. Schuckburg, qu'au niveau de l'Océan, la hauteur moyenne du baromètre est de $0^m,7629$ et la température moyenne $12°,8$ du thermomètre centigrade. C'est ainsi qu'à défaut de mesures trigonométriques l'on opère, pour déterminer la hauteur d'une base mesurée au-dessus de la mer, et qu'on veut réduire à ce niveau (art. 144).

### *Applications du baromètre et du thermomètre aux mesures trigonométriques.*

421. Les formules données dans la première partie de cet Ouvrage, pour déterminer la différence de niveau de deux points par les opérations trigonométriques, supposent que la réfraction est la même aux deux stations, lorsque la trajectoire lumineuse rase la surface de la Terre et qu'elle a peu d'étendue. Mais à la rigueur, elles ne seraient plus applicables aux montagnes très élevées, qu'on pourrait observer non loin de leur base, ou du sommet desquelles on apercevrait l'horizon de la mer. C'est sans doute ce qui a engagé l'illustre auteur de la *Mécanique céleste* à proposer pour cet objet une méthode plus conforme au phénomène de la réfraction, en partant de ce fait digne de remarque, qu'à des hauteurs apparentes un peu grandes la valeur de la réfraction terrestre, comme celle de la réfraction astronomique, est indépendante de toute hypothèse sur la constitution de l'atmosphère.

Soit $z$ la hauteur cherchée au-dessus du niveau de l'observateur, et calculée sans avoir égard à la réfraction, c'est-à-dire par la formule

$$z = K \cot (\delta - \tfrac{1}{2} C);$$

$K$ étant, au niveau de la mer, l'arc de grand cercle compris entre les verticales des stations inférieure et supérieure, faisant l'angle $C$ (art. 220). Si l'on désigne par $\delta$ la distance zénitale apparente supposée moindre que $88^g$, et par $\Delta z$ la correction due à la réfraction, on aura (*Mécanique céleste,* tome IV, page 280) hauteur vraie

$= z - \Delta z$, et

$$\Delta z = \left[\frac{0{,}000293876 \times \frac{h'_0}{0^m{,}76}}{1+0{,}00375\,t'}.z - 3{,}08338\,(h'_0 - h_0)\right]\frac{1}{\cos^2\delta} \quad \text{(A)};$$

$h_0$ et $h'_0$ étant les hauteurs des baromètres aux stations supérieure et inférieure, le mercure y étant réduit à zéro de température. Si donc $\pm t$, $\pm t'$ sont les températures du mercure aux mêmes stations; et que $h$, $h'$ soient les hauteurs observées des baromètres, on aura

$$h_0 = \frac{h}{1 \pm \frac{t}{5550}} \quad \text{et} \quad h'_0 = \frac{h'}{1 \pm \frac{t'}{5550}};$$

en prenant le signe supérieur lorsque la température est au-dessus de zéro, et le signe inférieur dans le cas contraire.

Le plus souvent on ne pourra se procurer $h$; alors on négligera le second terme de la correction (A) qui est d'ailleurs fort petit; c'est-à-dire qu'on n'aura égard qu'à la hauteur du baromètre et du thermomètre à la station la plus basse. Ainsi, on aura simplement

$$\Delta z = \frac{0{,}000293876\,.\,h'}{0^m{,}76(1+0{,}00375t')\left(1+\frac{t'}{5550}\right)}\cdot\frac{z}{\cos^2\delta} \quad \text{(B)}:$$

résultat qu'il est facile d'obtenir par les principes que nous avons exposés.

Si la station a lieu au sommet de la montagne, et que de là l'horizon de la mer soit visible, on aura, en désignant par $\theta$ l'angle de dépression apparente de l'horizon de la mer, par $N$ la hauteur absolue de la station, enfin par $\rho$ le rayon moyen de la Terre,

$$\tang\theta = \frac{1}{\sqrt{\rho}}\sqrt{2N - 2\alpha\rho\left(1 - \frac{h}{0^m{,}76}\cdot\frac{1}{(1+0{,}00375t)\left(1+\frac{t}{5550}\right)}\right)};$$

$h$ étant, comme ci-dessus, la hauteur métrique du baromètre, et $t$ celle du thermomètre centigrade, au sommet de la montagne; de plus, $\alpha$ étant égal à 0,000293876 (art. 248). Mais, à cause de $\theta = \delta - 100^g$, $\delta$ étant la distance zénitale observée, on tirera de la formule précédente

$$N = \frac{\varrho \cot^2 \delta}{2} + a\varrho \left(1 - \frac{h}{0^m,76} \cdot \frac{1}{(1+0,00375\,t)\left(1+\frac{t}{5550}\right)}\right) \quad (C).$$

On se rappellera qu'il faut changer le signe de $t$ lorsque la température est au-dessous de zéro; et si l'on voulait avoir égard aux considérations de l'art. 417, il faudrait écrire $\frac{T}{5550}$ au lieu de $\frac{t}{5550}$; mais la différence entre la température de l'air ambiant et celle du mercure est souvent assez petite pour qu'il soit permis d'en faire abstraction dans cette circonstance.

## TABLEAU

### *Des diverses valeurs numériques employées en Astronomie.*

Log. de 24 heures ou de 86400″........... 4,9365137.

Jour sidéral = $0^j$,99726967 2 = $23^h$ 56′ 4″,09 tems moyen.

Jour solaire moyen = $1^j$,00273790972 2 = $24^h$ 3′ 56″,5554 tems sidéral.

Accélération diurne des étoiles, 3′ 55″,9093.

Mouvement propre du Soleil dans un jour moyen, 59′ 8″,33.

Année tropique.... $365^j$ $5^h$ 48′ 52″.

Année sidérale..... 365.6. 9.12.

Année anomalistique 365.6.13.58,8.

Excentricité de l'orbe terrestre, en partie du demi-grand axe = 0,0168.

Constante de la réfraction astronomique,

en partie du rayon = 0,000293876,
en secondes...... = 60″,616.

Précession luni-solaire, annuelle à partir de l'an 1800,

$$= 50'',27531 - t.0'',00024358.$$

Précession générale annuelle,

$$= 50'',11148 + t.0''0002443.$$

Mouvement annuel et direct du point équinoxial en ascension droite,

$$= 0'',17854 - t.0'',0005319.$$

Changement d'obliquité de l'équateur sur l'écliptique fixe,

$$= + t^2\ 0,000009842.$$

Changement d'obliquité de l'équateur sur l'écliptique mobile,

$$= - t.0,521427 - t^2.0,000002723.$$

Obliquité apparente pour un jour $n$ de l'année,

$$\omega - \frac{n.0'',52}{365} + 0'',4345 \cos 2\odot + 9'',648 \cos N,$$

$\omega$ étant l'obliquité moyenne au 1er Janvier.

Constantes de la précession en ascension droite et en déclinaison,

$$m = 45'',9501 + t.0'',00030847,$$
$$n = 20'',0246 - t.0'',000096993.$$

La Terre, dans sa vitesse moyenne, parcourt un arc de 20'',25 en 8'13'',2.
Coefficient barométrique, 18336; log. 4,2633046.

# TABLES

# ASTRONOMIQUES.

# TABLE I.

## ASCENSIONS DROITES MOYENNES DU SOLEIL EN TEMS,

**Pour tous les jours de l'année, pour servir à la conversion du tems sidéral en tems solaire moyen, et *vice versâ*.**

| JOURS du Mois. | JANVIER. | ☊ ☾ | FÉVRIER. | ☊ ☾ | MARS. | ☊ ☾ | AVRIL. | ☊ ☾ | MAI. | ☊ ☾ | JUIN. | ☊ ☾ |
|---|---|---|---|---|---|---|---|---|---|---|---|---|
| 0 | 18h 36′ 44″ 03 | 0 | 20h 38′ 57″ 25 | 5 | 22h 29′ 20″ 80 | 9 | | | | | | |
| 1 | 18 40 40,59 | 0 | 20 42 53,81 | 5 | 22 33 17,35 | 9 | 0h 35′ 30″ 57 | 13 | 2h 33′ 47″ 23 | 18 | 4h 36′ 0″ 44 | 22 |
| 2 | 18 44 37,14 | 0 | 20 46 50,36 | 5 | 22 37 13,91 | 9 | 0 39 27,13 | 13 | 2 37 43,78 | 18 | 4 39 57,00 | 22 |
| 3 | 18 48 33,70 | 0 | 20 50 46,92 | 5 | 22 41 10,46 | 9 | 0 43 23,68 | 13 | 2 41 40,34 | 18 | 4 43 53,56 | 22 |
| 4 | 18 52 30,26 | 1 | 20 54 43,47 | 5 | 22 45 7,02 | 9 | 0 47 20,24 | 13 | 2 45 36,89 | 18 | 4 47 50,11 | 22 |
| 5 | 18 56 26,81 | 1 | 20 58 40,03 | 5 | 22 49 3,58 | 9 | 0 51 16,79 | 13 | 2 49 33,45 | 18 | 4 51 46,66 | 22 |
| 6 | 19 0 23,37 | 1 | 21 2 36,58 | 6 | 22 53 0,13 | 10 | 0 55 13,35 | 13 | 2 53 30,01 | 18 | 4 55 43,21 | 22 |
| 7 | 19 4 19,92 | 1 | 21 6 33,14 | 6 | 22 56 56,69 | 10 | 0 59 9,90 | 14 | 2 57 26,56 | 18 | 4 59 39,78 | 23 |
| 8 | 19 8 16,48 | 1 | 21 10 29,69 | 6 | 23 0 53,24 | 10 | 1 3 6,46 | 14 | 3 1 23,12 | 19 | 5 3 36,33 | 23 |
| 9 | 19 12 13,03 | 1 | 21 14 26,25 | 6 | 23 4 49,80 | 10 | 1 7 3,01 | 14 | 3 5 19,67 | 19 | 5 7 32,89 | 23 |
| 10 | 19 16 9,59 | 1 | 21 18 22,80 | 6 | 23 8 46,35 | 10 | 1 10 59,57 | 14 | 3 9 16,23 | 19 | 5 11 29,44 | 23 |
| 11 | 19 20 6,14 | 2 | 21 22 19,36 | 6 | 23 12 42,91 | 10 | 1 14 56,12 | 14 | 3 13 12,78 | 19 | 5 15 26,00 | 23 |
| 12 | 19 24 2,70 | 2 | 21 26 15,91 | 6 | 23 16 39,46 | 10 | 1 18 52,68 | 14 | 3 17 9,34 | 19 | 5 19 22,55 | 23 |
| 13 | 19 27 59,25 | 2 | 21 30 12,47 | 7 | 23 20 35,02 | 10 | 1 22 49,23 | 15 | 3 21 5,89 | 19 | 5 23 19,11 | 24 |
| 14 | 19 31 55,81 | 2 | 21 34 9,02 | 7 | 23 24 32,57 | 11 | 1 26 45,79 | 15 | 3 25 2,45 | 19 | 5 27 15,66 | 24 |
| 15 | 19 35 52,36 | 2 | 21 38 5,58 | 7 | 23 28 29,13 | 11 | 1 30 42,34 | 15 | 3 28 59,00 | 19 | 5 31 12,22 | 24 |
| 16 | 19 39 48,92 | 2 | 21 42 2,14 | 7 | 23 32 25,68 | 11 | 1 34 38,90 | 15 | 3 32 55,56 | 20 | 5 35 8,77 | 24 |
| 17 | 19 43 45,47 | 3 | 21 45 58,69 | 7 | 23 36 22,24 | 11 | 1 38 35,45 | 15 | 3 36 52,11 | 20 | 5 39 5,33 | 24 |
| 18 | 19 47 42,03 | 3 | 21 49 55,25 | 7 | 23 40 18,79 | 11 | 1 42 32,01 | 15 | 3 40 48,67 | 20 | 5 43 1,88 | 24 |
| 19 | 19 51 38,59 | 3 | 21 53 51,80 | 7 | 23 44 15,35 | 11 | 1 46 28,56 | 16 | 3 44 45,23 | 20 | 3 46 58,44 | 25 |
| 20 | 19 55 35,14 | 3 | 21 57 48,36 | 7 | 23 48 11,91 | 11 | 1 50 25,12 | 16 | 3 48 41,78 | 20 | 5 50 54,99 | 25 |
| 21 | 19 59 31,70 | 3 | 22 1 44,91 | 8 | 23 52 8,46 | 11 | 1 54 21,68 | 16 | 3 52 38,34 | 20 | 5 54 51,55 | 25 |
| 22 | 20 3 28,25 | 3 | 22 5 41,47 | 8 | 23 56 5,02 | 11 | 1 58 18,23 | 16 | 3 56 34,89 | 20 | 5 58 48,11 | 25 |
| 23 | 20 7 24,81 | 3 | 22 9 38,02 | 8 | 0 0 1,57 | 12 | 2 2 14,79 | 16 | 4 0 31,45 | 20 | 6 2 44,66 | 25 |
| 24 | 20 11 21,36 | 4 | 22 13 34,58 | 8 | 0 3 58,13 | 12 | 2 6 11,34 | 16 | 4 4 28,00 | 21 | 6 6 41,22 | 25 |
| 25 | 20 15 17,92 | 4 | 22 17 31,13 | 8 | 0 7 54,68 | 12 | 2 10 7,90 | 17 | 4 8 24,56 | 21 | 6 10 37,77 | 26 |
| 26 | 20 19 14,47 | 4 | 22 21 27,69 | 8 | 0 11 51,24 | 12 | 2 14 4,45 | 17 | 4 12 21,11 | 21 | 6 14 34,33 | 26 |
| 27 | 20 23 11,03 | 4 | 22 25 24,24 | 8 | 0 15 47,79 | 12 | 2 18 1,01 | 17 | 4 16 17,67 | 21 | 6 18 30,88 | 26 |
| 28 | 20 27 7,58 | 4 | 22 29 20,80 | 9 | 0 19 44,35 | 12 | 2 21 57,56 | 17 | 4 20 14,22 | 21 | 6 22 27,44 | 26 |
| 29 | 20 31 4,14 | 4 | | | 0 23 40,90 | 12 | 2 25 54,12 | 17 | 4 24 10,78 | 21 | 6 26 23,99 | 26 |
| 30 | 20 35 0,69 | 4 | | | 0 27 37,46 | 12 | 2 29 50,67 | 17 | 4 28 7,33 | 21 | 6 30 20,55 | 26 |
| 31 | 20 38 57,25 | 5 | | | 0 31 34,01 | 12 | | | 4 32 3,89 | | | |

Dans les années bissextiles, ôtez un jour des mois de Janvier et de Février.

# SUITE DE LA TABLE I.

## ASCENSIONS DROITES MOYENNES DU SOLEIL EN TEMS,

**Pour tous les jours de l'année, pour servir à la conversion du tems sidéral en tems solaire moyen, et *vice versâ*.**

| JOURS du Mois. | JUILLET. | ☊ ☾ | AOUT. | ☾ | SEPTEMBR. | ☊ ☾ | OCTOBRE. | ☊ ☾ | NOVEMBRE | ☊ ☾ | DÉCEMBRE. | ☊ ☾ |
|---|---|---|---|---|---|---|---|---|---|---|---|---|
| 1 | 6h34′ 17″10 | 27 | 8h36′ 30″32 | 31 | 10h38′ 43″53 | 36 | 12h37′ 0″19 | 40 | 14h39′ 13″41 | 45 | 16h37′ 30″07 | 49 |
| 2 | 6 38 13,66 | 27 | 8 40 26,87 | 31 | 10 42 40,09 | 36 | 12 40 56,75 | 40 | 14 43 9,96 | 45 | 16 41 26,62 | 49 |
| 3 | 6 42 10,21 | 27 | 8 44 23,43 | 31 | 10 46 36,64 | 36 | 12 44 53,30 | 40 | 14 47 6,52 | 45 | 16 45 23,18 | 49 |
| 4 | 6 46 6,79 | 27 | 8 48 19,98 | 31 | 10 50 33,20 | 36 | 12 48 49,86 | 40 | 14 51 3,07 | 45 | 16 49 19,73 | 49 |
| 5 | 6 50 3,32 | 27 | 8 52 16,54 | 31 | 10 54 29,76 | 36 | 12 52 46,41 | 40 | 14 54 59,63 | 45 | 16 53 16,29 | 49 |
| 6 | 6 53 59,88 | 27 | 8 56 13,10 | 31 | 10 58 26,31 | 36 | 12 56 42,97 | 40 | 14 58 56,19 | 45 | 16 57 12,85 | 49 |
| 7 | 6 57 56,43 | 27 | 9 0 9,65 | 31 | 11 2 22,87 | 36 | 13 0 40,53 | 41 | 15 2 52,73 | 45 | 17 1 9,40 | 49 |
| 8 | 7 1 52,99 | 28 | 9 4 6,21 | 32 | 11 6 19,41 | 37 | 13 4 36,08 | 41 | 15 6 49,31 | 46 | 17 5 5,96 | 50 |
| 9 | 7 5 49,55 | 28 | 9 8 2,76 | 32 | 11 10 15,98 | 37 | 13 8 32,64 | 41 | 15 10 45,85 | 46 | 17 9 2,51 | 50 |
| 10 | 7 9 46,10 | 28 | 9 11 59,32 | 32 | 11 14 12,53 | 37 | 13 12 29,19 | 41 | 15 14 42,40 | 46 | 17 12 59,07 | 50 |
| 11 | 7 13 42,66 | 28 | 9 15 55,87 | 32 | 11 18 9,09 | 37 | 13 16 25,75 | 41 | 15 18 38,96 | 46 | 17 16 55,62 | 50 |
| 12 | 7 17 39,21 | 28 | 9 19 52,43 | 32 | 11 22 5,64 | 37 | 13 20 22,30 | 41 | 15 22 35,52 | 46 | 17 20 52,18 | 50 |
| 13 | 7 21 35,77 | 28 | 9 23 48,98 | 32 | 11 26 2,20 | 37 | 13 24 18,87 | 42 | 15 26 32,07 | 46 | 17 24 48,71 | 50 |
| 14 | 7 25 32,31 | 28 | 9 27 45,54 | 33 | 11 29 58,75 | 37 | 13 28 15,41 | 42 | 15 30 28,63 | 46 | 17 28 45,29 | 51 |
| 15 | 7 29 28,88 | 28 | 9 31 42,09 | 33 | 11 33 55,31 | 37 | 13 32 11,97 | 42 | 15 34 25,18 | 47 | 17 32 41,84 | 51 |
| 16 | 7 33 25,43 | 29 | 9 35 38,65 | 33 | 11 37 51,86 | 38 | 13 36 8,52 | 42 | 15 38 21,74 | 47 | 17 36 38,40 | 51 |
| 17 | 7 37 21,99 | 29 | 9 39 35,20 | 33 | 11 41 48,42 | 38 | 13 40 5,08 | 42 | 15 42 18,29 | 47 | 17 40 34,95 | 51 |
| 18 | 7 41 18,54 | 29 | 9 43 31,76 | 33 | 11 45 44,97 | 38 | 13 44 1,63 | 42 | 15 46 14,85 | 47 | 17 44 31,51 | 51 |
| 19 | 7 45 15,10 | 29 | 9 47 28,31 | 33 | 11 49 41,53 | 38 | 13 47 58,19 | 43 | 15 50 11,40 | 47 | 17 48 28,07 | 51 |
| 20 | 7 49 11,66 | 29 | 9 51 24,87 | 34 | 11 53 38,08 | 38 | 13 51 54,74 | 43 | 15 54 7,96 | 47 | 17 52 24,62 | 52 |
| 21 | 7 53 8,21 | 29 | 9 55 21,42 | 34 | 11 57 34,64 | 38 | 13 55 51,30 | 43 | 15 58 4,51 | 47 | 17 56 21,18 | 52 |
| 22 | 7 57 4,77 | 29 | 9 59 17,98 | 34 | 12 1 31,20 | 38 | 13 59 47,86 | 43 | 16 2 1,07 | 47 | 18 0 17,73 | 52 |
| 23 | 8 1 1,32 | 29 | 10 3 14,54 | 34 | 12 5 27,75 | 38 | 14 3 44,41 | 43 | 16 5 57,62 | 48 | 18 4 14,29 | 52 |
| 24 | 8 4 57,88 | 30 | 10 7 11,09 | 34 | 12 9 24,31 | 39 | 14 7 40,97 | 43 | 16 9 54,18 | 48 | 18 8 10,84 | 52 |
| 25 | 8 8 54,43 | 30 | 10 11 7,65 | 34 | 12 13 20,86 | 39 | 14 11 37,52 | 44 | 16 13 50,74 | 48 | 18 12 7,40 | 52 |
| 26 | 8 12 50,99 | 30 | 10 15 4,20 | 35 | 12 17 17,42 | 39 | 14 15 34,08 | 44 | 16 17 47,29 | 48 | 18 16 3,95 | 53 |
| 27 | 8 16 47,54 | 30 | 10 19 0,76 | 35 | 12 21 13,97 | 39 | 14 19 30,63 | 44 | 16 21 43,85 | 48 | 18 20 0,51 | 53 |
| 28 | 8 20 44,10 | 30 | 10 22 57,31 | 35 | 12 25 10,53 | 39 | 14 23 27,19 | 44 | 16 25 40,40 | 48 | 18 23 57,06 | 53 |
| 29 | 8 24 40,66 | 30 | 10 26 53,87 | 35 | 12 29 7,08 | 39 | 14 27 23,74 | 44 | 16 29 36,96 | 48 | 18 27 53,62 | 53 |
| 30 | 8 28 37,21 | 30 | 10 30 50,42 | 35 | 12 33 3,64 | 39 | 14 31 20,30 | 44 | 16 33 33,51 | 48 | 18 31 50,16 | 53 |
| 31 | 8 32 33,76 | 30 | 10 34 46,98 | 35 | | 39 | 14 35 16,85 | 44 | | | 18 35 46,73 | 54 |

# TABLE II.

**Quantités à ajouter aux ascensions droites moyennes du Soleil en tems de la Table I, pour avoir celles de l'année proposée.**

| Années. | Nombres à ajouter. | Suppl. ☊ ☾ | Années. | Nombres à ajouter. | Suppl. ☊ ☾ | Années. | Nombres à ajouter. | Suppl. ☊ ☾ | Années. | Nombres à ajouter. | Suppl. ☊ ☾ |
|---|---|---|---|---|---|---|---|---|---|---|---|
| 1749 | 4′ 15″91 | 168 | 1808 B | 3′ 6″58 | 338 | 1821 | 2′ 31″25 | 36 | 1834 | 1′ 55″82 | 734 |
| 1759 | 2 35,95 | 705 | 1809 | 2 9,27 | 391 | 1822 | 1 33,95 | 90 | 1835 | 0 58,51 | 788 |
| 1769 | 4 52,55 | 242 | 1810 | 1 11,96 | 445 | 1823 | 0 36,64 | 143 | 1836 B | 3 57,75 | 842 |
| 1779 | 3 12,59 | 779 | 1811 | 0 14,66 | 499 | 1824 B | 3 35,89 | 197 | 1837 | 3 0,45 | 895 |
| 1787 | 3 27,24 | 209 | 1812 B | 3 13,91 | 552 | 1825 | 2 38,58 | 251 | 1838 | 2 3,14 | 949 |
| 1800 C | 2 51,92 | 908 | 1813 | 2 16,60 | 606 | 1826 | 1 41,28 | 304 | 1839 | 1 5,82 | 3 |
| 1801 | 1 54,61 | 961 | 1814 | 1 19,29 | 660 | 1827 | 0 43,87 | 358 | 1840 B | 4 5,07 | 56 |
| 1802 | 0 57,31 | 15 | 1815 | 0 21,99 | 713 | 1828 B | 3 43,11 | 412 | 1841 | 3 7,76 | 110 |
| 1803 | 0 0,60 | 69 | 1816 B | 3 21,24 | 767 | 1829 | 2 45,80 | 466 | 1842 | 2 10,45 | 164 |
| 1804 B | 2 59,25 | 123 | 1817 | 2 23,93 | 821 | 1830 | 1 48,50 | 519 | 1843 | 1 13,14 | 218 |
| 1805 | 2 1,93 | 176 | 1818 | 1 26,62 | 875 | 1831 | 0 51,18 | 573 | 1844 B | 4 12,39 | 272 |
| 1806 | 1 4,64 | 230 | 1819 | 0 29,31 | 928 | 1832 B | 3 50,43 | 627 | 1845 | 3 15,08 | 325 |
| 1807 | 0 7,33 | 284 | 1820 B | 3 28,56 | 982 | 1833 | 2 53,13 | 681 | 1846 | 2 17,77 | 379 |

# TABLE III.

**Nutation lunaire en ascension droite, et en tems.**

Argument : *Supplément du nœud de la Lune.*

| ☊ N. | 0 + 500 — | 100 + 600 — | 200 + 700 — | ☊ N. |
|---|---|---|---|---|
| 0 | 0″000 | 0″646 | 1″047 | 100 |
| 10 | 0,070 | 0,700 | 1,066 | 90 |
| 20 | 0,138 | 0,753 | 1,081 | 80 |
| 30 | 0,206 | 0,803 | 1,092 | 70 |
| 40 | 0,274 | 0,848 | 1,099 | 60 |
| 50 | 0,340 | 0,890 | 1,101 | 50 |
| 60 | 0,405 | 0,929 | 1,099 | 40 |
| 70 | 0,468 | 0,964 | 1,092 | 30 |
| 80 | 0,530 | 0,996 | 1,081 | 20 |
| 90 | 0,590 | 1,023 | 1,066 | 10 |
| 100 | 0,646 | 1,047 | 1,047 | 0 |
| N. | 900 — 400 + | 800 — 300 + | 700 — 200 + | N. |

# TABLE IV.

## Accélération des fixes sur le moyen mouvement du Soleil.

| HEURES. | | MINUTES. | | | | SECONDES. | | | |
|---|---|---|---|---|---|---|---|---|---|
| 1h | 0' 9"83 | 1' | 0"16 | 31' | 5"08 | 1" | 0,00 | 31" | 0,08 |
| 2 | 0 19,66 | 2 | 0,33 | 32 | 5,24 | 2 | 0,01 | 32 | 0,09 |
| 3 | 0 29,49 | 3 | 0,49 | 33 | 5,41 | 3 | 0,01 | 33 | 0,09 |
| 4 | 0 39,32 | 4 | 0,65 | 34 | 5,57 | 4 | 0,01 | 34 | 0,09 |
| | | 5 | 0,82 | 35 | 5,73 | 5 | 0,01 | 35 | 0,10 |
| 5 | 0 49,15 | 6 | 0,98 | 36 | 5,90 | 6 | 0,02 | 36 | 0,10 |
| 6 | 0 58,98 | 7 | 1,15 | 37 | 6,06 | 7 | 0,02 | 37 | 0,10 |
| 7 | 1 98,81 | 8 | 1,31 | 38 | 6,22 | 8 | 0,02 | 34 | 0,10 |
| 8 | 1 18,64 | 9 | 1,47 | 39 | 6,39 | 9 | 0,03 | 39 | 0,11 |
| | | 10 | 1,64 | 40 | 6,55 | 10 | 0,03 | 40 | 0,11 |
| 9 | 1 28,47 | 11 | 1,80 | 41 | 6,72 | 11 | 0,03 | 41 | 0,11 |
| 10 | 1 38,30 | 12 | 1,97 | 42 | 6,88 | 12 | 0,03 | 42 | 0,11 |
| 11 | 1 48,12 | 13 | 2,13 | 43 | 7,04 | 13 | 0,04 | 43 | 0,12 |
| 12 | 1 57,95 | 14 | 2,29 | 44 | 7,21 | 14 | 0,04 | 44 | 0,12 |
| | | 15 | 2,46 | 45 | 7,37 | 15 | 0,04 | 45 | 0,12 |
| 13 | 2 7,78 | 16 | 2,62 | 46 | 7,54 | 16 | 0,04 | 46 | 0,13 |
| 14 | 2 17,61 | 17 | 2,78 | 47 | 7,70 | 17 | 0,05 | 47 | 0,13 |
| 15 | 2 27,44 | 18 | 2,95 | 48 | 7,86 | 18 | 0,05 | 48 | 0,13 |
| 16 | 2 37,27 | 19 | 3,11 | 49 | 8,03 | 19 | 0,05 | 49 | 0,13 |
| | | 20 | 3,28 | 50 | 8,19 | 20 | 0,06 | 50 | 0,14 |
| 17 | 2 47,10 | 21 | 3,44 | 51 | 8,36 | 21 | 0,06 | 51 | 0,14 |
| 18 | 2 56,93 | 22 | 3,60 | 52 | 8,52 | 22 | 0,06 | 52 | 0,14 |
| 19 | 3 6,76 | 23 | 3,77 | 53 | 8,68 | 23 | 0,06 | 53 | 0,14 |
| 20 | 3 16,59 | 24 | 3,93 | 54 | 8,65 | 24 | 0,07 | 54 | 0,15 |
| | | 25 | 4,10 | 55 | 9,01 | 25 | 0,07 | 55 | 0,15 |
| 21 | 3 26,42 | 26 | 4,26 | 56 | 9,17 | 26 | 0,07 | 56 | 0,15 |
| 22 | 3 36,25 | 27 | 4,42 | 57 | 9,34 | 27 | 0,07 | 57 | 0,16 |
| 23 | 3 46,08 | 28 | 4,59 | 58 | 9,50 | 28 | 0,08 | 58 | 0,16 |
| 24 | 3 55,91 | 29 | 4,75 | 59 | 9,67 | 29 | 0,08 | 59 | 0,16 |
| | | 30 | 4,92 | 60 | 9,83 | 30 | 0,08 | 60 | 0,16 |

# TABLE V. RÉFRACTIONS.

**Logarithme de la réfraction pour 0$^{m}$,76 du Baromètre et + 10° du Thermomètre centigrade.**

**Argument :** ***Distance zénitale apparente.***

| Distance apparente au zénit. | Logarithm. | Différence pour 1′. |
|---|---|---|
| 0° | .......... | |
| 1 | 0,0000 | 51,45 |
| 2 | 0,3087 | 29,23 |
| 3 | 0,4841 | 21,05 |
| 4 | 0,6104 | 16,15 |
| 5 | 0,7073 | 13,32 |
| 6 | 0,7872 | 11,20 |
| 7 | 0,8594 | 9,82 |
| 8 | 0,9133 | 8,67 |
| 9 | 0,9653 | 7,75 |
| 10 | 1,0118 | 7,05 |
| 11 | 1,0541 | 6,43 |
| 12 | 1,0929 | 6,00 |
| 13 | 1,1289 | 5,55 |
| 14 | 1,1622 | 5,53 |
| 15 | 1,1936 | 4,90 |
| 16 | 1,2230 | 4,63 |
| 17 | 1,2508 | 4,42 |
| 18 | 1,2773 | 4,18 |
| 19 | 1,3024 | [illegible] |
| 20 | 1,3264 | 3,67 |
| 21 | 1,3496 | 3,70 |
| 22 | 1,3718 | 3,60 |
| 23 | 1,3934 | 3,43 |
| 24 | 1,4140 | 3,33 |
| 25 | 1,4340 | 3,24 |
| 26 | 1,4536 | 3,15 |
| 27 | 1,4726 | 3,10 |
| 28 | 1,4911 | 3,00 |
| 29 | 1,5091 | 2,95 |
| 30 | 1,5268 | 2,88 |
| 31 | 1,5441 | 2,83 |
| 32 | 1,5611 | 2,78 |
| 33 | 1,5778 | 2,75 |
| 34 | 1,5943 | 2,70 |
| 35 | 1,6105 | 2,67 |
| 36 | 1,6265 | 2,64 |
| 37 | 1,6424 | 2,60 |
| 38 | 1,6580 | 2,58 |
| 39 | 1,6735 | 2,56 |
| 40 | 1,6890 | |

| Distance appar. au zénit. | Logarithm. | Différence pour 1′. |
|---|---|---|
| 40° | 1,6890 | 2,55 |
| 41 | 1,7043 | 2,53 |
| 42 | 1,7195 | 2,53 |
| 43 | 1,7347 | 2,53 |
| 44 | 1,7499 | 2,52 |
| 45 | 1,7650 | 2,52 |
| 46 | 1,7801 | 2,53 |
| 47 | 1,7953 | 2,53 |
| 48 | 1,8105 | 2,53 |
| 49 | 1,8257 | 2,55 |
| 50 | 1,8410 | 2,57 |
| 51 | 1,8564 | 2,58 |
| 52 | 1,8719 | 2,60 |
| 53 | 1,8875 | 2,63 |
| 54 | 1,9033 | 2,65 |
| 55 | 1,9193 | 2,68 |
| 56 | 1,9354 | 2,73 |
| 57 | 1,9518 | 2,78 |
| 58 | 1,9685 | 2,82 |
| 59 | 1,9854 | 2,87 |
| 60 | 2,0026 | 2,93 |
| 61 | 2,0202 | 2,98 |
| 62 | 2,0381 | 3,05 |
| 63 | 2,0565 | 3,13 |
| 64 | 2,0753 | 3,22 |
| 65 | 2,0946 | 3,32 |
| 66 | 2,1145 | 3,42 |
| 67 | 2,1350 | 3,52 |
| 68 | 2,1561 | 3,63 |
| 69 | 2,1781 | 3,84 |
| 70 | 2,2009 | 3,97 |
| 71 | 2,2246 | 4,12 |
| 72 | 2,2493 | 4,32 |
| 73 | 2,2752 | 4,53 |
| 74 | 2,3024 | 4,77 |
| 75 | 2,3310 | 5,05 |
| 76 | 2,3613 | 5,38 |
| 77 | 2,3936 | 5,73 |
| 78 | 2,4280 | 6,15 |
| 79 | 2,4649 | 6,67 |
| 80 | 2,5049 | |

| Distance apparente au zénit. | Logarithm. | Differ. pour 1′. |
|---|---|---|
| 80. 0′ | 2,5049 | 7,1 |
| 10 | 2,5120 | 7,1 |
| 20 | 2,5191 | 7,1 |
| 30 | 2,5262 | 7,2 |
| 40 | 2,5334 | 7,4 |
| 50 | 2,5408 | 7,5 |
| 81. 0 | 2,5483 | 7,5 |
| 10 | 2,5558 | 7,7 |
| 20 | 2,5635 | 7,9 |
| 30 | 2,5714 | 8,1 |
| 40 | 2,5795 | 8,2 |
| 50 | 2,5877 | 8,2 |
| 82. 0 | 2,5959 | 8,2 |
| 10 | 2,6041 | 8,3 |
| 20 | 2,6124 | 8,5 |
| 30 | 2,6209 | 8,8 |
| 40 | 2,6297 | 9,1 |
| 50 | 2,6388 | 9,3 |
| 83. 0 | 2,6481 | 9,6 |
| 10 | 2,6577 | 9,7 |
| 20 | 2,6674 | 9,8 |
| 30 | 2,6772 | 10,0 |
| 40 | 2,6872 | 10,2 |
| 50 | 2,6974 | 10,1 |
| 84. 0 | 2,7075 | 10,4 |
| 10 | 2,7179 | 10,7 |
| 20 | 2,7286 | 11,0 |
| 30 | 2,7396 | 11,2 |
| 40 | 2,7508 | 11,4 |
| 50 | 2,7622 | 11,8 |
| 85. 0 | 2,7740 | 12,0 |
| 10 | 2,7860 | 12,2 |
| 20 | 2,7982 | 12,5 |
| 30 | 2,8107 | 12,8 |
| 40 | 2,8235 | 13,2 |
| 50 | 2,8367 | 13,5 |
| 86. 0 | 2,8502 | 13,8 |
| 10 | 2,8640 | 14,2 |
| 20 | 2,8782 | 14,5 |
| 30 | 2,8927 | 14,9 |
| 40 | 2,9076 | 15,3 |
| 50 | 2,9229 | 15,7 |
| 87. 0 | 2,9386 | |

| Distance apparente au zénit. | Logarithm. | Differ. pour 1′. |
|---|---|---|
| 87. 0′ | 2,9386 | 16,1 |
| 10 | 2,9547 | 16,6 |
| 20 | 2,9713 | 17,0 |
| 30 | 2,9883 | 17,4 |
| 40 | 3,0057 | 18,1 |
| 50 | 3,0238 | 18,5 |
| 88. 0 | 3,0423 | 19,0 |
| 10 | 3,0613 | 19,6 |
| 20 | 3,0809 | 20,1 |
| 30 | 3,1010 | 20,7 |
| 40 | 3,1217 | 21,2 |
| 50 | 3,1429 | 21,8 |
| 89. 0 | 3,1647 | 22,4 |
| 10 | 3,1871 | 23,0 |
| 20 | 3,2101 | 23,4 |
| 30 | 3,2335 | 24,0 |
| 40 | 3,2575 | 24,5 |
| 50 | 3,2820 | 24,7 |
| 90. 0 | 3,3067 | 24,9 |
| 10 | 3,3316 | 25,1 |
| 20 | 3,3567 | 25,3 |
| 90.30 | 3,3820 | |

**Table complémentaire.**

| Distance appar. au zénit. | — |
|---|---|
| 67° | 0,0 |
| 68 | 0,1 |
| 74 | 0,1 |
| 75 | 0,2 |
| 77 | 0,2 |
| 78 | 0,3 |
| 79 | 0,4 |
| 80 | 0,5 |
| 81 | 0,7 |
| 82 | 1,0 |
| 83 | 1,6 |
| 84 | 2,5 |
| 85 | 4,3 |

# TABLE VI.

| Hauteur du Baromètre. | Logarithmes. | Hauteur du Baromètre. | Logarithmes. |
|---|---|---|---|
| m | | m | |
| 0,710 | 9,9704 | 0,760 | 0,0000 |
| 0,711 | 9,9710 | 0,761 | 0,0005 |
| 0,712 | 9,9716 | 0,762 | 0,0011 |
| 0,713 | 9,9722 | 0,763 | 0,0017 |
| 0,714 | 9,9728 | 0,764 | 0,0022 |
| 0,715 | 9,9734 | 0,765 | 0,0028 |
| 0,716 | 9,9741 | 0,766 | 0,0034 |
| 0,717 | 9,9747 | 0,767 | 0,0039 |
| 0,718 | 9,9753 | 0,768 | 0,0045 |
| 0,719 | 9,9759 | 0,769 | 0,0051 |
| 0,720 | 9,9765 | 0,770 | 0,0056 |
| 0,721 | 9,9771 | 0,771 | 0,0062 |
| 0,722 | 9,9777 | 0,772 | 0,0068 |
| 0,723 | 9,9783 | 0,773 | 0,0073 |
| 0,724 | 9,9789 | 0,774 | 0,0079 |
| 0,725 | 9,9795 | 0,775 | 0,0085 |
| 0,726 | 9,9801 | 0,776 | 0,0090 |
| 0,727 | 9,9807 | 0,777 | 0,0096 |
| 0,728 | 9,9813 | 0,778 | 0,0101 |
| 0,729 | 9,9819 | 0,779 | 0,0107 |
| 0,730 | 9,9824 | 0,780 | 0,0112 |
| 0,731 | 9,9830 | 0,781 | 0,0118 |
| 0,732 | 9,9836 | 0,782 | 0,0123 |
| 0,733 | 9,9842 | 0,783 | 0,0129 |
| 0,734 | 9,9848 | 0,784 | 0,0135 |
| 0,735 | 9,9854 | 0,785 | 0,0140 |
| 0,736 | 9,9860 | 0,786 | 0,0146 |
| 0,737 | 9,9865 | 0,787 | 0,0151 |
| 0,738 | 9,9871 | 0,788 | 0,0157 |
| 0,739 | 9,9877 | 0,789 | 0,0162 |
| 0,740 | 9,9883 | 0,790 | 0,0168 |
| 0,741 | 9,9889 | 0,791 | 0,0173 |
| 0,742 | 9,9895 | 0,792 | 0,0179 |
| 0,743 | 9,9900 | 0,793 | 0,0184 |
| 0,744 | 9,9906 | 0,794 | 0,0190 |
| 0,745 | 9,9912 | 0,795 | 0,0195 |
| 0,746 | 9,9918 | 0,796 | 0,0200 |
| 0,747 | 9,9924 | 0,797 | 0,0206 |
| 0,748 | 9,9929 | 0,798 | 0,0211 |
| 0,749 | 9,9935 | 0,799 | 0,0217 |
| 0,750 | 9,9941 | 0,800 | 0,0222 |
| 0,751 | 9,9947 | 0,801 | 0,0228 |
| 0,752 | 9,9952 | 0,802 | 0,0233 |
| 0,753 | 9,9958 | 0,803 | 0,0239 |
| 0,754 | 9,9964 | 0,804 | 0,0244 |
| 0,755 | 9,9971 | 0,805 | 0,0249 |
| 0,756 | 9,9977 | 0,806 | 0,0255 |
| 0,757 | 9,9982 | 0,807 | 0,0260 |
| 0,758 | 9,9988 | 0,808 | 0,0266 |
| 0,759 | 9,9994 | 0,809 | 0,0271 |
| | | 0,810 | 0,0276 |

# TABLE VII.

| Hauteur du Thermomètre. | Logarithmes. | Hauteur du Thermomètre. | Logarithmes. |
|---|---|---|---|
| + 35$^{G}$ | 9,9604 | — 0$^{G}$ | 0,0168 |
| + 34 | 9,9619 | — 1 | 0,0185 |
| + 33 | 9,9634 | — 2 | 0,0202 |
| + 32 | 9,9650 | — 3 | 0,0219 |
| + 31 | 9,9665 | — 4 | 0,0237 |
| + 30 | 9,9681 | — 5 | 0,0254 |
| + 29 | 9,9696 | — 6 | 0,0271 |
| + 28 | 9,9712 | — 7 | 0,0289 |
| + 27 | 9,9727 | — 8 | 0,0307 |
| + 26 | 9,9743 | — 9 | 0,0324 |
| + 25 | 9,9758 | — 10 | 0,0342 |
| + 24 | 9,9774 | — 11 | 0,0360 |
| + 23 | 9,9790 | — 12 | 0,0377 |
| + 22 | 9,9806 | — 13 | 0,0395 |
| + 21 | 9,9822 | — 14 | 0,0413 |
| + 20 | 9,9838 | — 15 | 0,0431 |
| + 19 | 9,9854 | — 16 | 0,0449 |
| + 18 | 9,9870 | — 17 | 0,0467 |
| + 17 | 9,9886 | — 18 | 0,0486 |
| + 16 | 9,9902 | — 19 | 0,0504 |
| + 15 | 9,9918 | — 20 | 0,0522 |
| + 14 | 9,9934 | — 21 | 0,0541 |
| + 13 | 9,9950 | — 22 | 0,0559 |
| + 12 | 9,9967 | — 23 | 0,0578 |
| + 11 | 9,9983 | — 24 | 0,0597 |
| + 10 | 0,0000 | — 25 | 0,0615 |
| + 9 | 0,0016 | — 26 | 0,0634 |
| + 8 | 0,0033 | — 27 | 0,0653 |
| + 7 | 0,0050 | — 28 | 0,0672 |
| + 6 | 0,0066 | — 29 | 0,0691 |
| + 5 | 0,0083 | — 30 | 0,0710 |
| + 4 | 0,0100 | — 31 | 0,0729 |
| + 3 | 0,0117 | — 32 | 0,0749 |
| + 2 | 0,0134 | — 33 | 0,0768 |
| + 1 | 0,0151 | — 34 | 0,0787 |
| + 0 | 0,0168 | — 35 | 0,0807 |

La différence de la Table VI varie de 7 à 5, celle de la Table VII de 15 à 20.

# TABLE VIII. RÉFRACTIONS.

**Argument :** *Distance zénitale vraie.*

| Distan. zénitale vraie. | Log réfract. moyenne. | Différ. pour 1′ |
|---|---|---|
| 20° | 1,3263 | 3,87 |
| 21 | 1,3495 | 3,68 |
| 22 | 1,3716 | 3,60 |
| 23 | 1,3932 | 3,43 |
| 24 | 1,4138 | 3,33 |
| 25 | 1,4338 | 3,25 |
| 26 | 1,4533 | 3,17 |
| 27 | 1,4723 | 3,10 |
| 28 | 1,4909 | 3,00 |
| 29 | 1,5089 | 2,95 |
| 30 | 1,5266 | 2,88 |
| 31 | 1,5439 | 2,83 |
| 32 | 1,5609 | 2,78 |
| 33 | 1,5776 | 2,75 |
| 34 | 1,5941 | 2,70 |
| 35 | 1,6103 | 2,67 |
| 36 | 1,6263 | 2,65 |
| 37 | 1,6422 | 2,60 |
| 38 | 1,6578 | 2,58 |
| 39 | 1,6733 | 2,57 |
| 40 | 1,6887 | 2,56 |
| 41 | 1,7040 | 2,53 |
| 42 | 1,7192 | 2,53 |
| 43 | 1,7344 | 2,53 |
| 44 | 1,7406 | 2,53 |
| 45 | 1,7648 | 2,53 |
| 46 | 1,7799 | 2,53 |
| 47 | 1,7951 | 2,53 |
| 48 | 1,8103 | 2,53 |
| 49 | 1,8255 | 2,53 |
| 50 | 1,8407 | 2,56 |
| 51 | 1,8561 | 2,58 |
| 52 | 1,8716 | 2,60 |
| 53 | 1,8872 | 2,61 |
| 54 | 1,9029 | |

| Distance zénitale vraie. | Log réfract. moyenne. | Différ. pour 1′ |
|---|---|---|
| | | 2,65 |
| 55° | 1,9188 | 2,70 |
| 56 | 1,9350 | 2,73 |
| 57 | 1,9514 | 2,77 |
| 58 | 1,9680 | 2,83 |
| 59 | 1,9850 | 2,85 |
| 60 | 2,0021 | 2,93 |
| 61 | 2,0197 | 2,97 |
| 62 | 2,0375 | 3,05 |
| 63 | 2,0558 | 3,15 |
| 64 | 2,0747 | 3,20 |
| 65 | 2,0939 | 3,33 |
| 66 | 2,1138 | 3,40 |
| 67 | 2,1342 | 3,52 |
| 68 | 2,1553 | 3,66 |
| 69 | 2,1773 | 3,80 |
| 70 | 2,2001 | 3,92 |
| 71 | 2,2236 | 4,08 |
| 72 | 2,2481 | 4,30 |
| 73 | 2,2739 | 4,50 |
| 74 | 2,3009 | 4,73 |
| 75 | 2,3293 | 5,02 |
| 76 | 2,3594 | 5,33 |
| 77 | 2,3914 | 5,67 |
| 78 | 2,4254 | 6,08 |
| 79 | 2,4619 | 6,58 |
| 80. 0′ | 2,5014 | 6,9 |
| 10 | 2,5083 | 7,0 |
| 20 | 2,5153 | 7,0 |
| 30 | 2,5223 | 7,0 |
| 40 | 2,5293 | 7,2 |
| 50 | 2,5365 | 7,4 |
| 81. 0 | 2,5439 | |

| Distance zénitale vraie. | Log réfract. moyenne. | Différ. pour 1′ |
|---|---|---|
| 81° 0′ | 2,5439 | 7,4 |
| 10 | 2,5513 | 7,5 |
| 20 | 2,5588 | 7,7 |
| 30 | 2,5665 | 7,9 |
| 40 | 2,5744 | 8,1 |
| 50 | 2,5825 | 8,1 |
| 82. 0 | 2,5906 | 8,1 |
| 10 | 2,5987 | 8,1 |
| 20 | 2,6068 | 8,3 |
| 30 | 2,6151 | 8,4 |
| 40 | 2,6235 | 8,8 |
| 50 | 2,6323 | 9,0 |
| 83. 0 | 2,6413 | 9,2 |
| 10 | 2,6505 | 9,5 |
| 20 | 2,6600 | 9,6 |
| 30 | 2,6696 | 9,6 |
| 40 | 2,6792 | 9,9 |
| 50 | 2,6891 | 9,9 |
| 84. 0 | 2,6990 | 10,0 |
| 10 | 2,7090 | 10,3 |
| 20 | 2,7193 | 10,5 |
| 30 | 2,7298 | 10,7 |
| 40 | 2,7405 | 11,0 |
| 50 | 2,7515 | 11,1 |
| 85. 0 | 2,7626 | 11,5 |
| 10 | 2,7741 | 11,5 |
| 20 | 2,7856 | 12,1 |
| 30 | 2,7977 | 12,1 |
| 40 | 2,8098 | 12,3 |
| 50 | 2,8221 | 12,8 |
| 86. 0 | 2,8349 | |

| Distance zénitale vraie. | Log réfract. moyenne. | Différ. pour 1′ |
|---|---|---|
| 86° 0′ | 2,8349 | 13,0 |
| 10 | 2,8479 | 13,2 |
| 20 | 2,8611 | 13,6 |
| 30 | 2,8747 | 13,8 |
| 40 | 2,8885 | 14,2 |
| 50 | 2,9027 | 14,4 |
| 87. 0 | 2,9171 | 14,8 |
| 10 | 2,9319 | 15,1 |
| 20 | 2,9470 | 15,5 |
| 30 | 2,9625 | 15,8 |
| 40 | 2,9783 | 16,1 |
| 50 | 2,9944 | 16,5 |
| 88. 0 | 3,0109 | 17,0 |
| 10 | 3,0279 | 17,3 |
| 20 | 3,0452 | 17,5 |
| 30 | 3,0627 | 18,2 |
| 40 | 3,0809 | 18,3 |
| 50 | 3,0992 | 18,6 |
| 89. 0 | 3,1178 | 19,0 |
| 10 | 3,1368 | 19,4 |
| 20 | 3,1562 | 19,7 |
| 30 | 3,1759 | 19,8 |
| 40 | 3,1957 | 20,2 |
| 50 | 3,2159 | 20,6 |
| 90. 0 | 3,2365 | 20,7 |
| 10 | 3,2572 | 20,9 |
| 20 | 3,2781 | 21,0 |
| 30 | 3,2991 | |

# TABLE IX.

Conversion des hauteurs barométriques ordinaires, en hauteurs métriques.

Conversion des degrés du Thermomètre de 80° en degrés du Thermomètre centigrade.

## BAROMÈTRE

### FRANÇAIS.

| pouces. | lignes. | m |
|---|---|---|
| 26 | 0 | 0,7038 |
| | 1 | 0,7061 |
| | 2 | 0,7083 |
| | 3 | 0,7106 |
| | 4 | 0,7129 |
| | 5 | 0,7151 |
| | 6 | 0,7174 |
| | 7 | 0,7196 |
| | 8 | 0,7219 |
| | 9 | 0,7242 |
| | 10 | 0,7264 |
| | 11 | 0,7287 |
| 27 | 0 | 0,7309 |
| | 1 | 0,7332 |
| | 2 | 0,7354 |
| | 3 | 0,7377 |
| | 4 | 0,7400 |
| | 5 | 0,7422 |
| | 6 | 0,7445 |
| | 7 | 0,7467 |
| | 8 | 0,7490 |
| | 9 | 0,7512 |
| | 10 | 0,7535 |
| | 11 | 0,7558 |
| 28 | 0 | 0,7580 |
| | 1 | 0,7603 |
| | 2 | 0,7625 |
| | 3 | 0,7648 |
| | 4 | 0,7670 |
| | 5 | 0,7693 |
| | 6 | 0,7716 |
| | 7 | 0,7738 |
| | 8 | 0,7761 |
| | 9 | 0,7783 |
| | 10 | 0,7806 |
| | 11 | 0,7829 |
| 29 | 0 | 0,7851 |
| | | Diff. 22,6 |

### ANGLAIS.

| pouces. | dix. | m |
|---|---|---|
| 27 | 5 | 0,6983 |
| | 6 | 0,7008 |
| | 7 | 0,7033 |
| | 8 | 0,7059 |
| | 9 | 0,7084 |
| 28 | 0 | 0,7110 |
| | 1 | 0,7135 |
| | 2 | 0,7161 |
| | 3 | 0,7186 |
| | 4 | 0,7211 |
| | 5 | 0,7237 |
| | 6 | 0,7262 |
| | 7 | 0,7287 |
| | 8 | 0,7313 |
| | 9 | 0,7338 |
| 29 | 0 | 0,7363 |
| | 1 | 0,7389 |
| | 2 | 0,7414 |
| | 3 | 0,7440 |
| | 4 | 0,7465 |
| | 5 | 0,7490 |
| | 6 | 0,7516 |
| | 7 | 0,7541 |
| | 8 | 0,7567 |
| | 9 | 0,7592 |
| 30 | 0 | 0,7617 |
| | 1 | 0,7643 |
| | 2 | 0,7668 |
| | 3 | 0,7694 |
| | 4 | 0,7719 |
| | 5 | 0,7744 |
| | 6 | 0,7770 |
| | 7 | 0,7795 |
| | 8 | 0,7821 |
| | 9 | 0,7846 |
| 31 | 0 | 0,7871 |
| | | Diff. 25,4 |

## THERMOMÈTRE

| RÉAUMUR. | CENTIGRADE. | RÉAUMUR. | CENTIGRADE. |
|---|---|---|---|
| 0 | 0,00 | 40 | 50,00 |
| 1 | 1,25 | 41 | 51,25 |
| 2 | 2,50 | 42 | 52,50 |
| 3 | 3,75 | 43 | 53,75 |
| 4 | 5,00 | 44 | 55,00 |
| 5 | 6,25 | 45 | 56,25 |
| 6 | 7,50 | 46 | 57,50 |
| 7 | 8,75 | 47 | 58,75 |
| 8 | 10,00 | 48 | 60,00 |
| 9 | 11,25 | 49 | 61,25 |
| 10 | 12,50 | 50 | 62,50 |
| 11 | 13,75 | 51 | 63,75 |
| 12 | 15,00 | 52 | 65,00 |
| 13 | 16,25 | 53 | 66,25 |
| 14 | 17,50 | 54 | 67,50 |
| 15 | 18,75 | 55 | 68,75 |
| 16 | 20,00 | 56 | 70,00 |
| 17 | 21,25 | 57 | 71,25 |
| 18 | 22,50 | 58 | 72,50 |
| 19 | 23,75 | 59 | 73,75 |
| 20 | 25,00 | 60 | 75,00 |
| 21 | 26,25 | 61 | 76,25 |
| 22 | 27,50 | 62 | 77,50 |
| 23 | 28,75 | 63 | 78,75 |
| 24 | 30,00 | 64 | 80,00 |
| 25 | 31,25 | 65 | 81,25 |
| 26 | 32,50 | 66 | 82,50 |
| 27 | 33,75 | 67 | 83,75 |
| 28 | 35,00 | 68 | 85,00 |
| 29 | 36,25 | 69 | 86,25 |
| 30 | 37,50 | 70 | 87,50 |
| 31 | 38,75 | 71 | 88,75 |
| 32 | 40,00 | 72 | 90,00 |
| 33 | 41,25 | 73 | 91,25 |
| 34 | 42,50 | 74 | 92,50 |
| 35 | 43,75 | 75 | 93,75 |
| 36 | 45,00 | 76 | 95,00 |
| 37 | 46,25 | 77 | 96,25 |
| 38 | 47,50 | 78 | 97,50 |
| 39 | 48,75 | 79 | 98,75 |
| 40 | 50,00 | 80 | 100,00 |

# TABLE X.

## Parallaxe du Soleil, en supposant 8″,8 pour la moyenne.

| Distance au zénit. | Hauteur. | 1er Janvier. | 1er Février Décembre. | 1er Mars Novembre. | 1er Avril Octobre. | 1er Mai Septembre. | 1er Juin Août. | 1er Juillet. |
|---|---|---|---|---|---|---|---|---|
| 0° | 90° | 0″00 | 0″00 | 0″00 | 0″00 | 0″00 | 0″00 | 0″00 |
| 4 | 86 | 0,62 | 0,62 | 0,62 | 0,61 | 0,61 | 0,61 | 0,60 |
| 8 | 82 | 1,25 | 1,24 | 1,23 | 1,22 | 1,21 | 1,21 | 1,20 |
| 12 | 78 | 1,86 | 1,85 | 1,84 | 1,83 | 1,81 | 1,40 | 1,80 |
| 16 | 74 | 2,47 | 2,46 | 2,44 | 2,43 | 2,41 | 2,39 | 2,38 |
| 20 | 70 | 3,06 | 3,05 | 3,03 | 3,01 | 2,99 | 2,97 | 2,96 |
| 24 | 66 | 3,64 | 3,63 | 3,61 | 3,58 | 3,55 | 3,53 | 3,52 |
| 28 | 62 | 4,20 | 4,19 | 4,16 | 4,13 | 4,10 | 4,07 | 4,06 |
| 32 | 58 | 4,74 | 4,73 | 4,70 | 4,66 | 4,63 | 4,59 | 4,58 |
| 36 | 54 | 5,26 | 5,25 | 5,21 | 5,17 | 5,13 | 5,09 | 5,08 |
| 40 | 50 | 5,75 | 5,74 | 5,70 | 5,66 | 5,61 | 5,57 | 5,56 |
| 44 | 46 | 6,22 | 6,20 | 6,16 | 6,11 | 6,06 | 6,02 | 6,01 |
| 48 | 42 | 6,65 | 6,64 | 6,59 | 6,54 | 6,49 | 6,44 | 6,43 |
| 52 | 38 | 7,05 | 7,04 | 6,99 | 6,93 | 6,88 | 6,83 | 6,82 |
| 56 | 34 | 7,42 | 7,40 | 7,35 | 7,29 | 7,24 | 7,19 | 7,17 |
| 58 | 32 | 7,59 | 7,57 | 7,52 | 7,46 | 7,40 | 7,35 | 7,33 |
| 60 | 30 | 7,75 | 7,73 | 7,68 | 7,62 | 7,56 | 7,51 | 7,49 |
| 62 | 38 | 7,90 | 7,88 | 7,83 | 7,77 | 7,71 | 7,65 | 7,63 |
| 64 | 26 | 8,04 | 8,03 | 7,97 | 7,91 | 7,85 | 7,79 | 7,77 |
| 66 | 24 | 8,17 | 8,16 | 8,10 | 8,04 | 7,97 | 7,92 | 7,90 |
| 68 | 22 | 8,30 | 8,28 | 8,22 | 8,16 | 8,09 | 8,04 | 8,02 |
| 70 | 20 | 8,41 | 8,39 | 8,33 | 8,27 | 8,20 | 8,15 | 8,13 |
| 72 | 18 | 8,51 | 8,49 | 8,44 | 8,37 | 8,30 | 8,25 | 8,23 |
| 74 | 16 | 8,60 | 8,58 | 8,53 | 8,46 | 8,39 | 8,33 | 8,31 |
| 76 | 14 | 8,68 | 8,66 | 8,61 | 8,54 | 8,47 | 8,41 | 8,39 |
| 78 | 12 | 8,76 | 8,73 | 8,67 | 8,61 | 4,54 | 8,48 | 8,46 |
| 80 | 10 | 8,81 | 8,79 | 8,73 | 0,67 | 8,60 | 8,54 | 8,52 |
| 82 | 8 | 8,86 | 8,84 | 8,78 | 8,71 | 8,64 | 8,58 | 0,56 |
| 84 | 6 | 8,90 | 8,88 | 8,82 | 8,75 | 8,68 | 8,62 | 8,60 |
| 86 | 4 | 8,92 | 8,90 | 8,84 | 8,77 | 8,70 | 8,64 | 8,62 |
| 88 | 2 | 8,94 | 8,92 | 8,86 | 8,79 | 8,72 | 8,66 | 8,64 |
| 90 | 0 | 8,95 | 8,93 | 8,87 | 8,80 | 8,73 | 8,67 | 8,65 |

# TABLE XI.

## ANGLES DE LA VERTICALE,

pour 0,00324 = $\frac{1}{309}$.

| Lat. | Angles. | Diff | Lat. | Angles. | Differ. | Lat. | Angles | Diff |
|---|---|---|---|---|---|---|---|---|
| 0 | 0′ 0″0 | 23,3 | 30 | 9′ 38″8 | 11,3 | 60 | 9′ 40″6 | 11,9 |
| 1 | 0.23,3 | 23,2 | 31 | 9.50,1 | 10,7 | 61 | 9.28,7 | 12,[illegible] |
| 2 | 0.46,5 | 23,3 | 32 | 10. 0,8 | 9,9 | 62 | 9.16,0 | 13,4 |
| 3 | 1. 9,8 | 23,1 | 33 | 10.10,7 | 9,2 | 63 | 9. 2,6 | 14,0 |
| 4 | 1.32,9 | 22,9 | 34 | 10.19,9 | 8,4 | 64 | 8.48,6 | 14,7 |
| 5 | 1.55,8 | 23,0 | 35 | 10.28,3 | 7,7 | 65 | 8.33,9 | 15,3 |
| 6 | 2.18,8 | 22,6 | 36 | 10.36,0 | 6,9 | 66 | 8.18,6 | 16,0 |
| 7 | 2.41,4 | 22,5 | 37 | 10.42,9 | 6,1 | 67 | 8. 2,6 | 16,5 |
| 8 | 3. 3,9 | 22,4 | 38 | 10.49,0 | 5,4 | 68 | 7.46,1 | 17,1 |
| 9 | 3.2[illegible],3 | 21,9 | 39 | 10.54,4 | 4,4 | 69 | 7.29,0 | 17,6 |
| 10 | 3.48,2 | 21,8 | 40 | 10.58,8 | 3,8 | 70 | 7.11,4 | 18,2 |
| 11 | 4.10,0 | 21,5 | 41 | 11. 2,6 | 2,9 | 71 | 6.53,2 | 18,7 |
| 12 | 4.31,5 | 21,0 | 42 | 11. 5,5 | 2,1 | 72 | 6.34,5 | 19,2 |
| 13 | 4.52,5 | 20,9 | 43 | 11. 7,6 | 1,3 | 73 | 6.15,3 | 19,6 |
| 14 | 5.13,4 | 20,4 | 44 | 11. 8,9 | + 0,5 | 74 | 5.55,[illegible] | 20,1 |
| 15 | 5.33,8 | 19,9 | 45 | 11. 9,4 | − 0,3 | 75 | 5.35,6 | 20,4 |
| 16 | 5.53,7 | 19,6 | 46 | 11. 9,1 | 1,1 | 76 | 5.15,2 | 20,9 |
| 17 | 6.13,3 | 19,2 | 47 | 11. 8,0 | 2,1 | 77 | 4.54,3 | 21,2 |
| 18 | 6.32,5 | 18,5 | 48 | 11. 5,9 | 2,7 | 78 | 4 33,1 | 21,5 |
| 19 | 6.51,0 | 18,2 | 49 | 11. 3,2 | 3,6 | 79 | 4.11,6 | 22,0 |
| 20 | 7. 9,2 | 17,6 | 50 | 10.59,6 | 4,4 | 80 | 3.49,6 | 22,1 |
| 21 | 7.26,8 | 17,1 | 51 | 10.55,2 | 5,2 | 81 | 3 27,5 | 22,4 |
| 22 | 7.43,9 | 16,5 | 52 | 10.50,0 | 5,9 | 82 | 3. 5,1 | 22,7 |
| 23 | 8. 0,4 | 16,0 | 53 | 10.44,1 | 6,9 | 83 | 2.42,4 | 22,8 |
| 24 | 8.16,4 | 15,3 | 54 | 10.37,2 | 7,5 | 84 | 2.19,6 | 23,0 |
| 25 | 8.31,7 | 14,7 | 55 | 10.29,7 | 8,2 | 85 | 1.56,6 | 23,1 |
| 26 | 8.46,4 | 14,2 | 56 | 10.21,5 | 9,2 | 86 | 1.33,5 | 23,3 |
| 27 | 9. 0,6 | 13,4 | 57 | 10.12,3 | 9,7 | 87 | 1.10,2 | 23,3 |
| 28 | 9.14,0 | 12,7 | 58 | 10. 2,6 | 10,7 | 88 | 0.46,9 | 23,4 |
| 29 | 9.26,7 | 12,1 | 59 | 9.51,9 | 11,3 | 89 | 0.23,5 | 23,5 |
| 30 | 9.38,8 | | 60 | 9.40,6 | | 90 | 0. 0,0 | |

# TABLE XII.

| Mois. | Jours | Facteurs. |
|---|---|---|
| Janvier. | 1 | 0,01 |
| | 3 | 0,02 |
| | 6 | 0,03 |
| | 9 | 0,04 |
| | 12 | 0,05 |
| | 15 | 0,06 |
| | 19 | 0,07 |
| | 22 | 0,08 |
| | 25 | 0,09 |
| | 28 | 0,10 |
| Février. | 1 | 0,11 |
| | 4 | 0,12 |
| | 8 | 0,13 |
| | 12 | 0,14 |
| | 16 | 0,15 |
| | 21 | 0,16 |
| | 25 | 0,17 |
| Mars. | 2 | 0,18 |
| | 7 | 0,19 |
| | 12 | 0,20 |
| | 17 | 0,21 |
| | 22 | 0,22 |
| | 27 | 0,23 |
| Avril. | 1 | 0,24 |
| | 6 | 0,25 |
| | 11 | 0,26 |
| | 15 | 0,27 |
| | 20 | 0,28 |
| | 24 | 0,29 |
| | 28 | 0,30 |
| Mai. | 2 | 0,31 |
| | 5 | 0,32 |
| | 9 | 0,33 |
| | 12 | 0,34 |
| Mai. | 16 | 0,35 |
| | 19 | 0,36 |
| | 22 | 0,37 |
| | 25 | 0,38 |
| | 28 | 0,39 |
| | 31 | 0,40 |
| Juin. | 3 | 0,41 |
| | 6 | 0,42 |
| | 9 | 0,43 |
| | 12 | 0,44 |
| | 15 | 0,45 |
| | 18 | 2,46 |
| | 21 | 0,47 |
| | 24 | 0,48 |
| | 27 | 0,49 |
| | 29 | 0,50 |
| Juillet. | 2 | 0,51 |
| | 5 | 0,52 |
| | 8 | 0,53 |
| | 11 | 0,54 |
| | 14 | 0,55 |
| | 17 | 0,56 |
| | 20 | 0,57 |
| | 23 | 0,58 |
| | 27 | 0,59 |
| | 30 | 0,60 |
| Août. | 3 | 0,61 |
| | 6 | 0,62 |
| | 10 | 0,63 |
| | 14 | 0,64 |
| | 18 | 0,65 |
| | 22 | 0,66 |
| | 26 | 0,67 |
| | 30 | 0,68 |
| Septembre. | 4 | 0,69 |
| | 9 | 0,70 |
| | 14 | 0,71 |
| | 19 | 0,72 |
| | 24 | 0,73 |
| | 29 | 0,74 |
| Octobre. | 4 | 0,75 |
| | 9 | 0,76 |
| | 14 | 0,77 |
| | 18 | 0,78 |
| | 23 | 0,79 |
| | 27 | 0,80 |
| | 31 | 0,81 |
| Novembre. | 4 | 0,82 |
| | 8 | 0,83 |
| | 11 | 0,84 |
| | 15 | 0,85 |
| | 18 | 0,86 |
| | 21 | 0,87 |
| | 24 | 0,88 |
| | 27 | 0,89 |
| | 30 | 0,90 |
| Décembre. | 3 | 0,91 |
| | 6 | 0,92 |
| | 9 | 0,93 |
| | 12 | 0,94 |
| | 15 | 0,95 |
| | 18 | 0,96 |
| | 21 | 0,97 |
| | 23 | 0,98 |
| | 26 | 0,9[illegible] |
| | 29 | 1,00 |
| | 31 | 1,01 |

# TABLE XIII.

## TABLES GÉNÉRALES D'ABERRATION POUR LES ÉTOILES,

**Calculées d'après les nouveaux élémens indiqués dans la *Connaissance des Tems de* 1810.**

### N° I.

Aberration en déclin. argum. (A — ⊙ + $3^s$), et multiplicateur, sin D.
Aberration en asc. droite, argum. (A — ⊙), et multiplicateur $\frac{1}{\cos D}$ ou séc. D.

| Degrés | $0^s$ $6^s$ — + | $1^s$ $7^s$ — + | $2^s$ $8^s$ — + | |
|---|---|---|---|---|
| 0 | 19″41 | 16″81 | 9″71 | 30 |
| 1 | 19,41 | 16,64 | 9,41 | 29 |
| 2 | 19,40 | 16,46 | 9,11 | 28 |
| 3 | 19,39 | 16,24 | 8,81 | 27 |
| 4 | 19,37 | 16,08 | 8,51 | 26 |
| 5 | 19,34 | 15,90 | 8,20 | 25 |
| 6 | 19,31 | 15,70 | 7,90 | 24 |
| 7 | 19,27 | 15,50 | 7,58 | 23 |
| 8 | 19,23 | 15,30 | 7,28 | 22 |
| 9 | 19,18 | 15,08 | 6,95 | 21 |
| 10 | 19,11 | 14,87 | 6,64 | 20 |
| 11 | 19,05 | 14,65 | 6,32 | 19 |
| 12 | 18,98 | 14,43 | 6,00 | 18 |
| 13 | 18,91 | 14,20 | 5,68 | 17 |
| 14 | 18,83 | 13,96 | 5,35 | 16 |
| 15 | 18,75 | 13,73 | 5,02 | 15 |
| 16 | 18,66 | 13,49 | 4,70 | 14 |
| 17 | 18,56 | 13,25 | 4,36 | 13 |
| 18 | 18,46 | 12,99 | 4,04 | 12 |
| 19 | 18,36 | 12,74 | 3,70 | 11 |
| 20 | 18,25 | 12,47 | 3,37 | 10 |
| 21 | 18,12 | 12,22 | 3,04 | 9 |
| 22 | 10,00 | 11,95 | 2,70 | 8 |
| 23 | 17,87 | 11,68 | 2,37 | 7 |
| 24 | 17,74 | 11,41 | 2,03 | 6 |
| 25 | 17,60 | 11,14 | 1,69 | 5 |
| 26 | 17,45 | 10,85 | 1,36 | 4 |
| 27 | 17,29 | 10,57 | 1,02 | 3 |
| 28 | 17,14 | 10,29 | 0,68 | 2 |
| 29 | 16,98 | 9,99 | 0,33 | 1 |
| 30 | 16,81 | 9,71 | 0,00 | 0 |
| | — + $11^s$ $5^s$ | — + $10^s$ $4^s$ | — + $9^s$ $3^s$ | Degrés |

### N° II.

Aberration en déclin. argum. (A + ⊙ + $3^s$), et multiplicateur, sin D.
Aberration en asc. droite, argum. (A + ⊙), et multiplicateur $\frac{1}{\cos D}$ ou séc D.

| Degrés | $0^s$ $6^s$ + — | $1^s$ $7^s$ + — | $2^s$ $8^s$ + — | |
|---|---|---|---|---|
| 0 | 0″84 | 0″73 | 0″42 | 30 |
| 1 | 0,84 | 0,72 | 0,41 | 29 |
| 2 | 0,83 | 0,71 | 0,39 | 28 |
| 3 | 0,83 | 0,70 | 0,38 | 27 |
| 4 | 0,83 | 0,69 | 0,37 | 26 |
| 5 | 0,83 | 0,68 | 0,35 | 25 |
| 6 | 0,83 | 0,68 | 0,33 | 24 |
| 7 | 0,83 | 0,67 | 0,32 | 23 |
| 8 | 0,83 | 0,66 | 0,30 | 22 |
| 9 | 0,83 | 0,65 | 0,29 | 21 |
| 10 | 0,83 | 0,64 | 0,28 | 20 |
| 11 | 0,83 | 0,63 | 0,27 | 19 |
| 12 | 0,83 | 0,62 | 0,25 | 18 |
| 13 | 0,82 | 0,62 | 0,24 | 17 |
| 14 | 0,82 | 0,61 | 0,23 | 16 |
| 15 | 0,81 | 0,59 | 0,22 | 15 |
| 16 | 0,81 | 0,58 | 0,20 | 14 |
| 17 | 0,81 | 0,57 | 0,19 | 13 |
| 18 | 0,80 | 0,56 | 0,17 | 12 |
| 19 | 0,79 | 0,55 | 0,15 | 11 |
| 20 | 0,79 | 0,54 | 0,14 | 10 |
| 21 | 0,78 | 0,53 | 0,12 | 9 |
| 22 | 0,77 | 0,52 | 0,11 | 8 |
| 23 | 0,77 | 0,51 | 0,10 | 7 |
| 24 | 0,76 | 0,50 | 0,09 | 6 |
| 25 | 0,76 | 0,50 | 0,07 | 5 |
| 26 | 0,76 | 0,47 | 0,06 | 4 |
| 27 | 0,75 | 0,46 | 0,05 | 3 |
| 28 | 0,74 | 0,45 | 0,03 | 2 |
| 29 | 0,73 | 0,44 | 0,02 | 1 |
| 30 | 0,73 | 0,42 | 0,00 | 0 |
| | + — $11^s$ 5 | + — $10^s$ $4^s$ | + — $9^s$ $3^s$ | Degrés |

### N° III.

Aberration en décl, argum. ⊙ + D et ⊙ — D.

Si l'étoile était australe, on ajouterait $6^s$ à chacun de ces argumens.

| Degrés | $0^s$ $6^s$ — + | $1^s$ $7^s$ — + | $2^s$ $8^s$ — + | |
|---|---|---|---|---|
| 0 | 4″03 | 3″49 | 2″01 | 30 |
| 1 | 4,03 | 3,46 | 1,95 | 29 |
| 2 | 4,03 | 3,42 | 1,89 | 28 |
| 3 | 4,03 | 3,38 | 1,83 | 27 |
| 4 | 4,02 | 3,34 | 1,77 | 26 |
| 5 | 4,02 | 3,30 | 1,70 | 25 |
| 6 | 4,01 | 3,26 | 1,64 | 24 |
| 7 | 4,00 | 3,22 | 1,58 | 23 |
| 8 | 3,99 | 3,18 | 1,51 | 22 |
| 9 | 3,98 | 3,14 | 1,45 | 21 |
| 10 | 3,97 | 3,09 | 1,38 | 20 |
| 11 | 3,96 | 3,05 | 1,32 | 19 |
| 12 | 3,95 | 3,01 | 1,25 | 18 |
| 13 | 3,94 | 2,96 | 1,18 | 17 |
| 14 | 3,92 | 2,91 | 1,11 | 16 |
| 15 | 3,90 | 2,86 | 1,04 | 15 |
| 16 | 3,88 | 2,80 | 0,98 | 14 |
| 17 | 3,86 | 2,75 | 0,91 | 13 |
| 18 | 3,84 | 2,70 | 0,84 | 12 |
| 19 | 3,82 | 2,65 | 0,77 | 11 |
| 20 | 3,79 | 2,59 | 0,70 | 10 |
| 21 | 3,77 | 2,54 | 0,64 | 9 |
| 22 | 3,75 | 2,49 | 0,57 | 8 |
| 23 | 3,71 | 2,43 | 0,50 | 7 |
| 24 | 3,68 | 2,37 | 0,43 | 6 |
| 25 | 3,65 | 2,31 | 0,35 | 5 |
| 26 | 3,62 | 2,26 | 0,28 | 4 |
| 27 | 3,59 | 2,20 | 0,21 | 3 |
| 28 | 3,56 | 2,14 | 0,14 | 2 |
| 29 | 3,53 | 2,08 | 0,07 | 1 |
| 30 | 3,49 | 2,01 | 0,00 | 0 |
| | — + $11^s$ $5^s$ | — + $10^s$ $4^s$ | — + $9^s$ $3^s$ | Degrés |

# TABLE XIV.

## TABLES GÉNÉRALES DE NUTATION POUR LES ÉTOILES,

**Extraites de celles de M. de Zach, insérées dans la *Connaissance des Tems* de 1810.**

### N° I.

Nutation en déclin. argument (A—☊).
Nutation en asc. droite, argum. (A—☊—3ˢ), et multiplicateur tang D.
Si la déclinaison est australe, ajoutez 6ˢ aux argumens.

| Degrés | 0ˢ 6ˢ + — | 1ˢ 7ˢ + — | 2ˢ 8ˢ + — | |
|---|---|---|---|---|
| 0 | 0″00 | 4″21 | 7″29 | 30 |
| 1 | 0,15 | 4,33 | 7,36 | 29 |
| 2 | 0,2) | 4,46 | 7,43 | 28 |
| 3 | 0,44 | 4,58 | 7,50 | 27 |
| 4 | 0,59 | 4,71 | 7,56 | 26 |
| 5 | 0,73 | 4,83 | 7,63 | 25 |
| 6 | 0,88 | 4,95 | 7,69 | 24 |
| 7 | 1,03 | 5,06 | 7,75 | 23 |
| 8 | 1,17 | 5,18 | 7,80 | 22 |
| 9 | 1,32 | 5,30 | 7,86 | 21 |
| 10 | 1,46 | 5,41 | 7,91 | 20 |
| 11 | 1,61 | 5,52 | 7,96 | 19 |
| 12 | 1,75 | 5,63 | 8,00 | 18 |
| 13 | 1,89 | 5,74 | 8,05 | 17 |
| 14 | 2,04 | 5,85 | 8,09 | 16 |
| 15 | 2,18 | 5,95 | 8,13 | 15 |
| 16 | 2,32 | 6,05 | 8,17 | 14 |
| 17 | 2,46 | 6,15 | 8,20 | 13 |
| 18 | 2,60 | 6,25 | 8,23 | 12 |
| 19 | 2,74 | 6,35 | 8,26 | 11 |
| 20 | 2,88 | 6,45 | 8,29 | 10 |
| 21 | 3,02 | 6,54 | 8,31 | 9 |
| 22 | 3,15 | 6,63 | 8,33 | 8 |
| 23 | 3,29 | 6,72 | 8,35 | 7 |
| 24 | 3,43 | 6,81 | 8,37 | 6 |
| 25 | 3,56 | 6,89 | 8,38 | 5 |
| 26 | 3,69 | 6,98 | 8,39 | 4 |
| 27 | 3,82 | 7,06 | 8,40 | 3 |
| 28 | 3.95 | 7,14 | 8,41 | 2 |
| 29 | 4,08 | 7,21 | 8,41 | 1 |
| 30 | 4,21 | 7,29 | 8,41 | 0 |
| | — + 11ˢ 5ˢ | — + 10ˢ 4ˢ | — + 9ˢ 3ˢ | Degrés |

### N° II.

Nutation en déclin. argument (A+☊).
Nutation en asc. dr., argum. (A+☊—3ˢ), et multiplicateur tang D.
Si la déclinaison est australe, ajoutez 6ˢ aux argumens.

| Degrés | 0ˢ 6ˢ + — | 1ˢ 7ˢ + — | 2ˢ 8ˢ + — | |
|---|---|---|---|---|
| 0 | 0″00 | 0″62 | 1″07 | 30 |
| 1 | 0,02 | 0,63 | 1,08 | 29 |
| 2 | 0,04 | 0,65 | 1,09 | 28 |
| 3 | 0,06 | 0,67 | 1,10 | 27 |
| 4 | 0,09 | 0,69 | 1,11 | 26 |
| 5 | 0,11 | 0,71 | 1,12 | 25 |
| 6 | 0,13 | 0,72 | 1,13 | 24 |
| 7 | 0,15 | 0,74 | 1,13 | 23 |
| 8 | 0,17 | 0,76 | 1,14 | 22 |
| 9 | 0,19 | 0,78 | 1,15 | 21 |
| 10 | 0,21 | 0,79 | 1,16 | 20 |
| 11 | 0,23 | 0,81 | 1,17 | 19 |
| 12 | 0,26 | 0,82 | 1,17 | 18 |
| 13 | 0,28 | 0,84 | 1,18 | 17 |
| 14 | 0,30 | 0,86 | 1,18 | 16 |
| 15 | 0,32 | 0,87 | 1,19 | 15 |
| 16 | 0,34 | 0,89 | 1,20 | 14 |
| 17 | 0,36 | 0,90 | 1,20 | 13 |
| 18 | 0,38 | 0,92 | 1,21 | 12 |
| 19 | 0,40 | 0,93 | 1,21 | 11 |
| 20 | 0,42 | 0,94 | 1,21 | 10 |
| 21 | 0,44 | 0,96 | 1,22 | 9 |
| 22 | 0,46 | 0,97 | 1,22 | 8 |
| 23 | 0,48 | 0,98 | 1,22 | 7 |
| 24 | 0,50 | 1,00 | 1,23 | 6 |
| 25 | 0,52 | 1,01 | 1,23 | 5 |
| 26 | 0,54 | 1,02 | 1,23 | 4 |
| 27 | 0,56 | 1,03 | 1,23 | 3 |
| 28 | 0,58 | 1,05 | 1,23 | 2 |
| 29 | 0,60 | 1,06 | 1,23 | 1 |
| 30 | 0,62 | 1,07 | 1,23 | 0 |
| | — + 11ˢ 5ˢ | — + 10ˢ 4ˢ | — + 9ˢ 3ˢ | Degrés |

### N° III.

Nutation en ascension droite.

Argument, longitude du nœud ☊ de la Lune.

| Degrés | 0ˢ 6ˢ — + | 1ˢ 7ˢ — + | 2ˢ 8ˢ — + | |
|---|---|---|---|---|
| 0 | 0″00 | 8″27 | 14″33 | 30 |
| 1 | 0,29 | 8,52 | 14,47 | 29 |
| 2 | 0,58 | 8,77 | 14,61 | 28 |
| 3 | 0,87 | 9,01 | 14,74 | 27 |
| 4 | 1,15 | 9,25 | 14,87 | 26 |
| 5 | 1,44 | 9,49 | 14,99 | 25 |
| 6 | 1,73 | 9,72 | 15,11 | 24 |
| 7 | 2,02 | 9,96 | 15,23 | 23 |
| 8 | 2,30 | 10,19 | 15,34 | 22 |
| 9 | 2,59 | 10,41 | 15,44 | 21 |
| 10 | 2,87 | 10,63 | 15,55 | 20 |
| 11 | 3,16 | 10,85 | 15,64 | 19 |
| 12 | 3,44 | 11,07 | 15,73 | 18 |
| 13 | 3,72 | 11,28 | 15,82 | 17 |
| 14 | 4,00 | 11,49 | 15,90 | 16 |
| 15 | 4,28 | 11,70 | 15,98 | 15 |
| 16 | 4,56 | 11,90 | 16,05 | 14 |
| 17 | 4,84 | 12,10 | 16,12 | 13 |
| 18 | 5,11 | 12,29 | 16,18 | 12 |
| 19 | 5,39 | 12,49 | 16,24 | 11 |
| 20 | 5,66 | 12,67 | 16,29 | 10 |
| 21 | 5,93 | 12,86 | 16,34 | 9 |
| 22 | 6,20 | 13,04 | 16,38 | 8 |
| 23 | 6,46 | 13,21 | 16,42 | 7 |
| 24 | 6,73 | 13,38 | 16,45 | 6 |
| 25 | 6,99 | 13,55 | 16,48 | 5 |
| 26 | 7,25 | 13,71 | 16,50 | 4 |
| 27 | 7,51 | 13,87 | 16,52 | 3 |
| 28 | 7,77 | 14,03 | 16,53 | 2 |
| 29 | 8,02 | 14,18 | 16,54 | 1 |
| 30 | 8,27 | 14,33 | 16,54 | 0 |
| | + — 11ˢ 5ˢ | + — 10ˢ 4ˢ | + — 9ˢ 3ˢ | Degrés |

# TABLE XV.

| NOMS des ÉTOILES. | ABERRATION en ascens. droite en tems. | ABERRATION en déclinais. | NUTATION en ascens. droite en tems. | NUTATION en déclinais. | NOMS des ÉTOILES. | ABERRATON en ascens. droite en tems. | ABERRATON en déclinais. | NUTATION. en ascens. droite en tems. | NUTATION. en déclinais. |
|---|---|---|---|---|---|---|---|---|---|
| γ Pégase | 8s 29° 1′<br>0,1063 | 7s 27°28′<br>0,9635 | 6s 8°20′<br>0,0479 | 5s 28° 47′<br>0,8566 | α¹ Balance | 1s 17°27′<br>0,1248 | 1s 18°42′<br>0,7904 | 6s 6°27′<br>0,0772 | 4s 11°28′<br>0,9188 |
| α Bélier | 7.28.43<br>0,1370 | 7. 0.25<br>0,8961 | 6.11. 1<br>0,0871 | 4.23.13<br>0,8940 | α Couronne | 1. 6. 7<br>0,1682 | 9.22.43<br>1,1763 | 5.17.10<br>9,9696 | 10. 0.38<br>0,9433 |
| α Baleine | 7.14.26<br>0,1120 | 8.23.28<br>0,8681 | 6. 1.22<br>0,0499 | 4, 8.30<br>0,9255 | α Serpent | 1. 3.58<br>0,1213 | 9. 8.29<br>0,9979 | 5.27.27<br>0,0238 | 9.28.40<br>0,9475 |
| Aldébaran | 6.21.56<br>0,1422 | 7.23.15<br>0,5772 | 6. 3.29<br>0,0905 | 3.18. 6<br>0,9682 | Antarès | 0.23,44<br>0,1702 | 11.28.36<br>0,5840 | 6. 5.53<br>0,1207 | 3.19.38<br>0,9655 |
| La Chèvre | 6.13.10<br>0,2849 | 3.26.13<br>0,9094 | 6. 5.54<br>0,2009 | 3.10.44<br>0,9784 | α Hercule | 0.12.25<br>0,1428 | 9. 5.31<br>1,0942 | 5.27.44<br>9,9939 | 9.10. 8<br>0,9791 |
| Rigel | 6.12.36<br>0,1332 | 3. 3.47<br>1,0273 | 5.28.45<br>0,0146 | 9.10.17<br>0,9789 | α Serpentaire | 0. 7.49<br>0,1404 | 9. 3.10<br>1,0766 | 5.28.46<br>9,9984 | 9. 6.21<br>0,9823 |
| β Taureau | 6.10.29<br>0,1849 | 4.20.19<br>0,3938 | 6. 2.54<br>0,1331 | 3. 8.32<br>0,9806 | La Lyre | 11.23. 1<br>0,2370 | 8.24.39<br>1,2528 | 6. 5.22<br>9,8617 | 8.24.20<br>0,9828 |
| α Orion | 6. 3.29<br>0,1339 | 8.28.15<br>0,7502 | 6. 0.16<br>0,0662 | 3. 2.50<br>0,9840 | γ Aigle | 11. 7.30<br>0,1314 | 8,22.20<br>1,0423 | 6. 2.39<br>0,0111 | 8.11.26<br>0,9674 |
| Sirius | 5.21.33<br>0,1479 | 2.25.56<br>1,1127 | 6. 1.48<br>9,9840 | 8.23. 8<br>0,9819 | α Aigle | 11. 6.28<br>0,1286 | 8.23. 5<br>1,0213 | 6. 2.14<br>0,0171 | 8.10.32<br>0,9658 |
| Castor | 5.10.42<br>0,1999 | 1. 3. 2<br>0,6572 | 5.24. 7<br>0,1441 | 2.14.22<br>0,9721 | β Aigle | 1, 5.25<br>0,1258 | 8.24.31<br>0,9907 | 6. 1.37<br>0,0248 | 8. 9.39<br>0,9642 |
| Procyon | 5. 9.23<br>0,1276 | 9. 6.53<br>0,8037 | 5.28.47<br>0,0597 | 2.13. 2<br>0,9701 | α¹ Capricorne | 11. 0.22<br>0,1321 | 3.29.27<br>0,6916 | 5.26.14<br>0,0792 | 2. 5.14<br>0,9557 |
| Pollux | 5. 8.21<br>0,1809 | 0.15.10<br>0,5992 | 5.24. 6<br>0,1298 | 2.12. 9<br>0,9687 | α² Capricorne | 11. 0.22<br>0,1321 | 3.29.27<br>0,6916 | 5.26.14<br>0,0792 | 2. 5.14<br>0,9557 |
| α Hydre | 4.12.57<br>0,1137 | 2.17.42<br>0,9940 | 6. 3.38<br>0,0262 | 7.18.56<br>0,9197 | α Cygne | 10.23.19<br>0,2641 | 8. 0.49<br>1,2610 | 6.28.23<br>9,9215 | 7.29.12<br>0,9428 |
| Régulus | 4. 2.24<br>0,1141 | 10. 4. 4<br>0,8434 | 5.23.45<br>0,0675 | 1. 8. 1<br>0,8965 | α Verseau | 10. 3.14<br>0,1037 | 3. 2.44<br>0,8959 | 5.29.21<br>0,0446 | 1. 8.54<br>0,8985 |
| β Lion | 3. 5.40<br>0,1096 | 10. 6.37<br>0,9597 | 5.21.23<br>0,0522 | 0. 6.59<br>0,8576 | Fomalhaut | 9.19.43<br>0,1621 | 5. 7.53<br>1,0245 | 5.13. 7<br>0,0952 | 0.23.50<br>0,8726 |
| β Vierge | 3. 5.14<br>0,0938 | 9. 7. 8<br>0,9054 | 5.28.22<br>0,0434 | 0. 6.26<br>0,8575 | α Pégase | 9.17.34<br>0,1096 | 8. 2.20<br>1,0113 | 6. 8.18<br>0,0336 | 6.21.19<br>0,8694 |
| α Vierge | 2. 9,45<br>0,1062 | 2. 3.49<br>0,8848 | 6. 5.31<br>0,0553 | 5. 5.25<br>0,8736 | α Andromède | 9. 0.26<br>0,1472 | 7. 7. 2<br>1,0765 | 6.17.17<br>0,0619 | 6. 0.33<br>0,8565 |
| Arcturus | 1.25.57<br>0,1315 | 9.28,29<br>1,0953 | 5.18.45<br>0,0129 | 10.20.12<br>0,9001 | α Dragon | 1.28.13<br>0,4828 | 10.23.49<br>1,2945 | 3.25.43<br>0,1280 | 10.22.19<br>0,8982 |

# TABLE XVI.

| Années. | POLAIRE. ABERRATION en ascens. dr. en tems. | POLAIRE. ABERRATION en déclinaison. | POLAIRE. NUTATION en ascens. dr. en tems. | POLAIRE. NUTATION en déclinaison. | Années. | β DE LA PETITE OURSE. ABERRATION en ascens. dr. en tems. | β DE LA PETITE OURSE. ABERRATION en déclinaison. | β DE LA PETITE OURSE. NUTATION en ascens. dr. en tems. | β DE LA PETITE OURSE. NUTATION en déclinaison. |
|---|---|---|---|---|---|---|---|---|---|
| 1820 | $8^{s}14^{\circ}34'$ 1,63572 | $5^{s}17^{\circ}34'$ 1,30316 | $8^{s}16^{\circ}32'$ 1,34711 | $5^{s}11^{\circ}12'$ 0,86654 | 1820 | $1^{s}14^{\circ}41'$ 0,69506 | $10^{s}15^{\circ}\ 5'$ 1,30642 | $2^{s}26^{\circ}38'$ 0,24303 | $10^{s}\ 8^{\circ}45'$ 0,92493 |
| 1825 | 8.14.15 1,64282 | 5.17.16 1,30307 | 8.16.20 1,35386 | 5.10.49 0,86695 | 1825 | 1.14.42 0,69435 | 10.15. 5 1,30644 | 2.26.42 0,24229 | 10. 8.46 0,92492 |
| 1830 | 8.13.55 1,65043 | 5.17. 0 1,30298 | 8.16. 9 1.36110 | 5.10.26 0,86737 | 1830 | 1.14.42 0,69394 | 10.15. 5 1,30644 | 2.26.44 0,24183 | 10. 8.46 0,92489 |
| 1835 | 8.13.35 1,65776 | 5.16.42 1,30289 | 8.15.58 1,36808 | 5.10. 3 0,86783 | 1835 | 1.14.43 0,69340 | 10.15. 5 1,30644 | 2.26.47 0,24135 | 10. 8.47 0,92489 |
| 1840 | 8.13.16 1,66563 | 5.16.24 1,30280 | 8.15.47 1,37556 | 5. 9.40 0,86829 | 1840 | 1.14.43 0,69278 | 10.15. 5 1,30647 | 2.26.51 0,24069 | 10. 8.47 0,92486 |

POSITIONS MOYENNES de quelques ÉTOILES visibles à Paris, pour le 1er janvier 1820, d'aprés les dernières observations.

| NOMS et grandeurs des Étoiles. | Ascens. dr. moyenne. D. M. S. | Variat. annuelle. S. Dix. | Déclinaison moyenne. D. M. S. | Variat. annuelle. S. Dix. | NOMS et grandeurs des Étoiles. | Ascens. dr. moyenne. D. M. S. | Variat. annuelle. S. Dix. | Déclinaison moyenne. D. M. S. | Variat. annuelle. S. Dix. |
|---|---|---|---|---|---|---|---|---|---|
| γ Pégase......2 | 0.59.35 | + 46,1 | 14.10.56 B | + 20,0 | β Vierge......3 | 175.19.45 | + 46,9 | 2.46.44 B | — 20,3 |
| α Polaire....2.3 | 14.13. 7 | 216,4 | 88.20.55 B | + 19,4 | α Vierge......1 | 198.55.50 | 47,2 | 10.13. 5 A | + 19,0 |
| α Baleine......2 | 43 13. 8 | 46,7 | 3.22.39 B | + 14,5 | Arcturus.......1 | 211.51.45 | 40,9 | 20. 7.28 B | — 19,0 |
| Aldébaran.....1 | 66.24. 0 | 51,4 | 16. 8.19 B | + 7,8 | β Petite Ourse..3 | 222.50.22 | — 4,8 | 74.53.33 B | — 14,7 |
| La Chèvre.....1 | 75.51. 7 | 66,3 | 45.48. 8 B | + 4,5 | Antarès.......1 | 244.35.49 | + 54,9 | 26. 1.21 A | + 8,7 |
| Rigel.........1 | 76.28.21 | 51,8 | 8.25.. 2 A | — 4,7 | α Hercule.....3 | 256.36.38 | 41,0 | 14.36.16 B | — 4,5 |
| β Taureau.....2 | 78.43.47 | 56,7 | 28.26.42 B | + 3,8 | α Lyre........1 | 277.42.37 | 30,4 | 38.37.19 B | + 2,9 |
| α Orion.......1 | 86.21.24 | 48,6 | 7.21.52 B | + 1,3 | α Aigle.....1.2 | 295.29.56 | 43,9 | 8.24. 5 B | + 9,0 |
| Sirius........1 | 99.18.18 | 39,8 | 16.28.33 A | + 4,4 | β Aigle.......3 | 296.37. 1 | 44,1 | 5.57.53 B | + 8,4 |
| α Castor.....1.2 | 110.46,28 | 57,8 | 32.16.22 B | — 7,2 | α¹ Capricorne 3.4 | 301.54.56 | 50,0 | 13. 3.22 A | — 10,5 |
| Procyon....1.2 | 112.28. 2 | 47,1 | 5.40.46 B | — 8,6 | α Cygne......2 | 308.49.24 | 30,6 | 44.38.31 B | + 12,6 |
| β Pollux....2.3 | 113.34.16 | 55,3 | 28.27. 7 B | — 8,0 | α Verseau.....3 | 329. 7.58 | 46,2 | 1.11.23 A | — 17,2 |
| α Hydre......2 | 139.41. 5 | 44,2 | 7.53. 1 A | + 15,3 | Fomalhaut....1 | 341.55.14 | 50,1 | 30.34.25 A | — 18,8 |
| Régulus.......1 | 149.41.39 | 48,1 | 12.50.36 B | — 17,3 | α Pégase......2 | 343.56.56 | 44,6 | 14.11.21 B | + 19,2 |
| β Lion........2 | 174.58. 1 | 46,0 | 15.34.44 B | — 20,1 | α Andromède 2.3 | 359.46.28 | 49,0 | 28. 5.37 B | + 19,9 |

# TABLE XVII.

## PREMIÈRE PARTIE,

**Servant à faciliter la construction des Tables de réduction au méridien pour les étoiles.**

| Ang. horaire de l'étoile, en tems. | Différ. log. $\sin^2 \frac{1}{2} P$. | Ang. horaire de l'étoile, en tems. | Différ. log. $\sin^2 \frac{1}{2} P$. | Ang. horaire de l'étoile, en tems. | Différ. log. $\sin^2 \frac{1}{2} P$. | Ang. horaire de l'étoile, en tems. | Différ. log. $\sin^2 \frac{1}{2} P$. | Ang. horaire de l'étoile, en tems. | Différ. log. $\sin^2 \frac{1}{2} P$. |
|---|---|---|---|---|---|---|---|---|---|
| 0′ 0″ | | 8′ 0″ | 1829 | 16′ 0″ | 909 | 24′ 0″ | 605 | 32′ 0 | 453 |
| 10 | 3,12127 | 10 | 1791 | 10 | 900 | 10 | 601 | 10 | 450 |
| 20 | 60206 | 20 | 1754 | 20 | 890 | 20 | 596 | 20 | 448 |
| 30 | 35218 | 30 | 1720 | 30 | 881 | 30 | 592 | 30 | 446 |
| 40 | 24988 | 40 | 1687 | 40 | 873 | 40 | 589 | 40 | 444 |
| 50 | 19382 | 50 | 1654 | 50 | 864 | 50 | 584 | 50 | 441 |
| 1. 0 | 15836 | 9. 0 | 1623 | 17. 0 | 855 | 25. 0 | 580 | 33. 0 | 439 |
| 10 | 13390 | 10 | 1594 | 10 | 847 | 10 | 577 | 10 | 437 |
| 20 | 11598 | 20 | 1565 | 20 | 839 | 20 | 573 | 20 | 435 |
| 30 | 10231 | 30 | 1537 | 30 | 831 | 30 | 569 | 30 | 432 |
| 40 | 9151 | 40 | 1510 | 40 | 823 | 40 | 565 | 40 | 430 |
| 50 | 8279 | 50 | 1485 | 50 | 815 | 50 | 562 | 50 | 429 |
| 2. 0 | 7557 | 10. 0 | 1460 | 18. 0 | 808 | 26. 0 | 558 | 34. 0 | 426 |
| 10 | 6943 | 10 | 1435 | 10 | 800 | 10 | 554 | 10 | 424 |
| 20 | 6436 | 20 | 1412 | 20 | 792 | 20 | 551 | 20 | 422 |
| 30 | 5993 | 30 | 1388 | 30 | 786 | 30 | 547 | 30 | 419 |
| 40 | 5606 | 40 | 1369 | 40 | 779 | 40 | 544 | 40 | 418 |
| 50 | 5265 | 50 | 1347 | 50 | 775 | 50 | 541 | 50 | 416 |
| 3. 0 | 4965 | 11. 0 | 1326 | 19. 0 | 765 | 27. 0 | 537 | 35. 0 | 414 |
| 10 | 4696 | 10 | 1306 | 10 | 758 | 10 | 534 | 10 | 411 |
| 20 | 4455 | 20 | 1286 | 20 | 752 | 20 | 631 | 20 | 410 |
| 30 | 4238 | 30 | 1268 | 30 | 745 | 30 | 527 | 30 | 408 |
| 40 | 4041 | 40 | 1249 | 40 | 738 | 40 | 524 | [illegible] | 406 |
| 50 | 3861 | 50 | 1232 | 50 | 732 | 50 | 521 | [illegible] | 404 |
| 4. 0 | 3096 | 12. 0 | 1215 | 20. 0 | 727 | 28. 0 | 518 | [illegible] | 403 |
| 10 | 3536 | 10 | 1198 | 10 | 720 | 10 | 515 | 10 | 400 |
| 20 | 3417 | 20 | 1181 | 20 | 715 | 20 | 512 | 20 | 399 |
| 30 | 3278 | 30 | 1166 | 30 | 708 | 30 | 508 | 30 | 396 |
| 40 | 3158 | 40 | 1150 | 40 | 703 | 40 | 506 | 40 | 395 |
| 50 | 3048 | 50 | 1135 | 50 | 697 | 50 | 503 | 50 | 393 |
| 5. 0 | 2945 | 13. 0 | 1120 | 21. 0 | 692 | 29. 0 | 500 | 37. 0 | 391 |
| 10 | 2848 | 10 | 1107 | 10 | 686 | 10 | 497 | 10 | 390 |
| 20 | 2757 | 20 | 1092 | 20 | 681 | 20 | 494 | 20 | 387 |
| 30 | 2673 | 30 | 1079 | 30 | 675 | 30 | 492 | 30 | 386 |
| 40 | 2593 | 40 | 1065 | 40 | 671 | 40 | 489 | 40 | 385 |
| 50 | 2517 | 50 | 1058 | 50 | 665 | 50 | 486 | 50 | 383 |
| 6. 0 | 2447 | 14. 0 | 1040 | 22. 0 | 660 | 30. 0 | 483 | 38. 0 | 381 |
| 10 | 2380 | 10 | 1027 | 10 | 655 | 10 | 480 | 10 | 379 |
| 20 | 2316 | 20 | 1016 | 20 | 650 | 20 | 478 | 20 | 378 |
| 30 | 2256 | 30 | 1004 | 30 | 645 | 30 | 475 | 30 | 376 |
| 40 | 2199 | 40 | 992 | 40 | 641 | 40 | 473 | 40 | 374 |
| 50 | 2145 | 50 | 981 | 50 | 635 | 50 | 470 | 50 | 372 |
| 7. 0 | 2093 | 15. 0 | 970 | 23. 0 | 631 | 31. 0 | 468 | 39. 0 | 371 |
| 10 | 2043 | 10 | 960 | 10 | 627 | 10 | 465 | 10 | 370 |
| 20 | 1997 | 20 | 949 | 20 | 622 | 20 | 462 | 20 | 368 |
| 30 | 1952 | 30 | 938 | 30 | 618 | 30 | 460 | 30 | 366 |
| 40 | 1909 | 40 | 929 | 40 | 613 | 40 | 458 | 40 | 365 |
| 50 | 1867 | 50 | 919 | 50 | 609 | 50 | 455 | 50 | 363 |
| 8. 0 | 1829 | 16. 0 | 909 | 24. 0 | 605 | 32. 0 | 453 | 40. 0 | 362 |

# TABLE XVII.

## DEUXIÈME PARTIE,

### Servant à faciliter la construction des Tables de réduction au méridien pour les étoiles.

| Angle horaire de l'étoile en tems. | Différence logar. $\sin^4 \frac{1}{2} P$. |
|---|---|
| 0s 0" | 0,00000 |
| 1 | 9,35514 |
| 2 | 1,20412 |
| 3 | 70436 |
| 4 | 49974 |
| 5 | 38764 |
| 6 | 31670 |
| 7 | 26778 |
| 8 | 23194 |
| 9 | 20458 |
| 10 | 18302 |
| 11 | 16554 |
| 12 | 15112 |
| 13 | 13900 |
| 14 | 12872 |
| 15 | 11980 |
| 16 | 11208 |
| 17 | 10526 |
| 18 | 9926 |
| 19 | 9386 |
| 20 | 8906 |
| 21 | 8470 |
| 22 | 8076 |
| 23 | 7714 |
| 24 | 7388 |
| 25 | 7084 |
| 26 | 6808 |
| 27 | 6548 |
| 28 | 6310 |
| 29 | 6088 |
| 30 | 5882 |
| 31 | 5688 |
| 32 | 5506 |
| 33 | 5336 |
| 34 | 5178 |
| 35 | 5026 |
| 36 | 4884 |
| 37 | 4748 |
| 38 | 4624 |
| 39 | 4500 |
| 40 | 4388 |

On a vu, page 127, comment on forme les logarithmes constans $a$ et $b$ pour les Tables de réduction au méridien ; c'est à ces logarithmes constans qu'il faut ajouter les différences logarithmiques de $\sin^2 \frac{1}{2} P$, et $\sin^4 \frac{1}{2} P$ : voici un exemple de ces calculs.

*Calculs pour le passage supérieur de la* Polaire (11 décembre 1796).

| | | |
|---|---|---|
| | Log. $a$ .......... | 4,12093 |
| | Differ. log. pour 10" .......... | 3,12127 |
| 0"0017 | | 7,24220 |
| | 20 .......... | 60620 |
| 0,0071 | | 7,84840 |
| | 30 .......... | 35218 |
| 0,0159 | | 8,20058 |
| | 40 .......... | 24988 |
| 0,0282 | | 8,45046 |
| | 50 .......... | 19382 |
| 0,0441 | | 8,64428 |
| | 1' 0 .......... | 15836 |
| 0,0635 | | 8,80264 |
| | 1' 10 .......... | 13390 |
| 0,0864 | | 8,93654 |
| | 1' 20 .......... | 11598 |
| 0,1128 | | 9,05252 |
| | 1' 30 .......... | 10231 |
| 0,1428 | | 9,15483 |
| | 1' 40 .......... | 9151 |
| 0,1763 | | 9,24634 |
| | 1' 50 .......... | 8279 |
| 0,2133 | | 9,32913 |
| | | etc. |

| | | |
|---|---|---|
| | Log. $b$ .......... | 2,67124 |
| | Diff. log. pour 1' .......... | 9,35514 |
| 0"0000 | | 2,02638 |
| | 2 .......... | 1,20412 |
| 0,0000 | | 3,23050 |
| | 3 .......... | 70436 |
| 0,0000 | | 3,93486 |
| | 4 .......... | 49974 |
| 0,0000 | | 4,43460 |
| | 5 .......... | 38764 |
| 0,0000 | | 4,82224 |
| | 6 .......... | 31670 |
| 0,0000 | | 5,13894 |
| | 7 .......... | 26778 |
| 0,0000 | | 5,40672 |
| | 8 .......... | 23194 |
| 0,0000 | | 5,63866 |
| | 9 .......... | 20458 |
| 0,0001 | | 5,84324 |
| | 10 .......... | 18302 |
| 0,0001 | | 6,02626 |
| | | etc. |

On aura ainsi, par des additions successives, les logarithmes des deux nombres dont la réunion formera chaque terme de la Table.

Le second terme est si petit, que c'est ici, vers 9', qu'il commence à valoir à peu près 0"0001 ; il varie peu dans l'intervalle de 1' ; on l'étendra aux dixaines de seconde par une interpolation facile.

Pour les signes des deux nombres de chaque terme de la Table, *voyez* page 128.

## TABLE XVIII. Réduction au méridien pour les Observations faites au cercle de Borda.

**ARGUMENT : Angle horaire en tems.**

*Nota.* Si l'angle horaire surpasse 15′59″, prenez-en moitié et quadruplez la réduct. correspondante, pour avoir la réduct. cherchée.

| Sec. | 0′ | 1′ | 2′ | 3′ | 4′ | 5′ | 6′ | 7′ | 8′ | 9′ | 10′ | 11′ | 12′ | 13′ | 14′ | 15′ |
|---|---|---|---|---|---|---|---|---|---|---|---|---|---|---|---|---|
| 0″ | 0″0 | 2″0 | 7″8 | 17″7 | 31″4 | 49″1 | 70″7 | 96″2 | 125″7 | 159″0 | 196″3 | 237″5 | 282″7 | 331″8 | 384″7 | 441″6 |
| 1 | 0,0 | 2,0 | 8,0 | 17,9 | 31,7 | 49,4 | 71,1 | 96,9 | 126,2 | 159,6 | 197,0 | 238,3 | 283,5 | 332,6 | 385,6 | 442,6 |
| 2 | 0,0 | 2,1 | 8,1 | 18,1 | 31,9 | 49,7 | 71,5 | 97,1 | 126,7 | 160,2 | 197,6 | 239,0 | 284,2 | 333,4 | 386,5 | 443,6 |
| 3 | 0,0 | 2,2 | 8,2 | 18,3 | 32,2 | 50,1 | 71,9 | 97,6 | 127,2 | 160,8 | 198,3 | 239,7 | 285,0 | 334,3 | 387,5 | 444,6 |
| 4 | 0,0 | 2,2 | 8,4 | 18,5 | 32,5 | 50,4 | 72,3 | 98,1 | 127,8 | 161,4 | 198,9 | 240,4 | 285,8 | 335,3 | 388,4 | 445,6 |
| 5 | 0,0 | 2,3 | 8,5 | 18,7 | 32,7 | 50,7 | 72,7 | 98,5 | 128,3 | 162,0 | 199,6 | 241,2 | 286,6 | 336,0 | 389,3 | 446,5 |
| 6 | 0,0 | 2,4 | 8,7 | 18,9 | 33,0 | 51,1 | 73,1 | 99,0 | 128,8 | 162,6 | 200,3 | 241,9 | 287,4 | 336,9 | 390,2 | 447,5 |
| 7 | 0,0 | 2,4 | 8,8 | 19,1 | 33,3 | 51,4 | 73,5 | 99,4 | 129,4 | 163,2 | 200,9 | 242,6 | 288,2 | 337,7 | 391,1 | 448,5 |
| 8 | 0,0 | 2,5 | 8,9 | 19,3 | 33,5 | 51,7 | 73,9 | 99,9 | 129,9 | 163,8 | 201,6 | 243,3 | 289,0 | 338,6 | 392,1 | 449,5 |
| 9 | 0,0 | 2,6 | 9,1 | 19,5 | 33,8 | 52,1 | 74,3 | 100,4 | 130,4 | 164,4 | 202,2 | 244,1 | 289,8 | 339,4 | 393,0 | 450,5 |
| 10 | 0,1 | 2,7 | 9,2 | 19,7 | 34,1 | 52,4 | 74,7 | 100,8 | 131,0 | 165,0 | 202,9 | 244,8 | 290,6 | 340,3 | 393,9 | 451,5 |
| 11 | 0,1 | 2,7 | 9,4 | 19,9 | 34,4 | 52,7 | 75,1 | 101,3 | 131,5 | 165,6 | 203,6 | 245,5 | 291,4 | 341,2 | 394,8 | 452,5 |
| 12 | 0,1 | 2,8 | 9,5 | 20,1 | 34,6 | 53,1 | 75,5 | 101,8 | 132,0 | 166,2 | 204,2 | 246,2 | 292,2 | 342,0 | 395,8 | 453,5 |
| 13 | 0,1 | 2,9 | 9,6 | 20,3 | 34,9 | 53,4 | 75,9 | 102,3 | 132,6 | 166,8 | 204,9 | 247,0 | 293,0 | 342,9 | 396,7 | 454,5 |
| 14 | 0,1 | 3,0 | 9,8 | 20,5 | 35,2 | 53,8 | 76,3 | 102,7 | 133,1 | 167,4 | 205,6 | 247,7 | 293,8 | 343,7 | 397,6 | 455,5 |
| 15 | 0,1 | 3,1 | 9,9 | 20,7 | 35,5 | 54,1 | 76,7 | 103,2 | 133,6 | 168,0 | 206,3 | 248,5 | 294,6 | 344,6 | 398,6 | 456,5 |
| 16 | 0,1 | 3,1 | 10,1 | 20,9 | 35,7 | 54,5 | 77,1 | 103,7 | 134,2 | 168,6 | 206,9 | 249,2 | 295,4 | 345,5 | 399,5 | 457,5 |
| 17 | 0,2 | 3,2 | 10,2 | 21,2 | 36,0 | 54,8 | 77,5 | 104,2 | 134,7 | 169,2 | 207,6 | 249,9 | 296,2 | 346,3 | 400,5 | 458,5 |
| 18 | 0,2 | 3,3 | 10,4 | 21,4 | 36,3 | 55,1 | 77,9 | 104,6 | 135,3 | 169,8 | 208,3 | 250,7 | 297,0 | 347,2 | 401,4 | 459,5 |
| 19 | 0,2 | 3,4 | 10,5 | 21,6 | 36,6 | 55,5 | 78,3 | 105,1 | 135,8 | 170,4 | 208,9 | 251,4 | 297,8 | 348,1 | 402,3 | 460,5 |
| 20 | 0,2 | 3,5 | 10,7 | 21,8 | 36,9 | 55,8 | 78,8 | 105,6 | 136,4 | 171,0 | 209,6 | 252,2 | 298,6 | 349,0 | 403,3 | 461,5 |
| 21 | 0,3 | 3,6 | 10,8 | 22,0 | 37,2 | 56,2 | 79,2 | 106,0 | 136,9 | 171,6 | 210,3 | 252,9 | 299,4 | 349,8 | 404,2 | 462,5 |
| 22 | 0,3 | 3,7 | 11,0 | 22,3 | 37,4 | 56,5 | 79,6 | 106,6 | 137,4 | 172,2 | 211,0 | 253,6 | 300,2 | 350,7 | 405,1 | 463,5 |
| 23 | 0,3 | 3,8 | 11,1 | 22,5 | 37,7 | 56,9 | 80,0 | 107,0 | 138,0 | 172,9 | 211,6 | 254,4 | 301,0 | 351,6 | 406,1 | 464,5 |
| 24 | 0,3 | 3,8 | 11,3 | 22,7 | 38,0 | 57,3 | 80,4 | 107,5 | 138,5 | 173,5 | 212,3 | 255,1 | 301,8 | 352,5 | 407,0 | 465,5 |
| 25 | 0,3 | 3,9 | 11,5 | 22,9 | 38,2 | 57,6 | 80,8 | 108,0 | 139,1 | 174,1 | 213,0 | 255,9 | 302,6 | 353,3 | 408,0 | 466,5 |
| 26 | 0,4 | 4,0 | 11,6 | 23,1 | 38,6 | 58,0 | 81,3 | 108,5 | 139,6 | 174,7 | 213,7 | 256,6 | 303,5 | 354,2 | 408,9 | 467,5 |
| 27 | 0,4 | 4,1 | 11,8 | 23,4 | 38,9 | 58,3 | 81,7 | 109,0 | 140,2 | 175,3 | 214,4 | 257,4 | 304,3 | 355,1 | 409,9 | 468,5 |
| 28 | 0,4 | 4,2 | 11,9 | 23,6 | 39,2 | 58,7 | 82,1 | 109,5 | 140,7 | 175,9 | 215,1 | 258,1 | 305,1 | 356,0 | 410,8 | 469,5 |
| 29 | 0,5 | 4,3 | 12,1 | 23,8 | 39,5 | 59,0 | 82,5 | 110,0 | 141,3 | 176,6 | 215,8 | 258,9 | 305,9 | 356,9 | 411,7 | 470,5 |
| 30 | 0,5 | 4,4 | 12,3 | 24,0 | 39,8 | 59,4 | 83,0 | 110,4 | 141,8 | 177,2 | 216,4 | 259,6 | 306,7 | 357,7 | 412,7 | 471,5 |
| 31 | 0,5 | 4,5 | 12,4 | 24,3 | 40,1 | 59,8 | 83,4 | 110,9 | 142,4 | 177,8 | 217,1 | 260,4 | 307,5 | 358,6 | 413,6 | 472,6 |
| 32 | 0,6 | 4,6 | 12,6 | 24,5 | 40,3 | 60,1 | 83,8 | 111,4 | 143,0 | 178,4 | 217,8 | 261,1 | 308,4 | 359,5 | 414,6 | 473,6 |
| 33 | 0,6 | 4,7 | 12,8 | 24,7 | 40,6 | 60,5 | 84,2 | 112,9 | 143,5 | 179,0 | 218,5 | 261,9 | 309,2 | 360,5 | 415,6 | 474,6 |
| 34 | 0,6 | 4,8 | 12,9 | 25,0 | 40,9 | 60,8 | 84,7 | 112,4 | 144,1 | 179,7 | 219,2 | 262,6 | 310,0 | 361,1 | 416,6 | 475,6 |
| 35 | 0,7 | 4,9 | 13,1 | 25,2 | 41,2 | 61,2 | 85,1 | 112,9 | 144,6 | 180,3 | 219,9 | 263,4 | 310,8 | 362,2 | 417,5 | 476,6 |
| 36 | 0,7 | 5,0 | 13,3 | 25,4 | 41,5 | 61,6 | 85,5 | 113,4 | 145,2 | 180,9 | 220,6 | 264,1 | 311,6 | 363,1 | 418,4 | 477,6 |
| 37 | 0,7 | 5,1 | 13,4 | 25,7 | 41,8 | 61,9 | 86,0 | 113,9 | 145,8 | 181,6 | 221,3 | 264,9 | 312,5 | 363,9 | 419,4 | 478,7 |
| 38 | 0,8 | 5,2 | 13,6 | 25,9 | 42,1 | 62,3 | 86,4 | 114,4 | 146,3 | 182,2 | 222,0 | 265,7 | 313,3 | 364,6 | 420,3 | 479,7 |
| 39 | 0,8 | 5,3 | 13,8 | 26,2 | 42,5 | 62,7 | 86,8 | 114,9 | 146,9 | 182,8 | 222,7 | 266,4 | 314,2 | 365,7 | 421,3 | 480,7 |
| 40 | 0,9 | 5,4 | 14,0 | 26,4 | 42,8 | 63,0 | 87,3 | 115,4 | 147,5 | 183,4 | 223,4 | 267,2 | 315,0 | 366,6 | 422,2 | 481,7 |
| 41 | 0,9 | 5,6 | 14,1 | 26,6 | 43,1 | 63,4 | 87,7 | 115,9 | 148,0 | 184,1 | 224,1 | 267,9 | 315,8 | 367,5 | 423,2 | 482,8 |
| 42 | 1,0 | 5,7 | 14,3 | 26,9 | 43,4 | 63,8 | 88,1 | 116,4 | 148,6 | 184,7 | 224,8 | 268,7 | 316,6 | 368,4 | 424,2 | 483,8 |
| 43 | 1,0 | 5,8 | 14,5 | 27,1 | 43,7 | 64,2 | 88,6 | 116,9 | 149,2 | 185,4 | 225,5 | 269,5 | 317,4 | 369,3 | 425,1 | 484,8 |
| 44 | 1,1 | 5,9 | 14,7 | 27,4 | 44,0 | 64,5 | 89,0 | 117,4 | 149,7 | 186,0 | 226,2 | 270,2 | 318,3 | 370,2 | 426,1 | 485,8 |
| 45 | 1,1 | 6,0 | 14,8 | 27,6 | 44,3 | 64,9 | 89,5 | 117,9 | 150,3 | 186,6 | 226,9 | 271,0 | 319,1 | 371,1 | 427,0 | 486,9 |
| 46 | 1,2 | 6,1 | 15,0 | 27,9 | 44,6 | 65,3 | 89,9 | 118,4 | 150,9 | 187,3 | 227,6 | 271,8 | 319,9 | 372,0 | 428,0 | 487,9 |
| 47 | 1,2 | 6,2 | 15,2 | 28,1 | 44,9 | 65,7 | 90,3 | 118,9 | 151,5 | 187,9 | 228,3 | 272,6 | 320,8 | 372,9 | 429,0 | 488,9 |
| 48 | 1,3 | 6,4 | 15,4 | 28,3 | 45,2 | 66,0 | 90,8 | 119,5 | 152,0 | 188,5 | 229,0 | 273,3 | 321,6 | 373,8 | 430,0 | 490,0 |
| 49 | 1,3 | 6,5 | 15,6 | 28,6 | 45,5 | 66,4 | 91,2 | 120,0 | 152,6 | 189,2 | 229,7 | 274,1 | 322,4 | 374,7 | 430,9 | 491,0 |
| 50 | 1,4 | 6,6 | 15,8 | 28,8 | 45,9 | 66,8 | 91,7 | 120,5 | 153,2 | 189,8 | 230,4 | 274,9 | 323,3 | 375,6 | 431,9 | 492,0 |
| 51 | 1,4 | 6,7 | 15,9 | 29,1 | 46,2 | 67,2 | 92,1 | 121,0 | 153,8 | 190,5 | 231,1 | 275,6 | 324,1 | 376,5 | 432,8 | 493,1 |
| 52 | 1,5 | 6,8 | 16,1 | 29,4 | 46,5 | 67,6 | 92,6 | 121,5 | 154,4 | 191,1 | 231,8 | 276,4 | 325,0 | 377,4 | 433,8 | 494,1 |
| 53 | 1,5 | 7,0 | 16,3 | 29,6 | 46,8 | 68,0 | 93,0 | 122,0 | 154,9 | 191,8 | 232,5 | 277,2 | 325,8 | 378,3 | 434,8 | 495,2 |
| 54 | 1,6 | 7,1 | 16,5 | 29,9 | 47,1 | 68,3 | 93,5 | 122,5 | 155,5 | 192,4 | 233,3 | 278,0 | 326,7 | 379,2 | 435,7 | 496,2 |
| 55 | 1,6 | 7,2 | 16,7 | 30,1 | 47,5 | 68,7 | 93,9 | 123,1 | 156,1 | 193,1 | 234,0 | 278,9 | 327,5 | 380,2 | 436,7 | 497,2 |
| 56 | 1,7 | 7,3 | 16,9 | 30,4 | 47,8 | 69,1 | 94,4 | 123,6 | 156,7 | 193,7 | 234,7 | 279,5 | 328,4 | 381,1 | 437,7 | 498,2 |
| 57 | 1,8 | 7,5 | 17,1 | 30,6 | 48,1 | 69,5 | 94,8 | 124,1 | 157,3 | 194,4 | 235,4 | 280,3 | 329,2 | 382,0 | 438,7 | 499,2 |
| 58 | 1,8 | 7,6 | 17,3 | 30,9 | 48,4 | 69,9 | 95,3 | 124,6 | 157,8 | 195,0 | 236,1 | 281,1 | 330,0 | 382,9 | 439,6 | 500,3 |
| 59 | 1,9 | 7,7 | 17,5 | 31,1 | 48,8 | 70,3 | 95,7 | 125,1 | 158,4 | 195,7 | 236,8 | 281,9 | 330,9 | 383,8 | 440,6 | 501,4 |

# TABLE XIX.

## ARGUMENT : Angle horaire en tems.

| M. S. | S. | Différence. | M. S. | S. | Différence. | M. S. | S. | Différence. |
|---|---|---|---|---|---|---|---|---|
| 0′ 0″ | 0″000 | | 8′ 10″ | 0″041 | 4 | 12′ 10″ | 0″205 | |
| 1 0 | 0,000 | | 20 | 0,045 | 4 | 20 | 0,217 | 12 |
| 2 0 | 0,000 | | 30 | 0,049 | 4 | 30 | 0,229 | 12 |
| 3 0 | 0,001 | | 40 | 0,053 | 4 | 40 | 0,241 | 12 |
| 4 0 | 0,002 | | 50 | 0,057 | 4 | 50 | 0,254 | 13 |
| 5 0 | 0,006 | | 9. 0 | 0,061 | 4 | 13. 0 | 0,267 | 13 |
| | | | | | 5 | | | 14 |
| 10 | 0,007 | | 10 | 0,066 | 5 | 10 | 0,281 | |
| 20 | 0,008 | | 20 | 0,071 | 5 | 20 | 0,295 | 14 |
| 30 | 0,009 | | 30 | 0,076 | 5 | 30 | 0,310 | 15 |
| 40 | 0,010 | | 40 | 0,081 | 6 | 40 | 0,326 | 16 |
| 50 | 0,011 | | 50 | 0,087 | 6 | 50 | 0,342 | 16 |
| 6. 0 | 0,012 | | 10. 0 | 0,093 | | 14. 0 | 0,359 | 17 |
| | | | | | 7 | | | 17 |
| 10 | 0,013 | | 10 | 0,100 | | 10 | 0,376 | |
| 20 | 0,014 | | 20 | 0,107 | 7 | 20 | 0,394 | 18 |
| 30 | 0,016 | | 30 | 0,114 | 7 | 30 | 0,413 | 19 |
| 40 | 0,018 | | 40 | 0,121 | 7 | 40 | 0,432 | 19 |
| 50 | 0,020 | | 50 | 0,129 | 8 | 50 | 0,452 | 20 |
| 7. 0 | 0,022 | | 11. 0 | 0,137 | 8 | 15. 0 | 0,473 | 21 |
| | | | | | 8 | | | 21 |
| 10 | 0,024 | | 10 | 0,145 | | 10 | 0,494 | |
| 20 | 0,026 | | 20 | 0,154 | 9 | 20 | 0,516 | 22 |
| 30 | 0,029 | | 30 | 0,163 | 9 | 30 | 0,539 | 23 |
| 40 | 0,032 | | 40 | 0,173 | 10 | 40 | 0,563 | 24 |
| 50 | 0,035 | | 50 | 0,183 | 10 | 50 | 0,587 | 24 |
| 8. 0 | 0,038 | | 12. 0 | 0,194 | 11 | 16. 0 | 0,612 | 25 |

Le second terme du Tableau de la page 132, donné par cette Table, est toujours additif; au lieu que le premier terme fourni par la Table précédente, n'est additif que dans les passages inférieurs des étoiles circompolaires.

### *Supplément aux* ERRATA *du premier et du second volume.*

## TOME I.

Table des Matières, page xix, ligne 18, *de deux lignes*, lisez *de deux lieux*

Page 68, ligne 7, *a*, *b* et *c*, *lisez a*, *b* et *C*

204, 8, entraîné par, *lisez* adapté à

245, 10 en remontant, $AB'B''B'''$, *lisez* $ABB'B''$

250, 16, $MM'N =$, *lisez* $M'MN =$

256, 17 et 19, $FT'$, *lisez* $FT_1$

279, 14 en remontant, $\log \frac{2Q}{\mu}$, *lisez* $\log \frac{2Q}{\pi}$

314, au calcul du 3e terme de la formule ($c''$) 8,12033, *lisez* 8,12036

log 3e terme = 8,24372

360, ligne 4 en remontant, on n'en sera, *lisez* on ne sera

Tables IV et V, *effacez du titre*, PREMIÈRE *et* DEUXIÈME PARTIE

Table XI, vis-à-vis l'argument, $55^g,2$, avant-dernière colonne, 0,9024959, *lisez* 0,0024959

## TOME II.

Page 42, ligne dernière, $n =$, *lisez* $\text{tang}\, n =$

50, 10 en remontant, l'art. 258, *lisez* l'art. 259

51, 10, de $z$, *lisez* de $dz$

52, 4, de la première, *lisez* de la seconde

67, 9 en remontant, $\Upsilon T =$, *lisez* $\Upsilon T' =$

75, 9, au bout de la ligne, 1,36386, *lisez* 1,35386

*Ibid.*, 16, au bout de la ligne, $5^s\ 10^\circ 40'$, *lisez* $5^s\ 10^\circ 49'$

77, à partir de la ligne 6, en remontant, *lisez*

| | | |
|---|---|---|
| (Table XIII, n° I) | $+ 3''20$ | |
| (Table XIII, n° II) | $+ 0,40$ | |
| | $+ 3,60$ ........ | log 0,55630 + |
| | | $c.\log \cos D = 0,00690$ |
| Aberr. en Æ $= + 3''658$ | | 0,56320 + |
| (en tems) $= + 0,24$ | | |

Page 179, lignes 1, 3 et 5, au lieu de 47°, *lisez* 87°

204, 10 et 11, 1re colonne du tableau, latitude géocentrique, *lisez* latitude géographique

252, 8, $BN$, *lisez* $BN'$

322, 9 en remontant, *effacez* il viendra

323, 6 en remontant, *au lieu de* $+ \Delta\varphi x''$, *lisez* + [illegible]

326, 16 en remontant, que forme, *lisez* qui forme

328, 5 en remontant, l'une à l'autre, *lisez* l'un à l'autre

351, dernière, ($d$), *lisez* ($e$)

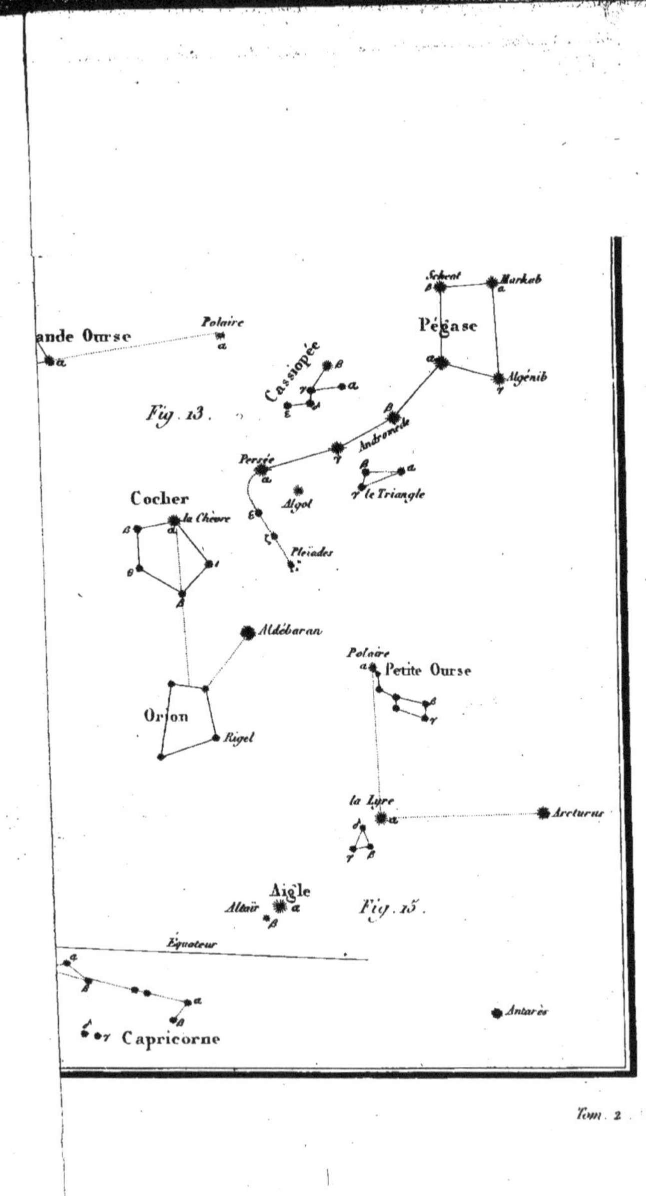

ande Ourse
Polaire
Scheat
Markab
Pégase
Cassiopée
Algénib
Fig. 13.
Andromède
Persée
le Triangle
Algol
Cocher
la Chèvre
Pleïades
Aldébaran
Polaire
Petite Ourse
Orion
Rigel
la Lyre
Arcturus
Aigle
Altaïr
Fig. 15.
Équateur
Antarès
Capricorne

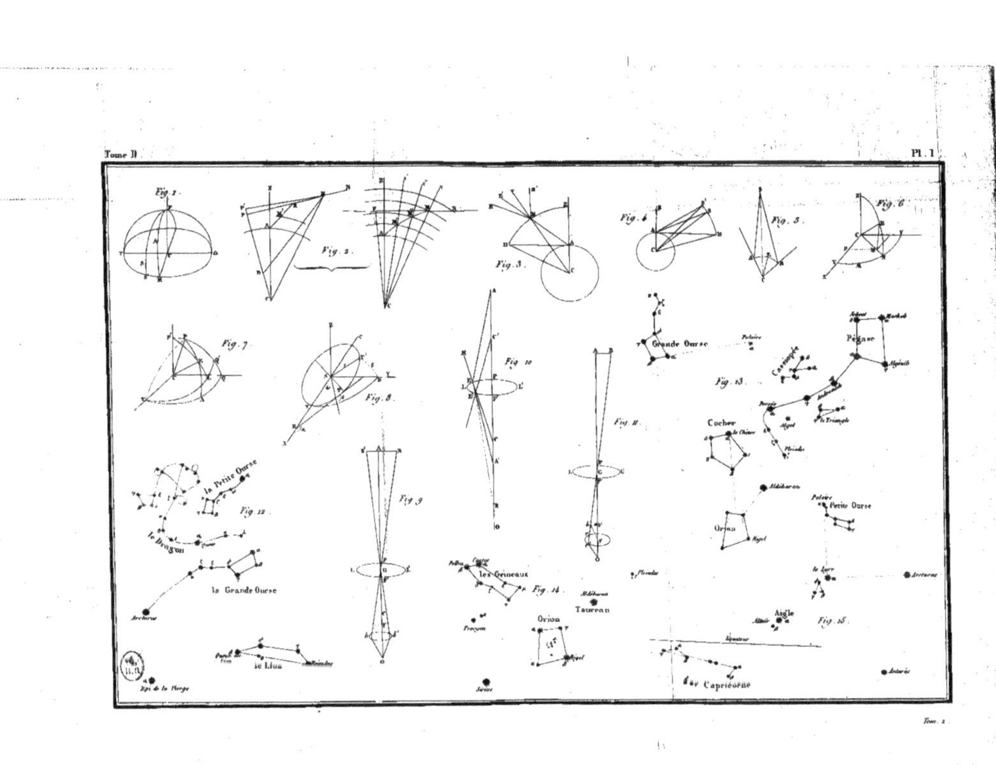
Fig. 1.
Fig. 2.
Fig. 3.
Fig. 4.
Fig. 5.
Fig. 6.
Fig. 7.
Fig. 8.
Fig. 9.
Fig. 10.
Fig. 11.
Fig. 12.
la Petite Ourse
le Dragon
la Grande Ourse
Arcturus
le Lion
Epi de la Vierge
Grande Ourse
Polaire
Fig. 13.
Cassiopée
Pégase
Markab
Algenib
Andromède
Persée
Algol
le Triangle
Cocher
la Chèvre
Pleiades
Aldebaran
Orion
Rigel
Polaire
Petite Ourse
Fig. 14.
Castor
Pollux
les Gémeaux
Procyon
Sirius
Orion
Rigel
Aldebaran
Taureau
Pleiades
Fig. 15.
la Lyre
Arcturus
Aigle
Altair
Équateur
Capricorne
Antarès

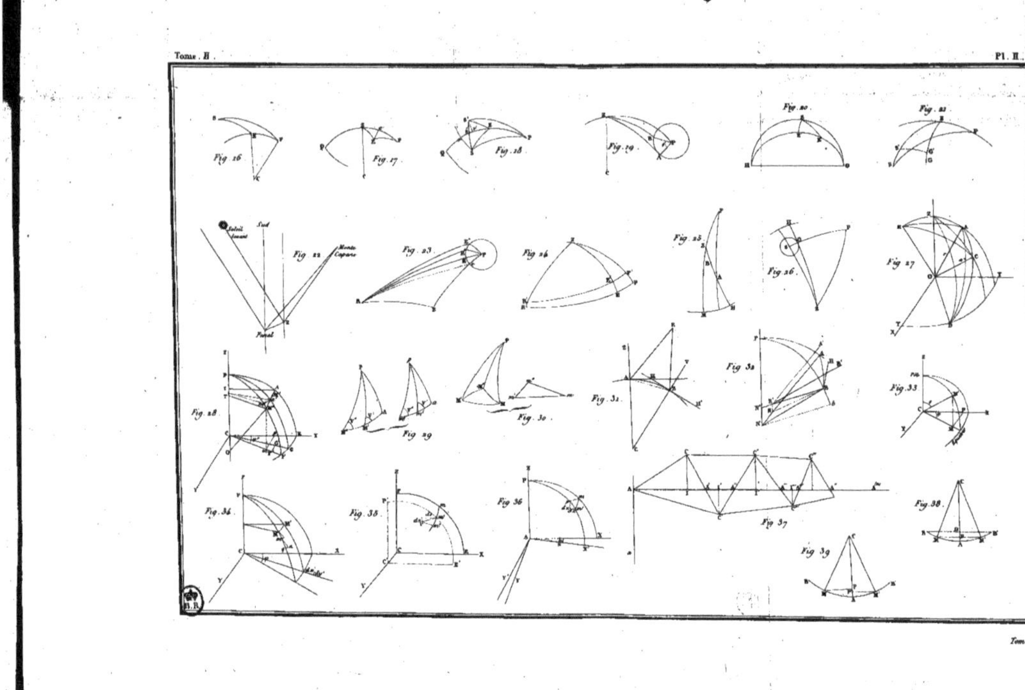

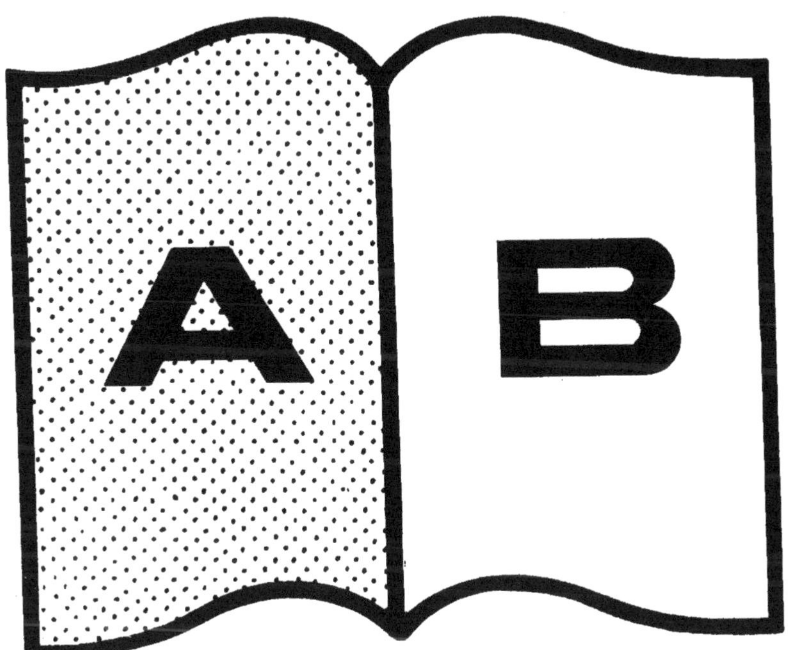


Contraste insuffisant

**NF Z 43**-120-14

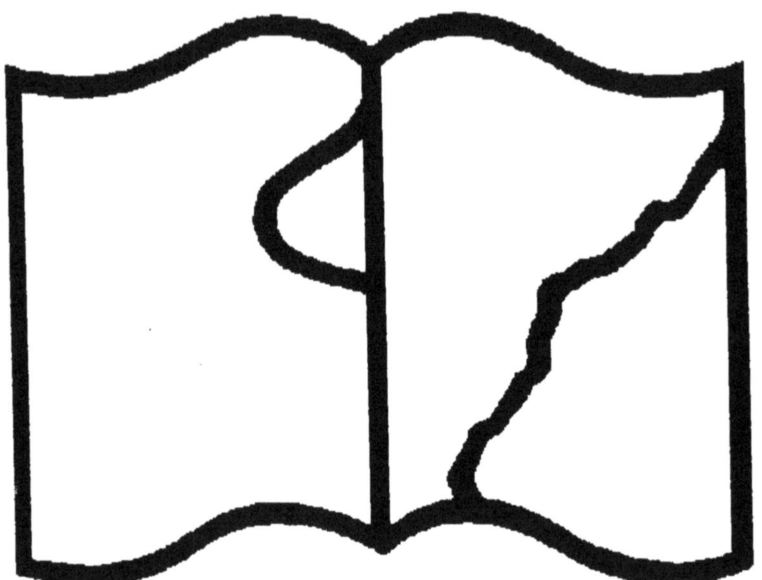

Texte détérioré - reliure défectueuse

**NF Z 43**-120-11

www.ingramcontent.com/pod-product-compliance
Ingram Content Group UK Ltd.
Pitfield, Milton Keynes, MK11 3LW, UK
UKHW012006240726
13965UKWH00001B/195